江苏省高等学校重点教材（编号：2021-2-211）

气象灾害风险评估与管理

主编　姜　彤　王艳君　苏布达

本教材由国家重点研发计划“重大自然灾害监测预警与防范”重点专项“气象灾害致灾条件、影响评估及风险防范技术”课题“中国及典型区域/流域气象灾害风险图谱及综合集成系统”（2019YFC1510203）资助

科学出版社

北　京

内 容 简 介

气象灾害导致的经济损失逐年递增。随着实践和认识的不断深化，气象灾害风险评估的技术方法与风险管理的理念不断提升和改进。本书强调知识性与思想性、基础性与先进性、理论性与应用性的融合，融入多年科研成果理论，系统介绍了气象灾害风险评估与管理的国内外最新进展。全书共 14 章，首先概述了气象灾害的分类和特点，然后分别介绍了洪涝、干旱、热带气旋、风暴潮、龙卷风等 13 类气象灾害。每章均设置知识差距，供读者进一步思考和深入探讨；并配有实际案例，充分调动读者的积极性和创造性。

本书可作为高等学校地理学、大气科学和应急管理等专业本科生及研究生的教材，也可供相关学科及关心气象灾害风险的研究人员以及从事气象灾害减灾防灾的政府部门工作人员阅读参考。

审图号：GS 京（2023）1797 号

图书在版编目(CIP)数据

气象灾害风险评估与管理/姜彤，王艳君，苏布达主编. —北京：科学出版社，2023.12
江苏省高等学校重点教材
ISBN 978-7-03-073782-3

Ⅰ. ①气… Ⅱ. ①姜… ②王… ③苏… Ⅲ. ①气象灾害-风险管理-高等学校-教材 Ⅳ. ①P429

中国版本图书馆 CIP 数据核字(2022)第 221154 号

责任编辑：王腾飞/责任校对：任云峰
责任印制：张 伟/封面设计：许 瑞

科 学 出 版 社 出版
北京东黄城根北街 16 号
邮政编码：100717
http://www.sciencep.com

天津市新科印刷有限公司 印刷

科学出版社发行 各地新华书店经销
*
2023 年 12 月第 一 版 开本：787×1092 1/16
2023 年 12 月第一次印刷 印张：18 1/2
字数：473 600

定价：99.00 元

(如有印装质量问题，我社负责调换)

《气象灾害风险评估与管理》编委会

主　编：姜　彤　王艳君　苏布达

委　员（以姓氏笔画为序）：

王东方　王国杰　王炳炜　支树林

占明锦　朱晨霞　孙锦浩　李广宗

李世杰　杨文丽　杨海峰　陈佳妮

林齐根　赵庆庆　姜　汕　黄金龙

翟建青　戴　然

序

全球气候变化是人类面临的规模最大、影响最深远的挑战。随着全球变暖的加剧和社会经济财产的不断聚集，气象灾害导致的经济损失呈现逐年递增趋势。1980～2022 年，全球共记录发生 11 174 次自然灾害事件，其中与气象相关的天气气候和水文灾害事件就有 9944 次，占所有自然灾害事件总数的 89%，直接经济损失由 20 世纪 80 年代的 323 亿美元/年增加至 21 世纪 10 年代的 1078 亿美元/年（2022 年市值），气象灾害所造成的经济损失和死亡人口占所有自然灾害总和的 70%以上。中国作为全球最大的发展中国家，人口众多、气候条件复杂、抵御灾害能力偏弱，是气象灾害种类较多、发生频率较高的国家之一，遭受气象灾害影响的严重程度在全球排名靠前。2013～2022 年，除去 2022 年，中国每年因气象灾害造成的人口死亡数排名全球前七以内，而各年的经济损失排名全球前三，更有甚者，2013 年和 2014 年排名全球第一。1984～2022 年，气象灾害年均直接经济损失超过 2177 亿元（2022 年市值）；相比 1984～2012 年，2013～2022 年气象灾害损失年平均值增加 21%。2022 年夏季，全球高温热浪肆虐，葡萄牙最高气温突破 47℃；英国最高气温达到 40.3℃，英国气象局发出史上首个极端高温“红色预警”；法国多地打破高温纪录，70 个省份发布高温警报；中国也经历了自 1961 年有完整记录以来综合强度最强的高温天气，造成多地出现“电荒”，中暑和热射病人员大量增加，长江流域甚至“汛期反枯”，导致特旱面积达到 8.9 万 km^2，该轮高温干旱复合型极端事件给人民生产和生活造成严重影响；同年 6 月，巴基斯坦发生致死洪水事件，共造成上千人死亡。

极端天气气候事件成为“新常态”。如何有效应对灾害，把灾害造成的各种损失降到最低，成为国际社会共同关注的话题。早期，人类对气象灾害采取被动防御的理念。20 世纪 40 年代开始，人类对气象灾害的防御逐渐由被动转为主动，并运用人工影响天气实现气象减灾。气象灾害的风险研究大致始于 1989 年联合国倡导的“国际减轻自然灾害十年”活动。“国际减轻自然灾害十年”活动的重点是从致灾因子危险性、承灾体脆弱性角度揭示灾害形成的驱动力，探讨减轻灾害损失和影响的机理与措施。1994 年，联合国第一届世界减灾大会呼吁各国加强协作、技术转让和信息交流，以应对各类灾害，并为此制定了第一套具有划时代意义的减灾指南，即《建立更安全世界的横滨战略及行动计划》（简称《横滨战略及行动计划》），指出要实现“国际减轻自然灾害十年”的目标，防灾、减灾和备灾比救灾更有效。2003 年，由国际风险分析协会主办的第一届世界风险大会将风险的理念引入气象领域，促进了气象灾害的研究从灾害防御进入风险管理。2005 年，联合国第二届世界减灾大会产生了全球减灾的纲领性文件《2005—2015 年兵库行动框架》，将灾害风险的识别、评估、监测与预警列为此后 10 年减灾的 5 个优先领域之一。2015 年，第三届世界减灾大会出台《2015—2030 年仙台减轻灾害风险框架》，确定未来 15 年减灾的 4 个优先领域，其中 3 个聚焦灾害风险，明确了降低灾害死亡率、减少受灾人数及直接经济损失等 7 大风险管理目标。国际减灾战略的演变趋势表明减灾的工作重心正从灾害管理转移到灾害风险管理。中国特色的防灾减灾和救灾理念也正在发生“灾后救助向灾前预防”“应对单一灾种向综合减灾”“减少灾害损失向减轻灾害风险”的转变。正确认识和评估灾害风险，采取有效的风险管理措施是降低灾害损失、减轻灾害风险的基础，也是保障社会经济可持续发展的客观需求。

随着国内外防灾减灾实践和认识的不断深化，灾害风险评估的技术方法与风险管理的理念不断提升和改进。为了使高等院校学生及时了解灾害风险评估与管理的最新发展和未来趋势，我们以自身在该领域多年的科研实践和教学积累为基础，结合国内外最新的学科发展和先进知识，并根据新时代中国特色社会主义高等教育高素质人才培养的要求，编写本书。在编写过程中，始终强调知识性与思想性的融合，将气象灾害风险评估与管理的理论知识体系和培养学生正确社会主义核心价值观相融合的思想贯穿始末；始终强调基础性与先进性的融合，将气象灾害风险评估与管理领域最先进、最前沿的理论知识融入基础知识体系中，保持理论、概念和方法的先进性；始终强调理论性与应用性的融合，将多年的科研成果融入教材的理论体系，使得每一种灾害的风险评估与管理都有实际的案例应用示范，实现教材的理论性与应用性有机统一。

全书共分 14 章。第 1 章系统介绍气象灾害的基本概念、分类和特点，气象灾害风险的定义和组成要素，气象灾害风险评估的原理、模型和方法，气象灾害风险管理的目标、基本框架和主要方法。第 2～14 章分别阐述洪涝、干旱、热带气旋、风暴潮、龙卷风、高温热浪、低温冷冻、雪灾、冰雹、雾霾、沙尘暴、降雨诱发滑坡、雷电共 13 种气象灾害的基本概念、成灾机制、风险评估的方法与案例、风险管理的主要措施。每章最后均设置知识差距，供学生进一步思考和深入探讨。另外，每章设有与本章教学内容密切相关的专题讨论，供读者结合所学理论知识和专题实际展开进一步的讨论和探究，突出开放性和自主性，以充分调动读者的积极性和创造性。

全书由姜彤、王艳君、苏布达负责总体设计和构思，林齐根负责统稿。各章主笔依次为：前言，姜彤、王艳君、苏布达；第 1 章，王艳君、苏布达；第 2 章，翟建青、王国杰；第 3 章，黄金龙、李世杰；第 4 章，杨文丽、赵庆庆、翟建青；第 5 章，戴然、朱晨霞；第 6 章，王东方、苏布达；第 7 章，孙锦浩、苏布达；第 8 章，陈佳妮、王艳君；第 9 章，王炳炜、姜彤；第 10 章，占明锦、支树林；第 11 章，姜汕、占明锦、翟建青；第 12 章，杨海峰、翟建青；第 13 章，林齐根、姜彤；第 14 章，李广宗、王艳君等。

本书的出版得到江苏省高等学校重点教材立项支持，还要感谢国家重点研发计划“重大自然灾害监测预警与防范”重点专项“气象灾害致灾条件、影响评估及风险防范技术”课题“中国及典型区域/流域气象灾害风险图谱及综合集成系统”（2019YFC1510203）给予出版资助；感谢陶辉、李修仓、高妙妮、李霞、幸韵等评审专家对书稿提出的宝贵意见和建议。

气象灾害风险评估与管理涉及自然和社会经济管理多个学科领域，学科发展迅速，教材的编写难免有不当和疏漏之处，敬请广大读者批评指正，以便在今后教学中进行相应的修正。

《气象灾害风险评估与管理》编委会

目　录

第 1 章　气象灾害风险评估与管理概述

引　　言

气象灾害是发生最频繁、损失最严重的自然灾害之一。1980～2022 年，全球每年约发生重大气象灾害 231 次，年均直接经济损失约 1189 亿美元（2022 年市值），占自然灾害总损失的 80%以上。中国幅员辽阔，地形地貌复杂，气候类型多样，是全球气象灾害最为严重的国家之一，灾害种类多，发生频率高，分布地域广，造成的损失大。1984～2022 年，中国气象灾害每年造成的农作物受灾面积约 2883.8 万 hm^2，受灾人口约 28 298 万人，死亡人口约 3393 人，直接经济损失约 2176.7 亿元（2022 年市值），约占国内生产总值（GDP）的 1.7%。随着气候变化，天气气候极端事件可能将变得更为频繁和严重，同时伴随人口增长、经济发展和城市化进程加快，中国未来将面临更严峻的气象灾害风险，甚至可能造成严重性不断增强的全球级联效应，严重制约国民经济持续稳定发展，威胁国家气候安全。

近年来，国内外防灾减灾实践不断深入，认识逐渐深化，逐步由“重减缓”扩展到“减缓与适应并重”。中国特色防灾减灾和救灾理念也正在由“灾后救助向灾前预防”“应对单一灾种向综合减灾”“减少灾害损失向减轻灾害风险”转变，建立了“政府主导、部门协调、公众参与”的协同治理机制。灾害风险评估和管理被认为是目前防灾减灾的先进措施和模式，受到了国内外学术界和灾害管理者的重视，成为灾害科学的发展方向、重点领域和前沿课题。气象灾害风险评估是一项在灾害危险性、社会经济承灾体的暴露度和脆弱性、减灾能力分析及相关的不确定性研究基础上进行的多因子综合分析。灾害风险管理指个人、家庭或组织（企业、政府单位或非政府组织等）对可能遇到的风险进行风险识别、风险估测、风险评价，在此基础上优化组合各种管理技术，对风险实施有效的控制，并妥善处理风险所致损失的后果，期望达到以最小的成本获得最大的安全保障的科学管理方法。灾害风险管理的明确目标是提高人类的安全、福祉、生活质量、应变能力，保障可持续发展。

本章将从气象灾害的基本概念、分类和特点，气象灾害风险的定义和组成要素，气象灾害风险评估的原理、模型和方法，气象灾害风险管理的目标和基本框架等方面系统介绍气象灾害风险评估与管理的主要内容。

1.1　气象灾害概述

1.1.1　气象灾害的内涵

气象灾害是指由气象原因直接或间接引起的、给人类和社会经济造成损失的灾害现象，主要指热带气旋、暴雨（雪）、寒潮、大风（沙尘暴）、低温、高温、干旱、雷电、冰雹、冰冻、大雾和霾等造成的灾害（全国气象防灾减灾标准化技术委员会，2018）。国际上，自然灾害可以分为 4 种，即地质灾害、天气灾害、气候灾害和水文灾害。中国通常将气候灾害和水文灾害合并为气候灾害，天气灾害和气候灾害统称为气象灾害。天气灾害是指大范围或局地性、持续性或突发性、短时间的强烈异常天气带来的灾害，如大范围的寒潮、台风等天气灾害或局地区域发生的暴雨、冰雹、龙卷风等灾害。这类灾害常伴随强风、暴雨和降温等现象，对农业、交通和电力等都造成很大不利影响。气候灾害是指大范围、长时间、持续性气候异常所造成的灾害，如长时间气温偏低、降水量偏少形成的低温冷害、干旱等。气候灾害会对农业、生态、工业、牧业、水利、交通、电力等产生重大影响，严重的气候灾害会对社会经济造成巨大损失（丁一汇，2008）。

由天气和气候异常直接造成的灾害，属于原生灾害，也称直接灾害；因天气和气候原因引发的灾害，则称为次生灾害，比如暴雨引发的山体滑坡、泥石流，天气干燥诱发的森林大火，空气污染导致的酸雨等。原生灾害与其所引起的次生灾害共同构成了灾害链，形成复杂的灾情传递与放大过程，具有时空关联，即物质、能量与信息的关联（史培军 等，2014；张翔 等，2021）。根据灾害链特征可以分为并发性灾害链与串发性灾害链，灾害链通常有如下主要特征：①诱生性，灾害链存在引起与被引起的关系，即一种或多种灾害的发生是由另一种灾害的发生所诱发的。没有诱生作用发生的多种灾害，不能被称为灾害链。②时序性，灾害链的诱生作用使得灾害发生有一定的先后顺序，即原生灾害在前，次生灾害在后。③扩围（展）性，重大灾害发生时，往往会产生次生灾害，使其影响范围扩大。不同灾种对环境的敏感性不同，有的灾种甚至对特定环境基本不敏感。因此，不同灾种的影响范围（大小）也不尽相同。中国大量灾害链统计分析结果表明，台风-暴雨、寒潮和干旱等气象灾害往往造成台风-暴雨-泥石流/滑坡、寒潮-低温/雪灾/大风、干旱-农作物病虫害/森林火灾等灾害链（史培军，2002）。

气象灾害作为一类主要的自然灾害，同其他灾害一样，是人与自然矛盾的一种表现形式，具有自然和社会双重属性。自然灾害的发生是地球系统自然环境作用于人类社会的结果，既包含了自然因素的作用，也包含了人类社会承受或适应环境变化能力的作用。只要自然因素的变异程度不超过人类社会的承受或适应能力，就不会产生危及人类生命财产安全的不利后果。这时，即使自然因素的变异程度很大，也只是一种自然现象，并不会形成灾害；当自然因素的变异程度超过人类社会的承受或适应能力时，无论其变异程度如何，都会危害人类社会，形成灾害（葛全胜 等，2008）。

大气层一直不停地变化，当气象变化程度增大到可以对人类或环境造成破坏的程度时，则称为气象灾变（张钛仁 等，2014）。气象灾变是一种自然事件，具有不可抗拒性或不易抗拒性，是自然界物质运动发展变化的客观规律，不会随着人类的活动而消失，是气象灾害的致灾因子，也是灾源。人类社会、人类社会赖以生存的自然环境和资源是承受气象灾害的客体，是承灾体，具有社会属性。当气象灾变程度超过承灾体的承受能力时，就会使承灾体受损，形成气象灾害。

1.1.2 气象灾害的分类

根据形成的原因、性质和危害人类生命财产的特点，可以将气象灾害分为洪涝、干旱、热带气旋、风暴潮、龙卷风、高温热浪、低温冷冻、雪灾、冰雹、雾霾、沙尘暴、降雨诱发滑坡、雷电等。

1. 洪涝灾害

洪涝灾害是发生最频繁、危害最严重的气象灾害之一，通常由暴雨或持续性降雨引发。根据国家标准《降水量等级》（GB/T 28592—2012）（全国气象防灾减灾标准化技术委员会，2012），12 小时内降雨量 30～69.9 mm 或 24 小时内降雨量达到 50～99.9 mm 为暴雨，12 小时内降雨量 70～139.9mm 或 24 小时内降雨量 100～249.9 mm 为大暴雨，12 小时内降雨量不少于 140mm 或 24 小时内降雨量不少于 250 mm 为特大暴雨。此外，气象和水利等部门在业务和科研中还会同时考虑暴雨的雨量、笼罩范围和持续时间，在省、市和地区范围内将暴雨分为局部暴雨、区域暴雨、全区域性暴雨等；在河流或流域将暴雨分为支流暴雨、干流暴雨和全流域暴雨等（丁一汇，2008；张钛仁 等，2014）。

暴雨天气出现时多伴随雷电和狂风，常导致平地积水、河道满溢、农田毁坏、房屋倒塌、雷击建筑等。当暴雨强度大且持续时间长时，不仅直接致灾，也容易引发洪涝灾害，给人类社会造成更大经济损失。洪涝灾害包括洪灾和涝灾两种类型，洪灾一般是指因河流泛滥淹没田地等所引起的灾害，涝灾指因长期大雨或暴雨而产生大面积的积水或土地过湿导致的灾害。

2. 干旱灾害

干旱灾害指由于降水减少所造成的水资源收支或供求不平衡而形成的水分短缺对生活、生产和生态造成危害的事件，即大气降水与陆面（土壤、植被等）之间相互作用的结果。从不同的学科观点出发，干旱可分为气象干旱、农业干旱、水文干旱和社会经济干旱。这 4 种类型的干旱并非各自独立，而是相互关联的，且发生的顺序有一定的规律，通常社会经济干旱、农业干旱、水文干旱滞后于气象干旱。随着干旱的形成和发展，可能出现 1 种甚至几种类型干旱并存的情况，引发灾害，造成某一地区由于缺水无法正常开展生产，并严重危害人类生活。近年，学界将异常高温和降水极度亏缺共同作用下，局地土壤湿度快速下降，数周之内即迅速发展至重度干旱的过程称为骤旱。

3. 热带气旋灾害

热带气旋是发生在热带或副热带洋面上，具有有组织的对流和确定气旋性环流的非锋面性涡旋的统称。在北半球沿逆时针方向旋转，在南半球沿顺时针方向旋转。它在围绕自己中心旋转的同时，不断向前移动，形状如旋转的陀螺（丁一汇，2008）。根据国家标准《热带气旋等级》（GB/T 19201—2006）（中国气象局政策法规司，2006），按中心附近最大平均风力可将热带气旋分为热带低压、热带风暴、强热带风暴、台风、强台风和超强台风 6 个等级。

热带气旋，尤其是达到台风强度等级的热带气旋具有很强的破坏力，常常伴随狂风、暴雨和风暴潮，狂风直接掀翻船只、刮倒房屋和其他设施，涌起的巨浪直接冲毁海堤，暴雨还会进一步引发山洪、泥石流和滑坡等次生灾害。

4. 风暴潮灾害

风暴潮是指由台风、温带气旋、冷锋的强风作用和气压骤变等强烈的天气系统引起的海面异常升降现象，又称“风暴增水”“风暴海啸”“气象海啸”“风潮”。根据诱发风暴潮的大气扰动特征，可将风暴潮分为台风风暴潮和温带风暴潮两类。中国是世界少有的受两类风暴潮影响的国家，风暴潮一年四季均有发生。台风风暴潮几乎遍及整个中国沿海，尤其是东南沿海大江大河入海口、海湾沿岸、沿海低地受影响最严重，多发生在夏秋季节；温带风暴潮主要集中在渤海、黄海沿岸，其中莱州湾沿岸最严重、渤海湾沿岸次之、海州湾沿岸再次之，9 月至翌年 6 月均有发生，但多集中在 11 月至翌年 4 月的冬半年（王喜年，2001）。

风暴潮的空间范围一般为几十千米至上千千米，时间尺度或周期为 1～100 小时。风暴潮能否成灾，在很大程度上取决于其最大风暴潮位是否与天文潮高潮位相叠，尤其是与天文大潮期的高潮位相叠；同时，也与受灾地区的地理位置、海岸形状、岸上及海底地形，尤其是滨海地区的社会及经济情况密切相关。一般来说，位于热带气旋多发区、直接面对盛行风、海岸呈半封闭或喇叭口形状、海底地形平坦、陆地地势低洼、人口密集、经济发展水平高的区域受风暴潮灾害影响严重。风暴潮灾害主要通过漫滩和巨浪产生危害，直接冲毁堤坝、船只、房屋、各类设施，以及海上养殖场等，甚至造成人员失踪和伤亡。

5. 龙卷风灾害

龙卷风是一种破坏力极强的小尺度强烈旋转的空气涡旋，是积雨云底部下垂的象鼻子状漏斗云体，上大下小。下部直径最小的只有几米，一般为几百米，最大可达千米以上；上部直径则为数千米，最大可达 10 千米。龙卷风具有生消快、风力强、破坏性大等特点。根据龙卷风产生于陆地或水面的不同，可分为陆龙卷和水龙卷。强的龙卷风具有很强的破坏力，可将途经之地的所有物品，如桥梁、房屋和人畜等全部卷走。除了强烈的风速外，还由于其内部气压很低，可使邻近建筑物和车辆等解体（丁一汇，2008）。

6. 高温热浪灾害

高温热浪通常指在一段持续性的高温过程中，引起人和自然系统不能适应并产生不利影响的一种现象。世界气象组织（WMO）建议将日最高气温>32℃，且持续 3 日以上的天气过程称为高温热浪。中国气象局规定日极端最高气温≥35℃为高温日，持续 3 日以上的高温天气称为高温热浪。由于中国幅员辽阔，气候差异很大，中国气象局同时还规定各省份可以根据本地天气气候特征规定界限温度值。例如甘肃省气象局规定，河西地区日最高气温≥34℃，河东地区日最高气温≥32℃即定为高温日。

高温热浪会造成多方面的危害。例如，影响人体健康，使人体不能适应环境，超过耐受极限，从而导致疾病的发生或加重，甚至死亡。影响正常人的生产和生活，造成城市用水、用电紧张。当高温天气频繁发生，会加快土壤水分蒸发速度，使土壤水分含量迅速下降。夏季高温酷暑天气常伴随着大气干旱和土壤干旱，从而加重干旱的严重程度，影响植物生长发育，使农林牧业的产量和品质下降，同时极易引发森林或草原火灾。

7. 低温冷冻灾害

低温冷冻灾害指剧烈降温及雨雪、霜冻等造成的灾害，主要包括低温连阴雨、低温冷害、霜冻、寒潮等。

低温连阴雨指连续多日阴雨并伴随气温下降的天气现象。期间降水量不大，但气温较低。这种天气有时接连出现，以致阴雨天气长达 1 个月之久。常见于长江中下游地区，出现在每年的 3～4 月；两广（广东和广西）地区则在每年 1～3 月发生。低温连阴雨往往对春播育秧危害极大，造成早稻严重烂秧，导致减产或颗粒无收。

低温冷害是指在农作物或经济林果生长期间，气温低于作物生理下限温度，影响作物正常生长，引起作物生育期延迟或受损，导致减产的一种农业气象灾害。低温冷害在东北地区一般发生在 6～8 月，称为东北冷害或“哑巴害”。在长江流域，如发生在 9～10 月，称为秋季低温或寒露风；如发生在春季，则称为春寒或倒春寒。

霜冻指当地面最低温度降至 0℃以下时，对农作物等造成伤害或死亡的气象灾害。根据发生条件，可分为平流霜冻、辐射霜冻和平流辐射霜冻（混合霜冻）3 种。根据发生季节，又可分为春季霜冻、秋季霜冻和冬季霜冻。每年秋季第一次出现的霜冻叫初霜冻。因为初霜冻总是在悄无声息中使作物受害，所以有农作物“秋季杀手”的称号。翌年春季最后一次出现的霜冻叫终霜冻，初终霜冻对农作物的影响都较大（丁一汇，2008）。

寒潮是指高纬度地区的冷空气在特定天气形势下加强南下，造成大范围剧烈降温和大风、雨雪天气，当这种来势凶猛的冷空气活动使降温幅度达到一定标准时，称为寒潮。根据国家标准《寒潮等级》（GB/T 21987—2017）（全国气象防灾减灾标准化技术委员会，2017a），寒潮划分为寒潮、强寒潮和特强寒潮 3 个等级。当某一地区的日最低气温 24 小时内下降 8℃及以上，或气温 48 小时内下降 10℃及以上，或气温 72 小时内下降 12℃及以上且使该地日最低气温下降到 4℃及以下时，该冷空气活动就是寒潮。寒潮通常发生在每年 9 月至翌年 5 月，春秋两季各有寒潮高峰期，即 3～4 月和 10～11 月，其中前者寒潮强度更强。

8. 雪灾

雪灾，是因长时间大量降雪造成大范围积雪成灾的一种自然现象（丁一汇，2008）。根据形成条件、分布范围和表现形式，雪灾可分为 3 种类型：雪崩、风吹雪和积雪。雪崩是由于山坡积雪的内聚力抗拒不了重力的拉引，向下滑动，引起大量雪体崩塌的现象。它的发生是在一定的地形和天气条件等组合下山坡积雪被活化和失稳引起的，该过程受气候、地形、积雪特征等多种因素影响（郝建盛和李兰海，2022）。在新疆和青藏高原的一些山脉，如阿尔泰山、天山和昆仑山等，高度一般都在 4000 m 以上，山坡陡峭、高差悬殊，极易发生雪崩（丁一汇，2008）。风吹雪是一种由气流挟带起分散的雪粒在近地面运行的多相流的天气现象（李广 等，2021）。大量的雪被强风卷起并随风而运行，水平能见度低，致使行人迷失方向，交通中断，牧区草场被淹没，畜群被吹散或死伤。青藏高原、西北地区，以及内蒙古地区冬、春季，风速较大，植被稀疏，加上受地形影响，风吹雪现象十分普遍。积雪是指雪在地面所覆盖的面积达到一地周围能见面积的一半。　当降雪量过多，大量积雪会使蔬菜大棚、房屋等被压垮，竹林、果树、输电和通信线路等被压断，道路被掩埋，交通运输和人们出行都受到很大影响。在牧区，冬季草场积雪超过 20 cm，羊群采食困难；积雪超过 30 cm，马、牛群采食困难。因此，牧区经常因为降雪量过多和积雪过厚，加上持续低温，雪层维持时间长，造成牧草被雪掩埋，牲畜无法放牧就食而导致受冻挨饿甚至大批死亡。雪灾一般发生在 10 月至翌年 4 月。如果降雪发生时，在 1500～3500 m 高空存在着暖湿层，而其下为冷空气垫（低于 0℃），则常可形成冻雨天气或雨夹雪天气，这在南方的湘、赣、鄂、黔等省份冬季常常发生，给交通、电力、农业、生态等带来严重危害（丁一汇，2008）。

9. 冰雹灾害

冰雹是从发展强盛的积雨云中降落到地面的坚硬的球状、锥状或不规则状的固态降水。雹核一般不透明，外面有透明的冰层，或由透明的冰层与不透明的冰层相间组成。冰雹结构坚实，大小不等，通常把直径在 5 mm 以上的固态降水物称为冰雹；直径 2～5 mm 的称为冰丸，也叫小冰雹；把对应尺度范围的含液态水较多、结构松软的降水物称为软雹。冰雹在积雨云中的形成过程很复杂，因此形状也很不规则，大多数冰雹呈现椭球形或球形。冰雹出现的范围较小、时间短，但其来势猛、强度大，常常砸毁大片农作物、果园，损毁建筑群，给局部地区的农牧业、工矿企业、电信、交通运输以及人民生命财产造成较大损失（丁一汇，2008）。

10. 雾霾灾害

雾和霾是两种自然天气现象。根据气象学定义，雾是大量微小水滴浮游空中，常呈乳白色，使水平能见度小于 1 km 的天气现象；霾则是大量极细微的干尘粒等均匀地浮游在空中，使水平能见度小于 10 km 的空气普遍浑浊现象（中国气象局，2003）。雾霾天气是雾和霾的混合物。一般情况下，区域性能见度小于 10 km 的空气普遍浑浊现象被称为雾霾天气（张小曳 等，2013）。雾霾的形成与人为排放的气溶胶颗粒物、静稳天气、逆温层以及大气纬向环流、边界层结构和高湿状态密切相关（路娜 等，2015）。雾霾天气会给气候、环境、健康、经济等多方面造成显著的负面影响，例如引起城市大气酸雨、光化学烟雾现象，导致大气能见度下降，阻碍空中、水面和陆面交通；提高死亡率，使慢性病加剧、使呼吸系统及心脏系统疾病恶化、改变肺功能及结构、影响生殖能力、改变人体的免疫系统等。

11. 沙尘暴灾害

沙尘暴指强风将地面大量沙尘吹起或被高空气流带到下游地区而导致空气浑浊的天气现象。它的发生与发展既是土地荒漠化加速的标志，也是土地荒漠化发展到一定程度的具体表现（杨艳 等，2012）。沙尘暴的形成离不开 3 个必备的条件，即大风、丰富的地表沙质物以及不稳定的空气状态（缑倩倩 等，2012）。根据国家标准《沙尘暴天气等级》（GB/T 20480—2017）（全国气象防灾减灾标准化技术委员会，2017b），按能见度指标可将沙尘天气分为浮尘、扬沙、沙尘暴、强沙尘暴和特强沙尘暴 5 个等级。沙尘暴的危害方式主要是沙埋、风蚀、大风袭击和降温霜冻，对交通、建筑设施、工农业生产、人民生命财产和生态环境都造成极大的危害（丁一汇，2008）。

12. 降雨诱发滑坡灾害

广义的滑坡是指斜坡上所有种类的块体运动，还包括崩塌和泥石流等地质灾害（Highland and Bobrowsky, 2008；Hungr et al., 2014）。其中，崩塌指陡坡上的岩土体在重力作用或其他外力参与下，突然脱离母体，发生以竖向为主的运动，并堆积在坡脚的动力地质现象；泥石流指由降水（暴雨、冰川、积雪融化水等）诱发，在沟谷或山坡上形成的一种挟带大量泥砂、石块和巨砾等固体物质的特殊洪流。狭义的滑坡特指斜坡上的岩土体受自然或人为因素影响，在重力的作用下，沿着一定的软弱面或者软弱带，产生以水平运动为主的滑移破坏，并整体顺坡向下运动的地质现象。滑坡的诱因主要有降雨、地震和人类活动，本书主要关注由于降雨诱发的广义滑坡。

13. 雷电灾害

雷电是指雷雨云层间或与大地之间强烈瞬间放电现象。雷电按发生的部位可分为 4 种：闪电以一块云体为基点在云内形成，称为云内闪电；在两块云之间形成，称为云际闪电；在云与地之间形成，称为云地闪电；特殊情况下，发生在云与无云空气之间的闪电称为云空闪电。雷电按形态则可分为线状闪电、球状闪电、带状闪电和联珠状闪电 4 种。雷电灾害主要表现为雷电所造成的直接雷击和感应雷击（雷击电磁脉冲）。雷击多发生在空旷的场地、高大物体的下面或导电体的附近。雷击能导致建筑物和电力设备损坏、人畜毙命、树木毁坏和森林起火等（丁一汇，2008）。

1.1.3 气象灾害的特点

气象灾害作为主要的自然灾害之一，具有 4 个主要特点。

1. 普遍性和严重性

气象灾害发生频繁，每年均可能发生，尤其是旱涝灾害。1980 年以来，全球每年发生热带气旋、风暴、龙卷风等天气灾害约 80 次，极端气温、干旱、野火等灾害近 150 次；21 世纪以来，中国每年大约发生暴雨洪涝灾害 28 次、干旱灾害 4 次、低温灾害 8 次、热带气旋灾害 8 次，上述 4 种灾害发生总次数最多达 63 次（2016 年），最少为 23 次（2011 年）（庄国泰和高培勇，2022）。气象灾害一旦发生，造成的损失巨大，危害严重。这也与灾害的发生频次、强度、受灾地区的人口密度、经济状况等因素有密切关系。

2. 广泛性和区域性

气象灾害发生范围广，无论陆地、海洋以及高空都有发生；而且受灾对象众多，涉及人类生产、生活的方方面面。有些气象灾害波及范围广，如 2010 年发生在中国西南地区的秋冬春连旱，波及云南、贵州、广西、四川和重庆 5 个省份，造成大范围农作物减产、人畜饮水困难。气象灾害的发生又具有明显的地域特点，比如热带气旋灾害主要发生在沿海区域，暴雨洪涝灾害主要发生在大江大河下游和沿海地区，冰雹灾害一般山区多于平原、内陆多于沿海、中纬度地区多于高低纬度地区（丁一汇，2008）。

3. 周期性和不重复性

周期性是指气象灾害活动具有强弱交替性。短的周期表现为日变化或更短的周期变化；较长的周期表现为月变化、季变化、年变化；长的周期表现为多年变化，甚至行星周期变化。比如中国长江流域的洪水具有 2～3 年周期、9 年周期、11 年周期等特征。但是气象灾害的过程、损害的结果都是不可重复、不可复制的。

4. 群发性和连锁性

气象灾害的群发性是指在短周期内（一次天气过程，一般 3～5 日），一种或多种灾害在同一地区或不同地区相继发生（史培军 等，2014）。例如，1983 年 4 月 25～30 日的强寒潮天气过程，中国东北地区中部、华北平原，及长江中下游等地区相继出现了大到暴雨；2007 年 6 月 21～25 日，高温热浪事件持续影响中国华南及沿海地区和华北地区，体现明显的空间群发性（况雪源 等，2014）。当某种气象灾害发生后，常常引起其他灾害的发生和发展，形成灾害的连锁效应。比如台风登陆时带来狂风暴雨，造成暴雨洪涝和大风灾害，同时暴雨常常引发山体滑坡、泥石流等地质灾害。

1.2　气象灾害风险

1.2.1　风险

“风险”一词的英文是“risk”，来源于古意大利语“riscare”，意为“ to dare”（敢），指的是冒险，是利益相关者的主动行为，有某些正面的含意。风险（risk）的概念最早于 19 世纪末由西方学者在经济学领域中提出。20 世纪以来，随着气候变化的影响和人类活动的加剧，自然灾害发生的频率和影响日益严重，自然灾害风险及其相关问题的研究成为国际防灾减灾领域的重要研究前沿，“风险”一词开始应用到气候和环境领域。但学术界至今并没有一个被各学科都接受的风险的统一定义。现代学者更多地将风险与破坏、伤害、损失等负面的东西相联系（黄崇福 等，2010）。

中国最早于何时、何处出现“风险”一词，尚无法考证。最为普遍的一种说法是，中国古代，以打鱼捕捞为生的渔民们，每次出海前都要祈祷，祈求神灵保佑自己平安归来，其中主要的祈祷内容就是让神灵保佑自己在出海时能够风平浪静、满载而归。他们在长期的捕捞实践中，深深地体会到“风”给他们带来的无法预测、无法确定的危险，他们认识到，在出海捕捞打鱼的生活中，“风”即意味着“险”，因此有了“风险”一词（黄崇福，2012）。

无论是西方国家还是中国，风险的解释中都与“损失”“后果”“可能性”“情景”等有关。那么何为风险？黄崇福等（2010）将联合国大学环境与人类安全研究所推荐的 18 个风险定义归纳为可能性和概率类定义、期望损失类定义以及概念化公式类定义，其中约 80%关于风险的定义都属于可能性和概率类定义。例如，联合国环境规划署（United Nations Environment Programme, UNEP）定义风险是暴露于某一事件的概率，该事件在不同地理尺度发生的程度可能不同，暴露程度也可能不同，可能突然发生，或可能逐渐发生，也可能在预期中发生。亚洲减灾中心（Asian Disaster Reduction Center, ADRC）定义风险为由某种危险因素导致的损失（死亡、受伤、财产等）的期望值。结合以上定义，黄崇福等（2010）认为无论是可能性和概率类定义，还是期望损失类定义或概念化公式类定义都不具备导出更具体的风险定义的功能，并在此基础上提出了“风险的情景定义”，指出风险是与某种不利事件有关的一种未来情景。尽管关于风险的定义不尽一致，但其最本质的性质可归纳为未来性、不利性和不确定性 3 个方面，即从时间的角度是未来发生、从后果的角度具有不利性、从后果的表征上具有不确定性（倪长健和王杰，2012）。本教材采用 IPCC SREX 报告中关于风险的定义，即在某个特定时期由于危害性自然事件造成某个社区或社会的正常运行出现剧烈改变的可能性（IPCC，2012）。

1.2.2　气象灾害风险三要素及相关概念

依据风险的定义，气象灾害风险可以定义为在某个特定时期由于危害性天气气候事件造成某个社区或社会的正常运行出现剧烈改变的可能性。IPCC SREX 报告进一步指出，灾害风险是由致灾因子危险性（hazard）、社会经济承灾体的暴露度（exposure）和脆弱性（vulnerability）三要素构成的函数（图 1.1）（IPCC，2012）。灾害风险不仅取决于致灾因子（包括极端和非极端天气气候事件）的严重程度，也在很大程度上取决于暴露度和脆弱性的水平。灾害风险相关概念的阐述如下所述。

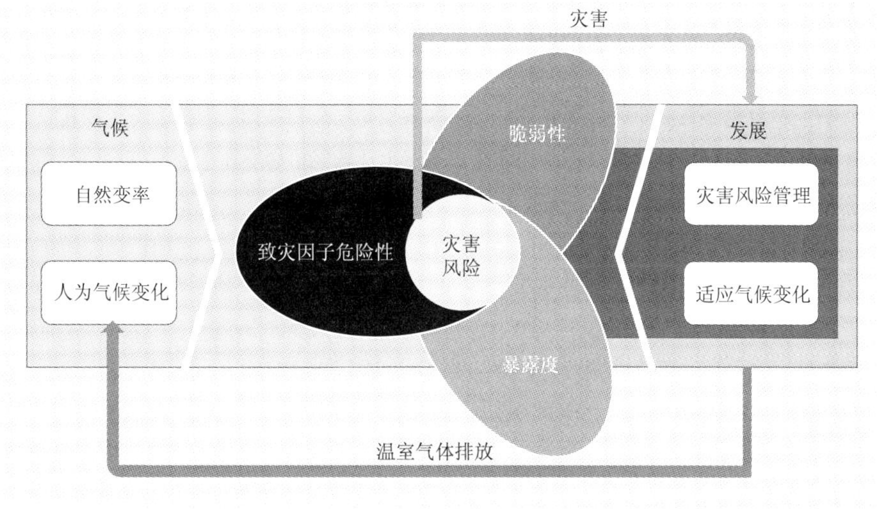

图 1.1　灾害风险三要素示意图（IPCC，2012）

1. 致灾因子

致灾因子是可能造成生命伤亡与人类社会财产损失的气象变异因子，即风险源，也叫灾害的危险性因子（如暴雨、干旱、台风等）。它是风险产生和存在与否的第一个必要条件。风险源不但在根本上决定某种灾害风险是否存在，而且还决定着风险大小。当自然界中某种异常过程或超常变化达到某个临界值时，风险便可能发生。这种异常过程或超常变化的频率越大，给人类社会经济系统造成的破坏可能性就越大；过程或变化的超常程度越大，对人类社会经济系统造成的破坏就可能越强烈。人类社会经济系统承受来自该种风险源的灾害风险就可能越高。这种性质通常用风险源的危险性来描述，或简称致灾因子危险性，如洪涝的危险性、干旱的危险性等。

2. 极端天气气候事件

极端天气气候事件是指某个天气气候变量值高于（或低于）该变量观测值区间的上限（或下限）端附近的某一阈值时的事件。简单来讲，将极端天气事件和极端气候事件合并为“极端天气气候事件”（IPCC，2012），是气象灾害的致灾因子。IPCC SREX 报告将极端天气气候事件分为 3 类：一是能够利用天气气候变量直接判定的极端事件，如温度、降水、风速等；

二是能够影响天气气候变量的极端性或者其本身就具有极端性的天气气候现象，如季风、厄尔尼诺和其他变率模态、热带气旋和温带气旋等；三是能够对自然环境产生重大影响的极端事件，如干旱、洪水、极端海平面事件、影响海岸带的事件、滑坡、沙尘暴等。这种分类方法基本涵盖了学术界常用的极端事件类型，并从评估全球气候系统极端事件及其相关问题的视角出发，把极端事件与其形成的天气气候环境以及影响联系在一起。

3. 复合型极端事件

复合型极端事件是导致社会或环境风险的多种驱动因子和/或灾害的组合（IPCC, 2021a, 2021b；Zscheischler et al., 2018）。由于复合型极端事件往往造成较单一极端事件更为严重的后果，近年来越来越受到学术界的广泛关注。复合型极端事件具体可分为 4 类：①先决条件型事件（preconditioned events），预先存在的气候驱动条件会放大一个或多个致灾因子对社会生态的影响。②多变量型事件（multivariate events），多个气候驱动因素和/或致灾因子在同一地理区域的共同发生而造成的影响。③时间复合型事件（temporally compounding events），连续发生的致灾因子导致地理区域受到放大的影响。④空间复合型事件（spatially compounding events），多个相连的地点在有限的时间内受到相同或不同危害的影响。IPCC AR6 报告（2021a, 2021b）指出，随着全球变暖加剧，一些过去和现在可能性较低的复合型极端事件的发生将变得更加频繁，并且在观测记录中前所未有的强度更强、持续时间更长和/或空间范围更广的事件发生的可能性将更高，复合型极端事件的风险将进一步加大。

4. 承灾体

承灾体是气象灾害系统的社会经济主体要素，是指人类及其活动所组成的社会经济系统，包括人及其日常生活活动、人类劳动创造的物质财富、人类的各种社会经济活动、资源与环境，由以上要素在一定地域单元上构成的具有一定尺度和组织形式的综合体（倪长健，2013）。承灾体受致灾因子的破坏后会产生一定程度的损失，其值的大小即为灾情。之所以会有损失，根本原因在于承灾体所具备的价值性。这种价值性既包括承灾体在经济学意义上的价值和使用价值，也包括在人类社会经济生活中体现出来的或担负着的作用与功能，还包括在资源环境中的意义与影响等层面。离开了承灾体的价值属性，就没有灾害这一概念，灾害的风险更是无从谈起。

5. 暴露度

暴露度是针对承受灾害的客体而言的，指各种承灾体如人员、生计、环境服务和各种资源、基础设施，以及经济、社会或文化资产等处在有可能受到不利影响的位置（IPCC, 2012）。一般情况下，暴露度用承灾体暴露在气象灾害影响范围内的数量与价值来衡量。暴露度是决定风险的必要非充分条件，很多情况下可能有较大的暴露度，却不一定有较大的脆弱性。暴露度并非一成不变，而是随时间和空间尺度的变化而变化，并明显受到经济、社会、地理、人口、文化、体制、管理和环境等因素的影响。财富与教育水平、宗教信仰、性别、年龄、社会地位、健康程度的差异都会导致个人和团体的暴露度不同。随着全球经济的发展与城市化进程的推进，人类社会对极端天气气候的暴露度呈现增加的趋势，这也是造成与天气气候有关的灾害经济损失长期增加的主要原因（秦大河，2015）。

6. 脆弱性

脆弱性最早源于拉丁文“vulnerare”，意为“伤害”，属于社会学范畴，而今脆弱性这一术语被广泛应用于灾害研究。它的内涵也随着学科的发展不断拓展，由最初的自然本质的内在因素，到包括敏感度和应对能力的双重属性，再到包括敏感度、应对能力、暴露度和适应能力的多重结构，到现在已具有多维度特征的概念，包含自然、社会、经济、环境、制度等多方面。IPCC SREX 定义脆弱性为受到不利影响的倾向或趋势（IPCC，2012）。脆弱性的内涵包含两方面内容：一是承灾体承受灾害的程度，即灾损敏感性。敏感性强调承灾体本身的属性，由其物理结构决定，灾害发生前就存在。承灾体的灾损敏感性越强，它的脆弱性也越大，两者呈现正相关关系。二是承灾体的应对能力或恢复力。应对能力或恢复力指一个系统及其组成成分从潜在的危险事件影响中，以迅速有效的方式，预测、承受、适应或恢复的能力。应对能力或恢复力的强弱影响承灾体系统恢复到原状态所需的时间、精力和效率。应对能力或恢复力越强，恢复越快，意味着可能遭受的后续损失和影响越小，遭受下一轮打击之前的脆弱性越低。因此，应对能力或恢复力与脆弱性呈反向关系，应对能力或恢复力越强，脆弱性越低。脆弱性还是动态的，因时空间尺度而异，并明显受到经济、社会、地理、人口、文化、体制、管理和环境等因素的影响。暴露度相同的情况下，极端事件不利影响的程度和类型取决于脆弱性。

7. 恢复力

恢复力（可恢复力），即“resilience”，最早应用于心理学和力学等领域（陈德亮 等，2019）。自 1973 年 Holling 创造性地将其引入到生态系统研究中后，其概念和内涵得到了根本性转变且在之后不断丰富。20 世纪 70 年代中期，恢复力始见于人类学、文化理论和其他社会科学，这些相对非传统领域里的重要研究对恢复力内涵的发展起到重要的促进作用。恢复力开始偏离平衡态观点，转向用更灵活、更实用的方式表述社会-生态系统。现今，恢复力不单指系统维持或回到原来状态的能力，它还涉及在不确定性的变化中适应和学习的能力。这些能力概括起来包括 3 个方面：①吸收能力，即能够应对并吸收外来冲击和胁迫影响的能力；②适应能力，即调整和适应外来的冲击或胁迫，并保持整个系统以大致相同的方式继续运作的能力；③转换能力，即当原有的运作方式不再有效时，从根本上变革该系统属性的能力。在灾害风险管理领域，恢复力被定义为某个系统及其组成部分采用及时和高效率的方式预见、吸收、适应或从某一灾害性事件影响中恢复的能力，其中包括通过确保其各项关键的基本结构和功能得到保护、恢复或改善的能力（IPCC, 2012）。不同学科对“resilience”有不同的翻译，如弹性、韧性等。

8. 适应

适应是指在人类系统和自然系统中，针对实际的或预计的气候及其影响进行调整的过程，人类的干预也许有助于适应预计的气候（IPCC, 2018）。气候变化与生物物理和/或社会经济制约因素之间的相互作用导致了适应限制。适应限制是指行为主体的目标（或系统需求）无法通过适应性行动保证其免遭难以承受的风险时所到达的临界点。适应限制分为硬适应限制和软适应限制。硬适应限制指无法通过适应行动来避免不可承受风险的极限，主要与自然系统有关，是自然系统无法适应生物物理变化所致。软适应限制指目前无法通过适应行动来避免不可承受风险的极限，主要与人类系统有关，如财政资源有限、制度安排无效或人力资源不足，这部分取决于人类机构解决极限方面的作用（高妙妮 等，2022）。

9. 关键风险

关键风险指潜在的严重风险，不仅取决于危害的性质、暴露度、脆弱性和响应方式，还取决于风险重要性（Oppenheimer et al., 2014），其评估标准包括不良后果的严重程度、产生不良后果的可能性、风险的时间特征和应对风险的能力。关键风险随三类决定因素变化：第一，全球平均变暖水平（代表气候灾害相关变化）；第二，社会经济发展路径（获取未来暴露度和脆弱性条件的手段），描述未来社会变化的可能性，对未来风险至关重要，在高脆弱性发展路径中风险更高；第三，适应水平，反映成功实施适应的程度。关键风险是“潜在”严重的，由于气候相关灾害的性质与社会或生态系统对灾害的暴露及脆弱性的变化，风险可能会变得更严重，还可能由于采取适应或缓解措施不力而变得严重。

10. 新兴风险

新兴风险被定义为复杂系统中各种现象相互作用产生的新风险（Oppenheimer et al., 2014）。例如，当人们为应对气候变化而发生迁移时导致接收区域人口的脆弱性和暴露度增加所带来的风险。气候变化的间接、跨界和远距离影响会产生新兴风险，适应性响应和减缓措施有时也会增加新兴风险。

11. 剩余风险

在采取措施减少危险性、暴露度和/或脆弱性后仍存在的风险称为剩余风险（IPCC, 2019）。剩余风险的大小取决于社会对适当适应水平的选择及其达到适当适应水平的能力。在出现适应失败、适应不足或适应限制时，剩余风险通常较高（IPCC, 2022）。

1.3 气象灾害风险评估

1.3.1 评估模型与方法

气象灾害风险评估是在风险识别的基础上，估算损失发生的可能性和损失程度，并依据人类社会的风险态度和风险承受能力，对风险的相对重要性进行分析（秦大河，2015），是一个对特定事件造成后果的可能性和危害程度量化的过程（周姝天 等，2020）。根据气象灾害风险的定义，气象灾害风险是由致灾因子的危险性、承灾体的暴露度和脆弱性构成的函数。因此，气象灾害风险评估的一般模型可表达为

$$R = f\left(H, E, V\right) \tag{1.1}$$

其中，R 为风险；H 为致灾因子的危险性；E 为承灾体的暴露度；V 为承灾体的脆弱性。

若把脆弱性理解为暴露承灾体的脆弱性，那么风险可表达为致灾因子及暴露于致灾因子下的承灾体脆弱性的函数，气象灾害风险评估模型的表达式为

$$R = f\left(H, V_E\right) \tag{1.2}$$

其中，V_E 为暴露承灾体的脆弱性。

由于灾害之间存在复杂的响应、并发、互斥等关系，在特定时段、特定地区内有并存或并发多种致灾因子的情况，形成多灾种复合风险。对多灾种复合风险进行评估是当前灾害风险研究的重要方向，这需要将一个地区动力来源和特征各异的多种灾害置于统一区域系统中，综合考虑灾害对区域开发、居民生命和财产安全可能的影响程度（Kappes et al., 2012）。通过对多灾种复合风险评估可以掌握区域的总体风险状况，绘制风险地图，制定区域土地利用规划和防灾减灾规划，帮助有效减轻灾害影响（明晓东 等，2013）。

现有的多灾种复合风险评估研究大多基于灾害风险理论的逻辑。主流的风险评估方法主要基于单灾种风险评估，分别采用风险结果或风险要素两种方式进行综合评估。

1. 风险结果的综合评估

从灾害风险理论出发，首先评估单灾种的风险等级，再采用一定方法将单灾种风险结果综合得到多灾种风险，具体的多灾种综合风险表达式为

$$R=\sum f_i\left(H_i,E_i,V_i\right) \tag{1.3}$$

其中，i 表示灾害种类；Σ 表示综合过程，如叠加或加权叠加等，但不限于此。

运用该方法的典型例子，如 2005 年全球热点地区研究计划（Global Hotspots Project）基于紧急灾难事件数据库（Emergency Events Databse，EM-DAT）的统计，分别计算了地震、洪水、火山、热带气旋、干旱和滑坡 6 种自然灾害的死亡风险及绝对和相对经济损失风险指数，并根据单灾种风险评估结果得到全球多灾种综合风险地图（葛全胜 等，2008）。又如中国学者史培军主编的《中国自然灾害风险地图集》，该地图集选取了地震、台风、水灾、旱灾、滑坡、泥石流、沙尘暴等 12 个灾种，根据不同灾种的自身属性和数据情况，采用不同的方法分别进行风险评估，并按各灾种发生的频次及权重进行综合风险评估（史培军，2011）。

2. 风险要素的综合

对风险的各组成要素分别进行多灾种综合，再根据要素之间的函数关系得到的风险即为多灾种综合风险。具体说来，首先计算一定区域内的致灾因子危险性、暴露度和脆弱性，再通过一定过程计算多致灾因子综合危险性、综合暴露度和综合脆弱性，最后根据风险要素之间的关系进一步计算多灾种综合风险，具体的综合风险表达式为

$$R=f\left(\sum H_i,\sum E_i,\sum V_i\right) \tag{1.4}$$

欧洲空间规划观测网络（European Spatial Planning Observation Network，ESPON）于 2007 年对欧洲 29 个国家所在区域进行的灾害风险评估就是典型的风险要素综合方法的运用案例。首先，ESPON 选取了雪崩、干旱、地震、极端天气、洪水、森林火灾、泥石流、风暴潮、海啸、火山和热带风暴 11 种自然致灾因子和 4 种人为致灾因子，依据历史数据、问卷调查、相关专家的意见、可能发生的概率等相关指标，对 15 种致灾因子的危险性进行评估，得到单一致灾因子危险性图。随后，使用专家打分法确定各致灾因子对整个区域的影响权重，并按此权重将 15 种致灾因子进行综合，计算出整个区域的多致灾因子危险性，并划分为 5 个等级的多致灾因子危险性图。再选择地区生产总值、人口密度、生态环境作为潜在损失评估指标，各国的国内生产总值作为应对能力评估指标，采用专家打分法确定上述 4 个指标的权重，以

该权重计算整个区域在多致灾因子影响下的脆弱性，划分为 5 个等级，并得到脆弱性区划图。最后，将多致灾因子危险性图和脆弱性区划图两者采用等级矩阵法进行综合，得出最终的多灾种综合风险区划图（葛全胜 等，2008）。

葛全胜等（2008）对地处中国东部沿海人口密集、经济发达的浙江省按照地市、县域和社区/村 3 种空间尺度进行了自然灾害风险综合评估试点研究，该研究也是典型的风险要素综合方法的运用案例。致灾因子包括台风、洪涝、旱灾、病虫害、风雹、低温冷害、雪灾、滑坡、暴雨、风暴潮、雷暴。致灾危险性由各类自然致灾因子的强度及其发生的频率来描述，结合灾害类型进行空间分布评估，得到各区域的综合致灾危险性等级。承灾体脆弱性用人口和农业的数量特征、区域产业经济结构、国内生产总值、农户人均纯收入和人均财政收入来综合表示。最后通过综合致灾危险性和承灾体脆弱性，按高、中、低 3 个等级，采用等级矩阵法，求出各地区的综合灾害风险等级。

1.3.2 评估流程与步骤

气象灾害风险评估的基本流程包括数据收集、致灾因子危险性评估、承灾体暴露度评估、承灾体脆弱性评估、风险评估等步骤。

1. 数据收集

主要包括进行气象灾害风险评估所需的各种基础气象数据和底图，如受灾地区的各类气象数据、地形数据、土地利用数据、遥感影像资料、人口数据、历史灾情数据等。

2. 致灾因子危险性评估

致灾因子危险性评估主要进行三方面工作：一是致灾因子强度评估，一般根据气象因子的变异程度（风力大小、温度、降水异常程度、干旱强度、洪水强度）等指标确定；二是致灾因子发生概率评估，一般根据一定时段内该强度气象灾害发生次数确定，通常用概率（或频次、频率）等表示，致灾因子强度越大，发生概率越小；三是致灾程度综合评估，对致灾因子强度、概率及致灾环境进行综合分析，并给出每一种气象灾害风险的致灾因子危险性等级。

3. 承灾体暴露度评估

承灾体暴露度评估是对暴露在致灾因子危险性影响下的人口、建筑、财产、经济活动等生命与财产要素的暴露数量、价值，以及分布进行分析。通常结合致灾因子危险性评估结果，叠加建筑物、人口、土地利用等数据，获得要素的暴露数量、价值及分布。近年来，精细化的人口经济分布、房屋建筑等数据信息的获取与研究是暴露度评估的重要趋势。

4. 承灾体脆弱性评估

承灾体脆弱性评估包括各类承灾体本身对不同气象灾害的响应能力，即评估人类社会应对灾害能力，以及为各种承灾体防灾所配备的综合措施力度及针对特定灾害专项措施力度。通常基于社会经济以及灾情数据等资料，通过模拟试验或灾害损失数据拟合各类财产、建筑物等在不同强度致灾因子下的损失率函数，量化脆弱性。

5. 风险评估

在致灾因子危险性、承灾体的暴露度和脆弱性评估的基础上，构建单灾种或多灾种灾害风险评估模型，并根据评估结果，进行风险区划，制定防灾减灾规划和措施。

1.4　气象灾害风险管理

1.4.1　气象灾害风险管理的目标

自 1990 年联合国正式启动“减灾十年”计划，国际减灾工作经历了 30 余年的历程，形成了《横滨战略及行动计划》《2005—2015 年兵库行动框架: 加强国家和社区的抗灾能力》和《2015—2030 年仙台减轻灾害风险框架》等引导全球减灾工作的纲领和指南。“推动科学减灾”“加强灾害管理”“减少灾害风险”3 个主题始终贯穿于联合国引领的减灾进程中，有力推动了防灾减灾实践的深入和认识的深化，人们的风险意识不断提高。防灾减灾工作已经由以应急防御和灾后应急救助为主向灾害的风险防范和风险管理并重转变，防灾减灾的“端口”前移，变被动防灾为主动应对，使防灾减灾工作由减轻灾害损失向降低灾害风险转变，灾害风险管理逐渐受到人们的重视（秦大河，2015）。

灾害风险管理是研究灾害风险发生规律和管控技术的一门管理科学（张继权和李宁，2007）。从科学意义上来说，灾害风险管理的核心问题是优化决策，而且是不确定条件下的复杂多目标优化决策。科学的灾害风险管理系统主要包括风险分析和规避措施。前者是对形形色色风险的认识，而后者是采取一定的措施来规避风险。与传统多目标优化决策不同的是，对风险系统的认识占据了风险管理的大部分工作，而切实可行的规避措施，大多通过启发式学习来构造。从法律意义上讲，灾害风险管理的核心问题是要履行法律赋予的职责，做好备灾、应急、恢复和重建工作。从生活方式上讲，灾害风险管理的核心是尊重人的生命和健康，追求高质量的生存环境和精致化的生存状态，为当代和下一代民众着想（黄崇福，2012）。

联合国减少灾害风险办公室（UNDRR）指出，灾害风险管理是一项系统工程，即运用行政决策、组织机构、操作技能和能力执行政策与策略，通过社会公众和社区的处置能力减小灾害对人类、环境与资源造成的影响（UNDRR，2022）。IPCC SREX 报告认为，灾害风险管理是通过设计、实施和评价各项战略、政策和措施，以增进对灾害风险的认识，鼓励减少和转移灾害风险，并促进备灾、应对灾害和灾后恢复做法的不断完善，其明确的目标是提高人类的安全、福祉、生活质量、应变能力和可持续发展（IPCC，2012）。

气象灾害风险管理是以气象灾害为研究对象，借助空天地一体化监测技术、灾害风险预警与评估技术、灾害模拟评估技术和计算机网络技术，结合多学科交叉与综合的理论及方法，在全面调查研究气象灾害发生分布规律的基础上，进行气象灾害危险性分析、承灾体暴露度和脆弱性分析、抗灾能力分析和风险评估的过程。通过探寻防灾减灾决策的定量、综合研究方法和手段，编制气象灾害风险区划图；提出国家及区域的气象灾害风险综合管理对策；研发国家和地区气象灾害风险评估、预报预警和管理辅助决策系统，使其服务于气象灾害管理对策、经济建设和发展规划的制定，达到以最小的成本获得最大安全保障的目标（张继权和李宁，2007；张钛仁 等，2014）。

1.4.2　气象灾害风险管理的基本框架

随着风险理念在灾害管理中不断深化和应用，世界各国、各部门和各行业相继形成了各具特色的灾害风险管理框架。例如国际风险管理理事会（IRGC）建议的灾害风险管理框架（图 1.2）主要包括 4 个内容，即预评估、风险评析、可容忍性和可接受性判断，以及风险管理。

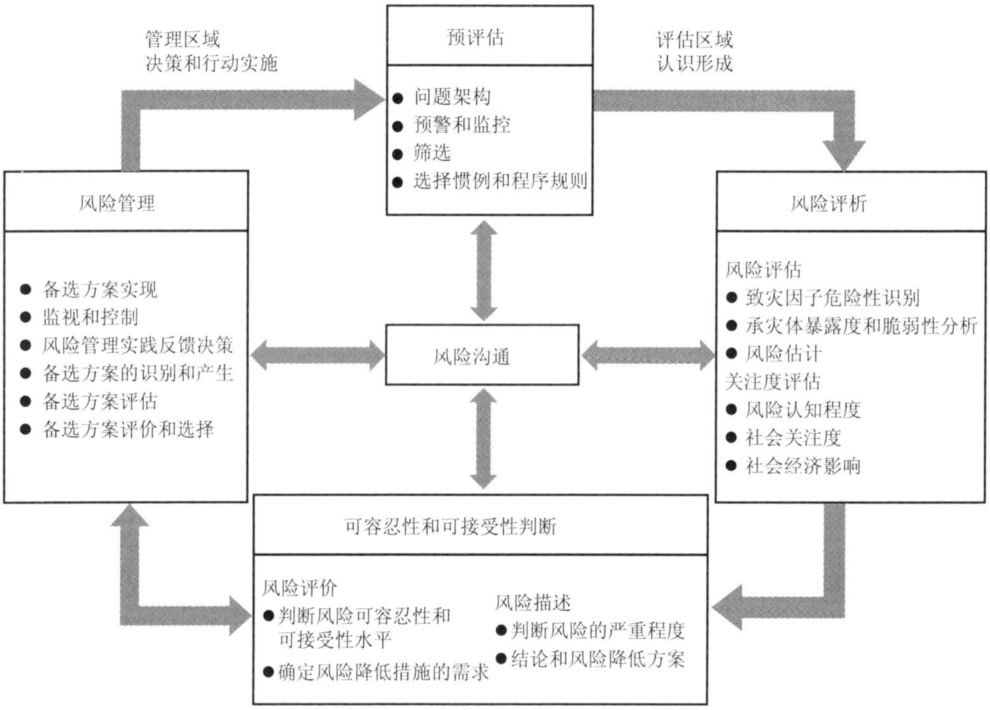

图 1.2　国际风险管理理事会（IRGC）建议的灾害风险管理框架（IRGC，2005）

预评估，目的在于确立风险治理的重点问题，可分为 4 步：首先针对主要社会参与者分析其“问题架构”，包括对与风险主题相关现象的选择和解释；其次是识别显示风险存在的信号，及早预警和监控；再次筛选出待治理的风险问题；最后选择惯例和程序规则，建立筛选风险的程序，以便选择主要的假设、惯例、程序规则来评估风险。

风险评析，主要包括风险评估和关注度评估。风险评估包括致灾因子危险性识别、承灾体暴露度和脆弱性分析以及风险估计；关注度评估主要针对人们对风险的认知程度、社会关注度、社会经济影响等开展评估。目的是生成与特定风险诱因有关的信息，其最终成果是对风险判断，以模拟影响的概率分布表现出来。

可容忍性和可接受性判断，包括风险描述和风险评价。可容忍性指认为值得追求的一种行为，然而可能需要额外努力，以便在合理的范围之内降低风险。可接受性指的是剩余风险很低，以致额外降低风险的行为被认为是不必要的。风险描述，就是要判断风险的严重程度，根据可容忍的风险水平和可接受的风险水平，做出降低风险的选择。目的是收集和总结必需的所有相关证据，提出风险降低方案，以便从科学的角度来处理风险。风险评价，就是应用社会价值和规范，判断风险的可容忍性和可接受性水平，从而确定风险降低措施的需求。

风险管理是为了实现特定的目标，设计和贯彻处理风险的行动和具体措施，以决定是采取避免还是降低风险、转移还是维持风险的管理策略。包括前后相互衔接的 6 个具体步骤，每一个具体步骤都用以支持下一个具体步骤，并在多个风险管理决策中做出最优的选择，最后对风险管理决策选择及执行情况进行监控，以评价具体风险管理决策的绩效等。

风险沟通在整个风险管理框架中处于很重要的位置。有效的风险沟通不仅可以使利益相关者和公众及时了解风险评析和风险管理的结果和信息，而且还可以增强相互冲突观点之间的可容忍性，使风险评析和风险管理形成一种广泛的信任机制，为社会各界共同参与风险管理奠定基础。

国内学者指出，灾害风险管理是一个连续的、循环的、动态的过程，可分为确定背景、识别风险、分析风险、评估风险以及处置风险等多个步骤（张继权和李宁，2007），其中分析风险和评估风险是整个灾害风险管理工作的核心，框架如图 1.3 所示。

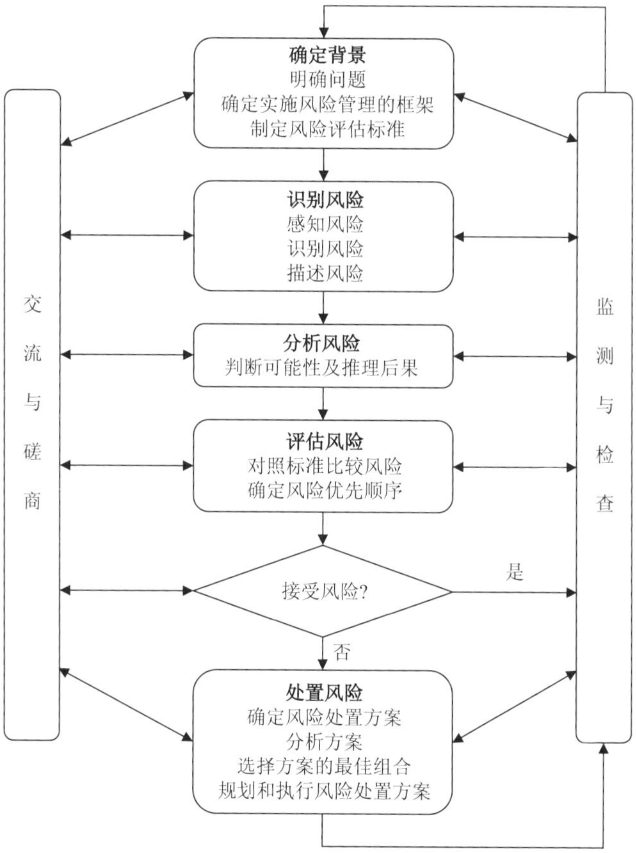

图 1.3　灾害风险管理过程（张继权和李宁，2007）

确定背景需要完成三方面的工作，即明确问题、确定实施风险管理的框架和制定风险评估标准。识别风险是风险管理的第一步，也是风险管理中最基础的工作。它是指在风险发生前，人们运用各种方法系统地、连续地认识所面临的各种风险以及分析风险发生的潜在原因，包括感知风险、识别风险和描述风险。分析风险是在识别风险的基础上，对可能出现的任何事件带来的后果进行分析，以确定事件发生的概率以及相关潜在后果，为评估风险和处置风险提供信息。评估风险的目的是判断风险的严重性，为处置风险提供依据。一般来说，评估风险的步骤包括对照标准比较风险和确定风险优先顺序。根据风险评估结果选择是否接受风险。处置风险的目的是通过选择和实施风险处置措施，减少风险危害的可能性，包括确定风险处置方案、分析方案、选择方案的最佳组合、规划和执行风险处置方案。在灾害风险管理的全过程中，强调全程的交流与监测，以确保实现有效的、动态的风险管理（张继权和李宁，2007）。

1.4.3 气象灾害风险管理的主要方法

气象灾害风险管理工作的主要内容是如何有效应对天气气候极端事件带来的不利影响，达到避免或减轻其负面影响的目的。灾害历史演变和国际防灾减灾经验充分说明气象灾害风险管理对保障人民生命财产安全和经济社会可持续发展具有重要作用。中国在系统总结灾害风险管理得失和教训的基础上，从自然科学和社会科学相结合的视角认识灾害风险管理，充分借鉴成功的国际经验，逐渐建立起一套适合中国国情的、较为完整的灾害风险综合管理体制和防灾减灾技术体系，建立了“政府主导、部门协调、公众参与”的协同治理机制。《国家综合防灾减灾规划（2016—2020 年）》明确提出“二个坚持，三个转变”，即“坚持以防为主、防抗救相结合，坚持常态减灾和非常态救灾相统一，努力实现从注重灾后救助向注重灾前预防转变，从应对单一灾种向综合减灾转变，从减少灾害损失向减轻灾害风险转变”的防灾减灾指导方针，坚持将减轻灾害风险纳入可持续发展进程。

IPCC SREX 报告（IPCC，2012）提出，灾害风险管理的主要方法包括减少暴露度和脆弱性、提高对风险变化的应对能力、风险分担和转移、提升恢复力以及转型等（图 1.4）。这些方法一方面能降低气象灾害的各种风险，同时能提高应对尚存的动态风险的能力，可能有相互重叠，能够同时被采用。

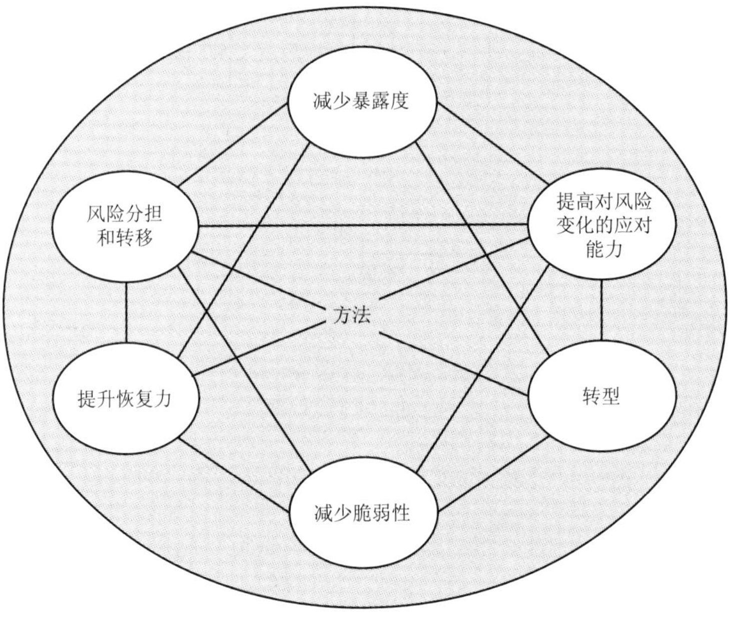

图 1.4　灾害风险管理方法（IPCC，2012）

1. 减少暴露度和脆弱性

暴露度和脆弱性是灾害风险及其影响的关键决定因素。例如，热带气旋何时何地登陆能够带来截然不同的影响。同样，热浪天气能够对不同人群造成不同影响，这取决于不同人群的脆弱性。暴露度和脆弱性是动态的，随不同的时间和空间尺度而变化，并取决于经济、社会、地理、人口、文化、体制、管理和环境等因素。基于财富和教育水平、残疾和健康状况，以及性别、年龄、阶层等其他社会和文化特点表征出的不平等，个人和团体的暴露度和脆弱性各不相同。人居模式、城市化和社会经济状况变化均影响极端气候的暴露度和脆弱性时空格局。例如，发达国家和发展中国家的沿海，包括小岛屿和大三角洲地区，以及山地的人居环境均对极端气候呈现差异性的暴露度和脆弱性。快速的城市化和超大城市的发展，特别是在发展中国家，已经导致高度脆弱的城市社区的形成，特别是在一些非正式的居民点和缺乏土地管理的地方。脆弱人口还包括难民、移民和生活在城乡接合部地区的人。高暴露度和脆弱性一般是不平衡发展过程的结果，与环境退化、危险地区快速和无规划的城市化、管理失控和贫困人口缺少生计选择等有关。如果把应对灾害风险纳入国家发展计划和行业计划，并采取气候变化适应战略，把计划和战略转化为针对脆弱地区和弱势群体的行动，有效降低暴露度和脆弱性，并提高针对各种潜在极端事件不利影响的应变能力，就能更有效地管理灾害风险。

2. 提高对风险变化的应对能力

灾害的累积影响能够很大程度地影响有关民生的各种选择、资源，以及社会和社区抵御与应对未来灾害的能力。各种不平等现象影响局地的应对和适应能力，并对地方至国家层面的灾害风险管理和适应构成挑战。这些不平等现象反映了社会经济、人口和健康方面的差别，也反映出管理、获得生计、权利以及其他因素方面的差别。各国间也存在不平等现象。发达国家通常比发展中国家具备更好的条件，能够采取明确的措施，以有效地应对和适应极端气候的变化。为了有效管理灾害风险，需提高对风险变化的应对能力，在国家总体战略规划、体制和法制建设、工程措施、气候变化业务系统建设，以及公众认知水平等层面，全面提升应对极端天气气候事件和抵御灾害风险的能力；推动实施应对气候变化的全民行动计划，利用现代信息传播技术，加强宣传、教育和培训，提高公众对适应气候变化的认知水平，引导公众形成科学、和谐、绿色的生活观念，提高公众的适应意识。

3. 风险分担和转移

在地方、国家、区域和全球层面建立风险分担和转移机制能够提高对极端气候的应变能力。这些机制包括非正式和传统的风险分担机制、小额保险、保险、再保险以及国家、区域和全球风险合营等。通过对救援、民生恢复、重建、减少脆弱性提供融资手段的方式，以及通过为降低灾害风险而提供知识和激励措施的方式，可以将风险分担和转移机制与降低灾害风险和适应气候变化结合起来。有效的风险分担和转移机制应该充分利用政府与市场机制的各自优势，同时调动社会各方资源，共同应对灾害风险。未来的风险分担和转移应该完善灾害保险和社会保障、建立国家适应资金，同时大力发展风险治理中的市场机制，使之成为国家主导下灾害风险管理机制的重要组成部分。

4. 提升恢复力

提升恢复力已经成为国际社会应对气候变化及极端天气气候灾害风险、提升适应能力的共识。“恢复力”战略重视灾害的预防和防范，强调“在实践中学习（learning by doing）”，要求加强适应性管理。提升恢复力不仅强调减小或避免未来可能的极端灾害损失，更注重从风险治理的视角提升社会经济系统的整体竞争力，将危机转化为机遇，实现可持续发展。面向恢复力的能力建设战略重视学习和创新的能力，同时也需要政府转变角色，充分利用市场资源和社会力量提升风险治理的领导力。设计和实施恢复力战略应当软适应和硬适应措施并重，全面提升社会经济系统的适应能力。具体途径包括：加强适应气候变化与防灾减灾领域的决策协调，推动风险治理机制创新；制订国家和部门的适应规划，提升长期适应能力；完善减灾与应急管理机制，加强天气气候灾害的预测、预警及监测能力；开展天气气候灾害风险评估与区划；提升决策者和社会公众的气候风险意识，全社会参与风险管理，实现应急管理向风险管理的转变。

5. 转型

转型是某个系统（包括各种价值体系、法规、立法或行政管理体系、金融机构和技术系统或生物系统）基本属性的转变。IPCC SREX 报告提出，从根本上降低社会系统脆弱性的方法是转型，从渐进措施到转型变革的各种行动对降低灾害风险至关重要（IPCC，2012）。转型涉及多个方面，例如，社会契约、安全含义以及发展模式等，不仅包括个体价值观中的风险认知的结构调整，还包括组织中实现风险治理的制度的结构调整（Williams，2012）。对那些脆弱性极强、适应能力极差的地区，社会系统转型将是其真正达到适应气候变化目标的唯一路径。经济、社会、科技、政治决策和行动中的转型可以支持气候恢复力发展。通过自适应学习、提高科学知识、促进有效的适应和减缓措施，以及降低风险的其他选择，能够形成一个恢复力更强的世界。转型通常意味着资源配置和发展方式的转变，包括发展模式、发展要素、发展路径等的转变。从国际经验看，不论是发达国家还是新兴工业化国家，无一不是在转型升级中实现持续快速发展的。当前转型的重点是从工业化向后工业化转变，特别是用现代科技改造传统产业，发展高新技术产业，提高发展的高科技含量，使发展具有可持续性。

1.5 知识差距

气象灾害是当今世界面临的重大问题之一，严重影响经济、社会的可持续发展，并威胁着人类的生存。随着科学技术的发展和防灾减灾实践的不断深化，气象灾害风险评估与管理研究形成了基本的理论体系、技术方法和概念框架，有力地促进了国际防灾减灾事业的发展。但在全球变暖背景下，极端天气气候事件趋频趋强，加之快速发展的社会经济，人类面临的灾害风险正在增大，对防灾减灾和灾害风险管理提出新的挑战。

1. 探索多学科方法在灾害风险评估领域的应用

气象灾害风险评估是灾害风险研究的核心，也是风险管理的重要内容。科学分析一种或几种灾害发生对地方经济、社会和环境带来的潜在影响、风险等级排序及空间分布，可为区域空间发展提供可持续性和安全性方面的参考。当前，从灾害系统理论出发，分别构建致灾因子危险性、承灾体暴露度和脆弱性评估模型仍是灾害风险评估的主要范式。随着计算机技术的突破和多学科交叉研究的兴起，神经网络模型、大数据结构模型、信息扩散模型、动态可计算一般均衡模型、联合风险概率模型等一系列其他学科的模型和方法需要在灾害风险评估领域中改进和应用。

2. 创新多灾种复合风险评估方法

现实中灾害往往并非孤立出现，而是存在复杂的触发、伴随、耦合等关系。灾害风险的评估主要基于单一灾种展开，即使已经开展的多灾种复合风险研究和实践仍建立在单灾种风险评估基础上，从灾害叠加视角进行复合。然而，灾害叠加视角下的多灾种复合风险评估过程难以严谨地量化不同灾害在强度和频率上的差异，未重视灾害间的复合或级联效应。未来的研究可以从灾害损失或灾害恢复力的视角来研究多灾种复合风险，为灾害综合风险防范提供更科学的依据。

【关注点】

气象灾害，气象灾害风险评估，气象灾害风险管理，致灾因子，暴露度，脆弱性，恢复力，适应

【专题讨论】

请从灾害演变和防灾减灾理念的发展角度，探讨灾害管理与灾害风险管理有何区别。

【思考题】

一、如何理解气象灾害的双重属性？
二、简述气象灾害风险的三要素及其关系。
三、介绍你经历的气象灾害类型。
四、说说你对中国灾害风险管理的认识和建议。

参 考 文 献

陈德亮, 秦大河, 效存德, 等. 2019. 气候恢复力及其在极端天气气候灾害管理中的应用. 气候变化研究进展, 15(2): 167-177.

丁一汇. 2008. 中国气象灾害大典: 综合卷. 北京: 气象出版社.

高妙妮, 翟建青, 陈梓延, 等. 2022. 气候变化对跨部门和区域关键风险研究新认知: IPCC AR6 WGⅡ解读. 大气科学学报, 45(4): 530-538.

葛全胜, 邹铭, 郑景云, 等. 2008. 中国自然灾害风险综合评估初步研究. 北京: 科学出版社.

缑倩倩, 韩致文, 杜鹤强, 等. 2012. 中国沙尘暴源区及其治理研究评述. 中国沙漠, 32(6): 1559-1564.

郝建盛, 李兰海. 2022. 雪崩灾害防治研究进展及展望. 冰川冻土, 44(2): 1-9.

黄崇福. 2012. 自然灾害风险分析与管理. 北京: 科学出版社.

黄崇福, 刘安林, 王野. 2010. 灾害风险基本定义的探讨. 自然灾害学报, 19(6): 8-16.

况雪源, 王遵娅, 张耀存, 等. 2014. 中国近年来群发性高温事件的识别及统计特征地球物理学报, 57(6): 1782-1791.

李广, 于鸿翔, 张洁, 等. 2021. 风吹雪多相流运动及其在寒区雪水文中的应用. 空气动力学学报, 39(3): 170-181.
路娜, 周静博, 李治国, 等. 2015. 中国雾霾成因及治理对策. 河北工业科技, 32(4): 371-376.
明晓东, 徐伟, 刘宝印, 等. 2013. 多灾种风险评估研究进展. 灾害学, 28(1): 126-132.
倪长健. 2013. 论自然灾害风险评估的途径. 灾害学, 28(2): 1-5.
倪长健, 王杰. 2012. 再论自然灾害风险的定义. 灾害学, 27(3): 1-5.
秦大河. 2015. 中国极端天气气候事件和灾害风险管理与适应国家评估报告. 北京: 科学出版社.
全国气象防灾减灾标准化技术委员会. 2012. 降水量等级(GB/T 28592—2012). 北京: 中国标准出版社.
全国气象防灾减灾标准化技术委员会. 2017a. 寒潮等级(GB/T 21987—2017). 北京: 中国标准出版社.
全国气象防灾减灾标准化技术委员会. 2017b. 沙尘暴天气等级(GB/T 20480—2017). 北京: 中国标准出版社.
全国气象防灾减灾标准化技术委员会. 2018. 气象灾害防御重点单位气象安全保障规范(GB/T 36742—2018). 北京: 中国标准出版社.
史培军. 2002. 三论灾害研究的理论与实践. 自然灾害学报, 11(3): 1-9.
史培军. 2011. 中国自然灾害风险地图集. 北京: 科学出版社.
史培军, 吕丽莉, 汪明, 等. 2014. 灾害系统: 灾害群、灾害链、灾害遭遇. 自然灾害学报, 23(6): 1-12.
王喜年. 2001. 风暴潮预报知识讲座第二讲风暴潮灾害及其地理分布. 海洋预报, 18(2): 70-77.
杨艳, 王杰, 田明中, 等. 2012. 中国沙尘暴分布规律及研究方法分析. 中国沙漠, 32(2): 465-472.
张继权, 李宁. 2007. 主要气象灾害风险评价与管理的数量化方法及其应用. 北京: 北京师范大学出版社.
张钛仁, 李茂松, 潘双迪, 等. 2014. 气象灾害风险管理. 北京: 气象出版社.
张翔, 韦燕芳, 李思宇, 等. 2021. 从干旱灾害到干旱灾害链: 进展与挑战. 干旱气象, 39(6): 873-883.
张小曳, 孙俊英, 王亚强, 等. 2013. 我国雾-霾成因及其治理的思考. 科学通报, 58: 1178-1187.
中国气象局. 2003. 地面气象观测规范. 北京: 气象出版社.
中国气象局政策法规司. 2006. 热带气旋等级(GB/T 19201—2006). 北京: 中国标准出版社.
周姝天, 翟国方, 施益军, 等. 2020. 城市自然灾害风险评估研究综述. 灾害学, 35(4): 180-186.
庄国泰, 高培勇. 2022. 应对气候变化报告(2022). 北京: 社会科学文献出版社.
Highland L, Bobrowsky P T. 2008. The Landslide Handbook: a Guide to Understanding Landslides. Reston: US Geological Survey.
Hungr O, Leroueil S, Picarelli L. 2014. The Varnes classification of landslide types, an update. Landslides, 11(2): 167-194.
IPCC. 2012. Managing the Risks of Extreme Events and Disasters to Advance Climate Change Adaptation: a Special Report of Working Groups I and II of the Intergovernmental Panel on Climate Change. Cambridge, UK, and New York, US: Cambridge University Press.
IPCC. 2018. Special Report on Global Warming of 1.5℃. Cambridge, UK, and New York, US: Cambridge University Press.
IPCC. 2019. IPCC Special Report on the Ocean and Cryosphere in a Changing Climate. Cambridge, UK, and New York, US: Cambridge University Press.
IPCC. 2021a. Summary for policymakers//Masson-Delmotte V, Zhai P, Pirani A, et al. Climate Change 2021: the Physical Science Basis. Contribution of Working Group I to the Sixth Assessment Report of the Intergovernmental Panel on Climate Change. Cambridge, UK, and New York, US: Cambridge University Press.
IPCC. 2021b. Climate Change 2021: the Physical Science Basis//Masson-Delmotte V, Zhai P, Pirani A, et al. Contribution of Working Group I to the Sixth Assessment Report of the Intergovernmental Panel on Climate

Change. Cambridge, UK, and New York, US: Cambridge University Press.

IPCC. 2022. Climate Change 2022: Impacts, Adaptation, and Vulnerability. Cambridge, UK, and New York, US: Cambridge University Press.

IRGC. 2005. Risk Governance: Towards an Integrative Approach. http: //www.irgc.org/

Kappes M S, Keiler M, Elverfeldt K, et al. 2012. Challenges of analyzing multi-hazard risk: a review. Natural Hazards, 64(2) : 1925-1958.

Oppenheimer M, Campos M, Warren R, et al. 2014. Emergent Risks and Key Vulnerabilities//Climate Change 2014: Impacts, Adaptation, and Vulnerability. Part A: Global and Sectoral Aspects. Cambridge, UK, and New York, US: Cambridge University Press.

UNDRR. 2022. Global Assessment Report on Disaster Risk Reduction: Our World at Risk: Transforming Governance for a Resilient Future. http://www.undrr.org/GAR2022.

Williams J. 2012. Adaptation to climate change: from resilience to transformation. Scottish Geographical Journal, 128(1): 83-86.

Zscheischler J, Westra S, van den Hurk B, et al. 2018. Future climate risk from compound events. Nature Climate Change, 8(6): 469-477.

第 2 章　洪涝灾害风险评估与管理

引　言

洪涝灾害是洪灾和涝灾的总称，洪灾和涝灾往往同时发生且很难区分，因而统称为洪涝灾害。洪涝灾害是全球发生频率最高、损失最严重的自然灾害之一。以洪水灾害为例，据 EM-DAT 统计，2001～2020 年全球发生的重大自然灾害中，洪水发生次数和受灾人口在所有自然灾害中均排名第一，直接经济损失排名第三，死亡人口排名第四。国际上对洪水灾害的防治经历了从“控制”到“管理”的路径。以美国为例，为了防治洪灾，美国曾根据国家防洪与发展航运的需要，实施“堤防万能”的“遏制洪水”政策。然而，1927 年密西西比河下游的特大洪水，冲毁了“堤防万能”的神话，迫使美国转变思路，采用综合利用水库调蓄、蓄滞洪区、河道整治、开挖泄洪道来控制洪水的政策。但 1993 年美国发生了历史上最严重的大洪水，又使美国认识到洪水不可能完全被控制，洪水风险也不可能完全消除，美国洪水政策又从“洪水控制”走向“洪水管理”（毛德华 等，2009）。洪涝灾害是最主要的与气候相关的灾害之一。2002 年以来，全球每年洪涝灾害造成的经济损失高达数百亿美元，成千上万的人因此丧生；未来的经济损失和伤亡人数可能会更大。因此，有效评估洪涝灾害风险仍是公众和科学家共同关注的问题。

中国幅员辽阔，洪涝灾害发生频繁，不仅影响范围广，而且损失严重。随着人口的增多和社会经济的发展，洪涝灾害的损失居高不下。1984～2022 年，中国平均每年因洪涝灾害造成的直接经济损失约为 1146 亿元，其中南方地区损失较重。洪涝灾害造成的直接经济损失占全部气象灾害损失的 39.5%，是对中国社会经济影响最为严重的自然灾害之一（赵珊珊 等，2017）。2021 年 7 月，河南遭受特大暴雨洪涝灾害，造成 1478.6 万人受灾，398 人死亡（失踪），直接经济损失 1200.6 亿元（李莹和赵珊珊，2022）。气候变化背景下，未来强降水等极端天气气候事件出现的频率和强度都会有所增加，可能会因此加大洪涝灾害的危险性，加之中国城市化进程的加快，人口和经济快速集中，洪涝灾害的暴露度进一步增加，最终导致洪涝灾害风险增加。因此，开展洪涝灾害风险评估和管理对人民生命财产安全和社会发展具有重要的现实意义。

目前国内洪涝灾害风险评估与管理的标准主要集中在洪水预报、防洪标准、风险图编制、洪水影响评价、暴雨洪涝风险普查和预警等方面，主要包括:《防洪标准》（GB 50201—2014）、《洪水风险图编制导则》（SL 483—2017）、《洪水影响评价报告编制导则》（SL 520—2014）、《洪涝灾情评估标准》（SL 579—2012）、《水文情报预报规范》（SL 250—2000）、《暴雨诱发灾害风险普查规范　中小河流洪水》（QX/T 428—2018）和《暴雨诱发的中小河流洪水气象风险预警等级》（QX/T 451—2018）。

本章将从洪涝灾害的概念、成灾机制、风险评估、风险管理和评估案例等方面，系统说明洪涝灾害风险评估与管理的相关技术和研究现状。

2.1　洪涝灾害概述

2.1.1　洪水

洪水是一种高度复杂的自然现象，它与大气圈、水圈、生物圈、人类圈和岩石圈都有密切的联系，是 5 个圈层相互非线性作用和反馈的产物（魏一鸣　等，2002）。《地理词典》中对洪水的定义为："河流涨水所形成的特大水流称为洪水。"《中国水利百科全书》中对洪水的定义为："河流在较短时间内发生的水位明显上升的大流量水流"。《现代地理学辞典》中对洪水的定义是："河流水位超过河滩地面溢流现象的统称"（左大康，1990）。《洪水灾害风险管理理论》一书认为："洪水通常是由出现洪水地区的上游或当地的暴雨或融水所致，而且通常是以公认的某一有影响的水位为标准，超过这一水位则被定义为洪水。"（魏一鸣　等，2002）

洪水三要素是指一次洪水过程中的洪峰水位（洪峰流量）、洪水总量和洪水历时。洪水三要素值越大，洪水强度也就越大。除了洪水三要素，还会使用洪水重现期、洪水淹没范围等指标来描述洪水强度。

洪水按出现地区的不同，大体上可分为河流洪水、海岸洪水和湖泊洪水等。按照成因也可以分为雨洪水、山洪、融雪洪水、冰凌洪水等。

2.1.2　洪涝灾害

洪涝灾害是通常所说的洪灾和涝灾的总称（左大康，1990）。洪灾一般是指因河流泛滥淹没田地等所引起的灾害，涝灾指因长期大雨或暴雨而产生大面积的积水或土地过湿导致的灾害。洪灾和涝灾往往同时发生且很难区分，因而统称为洪涝灾害。

从地学角度出发，参考魏一鸣等（2002）根据洪涝灾害形成的机理和成灾环境的区域特点，可将洪涝灾害分为 8 种。

（1）溃决型洪（涝）灾，泛指江河、湖海、堤防、塘坝等，由自然或人为因素造成溃决而形成的洪涝灾害，根据成因可进一步细分为河堤溃决、大坝溃决、冰坝溃决 3 种。该类洪（涝）灾具有突发性强、来势凶猛、破坏力大的特点。

（2）漫溢型洪（涝）灾，是指水位高于堤防或大坝高度，水流漫溢，淹没低平的三角洲平原或山前的一些冲积、洪积扇区的现象。该类洪（涝）灾受地形控制大，水流扩散速度较慢，洪（涝）灾损失与土地利用状况有关。

（3）内涝型洪（涝）灾，指地势低洼、紧依江河、仰承江河沿线湖群的水网地区内发生暴雨或洪水，区域排水不畅，造成大面积区域积水，导致明涝；或由于长期积水，区域地下水水位升高造成区域渍涝灾害的现象。

（4）行蓄洪型洪（涝）灾，指山谷或平原水库以及河道干流两侧的行洪、蓄洪区（一种天然的洼地或人工湖泊）因河道来水过大、难以及时排出而被迫启用导致的人为的空间转移性洪涝灾害。从牺牲局部、确保重点地区安全的观点出发，以小的行洪、蓄洪区的淹没损失换取江河堤防的安全，是一种重要的防灾减灾手段。

（5）山洪型洪（涝）灾，通常指发生于山区河流中暴涨暴落的突发性洪涝灾害。此类灾害影响范围小，但由于山区地势起伏大，具有洪流速度高、冲刷力强、破坏力大等特点，常伴生泥石流、滑坡等灾害，是一种危害极大的山地自然灾害。

（6）风暴潮型洪（涝）灾，指热带气旋伴随着大风暴雨登临海岸上空，引发海岸洪水，造成堤岸决口、海潮入侵或海水倒灌，导致漫溢、泛滥的灾害。

（7）海啸型洪（涝）灾，指海底地震或近海域火山爆发使海洋水体扰动引起重力波，波速可达 500～700 km/h，在近海岸或海湾波峰可达 20～30 m，由此产生灾害。

（8）城市洪（涝）灾，指城市地区的洪涝灾害。城市具有独特的地表形态和性质，导致地面径流系数大，汇流速度快、时间短、下渗少。

2.1.3　洪涝灾害风险

不同学科背景、不同研究角度对洪涝灾害风险的定义不尽相同，很难统一，常见的有：①人员伤亡数，或其所占人口的比例；②灾害直接经济损失，或其所占流域内资产的比例；③灾害的发生频率及相应的水深分布；④灾害损失的可能性或其期望值；⑤典型频率洪水的最大水深、最大流速，洪水到达时间与淹没历时（万庆，1999）。

很多学者借鉴灾害风险的定义来阐释洪涝灾害风险。魏一鸣等（2002）从系统论的角度，将危险性、脆弱性和灾情列为洪涝灾害风险的构成要素。随着灾害系统研究的深入，灾害系统中的积极因素逐渐被重视，承灾体在灾害发生时的减缓功能、灾害发生后的恢复能力，以及人们应对灾害的能力对灾害风险也都有很大影响。张会等（2005）在危险性、脆弱性和暴露度的基础上增加了防灾减灾能力这个要素，一起构成了洪涝灾害风险。

洪涝灾害风险的特征包括 4 点（万庆，1999）：

（1）洪涝灾害风险具有客观性。洪涝灾害发生是人类无法掌控的，气象灾害是不可避免的，任何防洪措施设备的设计标准都不是难以超越的，因此洪涝灾害风险是客观存在的。

（2）洪涝灾害风险既是经济风险又是非经济风险。洪涝灾害后果包括财产损失、房屋倒塌等，可以用经济指标来表示。此外还包括心理恐惧、社会影响、环境影响等非经济风险。

（3）洪涝灾害风险是纯风险。洪涝灾害带来的收益与其带来的损失相比微不足道，因而称为纯风险。

（4）洪涝灾害风险的空间性。洪涝灾害具有明显的空间分异特征，不同地区面临的洪涝灾害风险是不一样的。

2.2　洪涝灾害成灾机制

洪涝灾害成灾机制由上界面（天）和下垫面（地）共同构成（吴华林和沈焕庭，1999）。上界面要素指的是降水在时间和空间分布上的均匀程度，下垫面要素指的是地圈系统（包括河、湖、水库、植被等）对过多水的蓄、泄、拦的容量和能力。

其中，下垫面现状与人类活动有极其紧密的关系，如人类砍伐林木、围湖、建坝等将直接改变地貌和土地功能。人类活动对上界面也有间接影响，比如人类引起的温室效应导致气候异常变化。

2.2.1　自然原因

天气气候和下垫面条件决定了中国是世界上洪涝灾害最严重的国家之一。

1. 下垫面条件

中国地势西高东低呈三级阶梯状分布。山地、高原和丘陵约占陆地面积的 67%，盆地和平原约占陆地面积的 33%。山脉多呈东西和东北—西南走向。西部多高山高原，东部多丘陵平原。众多的山脉影响了高空水汽的输送，使中国降水呈现大尺度带状分布的特点（李林涛 等，2012）。例如，长江与黄河的分水岭——秦岭，同时也是中国南方暖湿气候与北方干冷气候的分界线；南北走向的贺兰山和六盘山阻碍夏季风西进，东侧降水明显多于西侧；鲁、浙、闽、粤沿海山脉一线，临近海洋，迎风坡使气流抬升，雨量增多，往往是暴雨洪涝易发的地区（李林涛 等，2012）。

中国拥有许多源远流长的大江大河，仅流域面积超过 1000 km^2 的江河就有 1500 多条。大江大河多在西部高原地区生成，支流多呈树枝状分布，最终向东流入大海。一旦发生大范围降雨，水往低处流，上中游雨水通过支流迅速汇集到干流，压向下游，且下游多为经济发达、城市和人口密集的平原，河流坡降较小，水流较缓，容易积水，于是形成洪涝灾害，造成巨大损失。如 1991 年淮河-太湖流域水灾、1994 年珠江流域水灾和 1998 年长江流域水灾（吴华林和沈焕庭，1999）。

2. 天气气候

中国幅员辽阔，经纬度跨度较广，与海的距离远近不一，与此同时地势高低也不同，地形类型及山脉走向多样，使得不同的气温降水组合形成，也带来了多种多样的气候类型。从气候类型上看，东部属季风气候，西北部属温带大陆性气候，青藏高原属高寒气候。地形的复杂多样使气候更具复杂多样性。中国地处世界气候异常的脆弱带（吴华林和沈焕庭，1999），冬夏季风的交替活动以及它的不稳定性，导致中国大部分地区季节性降水分布不均，降水在年际间也有很大差异。冬季盛行从大陆吹向海洋的偏北风，夏季盛行从海洋吹向陆地的偏南风。冬季风产生于亚洲内陆，性质寒冷、干燥。在冬季风的影响下，中国大部分地区冬季普遍降水少、气温低，北方更为突出。夏季风来自东南面的太平洋和西南面的印度洋，性质温暖、湿润。在夏季风的影响下，中国大部分地区夏季降水普遍增多。

气候异常还受到太阳黑子的周期活动、厄尔尼诺和南方涛动（黄荣辉，1999），以及全球气候变化的影响，引起的洪涝灾害既有世界性规律，又有中国自身的特点。例如 1998 年长江流域洪水与 1997 年 5 月发生的强厄尔尼诺现象有关。同时 1998 年还是太阳黑子爆发年，太阳黑子大约 11 年爆发 1 次，每次爆发均可能造成洪涝灾害。此外，温室效应及全球气候变暖也对中国洪涝成灾有一定影响（吴华林和沈焕庭，1999）。

2.2.2 人为原因

中国洪涝灾害除与上述自然原因有关外，还与人为原因有关。

（1）围湖造田和泥沙淤积严重，蓄洪能力大为减弱（吴华林和沈焕庭，1999）。

（2）掠夺性开发森林和土地资源造成水土流失加剧。植被是纯天然的绿色水库，能缓冲雨水对土壤的冲蚀作用，且具有明显的涵养水源功能（吴华林和沈焕庭，1999）。

（3）向河滩要地，影响行洪。人类为了经济发展向河滩要地，向江河争地，建造修船厂、拆船厂、临时仓库等，严重改变河流走势，造成诸多防洪工程脱流，丧失功能，使水流直冲堤岸，造成险情频出（吴华林和沈焕庭，1999）。

（4）堤防标准低、隐患多。长江中下游平原的湖泊河网区，地面高程普遍低于洪水位，全靠堤防保护。1998 年，九江长江干堤、公安孟溪大垸、安乡安造垸和嘉鱼合镇垸相继溃决，充分暴露了这一问题的普遍性和严重性（吴华林和沈焕庭，1999）。

（5）城市规划理念滞后被视为引发城市内涝问题的一个原因。传统理念对雨水通常采取"防"与"排"的态度，人为加快雨水循环过程，使得本应被土壤滞留的雨水被迅速排走（马念，2007）。规划内容等方面存在不足也是引发城市内涝的原因之一（王通，2013）。城市内涝排水设施的设计标准滞后及不统一也是引发城市内涝的重要原因之一（张辰，2014）。

（6）山洪灾害则受到多方面人为因素影响：森林过量采伐，水土流失严重；放养放牧过度，牧场退化严重；开矿、采石、筑路、取土、弃渣、陡坡种植等（张泽峰，2016）。

2.3　洪涝灾害风险评估

洪涝灾害风险评估是认识洪涝灾害的前提和要求，是有效管理洪涝灾害的基础。洪涝灾害风险评估是对洪涝灾害致灾因子发生的概率和灾害发生后可能造成的损失进行评估。

2.3.1　洪涝灾害风险分析

洪涝灾害风险分析是洪涝灾害风险评估的前提，又是洪涝灾害风险管理与决策的依据。自从将风险理论引入洪灾系统以来，对洪灾风险定义的争议就没有停止过，不同学者有不同理解。早期灾害风险被认为是灾害发生后的总损失，到后期风险被认为是危险性、暴露度和脆弱性的函数，风险的核心同灾害发生的空间、时间、强度和损失密切相关（孙章丽　等，2017）。洪涝灾害风险分析是对不同强度的洪涝发生概率及其可能造成的洪灾损失进行分析。洪涝灾害风险分析系统包括危险性分析、暴露度分析、脆弱性（易损性）分析和洪涝灾害损失评估（万庆，1999）。

1. 危险性

危险性分析是指从风险诱发因素出发，研究不利事件发生的可能性（概率）。洪涝危险性是致灾因子的各种自然属性特征的概率分布，同时也是受到洪涝威胁的地区可能遭受影响的强度和频率。强度可用淹没深度、淹没范围等指标来表示。频率可用重现期（多少年一遇）来表示，一般洪涝重现期越长，频率越低，则此时洪涝的量级越大。

洪涝重现期或频率能科学反映洪涝出现的概率、防护对象的安全度，以及洪涝灾情的大小，可以作为划分区域灾害危险性等级的统一指标。在一般洪水频率计算中，按年最大值法选取样本。首先，对实测水文资料进行可靠性审查、代表性分析、一致性检查，再对历史洪水的调查资料进行复核，然后选取皮尔逊III型分布模型，按配线法（适线法）计算洪水频率（许武成和王文，2003）。需要注意的是，当前在气候变化和人类活动的影响下，基于一致性假设的水文概率分布估计理论和方法已经无法帮助人们正确揭示变化环境下水资源和洪水演变的长期规律，若继续采用现有的工程水文分析方法制定流域开发利用工程方案、防洪和抗旱工程的运行调度方案等，将面临由变化环境带来的风险（Milly et al.，2008）。

2. 暴露度和脆弱性（易损性）

暴露度和脆弱性是灾害风险及其影响的关键因素。灾害经济损失增长的主要原因之一就是人和经济资产暴露度的增加。在暴露度相同的条件下，不利影响的程度和类型取决于脆弱性，通常可以用洪水淹没面积、人口密度、地均生产总值和耕地面积表达暴露于洪涝灾害下的范围、人口暴露度、经济暴露度和农作物暴露度（王艳君 等，2014）。脆弱性（易损性）是指承灾体遭受不同强度的洪涝时可能损失的程度，常常用损失率作为指标。不同承灾体遭受同一强度的洪涝时，出现不一样的损失程度。但即使同一承灾体遭受同一强度的洪涝时，也会出现不一样的损失程度。这就是所谓的脆弱性（易损性）不同。总而言之，洪涝灾害脆弱性（易损性）分析就是研究洪涝强度与损失率的关系。

3. 洪涝灾害损失评估

洪涝灾害损失评估是在危险性、暴露度和脆弱性（易损性）分析的基础上，计算不同强度洪涝灾害可能造成的损失。从洪涝灾害危险性分析结果中找出该承灾体所处位置可能遭受的洪涝强度，从暴露度分析中获取暴露在洪涝灾害范围内的主要承灾体，从脆弱性（易损性）分析中找出该类承灾体在该洪涝强度下可能的损失率。利用此损失率乘以承灾体的价值，即可得到该承灾体可能的损失值。

洪涝灾害损失评估主要是对灾害给人类生存和社会经济发展所造成的破坏及危害程度大小的一种定量评估（刘春腊 等，2014）。根据灾害对人类生存和发展目标的影响，灾害损失可分为经济损失和非经济损失（韩平和程先富，2012）。

洪涝灾害经济损失评估应该包括直接经济损失和间接经济损失（魏一鸣，2002）。洪涝灾害直接经济损失的评估方法较多，有经验公式法、关系曲线法、回归分析模型，后逐渐发展了面上综合损失值模型、损失增长率模型、BP 神经网络模型、不确定性模型等（刘春腊 等，2014）。洪灾损失率是洪涝灾害直接经济损失的一个相对指标，指各类承灾体遭洪涝灾害损失的价值量与灾前或正常年份各类承灾体原有价值量之比（冯民权 等，2002）。洪涝灾害间接经济损失是指洪水次生灾害和衍生灾害所造成的损失。由于间接经济损失涉及面广，计算范围又无明显界限，因而要完整、准确地计算间接经济损失存在较大难度。其主要评估方法有三类：调查法、经验判断法、投入产出分析（刘春腊 等，2014）。

洪涝灾害非经济损失评估主要涉及洪涝灾害对生命、生态环境等方面的非经济损失评估。目前运用较多的有“人员伤亡损失统一计算模型”以及洪水对生态环境损失评估系统（刘春腊 等，2014）。

2.3.2 洪涝灾害风险评估方法

洪涝灾害风险评估需要运用多种方法和技术手段。对国内外洪涝灾害风险评估常用的方法进行归纳总结，可得到如下几类（黄大鹏 等，2007；韩平和程先富，2012）。

（1）数理统计法。这类方法主要是通过对以往已经发生的洪涝灾害历史数据进行收集，加以统计分析，找出其中规律，预测未来洪涝灾害发生的风险概率。

（2）综合评价法。洪涝灾害风险是个综合性风险，它可以通过多个评价指标体现，综合评价法就是将多个指标转化为一个能够反映综合情况的指标。

（3）实验模拟法。通过遥感与地理信息系统技术，运用系统仿真，模拟人类活动下洪涝灾害的发生和演变，并绘制洪涝灾害风险图，对洪涝灾害风险进行动态监测与预警。

（4）决策分析法。洪涝灾害的发生是多种因素的综合影响结果，每个因素都会带来不同结果。因此，可以将洪涝灾害风险评估视为从一些可能的结果中选择其一，即决策分析过程。

上述几类方法各有优势。其中，数理统计法、综合评价法和决策分析法进行风险评估时通常需要建立模型、构建指标体系，选用这些方法时，就要着重考虑评价指标的选取、优化以及权重的分配与计算；而实验模拟法则更侧重于分析洪涝灾害的主要因素，更有目标性地揭示洪涝灾害的形成机制并对其进行风险评估。

2.3.3　洪涝灾害风险评估案例

1. 中国洪涝风险评估案例

1）数据和方法

气象观测数据（2400 余站）来自中国气象局国家气象信息中心，水文数据（61 站）来自中国水利部水文局编制的《水文年鉴》。12 个气候模式包括 CNRM-CM5、CanESM2、GFDL-CM3、GFDL-ESM2G、GFDL-ESM2M、HadGEM2-ES、IPSL-CM5A-LR、mirc-esm、mirc-esm-chem、NorESM1-M、MPI-esm-mr 和 MPI ESM-LR。模式变量包括降水、温度（平均、最大、最小）、相对湿度、风速和地面下行短波辐射。基于气象观测数据，对全球气候模式的输出结果进行降尺度和偏差校正，并统一空间分辨率到 0.5°。

洪涝灾害直接经济损失数据来自《中国气象灾害年鉴》。县域社会经济数据来源于《中国统计年鉴（县级）》，并采用面积加权插值法插值至 0.5°分辨率。为了保持数据序列的同质性，损失和生产总值被均一化到 2015 年同比价格。

5 种共享社会经济路径包括“可持续性”路径 SSP1、“中间道路”路径 SSP2、“区域竞争”路径 SSP3、“不均衡”路径 SSP4 和“化石燃料发展”路径 SSP5，将它们分别与 RCP2.6、RCP4.5 和 RCP8.5 相结合，以评估全球升温水平为 1.5℃、2.0℃、2.5℃、3.0℃、3.5℃和 4.0℃的洪水影响。人口预估基于最新人口普查的全要素生产率、资本存量和劳动力区域信息，以及中国目前的生育政策。国内生产总值预估基于观测数据中单个网格占全省生产总值的比重，并将 SSP 预估结果降尺度到 0.5°分辨率，同样均一化到 2015 年同比价格。

洪涝灾害危险性基于分布式水文模型 VIC（可变入渗能力）模拟的中国 0.5°网格尺度径流量。水文模型参数采用 61 个水文站日流量观测数据进行校准。根据气候条件、土地覆盖、土壤性质、数字高程模型等相似性，将参数转移到邻近流域。径流预估到 2099 年，分别用 1981～2010 年和 2011～2099 年的结果来表示模型基准期和未来时期。

洪涝灾害风险综合考虑了洪涝灾害状况（危险性）、社会经济状况（暴露度）和代表社会经济脆弱性的“强度-损失率”函数量化。基于 1984～2018 年的历史河流径流量和直接经济损失，建立了三级流域的“强度-损失率”曲线，量化中国社会经济在洪涝灾害中的脆弱性。洪涝事件的强度被量化为最大日径流量相对于历史基准（1981～2010 年）的波动程度。损失率为流域洪涝灾害损失与洪涝灾害暴露地区生产总值的比值。利用强度损失率结合未来洪涝灾害暴露度和预估的洪涝强度来估计未来损失。

2）洪涝灾害风险评估

历史时期暴雨洪涝损失的研究表明，1984～2018 年，中国暴雨洪涝灾害造成的直接经济损失为年平均 192 亿美元（按 2015 年同比价格计算），约占气象灾害直接经济损失的 54%，约占中国国内生产总值的 0.5%。1998、2010 和 2016 年洪涝灾害损失更是达到了 497 亿、646 亿和 493 亿美元，其中 1998 年洪涝灾害的直接经济损失占当年度国内生产总值的 3.0%。

气候变暖背景下，未来全球和中国将可能面临更严重的洪涝灾害。与 1981～2010 年平均水平相比，预计全球升温 1.5℃和 4℃时，中国受洪涝灾害影响的国内生产总值将分别增加近 14 倍和 46 倍。全球升温 1.5～4.0℃，洪涝灾害损失预计将比历史时期高 4～17 倍。全球平均气温每升高 0.5℃，中国将增加 20 万 km^2 的区域暴露在洪涝影响范围、2.2 万亿美元的经济暴露度和 670 亿美元的直接经济损失。气候变暖下洪涝灾害损失的大幅增加主要来自社会经济条件的改善，但也与洪涝频率和强度的增加有关。控制全球升温将有效减少中国洪涝灾害损失，特别是易受洪涝灾害影响的长江流域（Jiang et al., 2020）。

2. 全球洪涝风险评估案例

1）全球水文和水动力模型

使用全球水文模型 PCR-GLOBWB 及其扩展版 PCR-GLOBWB-DynRout 模拟日径流量和洪水，空间分辨率为 0.5°，该模型由欧盟 AQ-WATCH 项目 1958～2000 年的气象场数据（降水、温度、辐射）驱动。具体使用气温、降雨、降雪以及基于 Penman-Monteith 计算的潜在蒸发估计值，并将所有字段汇总为日值。首先，从日径流量时间序列中，提取 1958～2000 年最大年径流量的时间序列，通过该时间序列拟合一个 Gumbel 分布。通过 Gumbel 分布计算选定重现期（2、5、10、25、50、100、250 和 1000 年）网格单元的径流量，绘制不同重现期的洪水图。然后基于 GLOFRIS 降尺度模块将径流量转换为淹没深度（高分辨率 30″），该模块包括高分辨率数字高程模型（分辨率 30″）和相同分辨率的河流单元图。

2）洪水影响模块

洪水影响模块用于估计不同重现期 30″网格单元的影响，并汇总到任一地理单位（例如国家、流域）。该模块为适应用户所需的影响指标，综合了受影响人口、受影响国内生产总值、受影响农业产值、城市资产暴露度和城市损失等指标。受影响人口和受影响国内生产总值基于 2010 年人口和国内生产总值估算；城市资产暴露度基于城市地区暴露资产的经济价值；城市损失基于构建的不同洪水深度下暴露资产遭受损害的百分比（脆弱性）；受影响农业产值基于网格单元经济农业价值数据计算。

3）评估结果

从洪水对城市的影响来看，美国、欧洲、澳大利亚东海岸、中国和日本的大部分地区风险最高。中国受影响人口和受影响农业产值高过城市损失；但在美国和欧洲，这两项指标却低于城市损失。印度次大陆、东南亚和非洲部分地区受到的影响同样严重。从受影响人口、受影响国内生产总值、受影响农业产值和城市资产相对比例来看，虽然对许多区域的影响在绝对值上很低，但对特定区域的影响可能非常大。例如，撒哈拉以南非洲地区表现出较低的绝对影响，但其大部分地区受影响人口和受影响国内生产总值相对于其总人口和国内生产总值比例较高（Ward et al., 2013）。

3. 流域洪水评估案例

1）长江流域中游洪水灾害系统的演变

致灾因子演变

长江流域除上游青藏高原地区属高原气候外，其余地区属于亚热带季风气候，受东部太平洋、南部印度洋与陆地的热力差异影响。20 世纪 90 年代长江大洪水事件的增加与全球变暖导致的降水增加和大降水事件显著增加有关（姜彤和施雅风，2003）。

长江流域汛期长达半年，但洪涝主要集中在夏季（6～8 月）。夏季降水占年降水的比例高达 45%，并呈现逐年递增的趋势。而未来全球气候变化会导致长江流域夏季降水更趋于集中，尤其是洞庭湖和鄱阳湖流域，大降水事件的增加趋势无疑会加大暴雨洪涝的发生概率（苏布达，2005）。

孕灾环境的演变

（1）堤防建设。1949 年后，中国加强了沿江堤防的修建，极大地减少了中下游地区的洪涝灾害。然而，修建堤防又带来了另一风险，筑堤束河限制了河流天然的泛滥，河流泥沙沿道淤积，易形成地上悬河。河床的抬升会降低堤防的相对高程，加大堤内堤外水势差，加剧溃口或漫顶洪水一泻千里的风险。

（2）森林覆盖率变化。长江上游是中国森林减少最突出的地区之一（王玉川，1999）。李贤伟等（2001）研究表明，4000 年前上游地区四川、云南的森林覆盖率在 80%以上，贵州约在 45%～50%。到 20 世纪 40 年代末，四川、云南、贵州森林覆盖率分别下降到 20%、40%和 9%。1949 年后，不断增加的人口和经济建设需求使森林覆盖率继续减少。20 世纪 90 年代相比 50 年代，长江流域森林覆盖率由 22%下降到仅有 10%，而同期水土流失面积由 36 万 km^2 增加到 56 万 km^2，干流河床每 10 年抬高 1 m（马雪华，1998）。

（3）土地利用强度的演变。森林覆盖变化、农业强度变化、建筑用地变化和湿地变化等代表了影响水文效应的土地利用变化（Woube，1999）。直接影响河道水文特征的因素则有洪泛区土地利用的变化和改变流域产汇流过程。长江中下游平原湖区，人口增多加大了对土地和粮食的需求，同时大面积湖区被排水填平后变为耕地或用来扩展城市。1949 年，长江中下游有通江湖泊数十个。短短 40 年后，仅仅只有鄱阳湖和洞庭湖等少数湖泊保持通江状态。鄱阳湖和洞庭湖也因泥沙淤积和不断围垦，面积与容积逐渐缩小（水利部长江水利委员会，2002）。围垦不但使洪峰水位抬高，还使高水位持续时间延长（闵骞，2000）。

承灾体

洪涝承灾体包括洪涝影响范围内生命和非生命的有形实体（人类社会和财产等）。长江流域横跨中国西南、华中和华东三大经济区，范围涉及 19 个省（市、自治区），交通便利，拥有优越的自然条件和地理位置，人口数量和经济总量在中国各大流域中都占第一位。宜昌以下 80 万 km^2 的长江中下游地区，鄂、湘、赣、皖、苏、浙、沪 7 个省份面积仅占中国国土面积的 7.1%，但人口和生产总值分别占 19.1%和 26.3%（虞孝感，2003）。

2）荆江分蓄洪区运用

荆江分蓄洪区位于湖北省中南部的荆州市公安县境内，主体工程建成于 1952 年。分蓄洪区地处长江中游荆江河段南岸，北起太平口，南抵黄山头，东滨长江，西临虎渡河（公安县志编纂委员会，1990）。

根据 1∶10 万长江中下游河道图（水利部长江水利委员会江务局，1995），阻碍水流顺畅下泄的主要卡口位于上荆江末段。因此，分洪口门必须建在卡口以上，才能及时缓解壅水给堤防带来的压力。南岸地势由于荆江河段洪水多年向南分流淤积，逐渐抬升，一般高出北岸 5～7 m。如果由北岸分洪，洪道水位比地面高 9～10 m，在闸门形成 13 m 的水头，北岸居民有灭顶之灾，控制运用难度很大（荆江分洪工程志编纂委员会，1999）。因此，分蓄洪区就选择设置在荆江河段南岸，分洪口门为太平口。

荆江分蓄洪区主体工程建成后的第 2 年，长江流域发生全流域性水灾。1954 年 7 月 22 日，沙市水位达 44.38 m，并预报上游宜昌来水继续增加。同时，荆江大堤由于本身存在大量弱点，出现 2000 多处险情。为解除荆江大堤险情，7 月 22 日～8 月 22 日先后 3 次开闸分洪（水利部长江水利委员会，2002）。

3 次分洪使沙市水位分别降低 0.47 m、0.64 m 和 0.96 m，控制在 44.49 m 的保证水位下，解除了荆江大堤的洪水威胁。

3）荆江分蓄洪区洪涝风险模拟

河流的洪泛平原洪水漫溢过程路线不同于河渠中向下游演进的洪水过程，需要对流量、流速横向与垂向分布 3 个方面进行计算，动态洪水演进模型模拟淹没过程的水动力由二维不恒定流洪水演进模型完成。

荆江分蓄洪区安全区的围堤堤顶高程为 42 m，因此分别定义＜38 m、38～40 m、40～42 m 和＞42 m 水位为分蓄洪区低、中、高、超高淹没洪水位。

（1）荆江分蓄洪区洪水演进模型的建立

根据公安县测绘局提供的高程点数据，参考 1∶5 万比例尺地形图上采集的等高线和高程点数据，利用 GIS 系统选取反距离加权空间内插法，生成荆江分蓄洪区数字高程模型。依据目视解译获取的土地利用信息，对各类土地利用类型赋予曼宁值，将土地利用矢量数据转换为栅格糙率数据。在土地利用解译基础上，提取分蓄洪区围堤和分洪口门矢量信息，并转换为栅格，界定模拟运行边界条件和模拟的起始位置。

（2）荆江分蓄洪区洪水演进模拟结果

荆江分蓄洪区洪水动态演进模型选定方案一（小入流）、方案二（中入流）和方案三（大入流）3 种不同入流方案对比分析洪水演进过程。

图 2.1 是基于方案一 4400 m^3/s 的入流方案，动态模拟分洪后各时间段洪水淹没范围和水深。从北闸开启进洪开始模拟运行至 8 h，洪水推进迅速，分蓄洪区洪水淹没范围达到 36%（320 km^2）。继而进入分蓄洪区地势最低洼的闸口镇、崇湖地区后，推进速度略有下降，填洼作用持续至 36 h，淹没范围扩大到 63%（570 km^2）。此后的 8 h，洪水以较快速度推进到分蓄洪区最南段，淹没范围扩展到 77%（687 km^2）。100 h 后洪水淹没分蓄洪区超 95%的地区。

依据分洪区洪水演进模拟结果绘制了洪水演进过程(图 2.2)。从分洪水位的变化情况来看，模拟运行 96 h，分蓄洪区大部分洪水淹没地区水位保持在 38 m 以下，低水位面积占淹没面积的 84%（710 km^2）。至 192 h，分蓄洪区低水位淹没地区已转变由中水位（38～40 m）覆盖，中水位面积占淹没面积的 76%（677 km^2）。至 340 h，高水位（40～42 m）和超高水位（>42 m）淹没面积分别为 87%（784 km^2）和 13%（113 km^2）。

方案二模拟进洪流量为 7700 m^3/s，在不间断进洪情况下 194 h 后分蓄洪区蓄满 54 亿 m^3（图 2.3 和图 2.4）。

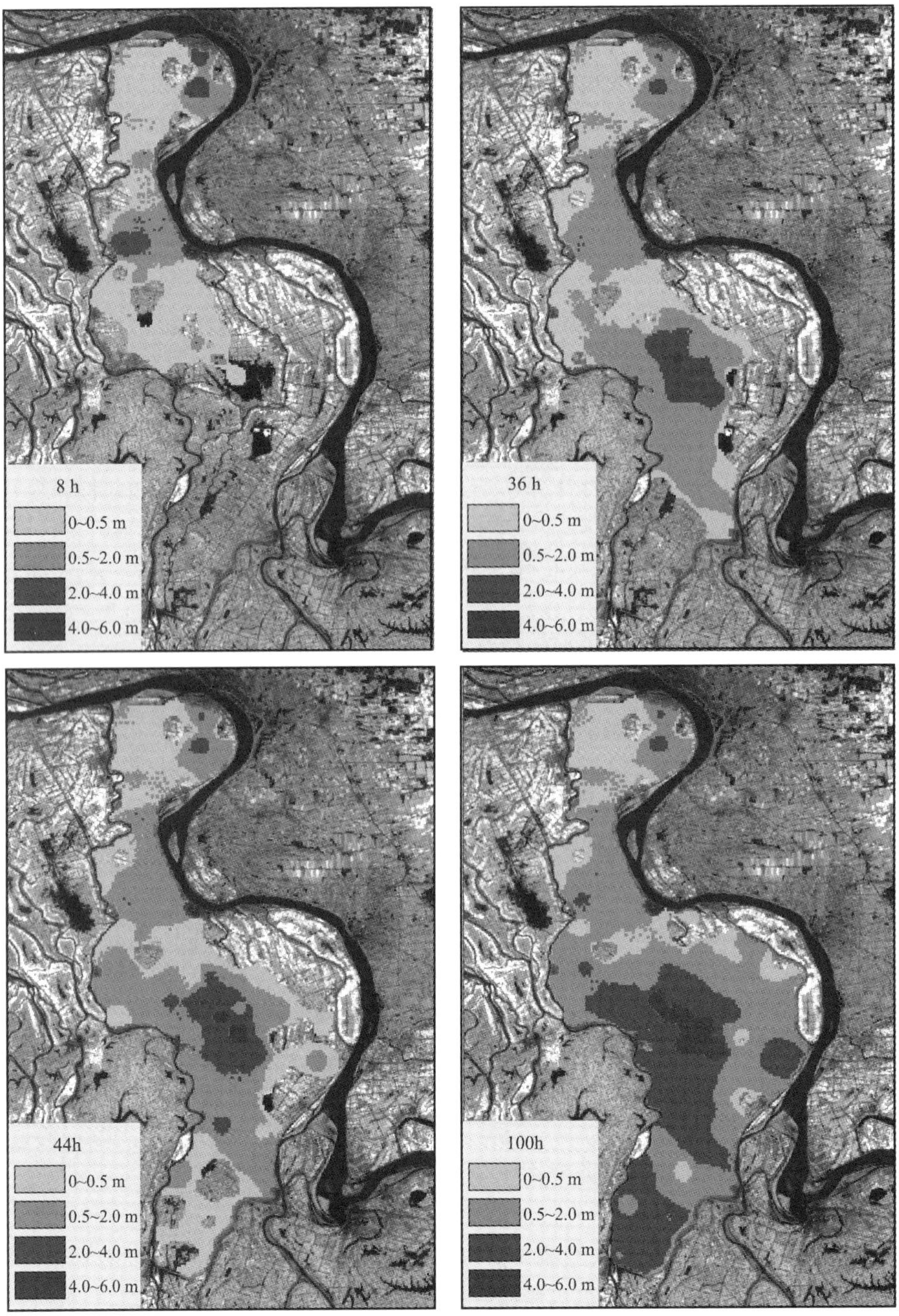

图 2.1　方案一（4400 m^3/s）模拟 8 h、36 h、44 h 与 100 h 淹没水深分布

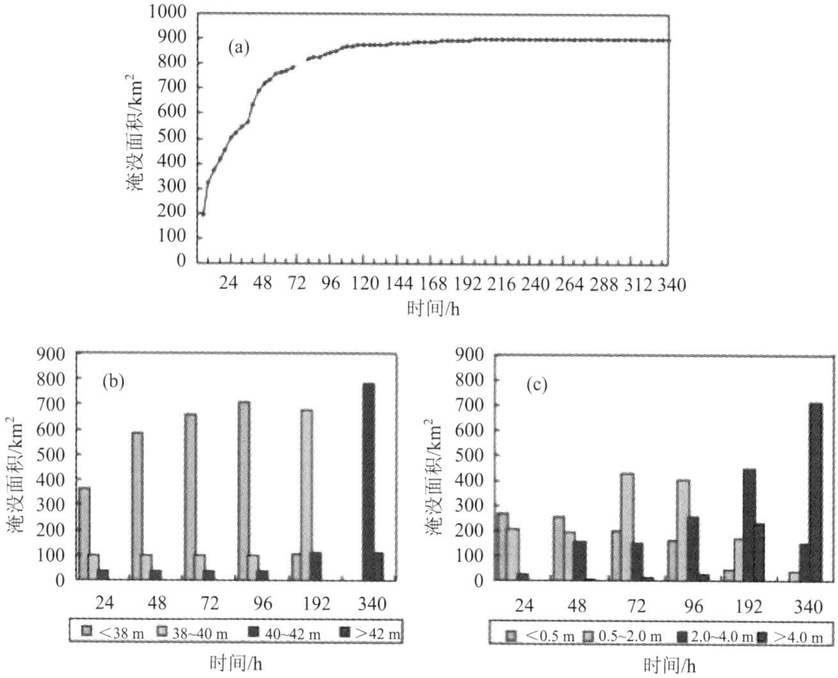

图 2.2　方案一的洪水淹没面积变化

洪水演进过程与方案一大体一致。模拟运行至 8 h，洪水迅速淹没分蓄洪区 40%的面积（360 km^2）。接下来的填洼作用持续至 28 h，淹没范围扩大到 68%（610 km^2）。此后的 8 h，洪水推进到分蓄洪区最南段，淹没范围扩展到 84%（755 km^2）。模拟 60 h 后淹没分蓄洪区超 95%的地区。模拟运行的前 24 h，分蓄洪区大部分洪水淹没地区水位在 38m 以下，低水位面积为 420 km^2，占淹没面积的 70%以上。模拟运行 24～96 h，中水位和高水位面积变化很小，只有低水位范围快速扩大。至 96 h 时，淹没范围仍以低水位面积为主，但开始逐步由中水位取代。至 192 h 时，分别出现 320 km^2、435 km^2 及 140 km^2 的中水位、高水位和超高水位地区，分别占淹没面积的 36%、49%和 15%。

方案三以 17 000 m^3/s 流速不间断分洪。88 h 后分蓄洪区蓄满 54 亿 m^3，其淹没过程如图 2.5 和图 2.6 所示。

本方案洪水演进速度很快，但过程与方案一、方案二基本一致。模拟运行 8 h，洪水淹没范围达到 47%（420 km^2）。接下来的填洼作用持续至 20 h，淹没范围扩大到 67%（600 km^2）。模拟运行至 28 h，洪水演进到最南段，淹没范围达 88%（790 km^2）。模拟至 36 h 淹没分蓄洪区超 95%的地区。

模拟运行至 48 h，淹没面积 70%（630 km^2）为低水位所覆盖。至 72 h，大部淹没范围已转为由中水位所覆盖，中水位面积占淹没面积的 58%（510 km^2）。至 96 h，已不见低水位，出现 51%（460 km^2）的中水位地区，28%（250 km^2）的高水位地区和 21%（180 km^2）的超高水位地区。

4）洪水灾害风险管理必要性

1954 年，荆江蓄洪区分洪对流域全局性防洪减灾起到了重大作用。为了保障荆江分蓄洪区内人员和财产的安全，提高运用频率，对分蓄洪区防洪工程不断进行加强，并不断更新防

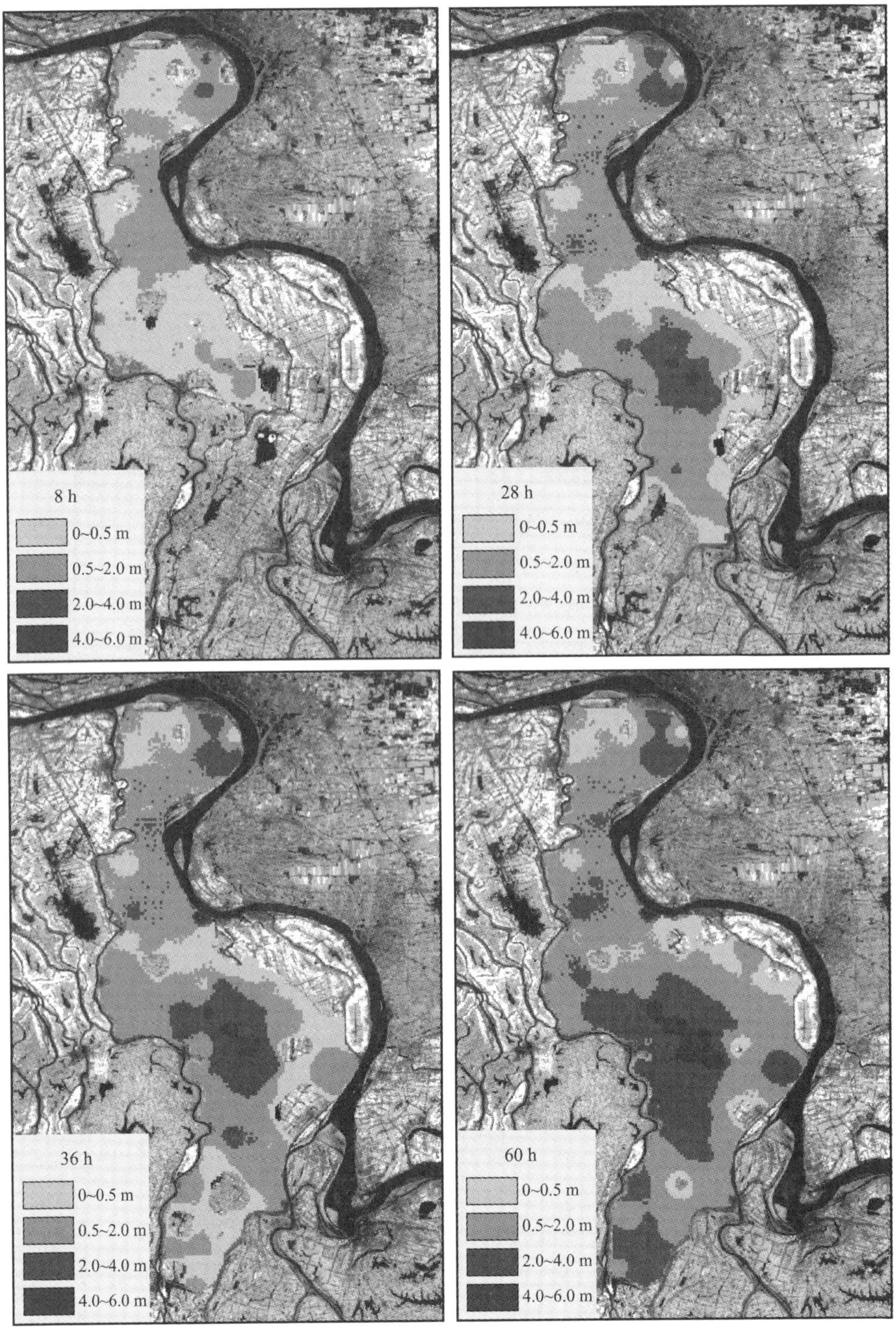

图 2.3　方案二（7700 m^3/s）模拟 8 h、28 h、36 h 与 60 h 淹没水深分布

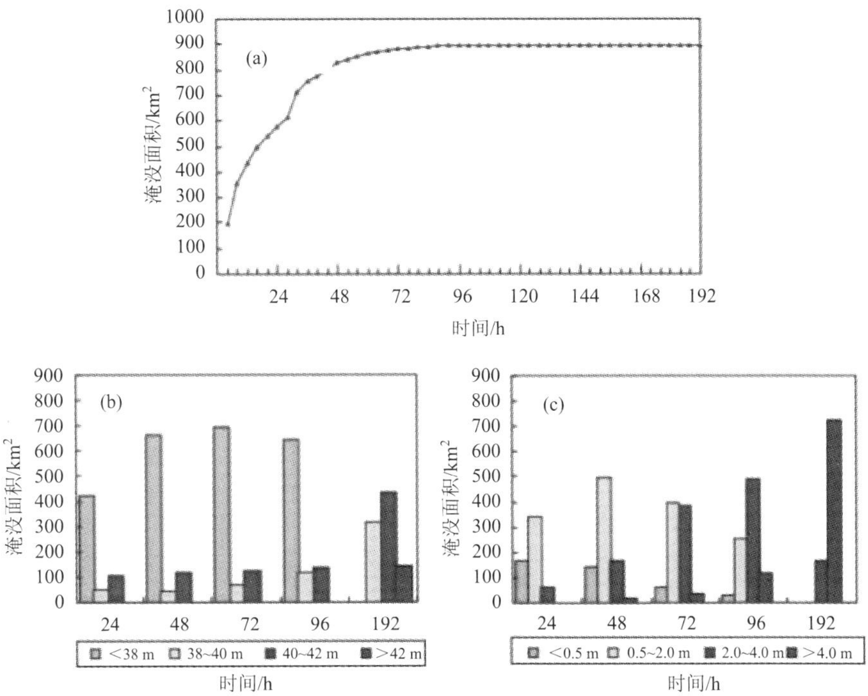

图 2.4　方案二的洪水淹没面积变化

洪规划。1998 年大抗洪过后，人们对比分析了 1998 年与 1954 年洪水量级防洪措施，发现 1998 年“低流量，高水位”的防洪严峻形势在一定程度上由分洪溃口量减少所致。荆江分蓄洪区是长江流域安全建设最完备的分蓄洪区，国家至今每年投入大量资金用于荆江分蓄洪区的工程建设，但事实却说明，一味地加强工程措施，并不能保障分蓄洪区的合理运用，防洪风险管理势在必行。

4. 城市内涝风险评估案例

1）数据收集

城市内涝是一个十分复杂的自然灾害系统，涉及多领域的数据，如地形地貌、土壤类型、气象要素、土地利用类型、社会经济条件等，因此对于相关数据的收集与处理就比较繁杂。根据城市内涝所涉及的数据特点，主要收集地理空间数据和社会经济数据两大类别。

地理数据主要包括南京市 30 m 分辨率数字高程模型（DEM）、1∶100 万土壤质地图、南京市主城区行政边界以及各区边界（2010 年）、1∶10 万土地利用类型数据、主要河道泵站分布数据和 TM 遥感影像图。

社会经济数据包括 2010 年南京市主城各区人口、地均生产值（包括第一产业、第二产业、第三产业）、人均收入等信息，均来源于《南京统计年鉴 2011》；而 2010 年南京主城各区人均医护、人均床位数据来自《2011 年南京卫生统计年鉴》。

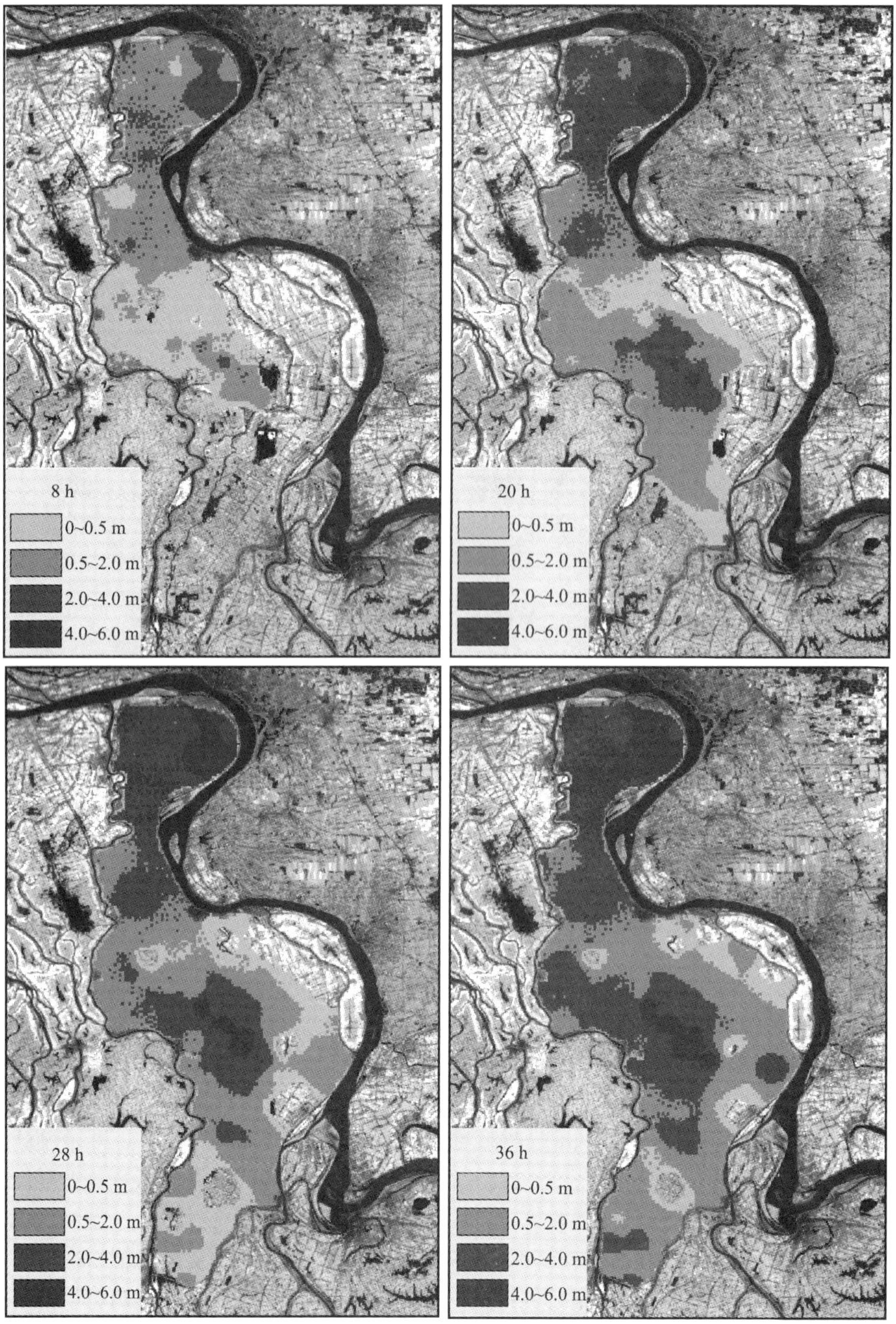

图 2.5　方案三（17000 m^3/s）模拟 8 h、20 h、28 h 与 36 h 淹没水深分布

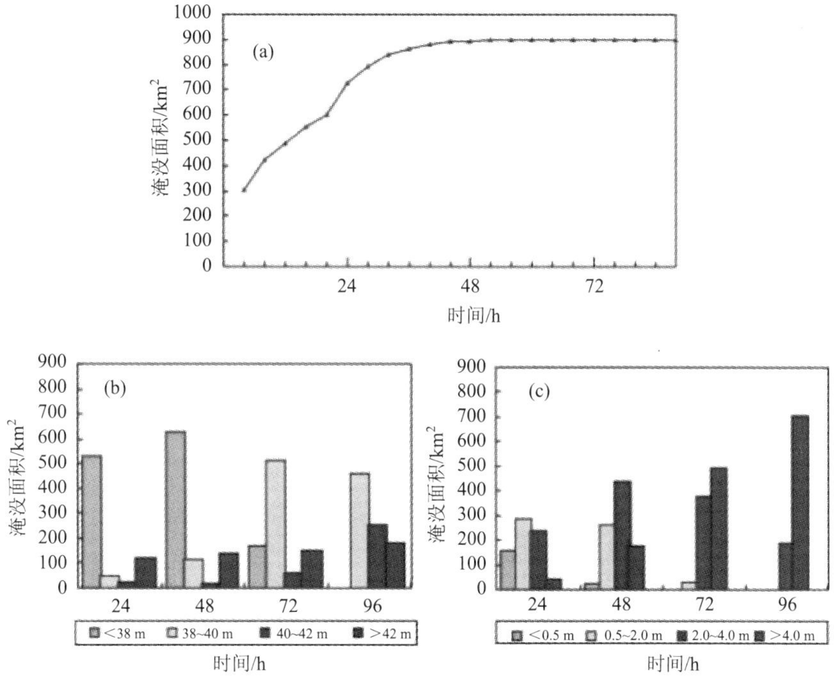

图 2.6　方案三的洪水淹没面积变化

2）评估方法

首先利用加权综合评价法对各个因子指标进行综合评估，再使用层次分析法、标准化处理方法分别计算各影响因子的权重系数以及标准化数值，最终以 GIS 技术为基础，对城市内涝灾害进行精细化的风险评估研究（刘娜，2013）。

加权综合评价法综合考虑了各个因子对总体对象的影响程度，把各个具体指标的优劣综合起来，用一个数量化指标加以集中，表示整个评价对象的优劣，适合对技术、决策或方案进行综合分析评价和优选。

权重确定的方法主要包括层次分析法、专家经验估计法、调查统计法、模糊逆方程法、序列综合法等（黄崇福和王家鼎，1995）。层次分析法由于在操作上灵活、简便，得到专家学者的广泛应用。

3）风险评估

致灾因子危险性评估

通过假定不同灾害级别的淹没水深，模拟受灾地区各级别淹没水深对应下垫面的致灾降水阈值空间分布情况，并以此作为致灾因子危险性评价指标（刘娜，2013）。利用不同积水深度的地表径流量和南京市土地利用数据，通过美国农业部土地保护局开发的 SCS（soil conversion service）水文模型反推主城区不同积水深度降雨量。利用 GIS 系统输出 2010 年南京市主城区暴雨内涝致灾因子危险性区划图（图 2.7）。

从图 2.7 可以看出，危险性高的地区大多分布在主城的西北和东南部，其余多数地区危险性等级较低。南京市城镇化发展水平较高，主城区大部分区域已经过人为开发改造，地势较高且平坦，不易产生大面积积水，故危险性低；而与之相反，城区西北及东南部地区地势较低且多洼地，一旦发生强降雨天气，极易形成雨水汇积，因此致灾危险性高。此外，由于

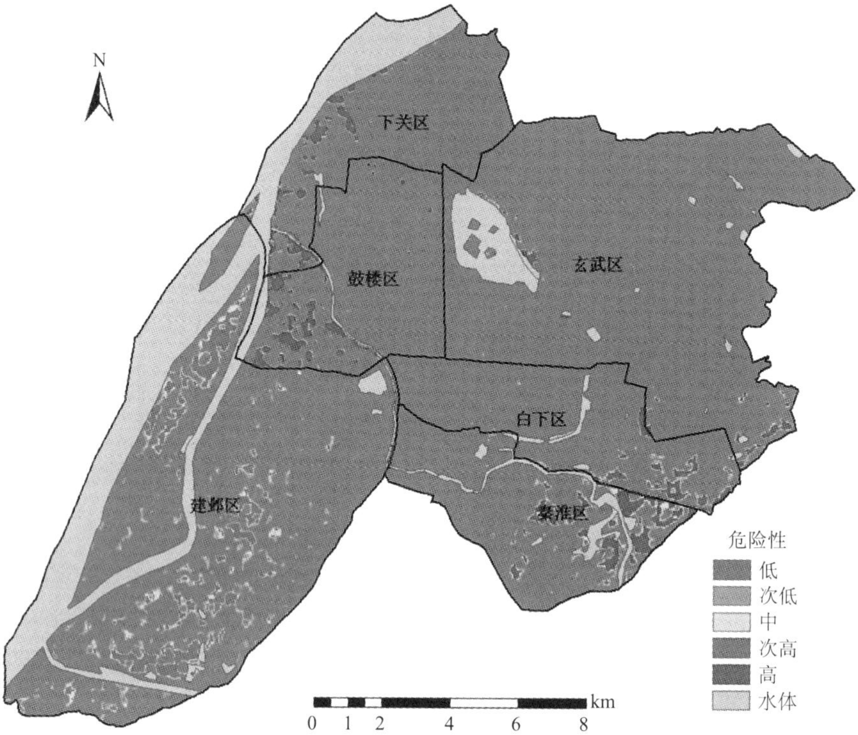

图 2.7　南京市主城区暴雨内涝致灾因子危险性图（2010 年南京市行政区划）

城区西南部建邺区的大部分地区总体地势低平，也较易形成积水，但与相邻的高危险性地区相比其洼地较少，形成相同的淹没深度所需雨量较大，故危险性并不十分高，为次高危险区或中危险性地区。而次低危险性地区主要在建邺、秦淮、白下等行政区零星分布，虽然总体分布趋势并不明显，但仍然具有一定的危险性，同样不容忽视。

孕灾环境敏感性评估

孕灾环境是指产生灾害的自然环境，是区域环境演变时空分异对自然灾害空间分异程度的贡献，如海拔、地形地势、土壤、植被、水系等。孕灾环境在一定程度上促进或抑制着气象灾害的影响。图 2.8 为 2010 年南京市主城区暴雨内涝孕灾环境敏感性图。

本案例将地形标准差、距离水体的远近、植被覆盖度作为孕灾环境敏感性评价指标。在孕灾环境敏感性评估的 3 个评价指标中，地形起伏度越小、离河流水体越近、植被覆盖度越低的地区，其孕灾的敏感性越强，承受暴雨内涝灾害的风险越高。因此，地形起伏度、植被覆盖度指标的变化与内涝灾害敏感性成反比，而水体指标的变化与内涝灾害敏感性成正比。

2010 年，南京市主城区孕灾环境高敏感区主要分布在 3 个区域，下关区内的长江沿岸、主城中心的外秦淮河沿线以及玄武湖近岸。由于这些地区大部分为地势平坦区域，距河流湖泊较近，且城市化水平高，造成植被覆盖相对较少，下垫面状况对形成暴雨内涝灾害及提高灾害风险程度具有促发作用。中等敏感性地区大都集中在主城中心，并向主城边缘地区递减，紫金山北部、河西新城南部、江心洲、主城东南部的敏感性明显低于城中心。低敏感区主要集中在南京主城内部植被覆盖、地形起伏都较大的山丘一带，如玄武区东部的紫金山、下关区东北部的幕府山、下关区西部的狮子山。

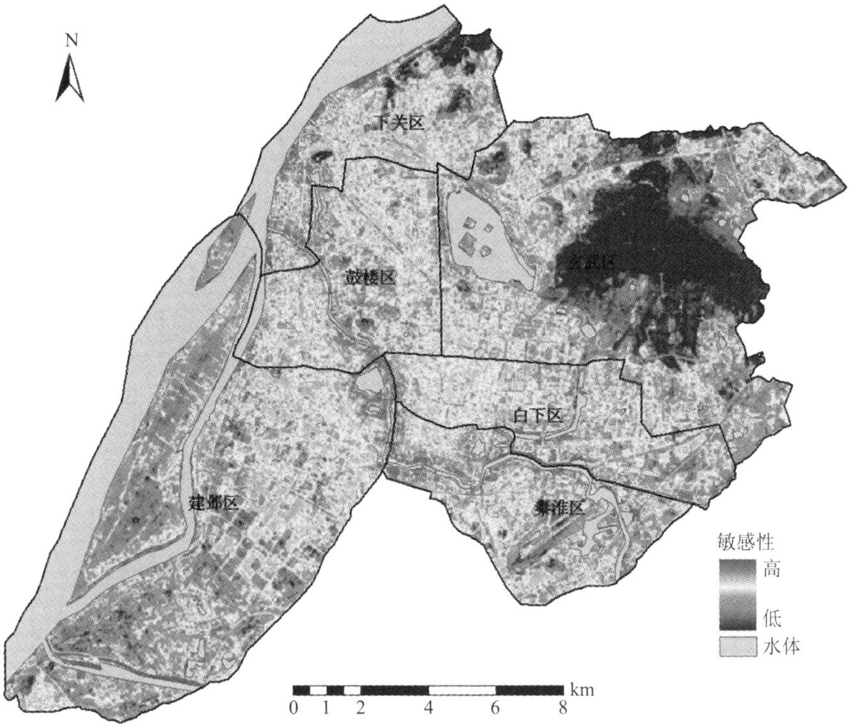

图 2.8　南京市主城区暴雨内涝孕灾环境敏感性（2010 年南京市行政区划）

承灾体暴露度评估

城市人口和经济财产集中，城市中受灾害直接作用和影响的是城市社会（人）、城市经济及城市物质实体（城市公共设施、设备与工具、城市地物等）。城市道路交通在城市地区呈现纵横交错的复杂网络结构，这种形态体现一种“风险暴露”，某个节点出现故障导致城市生命线网络无法正常运营。选取人口密度、地均国内生产总值、道路密度作为城市内涝承灾体暴露度主要评价指标。

由图 2.9 可知，南京市城市内涝高暴露地区主要分布在鼓楼区的东南部、白下区中部以及下关区部分地区。上述高暴露地区，人口集中且数量庞大，交通道路密度大，生产总值较高，社会经济发展现状好，地均社会财富较为集中。建邺区、秦淮区、紫金山东北和东南角由于人口、道路不如主城中心密集，社会经济水平较高，暴露度处于中等水平。此外，紫金山地区、城北及西南部分地区承灾体暴露水平较低，这主要是由于紫金山地区地貌以山地为主，山区深处尚未进行大面积经济开发，人口稀少，道路交通网稀疏；而城北及西南沿江地区多为沿江滩涂，经济发展水平较低，人口也较少。

脆弱性评估

对南京市暴雨内涝的脆弱性而言，除考虑与减灾息息相关的排涝泵站、避难所、医院分布，还选择了能反映防灾救灾能力特征的因子作为评价指标，如各行政区财政收入、医护水平等。通过 GIS 技术将泵站流量、避难所、医院、人均收入、人均医护、人均床位数据栅格空间化，经标准化处理之后，叠加六者的空间分布来表征脆弱性。

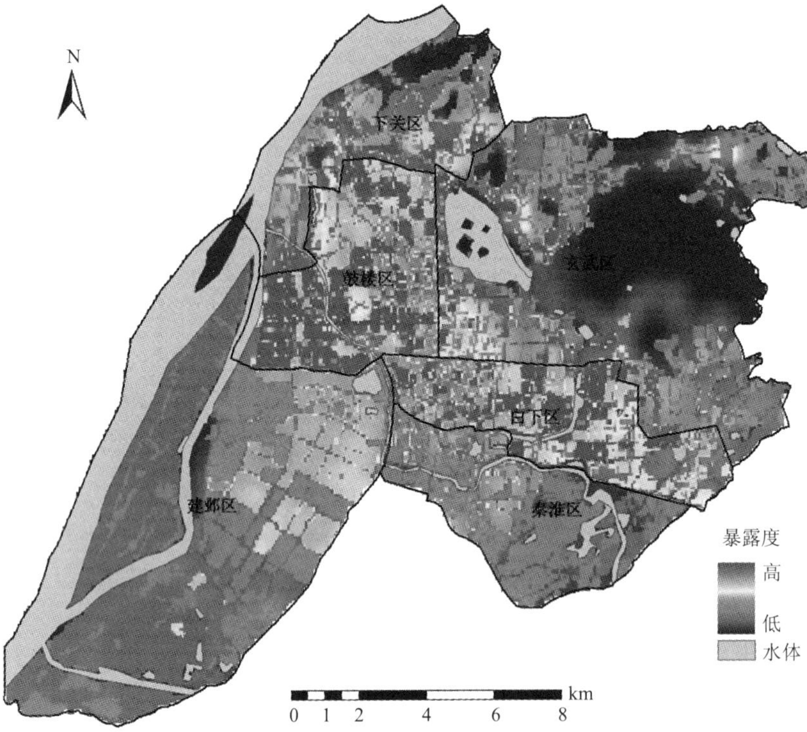

图 2.9　南京市主城区暴雨内涝承灾体暴露度（2010 年南京市行政区划）

2010 年，鼓楼区大部、白下区西北部是南京市的中心地区，各级医疗单位、政府机关多位于此区，是抗灾能力最强的地区，暴雨内涝脆弱性低。玄武区、白下区大部属于防灾减灾能力较强和中等的地区。秦淮区因受红旗泵站、西水关泵站的影响，既有防灾减灾能力高的区域，又有防灾减灾能力较低的区域。下关区受泵站、医疗救助水平和人均收入的影响，具有较低的防灾减灾能力。建邺区大部分地区因开发较晚，许多基础设施并不发达，如医院较少、泵站排涝标准较低等，成为南京主城暴雨内涝脆弱性最高的行政区（图 2.10）。

内涝灾害风险

综合考虑 2010 年南京市主城区暴雨内涝灾害危险性（致灾因子和孕灾环境）、承灾体暴露度及脆弱性，通过层次分析法分别赋予权重，运用气象灾害风险评估模型，通过 GIS 技术将 4 个图层进行叠置分析，实现南京市主城区暴雨内涝风险区划，采用自然断点分级法将风险分为低风险区、次低风险区、中风险区、次高风险区、高风险区 5 个等级。

2010 年南京市主城周边沿江地区和东南部地区相对于主城中心地势较低，积水易汇集于此，且医院和避难所较少，泵站排涝能力比较落后，故暴雨风险较高（图 2.11）。主城区内部的山地丘陵地区地势较高、植被覆盖好、人口分布稀疏、经济发展水平较低，暴雨对其影响较低，故暴雨内涝风险低。鼓楼区北部人口密集、地势平坦，但经济发达、泵站排涝能力较强，避难所密集，医疗救助能力强，使其成为主城区内少部分低风险地区。主城大部分地区属次高风险区、中风险区、次低风险区。其中，次高风险和中风险地区主要集中在主城中心偏南地区以及下关区南部（图 2.11）。

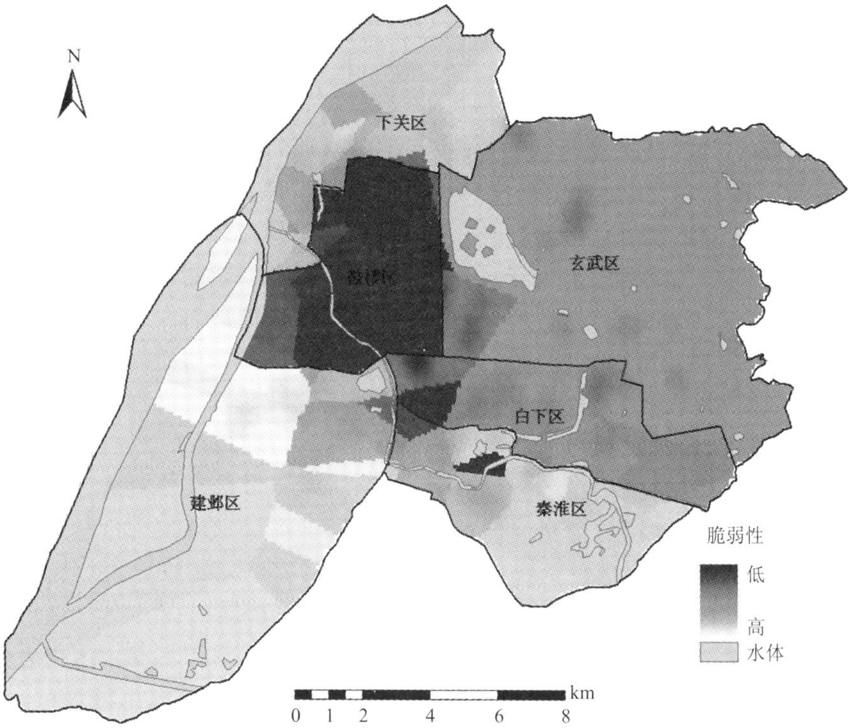

图 2.10　南京市主城区暴雨内涝承灾体脆弱性（2010 年南京市行政区划）

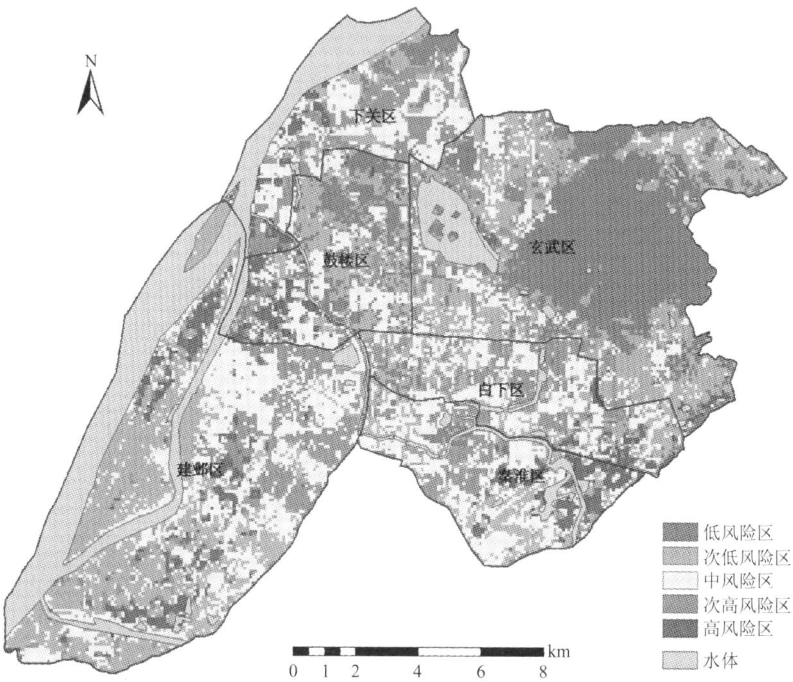

图 2.11　南京市主城区暴雨内涝风险（2010 年南京市行政区划）

5. 中小河流域/山洪风险评估案例

1）数据收集

地理信息资料：县域乡村及邻近县的行政区划图、县域河网水系图、县域 1∶1 万～1∶5 万地形图或数字地形图和地质图、县域 1∶1 万～1∶5 万土地利用图、山洪灾害重点防治区遥感影像资料、其他基础地理信息相关数据资料（主要涉及研究区域内的山洪沟流域边界，受山洪影响的村镇、社区、交通和基础设施等的分布情况）。对于山洪沟而言，至少需要保证 1∶1 万的精度。

基本地理信息数据：包括山洪沟面积、长度，山洪沟河道沿程不同断面形状尺寸、河道比降等特征值，山洪影响区域主要隐患点、各类交通和基础设施、人口和社会经济情况、隐患点经纬度和海拔、受山洪影响的承灾体数量和价值量（特别是人口、房屋等），山洪沟流域内土壤类型信息，山洪沟流域内水利工程情况，包括堤防、水库等水利工程的分布及其基本情况和特征值等，水利工程的特征水位值与堤防高度。

水文数据：山洪沟流域内现有水库基本情况资料和库水位、库容量、蓄水量、入库流量、出库流量、堤顶高度数据，山洪沟流域内现有水文（位）站的基本情况和历次山洪过程的水位、流量、雨量数据，山洪沟流域内现有水文雨量站的基本情况资料和历次山洪过程的降水量数据。

气象数据：山洪沟流域内现有气象站的基本情况资料，历次山洪过程区域内各自动气象站的降水数据，包括山洪过程山洪沟内各站点 10 分钟和 1 小时的降水量数据及山洪灾害发生前 30 天及当天的日降水量数据。

承灾体数据：山洪沟流域范围及其缓冲区内行政村基本情况、人口和社会经济、各类交通和基础设施以及土地利用情况。

灾情数据：历年、历次山洪灾害的淹没情况和灾情损失情况。淹没情况包括淹没面积、持续时间、淹没水深、淹没时间；损失情况包括居民区、农业、工业、基础设施的损失情况等。灾情损失数据信息详细到分村落、分承灾体的受淹最大水深和时间、影响的数量、程度、价值、损失量、损失额等。

预警指标：山洪沟已有的预警指标情况包括收集外部门不同时效的准备转移预警指标和立即转移预警指标，以及通过各种确定致灾临界雨量方法得到的山洪沟不同淹没水深的降雨临界阈值。

防灾措施情况：山洪沟流域范围内行政村的堤防高度、防灾减灾措施等。

2）风险评估

山洪灾害风险评估是在出现致洪阈值等级降水时，根据可能的水淹程度和承灾体数据，评估可能受影响的承灾体数量、价值量，以及可能产生的损失大小，直观地给出未来山洪沟可能出现的淹没范围和洪水水深、淹没村庄、房屋和道路等信息，为人口转移路线的选择、最近救助场所（医院、救护站）的建设、救援物资转移和供给等山洪灾害防御预案的制定提供依据（张容焱，2014）。

山洪淹没估算：根据基础数据类型，选择水动力模型的强降水模式对山洪进行模拟，当山洪沟上游存在水库时，需要增加漫堤、溃坝模型叠加计算。利用典型山洪过程实地考察资料或水文记载资料，检验和率定模型参数，得到适合本流域的水动力模型。可在临界雨量达到或超过最低预警等级时，启动水动力模型，逐时滚动模拟，动态预报山洪沟流域淹没范围和水深。也可利用已经率定好的水动力模型进行流域不同致洪面雨量情景模拟，模拟不同降雨情景下的淹没范围和水深，绘制成不同降雨情景下的洪水淹没图作为实时降雨情景下估算的山洪淹没水深和范围。图 2.12 为安福口溪不同等级临界面雨量山洪淹没图。

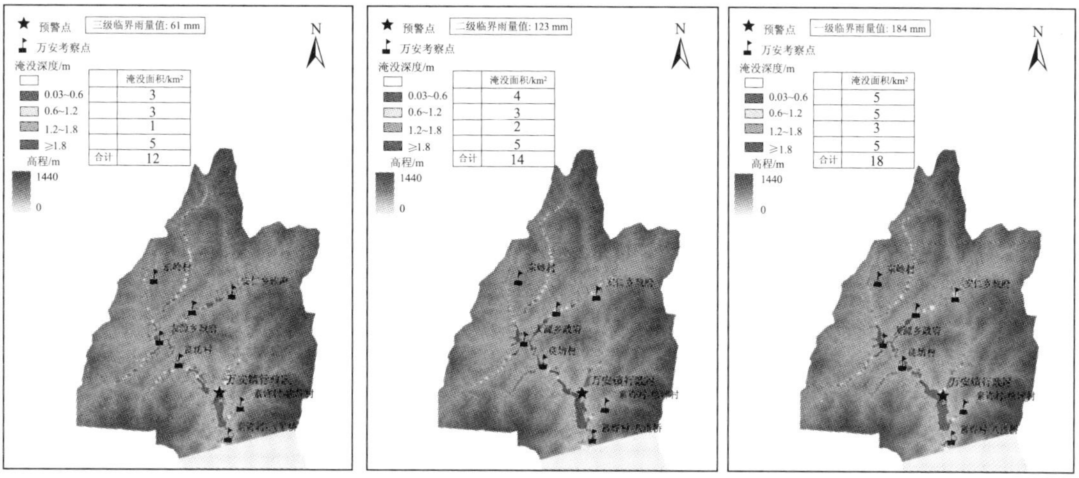

图 2.12　安福口溪预警点不同山洪等级淹没图

（左：三级，中：二级，右：一级）

承灾体物理暴露评估

根据承灾体数据库，利用 GIS 的空间分析功能对淹没范围内不同淹没水深的承灾体数据进行物理暴露量计算，得到不同承灾体物理暴露量的评估图，制作不同淹没水深下可能受影响的各种承灾体数量和价值量表，包括受淹的村镇、社区、人口、房屋、财产、道路、桥梁，以及其他对洪水敏感的承灾体等。

承灾体经济损失评估

根据历史灾情数据和实时灾情考察数据，分析不同承灾体损失率与淹没水深的关系，得到不同承灾体不同淹没水深的脆弱性曲线。基于承灾体脆弱性曲线，便可开展不同淹没水深下的人口、建筑物、农作物、财产等经济量损失的评估。

直接经济损失是由淹没范围内各类承灾体的价值量乘以其相应的损失率，再求和得到，采用如下计算公式：

$$S_{\mathrm{d}}=\sum_{i=1}^{n}\sum_{j=1}^{m}\beta_{ij}\cdot V_{ij}$$

其中，S_{d} 为一次洪灾引起的直接经济损失值；β_{ij} 为第 j 种淹没水深下第 i 类承灾体的损失率；V_{ij} 为第 j 种淹没水深下第 i 类承灾体的价值量。

安福口溪流域山洪风险评估采用 GIS 空间插值技术，叠加山洪不同等级淹没图，得到受影响的不同承灾体，提取相应的数据形成承灾体暴露量表；同时根据承灾体调查信息结合承灾体脆弱性曲线，计算受洪水影响的承灾体可能损失。通过评估，得到以下结果。

（1）人口和经济总量暴露评估

按不同山洪等级绘制不同水深受影响的人口和经济，计算受山洪影响的人口数量和经济总量（图 2.13，表 2.1 和表 2.2）。

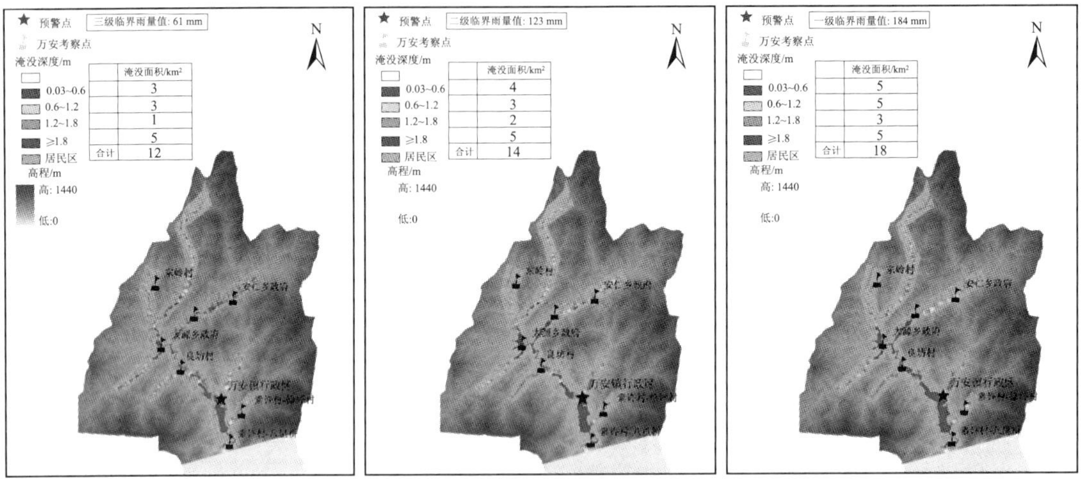

图 2.13　安福口溪不同山洪等级受淹人口风险评估图

（左：三级，中：二级，右：一级）

表 2.1　安福口溪不同山洪等级影响的人口数量　　（单位：人）

预警点	山洪等级	淹没水深			合计
		0.6～1.2 m	1.2～1.8 m	≥1.8 m	
万安镇行政区	三级	85	78	99	262
	二级	154	131	194	479
	一级	219	160	299	678

表 2.2　安福口溪不同山洪等级影响的经济总量　　（单位：万元）

预警点	山洪等级	淹没水深			合计
		0.6～1.2 m	1.2～1.8 m	≥1.8 m	
万安镇行政区	三级	442	265.2	442	1149.2
	二级	707.2	442	884	2033.2
	一级	972.4	530.4	1326	2828.8

（2）建筑物物理暴露度与受灾居民区评估

根据流域建筑物分布，叠加不同等级的山洪淹没图，截取不同淹没水深下建筑物面积，并计算其占总建筑面积的百分比，得到建筑物物理暴露度（表 2.3）。

分析历史山洪过程中居民区受灾面积与最大淹没范围资料，可知两者之间存在幂指数关系：

$$y = 0.2276x^{0.8882}$$

其中，y 为居民区受灾面积（km^2）；x 为流域最大淹没面积（km^2），两者相关系数达 0.9763

（图 2.14），可以求得各等级山洪影响下可能受灾的居民区面积（表 2.4）。

表 2.3　安福口溪不同山洪等级淹没的建筑物面积及占淹没建筑总面积比例

预警点	山洪等级	淹没水深					合计
		0.05～0.2 m	0.2～0.6 m	0.6～1.0 m	1.0～1.2 m	≥1.2 m	
万安镇行政区	三级	1240 m^2（40%）	730 m^2（23%）	570 m^2（18%）	360 m^2（12%）	220 m^2（7%）	3120 m^2
	二级	1870 m^2（34%）	1420 m^2（26%）	1140 m^2（21%）	640 m^2（12%）	390 m^2（7%）	5460 m^2
	一级	2470 m^2（31%）	2210 m^2（28%）	1760 m^2（22%）	900 m^2（11%）	550 m^2（7%）	7890 m^2

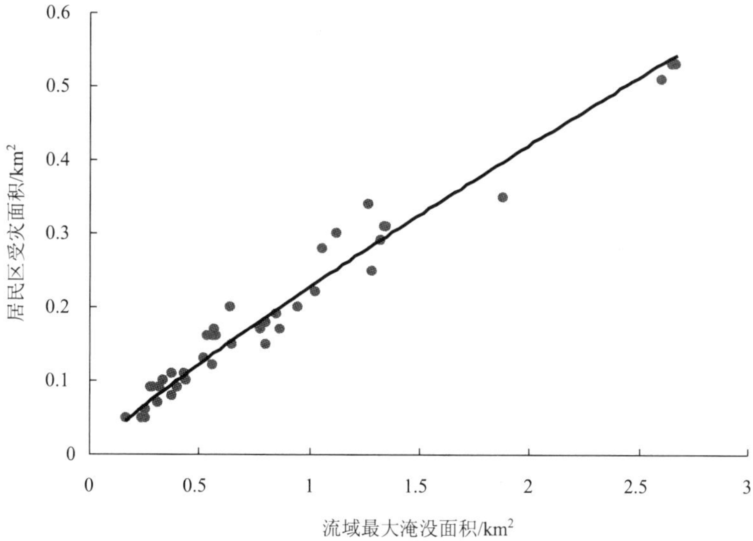

图 2.14　将乐县山洪沟淹没范围和居民受灾面积的关系

表 2.4　安福口溪不同等级山洪影响的居民区面积

预警点	山洪等级	最大淹没面积/km^2	受灾居民区面积/km^2
万安镇行政区	三级	9	1.6023
	二级	10	1.7594
	一级	13	2.2211

（3）农业经济损失评估

乐县主要农作物为水稻、烟草、玉米，根据历史山洪过程农作物受灾面积与最大淹没范围，可以得出它们之间存在幂指数关系：

$$y = 0.7273x^{0.4542}$$

其中，y 为农作物受灾面积（km^2），x 为流域最大淹没面积（km^2），两者相关系数达 0.5165。

另外，考虑农作物受灾面积与农业经济损失的数据。为消除历年价值波动影响，取上一年县生产总值，将农业损失换算成农业经济损失占上一年生产总值的比例，则农作物受灾面积（x）与农业经济损失占上一年生产总值的比例（y）可以用下式表示：

$$y = 0.1155x^{0.8246}$$

两者之间的相关系数为0.9402。将根据公式求得的不同等级山洪影响的农业经济损失占上一年生产总值的比例列于表2.5最后一列。

表 2.5　安福口溪不同山洪等级淹没耕地面积及农业损失情况

预警点	山洪等级	淹没水深					合计	最大淹没面积	农作物受灾面积	农业经济损失占上一年生产总值比例
		0.05～0.2 m	0.2～0.5 m	0.5～0.8 m	0.8～1.0 m	≥1.0 m				
万安镇行政区	三级	0.36 km²	0.6 km²	0.3 km²	0.2 km²	1.0 km²	2.46 km²	9 km²	2.35 km²	0.34%
	二级	0.48 km²	1.0 km²	0.5 km²	0.3 km²	1.8 km²	4.08 km²	10 km²	2.46 km²	0.35%
	一级	0.58 km²	1.3 km²	0.7 km²	0.4 km²	2.5 km²	5.48 km²	13 km²	2.77 km²	0.39%

6. 冰湖溃决评估案例

1）研究区域概况

黄湖，地处喜马拉雅山中段北坡，行政区划上属于西藏日喀则市康马县涅如堆乡，在地貌区划上属于藏南山原湖盆谷地地区、喜马拉雅山极高山区。黄湖主要受后缘冰川融水及大气降水补给，湖长约1.8 km，宽0.6～1.5 km，湖面高程5145 m。黄湖南端紧连一条冰川，冰舌末端插入湖内，冰川坡度较陡，宽550～600 m。

2）溃坝洪水模型

采用二维洪水演进数值模型来模拟冰湖溃坝洪水演进过程（冉启华 等，2014）。在溃坝洪水计算中，给定冰湖计算区域的水位，由于冰湖实际地形及坝体（即出口处堆积体）位置是确定的，冰湖库容便可根据地形和水位来确定，即先根据冰湖库区每个网格的底床高程和水位数据，计算各网格的水深；然后再乘以网格的面积，得到该计算网格的水体积；再对冰湖库区所有计算网格求和得到冰湖的库容。下游边界可给定水位或流量，也可采用开边界或闭边界，根据实际情况决定。

DEM数据源自于ASTGTM2数据，该数据由美日联合开发，是一款免费陆地高程数据。从整个地形上来看，上游区域长约18.0 km，山高坡陡、河道狭窄，穿行于高山峡谷之间，并和多条冰川末端相接，且有一个大角度的转弯，水流湍急；中游区域长约55.5 km，此段地形逐渐开阔，河道坡度变缓，两岸有河漫滩分布；近下游区域长约19.5 km，河道来到一个新的束窄区，宽度骤减，进入满拉水库，河道蜿蜒崎岖，但是坡度不大；下游区域长约27.0 km，地势平坦，两岸地形非常开阔且有大量居民，直至江孜县城。

3）模型工况设置

为了分析不同溃决模式对洪水演进结果的影响，一共设置了6种工况，包括2种溃口大小和3种溃决方式的不同组合情况（表2.6）。其中大溃口指黄湖西北角出口处堆积体全部溃决，溃决坝体长度约为900 m；小溃口指该处堆积体部分溃决，溃决坝体长度约为300 m。各个工况中，冰湖溃决水位均为5160 m，以保证库容为$8\times10^7 m^3$。

4）洪水演进结果

总体来看，溃口后前段河道中不同溃决模式对洪峰流量影响较大，后面河道中不同溃决模式对洪峰流量影响相对较小，这主要是由于洪水演进到中下游的过程中受地形制约的因素远大于溃决因素（冉启华 等，2014）。

表 2.6　工况设置情况

工况	溃口大小	溃决模式
1	小	瞬时全部溃决
2	小	从中间往两侧逐渐溃决
3	小	从上层往下层逐渐溃决
4	大	瞬时全部溃决
5	大	从中间往两侧逐渐溃决
6	大	从上层往下层逐渐溃决

模拟结果以工况 3 为例，淹没面积随时间增加而增加，在 600 min 前增加比较快，600 min 后增加的速度相对放缓，直到 2000 min 时淹没面积逐渐稳定。这主要是 600 min 前，洪水在上游山区和中游相对狭窄的区域流动，流速较快，因而淹没面积增加较快；600 min 后，洪水主要在中下游平坦开阔的区域流动，水流速度减缓，因而淹没面积增加放缓；2000 min 后，洪水发展到近江孜地区，也就是模拟区域的末端，加之中上游的一些地区积水慢慢消退，导致淹没面积基本不增长，并有稍许减少，全局最大淹没面积为 88.3 km^2。平均水深则呈递减趋势，因为总溃决水量一定，所以平均水深会随着淹没面积的增加而减小（表 2.7）。

表 2.7　工况 3 时各时段淹没面积、平均水深和最大水深

时间/min	淹没面积/km^2	平均水深/m	最大水深/m
0	2.21	36.28	90
100	15.45	5.2	24.61
200	28.30	2.84	14.62
300	39.53	2.03	12.83
400	50.22	1.60	12.56
500	59.66	1.35	11.93
600	68.36	1.18	11.92
700	72.07	1.11	11.68
800	74.01	1.09	11.61
900	76.23	1.05	13.92
1000	78.72	1.02	13.17
1200	81.45	0.99	13.57
1400	83.57	0.96	13.84
1600	85.39	0.94	13.59
1800	87.15	0.92	18.96
2000	88.20	0.91	17.53
2200	88.30	0.86	17.1
2400	88.15	0.80	17.44
2500	88.10	0.78	16.97

溃坝发生后，洪水迅速向下游发展，最大水深在发生溃坝的 100 min 内迅速减小，随着洪水演进，当洪水流动到中游平坦开阔区域后，水流向四周展开，最大水深的减小速度减缓。到 900 min 后，洪水再次进入峡谷束窄区，最大水深开始逐渐增加，直到 2000 min 时进入江孜附近的低洼开阔区域后再次下降。溃坝约 10 min 后，洪水抵达最近的村落——地里村；溃坝约 310 min 后，洪水抵达第一个人口较多的乡镇——涅如堆乡；溃坝约 13 h 后，洪水抵达茶藏，也就是满拉水库的入口；最终洪水抵达江孜的时间约在溃坝 33 h 后。最大水深在上游河段较大，在近溃口处，最大水深高达 47.5 m，在受灾最严重的地里村附近，最大水深达到了 30 m；到中游段，最大水深一般在 5 m 以下；从下游新的束窄段开始，最大水深有所加，一般在 5～10 m。

2.4　洪涝灾害风险管理

洪涝灾害风险管理是一项极其复杂的系统工程，包括了洪涝灾害的预防预警、抗灾救灾、恢复重建，防灾减灾安全宣传、立法保险、综合管理等所有减少洪涝灾害损失的有效措施（魏一鸣，2002）。洪涝灾害管理的目的在于减少灾害带来的损失，提供及时有效和必需的救援，帮助灾区恢复重建，建立防灾减灾安全文化，增强人们对洪涝灾害的防范意识和承受能力。洪涝灾害管理是防灾减灾成功的关键和防灾减灾系统工程的核心。

近年来，灾害风险管理越来越受关注。联合国人道主义事务部、联合国开发计划署、联合国有关机构会同有关成员国建立了培训项目，为多灾害国家，尤其是发展中国家培训灾害风险管理人员。灾害风险管理的国际合作与协调正在得到加强。关于洪涝灾害管理研究主要包括 12 个方面。

（1）洪涝灾害心理学研究。主要研究洪涝灾害发生时和发生后，社会各阶层人们的心理状态和反应。国际“减灾十年”活动中，有学者倡导建立灾害预防文化，加大防灾减灾安全宣传力度，以提高大众的灾害意识，这将有利于防灾减灾工作的普及以及帮助人们克服不良心理因素。其中的一个重要内容是研究如何医治人们因灾害引起的心理创伤，包括不同灾害造成的心理障碍、灾害发生后短期心理障碍的治疗方法及长期心理疗法。

（2）洪涝灾害立法。目前已引起决策层和科学界的关注，已有《中华人民共和国水法》《中华人民共和国河道管理条例》《中华人民共和国防汛条例》《中华人民共和国水库大坝安全管理条例》《关于蓄洪区安全与建设指导纲要》等国家及地方性法规。

（3）行蓄洪区管理。行蓄洪区是洪涝灾害管理的重要内容之一。行蓄洪区的作用在于用较小的局部牺牲换取更大的全局防洪经济效益。

（4）洪泛区管理。洪泛区是指河道附近的由周期性洪涝泛滥所影响的区域。洪泛区管理包括洪泛区内推行洪涝保险以及制订和推行长治久安的土地利用政策等。

（5）洪涝保险。洪涝保险是管理洪泛区的一项经济措施，被保险者缴纳一定保险费可以补偿政府一部分洪涝灾害救济费，同时保险政策可对洪泛区开发起一定调节作用。目前中国救灾基金往往由中央、地方政府和保险公司构成，但地方政府是灾害救助的主要投入者和组织者。

（6）防洪经费管理。防洪是社会公益性事业，所需防洪经费应由各级政府及其受益地区的单位和个人共同承担。

（7）防洪调度。人类通过行蓄洪区、洪泛区、水库、水闸等方式人为地改变天然洪涝的时空分布，并通过蓄、滞、泄、分等措施达到减免洪涝灾害的目的。但随着防洪保护范围不断扩大，关系到国民经济的发展和人民生命财产的安全，因此汛期防洪调度必须要准确、及时。

（8）防洪抢险。防洪抢险是指采取紧急防护措施，阻止或减缓防洪工程与设施的险工、险患、险情进一步恶化，避免失事，在险情不再发展或洪涝退后进行除险加固，以恢复正常防洪功能。防洪抢险是紧急、重要的任务，要求措施得力、迅速，认真仔细负责。

（9）防洪工程效益分析计算。防洪工程效益包括经济效益、社会效益和生态环境效益 3 个方面。防洪工程的效益主要是指修建和未修建防洪工程对此所减免的国民经济损失减去防洪工程的投入和所引起的负效益。防洪工程的社会和生态环境效益是指防洪工程具有保障社会安定、促进经济持续发展、改善人民生活水平、改善生态环境等作用。

（10）防洪工程管理。包括水库、河道堤防等的管理。

（11）防洪规划。防洪规划指为流域或区域制订一套包括水库、蓄滞洪区和河道堤防等在内的比较经济合理、符合实际、切实可行的、顾大局、讲科学的防洪工程总体部署，以期改善耕地、人口、城镇、工矿企业、铁路等水陆交通干线的防洪保安条件，减少洪涝给人民生命财产、社会经济、生态环境等方面带来的损失，以利安邦治国、发展经济。

（12）洪涝监测预警。洪涝监测预警从水文学和气象学角度，通过传统的气象观测、水文观测和现代的遥感监测、GIS 新技术等方法对洪涝灾害进行实时监测、预测、预估及预警。

2.5　知 识 差 距

国内研究学者提出了洪涝灾害复杂大系统的概念，认为“四结合”（定性判断与定量计算相结合、微观分析与宏观综合相结合、还原论与整体论相结合、科学推理与哲学思辨相结合）思想是建立洪涝灾害风险分析理论体系的有效途径。后续不断有学者从洪涝灾害的成灾因子、洪涝灾害危险性、洪涝灾害损失等角度，利用模糊综合评判法、水灾成因分析法、经验系数法、3S 技术等方法展开研究。从学者的一系列研究中可以看出，中国洪涝灾害的研究基点较多，方法各异，得出的结果也是多角度的，洪涝灾害的区域划分和等级评估很难有一定统计的标准。应加强洪涝灾害的基础研究，尽快制定统一明确的灾害等级标准和综合灾害风险区划分布。

洪涝灾害的灾情数据收集主要来自政府部门的发布，大部分数据的分辨率到县，少部分数据到村、镇。而且灾情数据各地区表述统计标准稍有差异。灾害评估技术的研究，需要更为精准的灾情信息，这有利于对灾害评估的数值模型进行建模、验证和优化。因此要进一步加强灾情信息的采集和规范化建设。

在洪涝灾害风险管理研究方面，目前对流域洪涝、山洪和城市内涝风险管理研究较多，对冰川湖溃决洪涝等研究则较少，国内外对冰湖及其溃决问题的研究主要集中在冰湖分布、冰湖面积、水位、库容变化，危险冰湖识别以及危险性评估，冰湖溃决洪涝演进研究以及冰湖溃决特征等，但在冰湖溃决洪涝演进研究方面用水文模型或水动力模型进行模拟，考虑不同溃决模式影响的研究较少。

【关注点】

洪涝灾害，河流洪水，溃决型洪（涝）灾，漫溢型洪（涝）灾，洪涝灾害风险管理

【专题讨论】

探讨各类型洪涝灾害风险形成机理有何不同？未来风险有何不同？

【思考题】

一、洪涝是一种高度复杂的自然现象。在各种形式的洪涝现象中，河流洪水是最主要也是国内外研究最关注的类型，气候变化背景下，中国河流洪水风险如何变化？其他类型洪涝风险如何变化？

二、针对河流洪水风险和其他类型洪涝风险，我们该如何应对？

三、你所处的地区或你了解的区域是否有洪涝保险？如果没有，是否有必要实施洪涝保险？

参 考 文 献

冯民权, 周孝德, 张根广. 2002. 洪灾损失评估的研究进展. 西北水资源与水工程. 13(1): 32-36.

公安县志编纂委员会. 1990. 公安县志. 上海: 汉语大词典出版社.

韩平, 程先富. 2012. 洪水灾害损失评估研究, 综述. 环境科学与管理, 37(4): 61-64.

黄崇福, 王家鼎. 1995. 模糊信息优化处理技术及其应用. 北京: 北京航空航天大学出版社.

黄大鹏, 刘闯, 彭顺风. 2007. 洪灾风险评价与区划研究进展. 地理科学进展, 26(4): 11-22.

黄荣辉. 1999. 我国的气候灾害特征、成因和预测研究. 大自然探索, 18(1): 13-16.

姜彤, 施雅风. 2003. 全球变暖、长江洪水与可能损失, 地球科学进展. 18(8): 277-284.

荆江分洪工程志编纂委员会. 1999. 荆江分洪工程志. 北京: 中国水利水电出版社.

李林涛, 徐宗学, 庞博, 等. 2012. 中国洪灾风险区划研究. 水利学报, 43(1): 23-30.

李贤伟, 罗承德, 胡庭兴, 等. 2001. 长江上游退化森林生态系统恢复与重建刍议. 生态学报, 21(12): 2117-2124.

李莹, 赵珊珊. 2022. 2001-2020年中国洪涝灾害损失与致灾危险性研究. 气候变化研究进展, 18(2): 154-165.

刘春腊, 马丽, 刘卫东. 2014. 洪水灾害社会经济损失评估方法研究述评. 灾害学, 29(2): 136-141.

刘娜. 2013. 南京市主城区暴雨内涝灾害风险评估. 南京: 南京信息工程大学.

马念. 2007. 基于资源化理念的城市雨水污水系统. 西南给排水, 6: 1-4.

马雪华. 1998. 长江上游森林对洪灾的影响. 林业科技通讯, 10: 44-45.

毛德华, 何梓霖, 贺新光, 等. 2009. 洪灾风险分析的国内外研究现状与展望(Ⅰ)—洪水危害风险分析研究现状. 自然灾害学报, 18(1): 139-149.

闵骞. 2000. 鄱阳湖围退垦对洪水位影响的计算与分析. 水文, 20(4): 37-40.

冉启华, 吴秀山, 贺治国, 等. 2014. 冰湖溃决模式对下游洪水过程的影响. 清华大学学报(自然科学版), 54(8): 1049-1056.

水利部长江水利委员会. 2002. 长江流域水旱灾害. 北京: 中国水利水电出版社.

水利部长江水利委员会江务局. 1995. 长江中下游河道图. 武汉: 水利部长江水利委员会.

苏布达. 2005. 长江中游荆江分蓄洪区历史演变、前景及风险管理探讨. 南京: 中国科学院南京地理与湖泊研究所.

孙章丽, 朱秀芳, 潘耀忠, 等. 2017. 洪水灾害风险分析进展与展望. 灾害学, 32(3): 125-130, 136.
万庆. 1999. 洪水灾害系统分析与评估, 北京: 科学出版社.
王通. 2013. 城市规划视角下的中国城市雨水内涝问题研究. 武汉: 华中科技大学.
王艳君, 高超, 王安乾, 等. 2014. 中国暴雨洪涝灾害的暴露度与脆弱性时空变化特征. 气候变化研究进展, 10(6): 391-398.
王玉川. 1999. 可持续发展亟待解决的一个重大问题——对长江流域生态环境恢复治理的调查与思考. 长江论坛, 2: 8-10.
魏一鸣. 2002. 洪水灾害风险管理理论. 北京: 科学出版社.
吴华林, 沈焕庭. 1999. 我国洪灾发展特点及成灾机制分析. 长江流域资源与环境, 8(4): 445.
许武成, 王文. 2003. 洪水等级的划分方法. 灾害学, 16(2): 68-73.
虞孝感. 2003. 长江流域可持续发展研究. 北京: 科学出版社.
张辰. 2014. 我国城镇内涝防治: 由理念到标准体系建立. 城市道桥与防洪, 11: 2-4.
张会, 张继权, 韩俊山. 2005. 基于 GIS 技术的洪涝灾害风险评估与区划研究: 以辽河中下游地区为例. 自然灾害学报, 14(6): 141-146.
张容焱. 2014. 山洪风险预警服务业务技术指南. 北京: 气象出版社.
张泽峰. 2016. 浅议山洪灾害的成因与防治. 科技创新与应用, 5: 155.
赵珊珊, 高歌, 黄大鹏, 等. 2017. 2004-2013 年中国气象灾害损失特征分析. 气象与环境学报, 33(1): 101-107.
中国水利百科全书编委会. 1991. 中国大百科全书. 北京: 水利电力出版社, 795, 801.
左大康. 1990. 现代地理学辞典. 北京: 商务印书馆, 304-305.
Jiang T, Su B D, Huang J L. et al. 2020. Each 0.5℃ of warming increases annual flood losses in China by more than 60 billion USD. Bulletin of the American Meteorological Society, 101(8): E1464-E1474.
Milly P C D, Betancourt J, Falkenmark M, et al. 2008. Stationary is dead: whither water management. Science, 319: 573-574.
Ward P J, Jongman B, Weiland F S , et al. 2013. Assessing flood risk at the global scale: model setup, results, and sensitivity. Environmental Research Letters, 8: 044019.
Woube, M. 1999. Flooding and sustainable land-water management in the lower Baro-Akobo river basin, Ethiopia. Applied Geography, 19: 235-251.

第3章 干旱灾害风险评估与管理

引　言

全球变暖的背景下，特大干旱、高温等极端天气气候事件发生的频率和强度呈增加趋势。不断变化的气候可能导致极端天气和气候事件在频率、强度、空间范围、持续时间和发生时间上的变化，进而产生前所未有的极端天气和气候事件（IPCC，2021）。干旱灾害是发生频率最高、持续时间最长、影响面最广、对农业生产威胁最大、对生态环境和社会经济产生影响最深远的自然灾害。2000～2022 年，全球干旱频次相比 1980～1990 年增加了 46.6%。因干旱导致的经济损失高达数千亿美元；影响人口达数十亿。干旱对社会、生态系统和经济产生了深远、广泛且被低估的影响（UNCCD，2022）。

中国是世界上干旱灾害最为频繁和严重的国家之一，其旱涝分布格局呈现北方易遭旱灾、南方旱涝并发的特征。1984～2022 年，中国年均因旱直接经济损失达 461 亿元（2022年市值），约占气象灾害直接经济损失的 14.6%（中国气象局，2022）。因干旱造成的农业受灾面积达到了耕地面积的 1/6。遇到大旱之年，中国粮食减产可达一半以上。干旱灾害严重威胁着粮食安全和生态安全，成为制约社会经济可持续发展的重要因素。

干旱的国标主要有《气象干旱等级》（GB/T 20481—2017），主要涉及干旱的定义及气象干旱的常用指标。地方标准有《干旱灾害风险评估技术规范》（DB63/T 1793—2020），规定了干旱灾害风险评估的术语和定义、评估内容、评估方法、评估报告等内容，该标准适用于乡镇行政级别以上行政区域内的干旱灾害风险评估。

随着干旱灾害发生频率的增加以及社会经济的高速发展，对干旱灾害的管理应当从应急管理转向风险管理。要做到风险管理就需要研究和评估风险的特征，以有效应对和适应干旱灾害风险。发展一套科学可行的风险评估方法，可以在干旱灾害风险事件发生前，对人类生活、生命、财产等各个方面造成的影响和损失的可能性进行正确的量化评估。通过对干旱发生机理和风险管理内涵的解析，学者可以从干旱灾害风险管理的视角出发，探索建立面向适应的灾害风险评估机制，制定规范化的干旱灾害风险评估方法、流程和标准，以及相关技术指南。本章将系统总结和介绍干旱及干旱灾害相关概念、干旱灾害的形成与特征、干旱灾害风险评估与管理，并给出国内外干旱灾害风险评估的相关案例。

3.1 干旱灾害概述

3.1.1 干旱及干旱灾害的定义

干旱的形成原因异常复杂，涉及气象、农业、水文及社会经济等领域，因此还没有一个被大家广泛接受的定义。Palmer（1968）认为，干旱是持续的异常水分缺乏现象；世界气象组织定义的干旱是在较大范围内相对于长期降水的平均水平而言的降水减少，并使自然生态系统和雨养农业生产力下降；IPCC 报告中认为，干旱是一段时间内异常干燥的天气引起了严重的水分失衡，通常会对自然系统的各个组成部分和经济部门产生负面影响（IPCC，2021）。综上所述，可将干旱定义为一种水量相对亏缺的自然现象，一般指大气（气象）干旱；是某时间段内，由于降水量和蒸散量的收支不平衡，水分支出大于水分收入而造成地表水分短缺的现象。

干旱灾害是指由于降水减少所造成的水资源收支或供求不平衡而形成的水分短缺对生活、生产和生态造成危害的事件，即大气降水与陆面（土壤、植被等）之间相互作用的结果。它涉及自然和社会两个因素，影响范围广、行业多。它具有两个主要特征：第一，干旱灾害的发展具有渐变性，持续时间长，影响范围逐渐扩大，该影响具有累积性和滞后性，会随着干热风和高温的出现而变得更加严重，但其结束又有突变性，很难判定其准确的开始时间和结束时间；第二，干旱灾害与地震、泥石流、冰雹、台风等自然灾害不同，短期内不会造成直接的人员伤亡和社会基础设施的损毁，但长期来看给人类社会带来的影响和损失却有过之而无不及。另外，干旱现象出现时往往会暴发病虫害等次生灾害，例如蝗灾等。干旱灾害的形成必须同时具备三种要素，分别是致灾因子危险性、承灾体暴露度和脆弱性。这三种要素对干旱灾情发生程度各起不同作用。

3.1.2　干旱类型与指标

1. 干旱类型

由于干旱定义的不确定性，各行业对干旱的理解不同，在研究时应针对具体研究对象对干旱进行分类。干旱的分类方法有很多种，目前国际上较为流行的分类方式是美国气象学会（AMS）在 1997 年总结各种干旱定义的基础上提出的分类，即将干旱分为 4 种类型（Wilhite，1985）：①气象干旱（meteorological drought），由降水和蒸发不平衡所造成的水分短缺现象；②农业干旱（agricultural drought），以土壤含水量和植物生长形态为特征，反映土壤含水量低于植物需水量的程度；③水文干旱（hydrological drought），河川径流量低于其正常值或含水层水位降落的现象；④社会经济干旱（socioeconomic drought），在自然系统和人类活动系统中，由于水分短缺影响生产、消费等社会经济活动的现象。

4 种干旱定义并非各自独立，而是相互联系，且发生的顺序有一定规律。通常农业干旱、水文干旱和社会经济干旱滞后于气象干旱。4 种干旱的本质都是由于水分收支不平衡造成的水分短缺现象。随着干旱的形成和发展，可能出现以上一种甚至几种类型干旱同时并存的情况，引发灾害，造成某一地区由于缺水无法正常开展生产，严重危害人类生活。

随着社会经济的不断发展，人们对干旱的认识加深，干旱研究重点发生转移，有学者在上述 4 种分类的基础上增加了多种新的干旱类型。如，骤旱（flash drought），指在异常高温和降水极度亏缺的共同作用下，局地土壤湿度快速下降，数周内即发展至重度干旱的过程现象；城市干旱（urban drought），定义为人口密度大、社会经济比较发达的地区由于水分短缺造成收支不平衡，城市用水量超过本地蓄水量，进而生态环境遭到破坏，影响本地社会和经济可持续发展的现象；地下水干旱（groundwater drought），定义为地下水系统受到干旱影响，下层地下水供应不足、地下水水位下降、流量减少，通常发生的时间尺度从几个月到几年不等；生态干旱（ecological drought），针对湿地，是指供水受限、蒸发大致不变导致的地下水位下降、物种丰富度下降、群落生物量下降，以及严重时湿地面积萎缩的现象。

2. 干旱指标

干旱指标是用来表示干旱严重程度、持续时间和分布范围等因素的特征量。将原始的观测资料转变为便于分析和计算的指标，在干旱分析中起着度量、对比和综合等重要作用。国内外学者根据干旱的不同分类，将干旱指标分为气象干旱指标、农业干旱指标、水文干旱指标和社会经济干旱指标4类，这4类指标主要是基于观测站的定点监测，统称为传统的干旱指标。随着遥感（RS）技术的快速发展，利用RS技术建立干旱指标，进行大范围的干旱监测逐渐成为趋势，这类指标无论是在数据源，还是在建立的过程中都不同于传统的干旱指标，统称为基于遥感的干旱指标。

（1）气象干旱指标。通常，在干旱灾害中因大气降水亏缺引起的气象干旱最先发生；随即导致土壤湿度下降造成作物减产，从而发生农业干旱；进而引起地表、地下水资源亏缺、河流径流量减少，造成水文干旱。长期的气象干旱容易引起多种干旱并存，影响国民经济发展，造成社会经济干旱。本质上讲，其他干旱是气象干旱的影响结果，对气象干旱的准确监测对于其他干旱的预警、缓解具有重要意义。常用的气象干旱指标有降水量距平百分率、相对湿润指数、标准化降水指数、标准化降水蒸散指数、帕尔默干旱指数、气象干旱综合指数（表3.1）。

表 3.1　常用气象干旱指标

指标	定义
降水量距平百分率	某时段的降水量与同期气候平均降水量之差除以同期气候平均降水量，单位用%表示
相对湿润指数	某时段的降水量与同期潜在蒸散量之差除以同期潜在蒸散量
标准化降水指数	假设某时间段降水量服从伽马（Γ）概率分布，对其进行正态标准化处理得到的指数
标准化降水蒸散指数	假设某时间段降水量与潜在蒸散量之差服从log-logistic概率分布，对其经过正态标准化处理得到的指数
帕尔默干旱指数	基于土壤水分平衡原理，考虑降水量、蒸散量和土壤有效储水量等要素，由帕尔默等提出建立的一种干旱指数
气象干旱综合指数	综合考虑前期不同时间段降水和蒸散对当前干旱的影响，进而构建的一种干旱指数

（2）农业干旱指标。常用的农业干旱指标包括土壤相对湿度、作物水分亏缺指数、降水距平、遥感植被供水指数（表3.2）。

表 3.2　常用农业干旱指标

指标	定义
土壤相对湿度	土壤含水量与田间持水量的百分比，受降水、气温、植被类型及地形条件等因素影响
作物水分亏缺指数	水分盈亏量与作物需水量的比值。水分盈亏量为作物需水量与供水量之差，作物需水量可用作物潜在参考蒸散作为指标，供水量可用灌溉水的来源自然降水作为指标
降水距平	表征某时段降水量较气候平均状况偏少程度的指标，能直观反映降水异常引起的农业干旱程度，尤其在雨养农业区
遥感植被供水指数	气象卫星遥感的归一化指数NDVI与冠层温度之比。物理意义是作物受旱时，作物冠层通过关闭部分气孔而使蒸散量减少，避免过多失水枯死。蒸散减少后，卫星遥感的作物冠层温度增高，此外，作物受旱之后不能正常生长，且叶片萎缩，叶面积指数减少，致使NDVI下降

（3）水文干旱指标。由于径流量是降水等气象因素和流域下垫面条件共同作用的产物。因此，在评估水文干旱时，利用径流量建立的指数比其他指标更为适用。常用的水文干旱指标有径流距平百分率、径流 Z 指数和标准径流指数（表3.3）。

表3.3 常用水文干旱指标

指标	定义
径流距平百分率	一段时间内的径流量与同期径流量的多年平均值之间的关系
径流 Z 指数	假设某时间段径流量服从皮尔逊III型概率分布，对其进行正态标准化处理得到的指数
标准径流指数	假设某时间段径流量服从伽马概率分布，对其进行正态标准化处理得到的指数

（4）社会经济干旱指标。相对于其他干旱类型，关于社会经济干旱的研究较少，尚处于起步阶段。常用的社会经济干旱指标有标准化供需水指数。标准化供需水指数（SSDWI）假设某时间段逐日供水量与需水量的差值服从log-logistic概率分布，对其进行正态标准化处理。

3.1.3 干旱灾害主要特征

气候变暖背景下，干旱灾害具有一些比较显著的特征（张强 等，2014）。主要表现在以下几方面。

（1）干旱灾害具有蠕变性。与地震和暴雨等突发性灾害不同，干旱灾害是气候自然波动引起的蠕变性灾害，它的发展是一个渐变过程，很难明确区分其时间和空间界限，其特征也比较模糊和复杂。因此，干旱的灾害性往往难以及时察觉，而到发现时一般已十分严重并难以逆转。

（2）干旱灾害具有系统性。干旱灾害涉及致灾因子、孕灾环境、承灾体和防灾减灾能力等子系统。各子系统又包含着一些次级子系统，比如，孕灾环境包括空间、时间及人文社会背景等，而空间子系统又可分为大气环境、水文环境以及下垫面环境等，它们之间通过物质、能量和信息的传递转换互相耦合，其整体过程具有比较系统的内在驱动、反馈、发展和变化机制。

（3）干旱灾害具有非线性。从混沌理论来看，系统状态处于分叉点时即使小的扰动都可能引起非线性变化，放大其效应。干旱灾害系统具有随机性、动态性和多层次结构，且各子系统间存在关联性，蕴含着多重互动与耦合关系，任意一个子系统的变化都可能逐渐累积、放大和突变，并波及和牵动其他子发生系统连锁反应，因此干旱灾害具有明显的非线性特征。这也是干旱灾害多样性、奇异性及复杂性的根源。

（4）干旱灾害具有不可逆性。这一方面表现在干旱灾害虽然发展比较缓慢，但解除却要快得多，也许只要有一场降雨就可以很快结束，甚至会出现旱涝急转，这是蒸散约束性特征和降水发散性特征共同作用的必然结果；另一方面，干旱灾害的不可逆性还表现在干旱一旦发展为灾害就会逐渐渗透和蔓延到社会经济的各个方面，此时再多的降水也难以挽回损失。

（5）干旱灾害具有多尺度性。干旱灾害是个多时间尺度和多空间尺度的科学问题。由于降水和大气水分循环的变化具有短期异常、年循环、年际波动、年代际异常和长期气候变化等不同时间尺度特征，干旱灾害也会表现出短期干旱、季节性干旱、干旱年、年代性干旱和干旱化趋势等不同时间尺度特征。一般，短期干旱经常发生，季节性干旱是周期性发生的，干旱年会时而出现，年代性干旱和干旱化趋势则比较罕见。不过，年代性干旱和干旱化趋势的灾害性最强，尤其是多时间尺度叠加在一起的干旱往往是灾难性的。同时，干旱的发生和发展也往往表现在不同空间尺度上，地形和土地利用等局地因素引起的干旱尺度范围往往较小，气候系统内部变率引起的干旱空间尺度一般只能达到区域尺度，外强迫引起的干旱往往可以达到洲际空间尺度，而天文因素和全球变暖引起的干旱可能会达到全球尺度。另外，干旱的空间尺度有时也是动态变化的，随着干旱的发展，其空间尺度可能会由局地尺度升级为区域尺度。

（6）干旱灾害具有衍生性。干旱灾害通常并非独立发生，而是发生后会诱发或衍生出沙尘暴、土地荒漠化和风蚀等其他自然灾害。这些自然灾害之间彼此相互作用，会形成复杂的以干旱为主导的灾害群。

（7）干旱灾害具有很强的社会性。干旱灾害损失涉及农业、水文、社会经济，以及生态环境等许多方面，社会关联性强、社会影响面大、社会关注度高。

3.2　干旱形成机理

引起干旱的因素很多，包括气候波动、气候异常、气候变化和外强迫、水资源供需变化等，及其协同作用。而且，即使在同样的环流异常背景下，干旱也往往是从生态环境相对脆弱的地区开始暴发，而后再向周边扩展。干旱的发生和发展往往表现为不同的时空尺度特性，干旱的多时空尺度特性及尺度之间交叉耦合使干旱的形成机理变得更加复杂。当前对干旱事件成因的认识远没有对干旱气候成因认识得清楚，很多结论还比较定性甚至模糊。

3.2.1　全球干旱的气候成因

全球干旱区的形成主要受 Hadley 环流和南亚高压、大地形作用、人类活动与陆气相互作用、沙尘气溶胶、海气相互作用，以及全球变暖等影响（闫昕旸 等，2019）。

第一，Hadley 环流和南亚高压。Hadley 环流是造成北非、澳大利亚、西南亚和北美等副热带干旱区形成的重要原因。这些干旱区均位于南北纬 30°附近的副热带地区，正好是 Hadley 环流的下沉区。但需要说明的是，并非所有副热带地区都是干旱区，如东亚季风区。自 1979 年，Hadley 环流已经扩张了 2～4.5 个纬度，意味着副热带下沉带的扩张。这导致了中纬度对流层变暖及副热带干旱区的改变，这或许是澳大利亚南部、美国南部和非洲北部越来越干的原因之一。南亚高压的活动对中蒙和中亚地区的旱涝有重要影响。在中国西北不同旱涝年中，南亚高压中心经度距平异常特征十分显著，重旱年 3 月和 4 月，南亚高压大范围偏离平均态，而偏旱年 4 月则异常偏东，当南亚高压面积偏小时，往往会是中蒙和中亚地区的重旱和偏旱年。

第二，大地形作用。中蒙旱区位于青藏高原以北，远离海洋，是全球纬度最高的内陆干旱区。由于青藏高原的绕流效应，西风带分为南槽和北脊两支，这使得处于高原北侧的中蒙旱区形成全年平均辐散下沉带，这是其干旱形成的气候背景。美洲的干旱区主要分布在科迪勒拉山脉的背风面，呈南北走向。大部分由西风输送的来自太平洋的水汽被山脉所阻挡，或越过山脉下沉绝热增温，使得山脉东侧气候干燥，这样形成了南美洲南部及美国中西部旱区。当然地形并不是这两大旱区形成的唯一原因。

第三，人类活动与陆气相互作用。北非 Sahel 地区过度放牧导致地表裸露，土地沙漠化严重，使得地表反照率远高于原先被植被覆盖时的情况，从而反射更多的太阳辐射，所以该地区的大气顶相对于地面来说是一个热辐射汇，为了维持热力平衡，空气必须下沉并绝热压缩，这样使得赤道辐合带（intertropical convergence zone，ITCZ）南移，降水减少，干旱加剧，其结果是植被进一步退化，即陆气相互作用正反馈机制。也有学者认为，Sahel 地区降水偏少主要是其周边海域暖 SST 迫使非洲夏季风减弱造成的，而陆气相互作用正反馈机制为次要原因，只对暖 SST 起增强作用（Giannini et al.，2003）。

第四，沙尘气溶胶。沙漠可以改变大气中的水热平衡，在沙漠化地区的地表上对流潜热加热的减少，加强了对流下沉运动，相应的季风环流减弱，降水减少。干旱区大气沙尘气溶胶严重，由于气溶胶的辐射强迫作用，大气稳定度增加，从而抑制了降水条件（上升运动）的发展。干旱区往往植被稀少，土地贫瘠，反照率较大，而大气沙尘气溶胶可减小行星反照率，导致地气系统加热，加剧干旱。沙尘气溶胶直接效应是冷却地面（阳伞效应）、加热大气，间接效应是通过沙尘的传输改变云的微物理特征并消除云的冷却效应，半直接效应可造成低云蒸发、水汽减少，三种效应都会导致降水减少，干旱加剧。

第五，海气相互作用。赤道大西洋和太平洋/印度洋在年际时间尺度上的变暖，可以导致 Sahel 地区降水减少和干旱加剧。太平洋北美振荡（Pacific North America oscillation，PNA）通过影响北大西洋振荡从而影响 Sahel 地区的降水。澳大利亚旱区降水与南方涛动指数（southern oscillation index，SOI）及南半球大洋海洋表面温度异常（sea surface temperature anomalies，SSTA）关联密切。对于北美旱区，在太平洋多年代际振荡（interdecadal Pacific oscillation，IPO）冷（暖）相位期间，对流层下部北太平洋上空存在强的高（低）压中心和反气旋（气旋）异常环流，其中 IPO 冷相位时的大气异常环流可以导致美国西部大部分地区出现干冷的西北风，降水异常偏少，这种影响在寒冷季节最为显著。海洋对干旱的影响不仅表现在北非、南非、澳大利亚和北美等临海地区，对中蒙旱区这种远离海洋地区的影响也较大。海洋是形成全球干旱区干湿分布的一个重要强迫源，IPO、北大西洋涛动（North Atlantic oscillation，NAO）、大西洋多年代际振荡（Atlantic multidecadal oscillation，AMO）等振荡信号通过引起季风、行星波、阻塞形势等大气环流异常，进而造成全球增温加速或减缓，进一步影响干旱区降水，从而导致不同地区的干湿变化。

第六，全球变暖。人类活动使得 CO_2 和 CH_4 等温室气体增加是导致全球变暖的另一个重要原因。温室气体排放的增加直接导致地面净辐射增加，进而加大了地表潜在蒸发量；全球变暖导致大气高层湿静力能增加，影响了大气垂直稳定性，并造成了 Sahel 地区的干旱，这是一种间接致旱机制。全球变暖使得土壤水分减少，干燥度增加，其中中蒙旱区几乎增加了 2 倍，降水减少是导致干旱区干旱化的主要因素，而强化增温是导致干旱地区干旱化加剧的关键因素。全球变暖会导致水循环加强，使得大气持水量增加；而水汽是重要的温室气体，又会导致温室效应增强，从而使全球进一步变暖；大气持水量的增加促使全球平均降水加大，但降水分布是不均匀的，主要表现为热带及高纬度地区降水增加，中纬度地区降水减少，而全球大多数干旱区位于中纬度，致使这些地方干旱化加剧。

3.2.2　中国干旱形成机理

学者从 20 世纪 80 年代起对中国干旱形成机理及变化规律逐步深入研究。在这一发展过程中主要取得了 5 个方面的科学认识（Zhai et al.，2017；张强 等，2020）：

第一，大气环流异常导致降水量时空分布变异，部分区域降水量减少，形成区域干旱事件。中国气象灾害的发生主要由东亚气候系统变化引起，干旱气象灾害亦不例外，主要受东亚气候系统变化影响。东亚气候系统成员主要有 3 类：①在大气圈中有东亚季风（包括冬、夏季风）、西太平洋副热带高压、中纬度扰动，②在海洋圈中有热带太平洋的厄尔尼诺和南方涛动循环（ENSO 循环）、热带西太平洋暖池热力状态和印度洋的热力状态，③在陆面与岩石圈有青藏高原的动力和热力作用、北冰洋海冰、欧亚积雪以及陆面过程，特别是干旱和半干旱区的陆面过程。每当东亚夏季风弱年，西太平洋副热带高压位置偏南，华北地区夏季降水可能偏少，这也是干旱事件发生的主要成因。同时，华北夏季旱年，中高纬度地区以纬向环流为主，华北地区处于“西高东低”的环流形势下，受控于异常的偏北气流以及贝加尔湖高压脊的下沉气流，且西太平洋副热带高压脊线位置偏南，西伸脊点位置稍偏东，这些环流形势均不利于华北地区夏季降水，比较容易引发干旱事件。而西北干旱的环流场特征为 500 hPa 中纬度（40°N）新疆高压脊强，东亚槽深，东亚中纬度北风强。高度距平场上，新疆为正距平，日本海为负距平，形成“西正东负”的态势。西北区东部干旱年夏季常盛行“上高（西部型南亚高压）下高（新疆高压脊或伊朗高压东伸上青藏高原）”形势。而西北区西部干旱年夏季也常盛行“上高（西部型南亚高压）下高（中亚或新疆高压脊或伊朗高压东伸）组合流型”。另外，当西太平洋副热带高压脊线位置偏南，脊线以北 8～9 个纬度的雨带位置也偏南，雨带位于西北地区东部以南，即夏季雨带不能北上影响西北地区东部时，西北地区东部会出现干旱。脊线位置越偏南，干旱程度越严重。西北地区为正距平，东亚沿海附近为负距平时形成偶极型的热力强迫异常，也会导致西北地区东部夏季干旱。

第二，植被退化、积雪增多或土地利用等陆面因子改变造成地表反照率增大，会导致下沉运动加强，抑制降水发生，导致干旱。中国西北地区植被的退化（从植被覆盖到裸土）将减少地表吸收的辐射，并引起较弱的地表热力作用，使得西北干旱区大部分区域上空对流层中层出现反气旋异常环流，导致该区域大部分地区降水减少。此外，西北干旱区植被退化也会使青藏高原东北侧上空对流层上层产生反气旋异常，在对流层中层产生气旋环流异常，从而引起青藏高原东北侧上空产生垂直上升运动，环流的变化会导致青藏高原东北部的降水增多。同时，积雪通过激发大气遥相关以及通过影响土壤湿度、温度分布及辐射状况，对同期和后期大气环流和东亚夏季风降水产生影响，进而对中国旱涝的发生及发展产生影响。有研究通过数值模拟表明：青藏高原南部冬、春积雪异常多，长江及其以北地区夏季降水较多，华南大部分地区夏季降水较少；而当青藏高原北部冬、春积雪异常多，华北及东北地区夏季降水多，长江下游南部地区夏季降水少，雨带更偏北。同时，欧亚大陆地面感热异常低（高），冷源作用强（弱），伴随夏季阻塞形势和蒙古气旋较强（弱），暖湿空气易（难）深入北方，有利于北方干旱缓解（加重）。

第三，青藏高原从多个方面影响东亚干旱事件。①青藏高原通过屏障、侧边界动力和下沉运动带等作用影响中国的干旱事件。首先，青藏高原阻碍了南亚西南季风的北上，其动力抬升作用的异常变化直接影响下游干旱的形成；同时，在夏季高原北侧对流层中，干旱年高层有比常年更强的经圈环流，下沉运动也更强。另外，青藏高原冬、春季地面感热异常变化也会影响中国干旱的形成。②大地形的动力和热力过程影响区域尺度的环流及干旱形成。青藏高原隆升不仅是新生代地球演化的重大事件之一，也被认为是地球气候和环境演化的重要驱动力，它不仅改变了本身的地貌和自然环境，而且对亚洲季风、亚洲内陆干旱至新生代全球气候变化都有深刻的影响。青藏高原热力抬升作用影响到亚洲大部分区域，夏季高原的加热作用通过激发异常的大气环流，使得中亚、西北和华北的干旱事件加剧。当青藏高原冬、春季地面感热异常偏强时，造成后期对流层中上层高度场异常偏高，且高度场异常偏高的响应随时间从低层向高层传递，导致夏季副热带高压偏强、偏西，南亚高压偏强，使得中国南方夏季偏干；而当青藏高原冬、春季地面感热偏弱时，中国北方夏季偏干。③在青藏高原北侧边界层中盛行西风，形成了一条东—西向的负涡度带。由此造成南疆东部、宁夏和甘肃中部一带由于气流过山的绕流和辐散，负涡度加强，并且使下沉运动增强，加剧该区域的干旱事件。④在青藏高原及邻近地区多年夏季平均的垂直运动场上，夏半年（4～9 月）青藏高原上盛行较强的上升运动，而绕高原西、北和东北侧分布着下沉运动带，带中的 3 个下沉中心大体分别与中亚、西北和华北 3 个干旱及半干旱区对应，其下沉运动的异常变化和 3 个区干旱事件的强、弱显著相关。⑤由于青藏高原夏季为热源作用，500 hPa 高度场形成暖高压脊，而西太平洋沿海区域相对较冷，是热汇区，在 500 hPa 高度场东亚中纬度沿海形成冷槽。500 hPa 高度距平场上，西北地区为正距平，东亚沿海附近为负距平，造成西北地区东部上空偏北气流加强。这个偶极型强迫由一个区域热汇和一个区域热源构成。热汇位置对应西太平洋沿海区域，热源位置对应青藏高原。这种西高东低的高空形势会导致西北的干旱事件。

第四，海温和海洋引起的环流异常是导致干旱事件的重要因子。海洋环境条件尤其是太平洋、大西洋或印度洋等海域的海表温度（SST）对全球各地降水量的分布有重要的影响。ENSO 是热带海-气相互作用的主要模态，厄尔尼诺年东亚冬季风偏弱，西太平洋副热带高压偏强、偏北，水汽输送多，有利于东亚季风区降水；拉尼娜年水汽输送则少，不利于华北地区降水。ENSO 事件对华北地区的干旱起主要的促进和加强作用。例如，2010 年秋、冬季发生在华北地区的持续性干旱即是叠加在降水减少气候趋势之上的极端干旱事件，这次极端干旱事件主要成因是受到同期较强的北极涛动负位相和拉尼娜事件共同的影响。ENSO 事件的不同阶段，对中国夏季华北地区、江淮流域以及黄河流域干旱的影响不同。5 月北太平洋涛动与华北夏季旱涝有较好的正相关，北太平洋涛动指数（NPOI）正（负）位相异常年，华北地区夏季涝（旱）。北大西洋涛动与西北夏季降水第一模态降水相关较好，北太平洋涛动与第二模态相关较好。同时，海洋作为水汽的重要源地，可通过改变影响东亚地区季风（东亚季风和南亚季风）、西风带等气候系统水汽输送的强弱、路径、来源及汇合地等，影响东亚地区干旱事件的发生。东亚夏季风减弱导致季风携带的水汽在长江流域汇合，输送到华北的水汽减少，导致华北地区夏季降水减少，发生干旱。南亚季风通过影响孟加拉湾水汽输送，从而影响中亚及东亚夏季的干湿状况。西北干旱区夏季干、湿与东南沿海水汽输送密切相关，来自孟加拉湾、中国南海等海域的水汽借助西行台风、西伸的西太平洋副热带高压及柴达木低压等多个天气系统和西太平洋副热带高压西南侧东南风急流、西侧南风低空急流及河西偏东风 3 支气流输送到达西北内陆旱区，影响着该区域干旱的形成。

第五，人类活动改变地表状况，进而改变地-气能量、动量和水分交换，对区域干旱产生显著影响。人类活动已经并将继续改变地表状况。人类活动通过改变土地利用/覆盖，进而改变地-气的能量、动量和水分交换，对区域干旱产生显著影响。土地过垦、过牧及过采地下水等过度开发使得土地退化和生态环境恶化。尤其在半干旱地区，退化的土地与区域干旱形成正反馈作用，导致干旱不断加剧。在东非的干旱/半干旱地区也发现了类似的正反馈机制。

另外，气溶胶即大气中颗粒物浓度增加不仅通过散射和吸收太阳辐射直接影响地表的辐射平衡、感热和潜热通量的输送，而且通过对云的催化作用，改变云的微物理量和降水效率，进一步间接影响大气中的热量和水汽以及陆面水文和生态过程。一般在较干旱地区，颗粒物增加抑制降水，加速干旱进程，加重了干旱强度。

3.3 干旱演变特征

3.3.1 全球干旱

全球绝大多数旱区呈干旱化趋势，包括中蒙、中亚、北非和西南亚等地区，这种干旱化趋势的大部分与太平洋多年代际振荡（interdecadal Pacific oscillation，IPO）有关，并且自 20 世纪 80 年代以来的快速变暖也起到了不可忽视的作用（Meinshausen et al.，2009；Dai et al.，2012）。1950～2012 年，非洲大部、东亚、西南亚、南美和澳大利亚东部普遍出现干旱化趋势，而美国中西部、北欧、澳大利亚西北部等地则出现明显湿润化趋势。随着全球变暖，近地面空气温度升高，大气对水分的需求量增加，导致地表面干燥。

虽然主流观点认为，随着全球气候变暖，全球干旱化趋势加重。也有学者对此有着不同的看法，指出全球大约 3/4 的土地面积没有较明显的干旱变化，只有 10.8%的陆地面积呈现出明显的“干变干，湿变湿”模式，而 9.5%的陆地面积呈现出相反的模式，即“干变湿，湿变干”；过去 60 年全球干旱趋势变化不大（Greve et al.，2014；Sheffield et al.，2012）。也有学者的进一步研究认为，上述结论可能受所用降水、辐射和风力数据的虚假变化的影响（Trenberth et al.，2014）。

3.3.2 中国干旱

近几十年来，中国华北和东北地区一直面临着更加严重的干旱化趋势，其持续时间越来越长，频率越来越高，一是因为东亚夏季风减弱，二是因为全球增暖导致潜在蒸散发（PET）增强。随着观测站网的完善和探测手段的不断进步，逐步发展到对干旱时、空分布规律的认识提升。在这一发展过程中主要取得了 4 个方面的科学认识（Zhai et al.，2017；张强 等，2020）：

第一，中国区域干旱事件年发生频率高、影响大，大范围干旱事件虽然年发生频率不高，但危害尤为严重。中国区域干旱事件年发生频率大多在 50%以上，黄土高原区域春季干旱年发生频率更高达 75%；华北、中原区域以夏旱为最。虽然大范围干旱事件年发生频率不高（11%），但危害非常重，应予以高度关注。

第二，中国北方地区属干旱频发区，但近年来南方地区干旱频次也明显增多。中国干旱的空间分布存在显著的区域差异，东北地区西部、华北、黄淮、西北地区东部、内蒙古中东部、西南等区域年平均干旱日数普遍在 40 d 以上，华北中南部、黄淮东北部、西北地区东部以及吉林西部等年干旱日数甚至超过 60 d，北方地区总体属于干旱多发区域。进入 21 世纪后，北方干旱仍然频繁发生的同时，南方地区干旱频次明显增多，季节性干旱事件增加尤为明显。其中，西南地区的四川南部、云南和贵州西部等地 2011～2014 年干旱频率达到了 50%，重大干旱事件频发，2006 年重庆、四川遭受百年一遇的特大干旱，2009 年西南出现有气象记录以来最严重的秋—冬—春连旱；2009～2012 年云南发生连旱等；2002 年广东也发生罕见的冬—春连旱；2004 年整个华南地区遭遇了 1951 年以来最严重的秋—冬连旱；2007 年一场五十年一遇的特大干旱波及江南、华南及西南等区域。

第三，北方发生持续性干旱事件的概率大于南方地区，3 个月以上的较长干旱事件多发生在北方半干旱半湿润区及西南地区。干旱的形成和发展是地表水分亏缺不断积累的过程，干旱持续时间越长，产生的危害越重。中国北方区域发生持续性干旱事件的概率要大于南方地区。北方半干旱半湿润区常发生持续时间 3 个月以上的干旱事件，其发生概率大部分区域大于 51.7%，燕山—太行山—秦岭—巫山—横断山脉一线的山地区域甚至高于 77.6%；持续 6 个月以上的干旱主要发生在西北地区及东北地区东部的半湿润区，发生概率通常高于 17.2%，局部区域会高于 31%；持续 12 个月以上的干旱主要发生在西北地区大部分区域以及华北、东北、黄淮的小部分区域，发生概率小于 15%。南方区域持续性干旱事件发生概率相对较低，主要出现在西南和华南局部区域。另外，中国持续性干旱事件起、止时间具有一定的区域差异，西南地区及华南地区的持续性干旱事件在秋季和初冬季频次最高，且大部分在春季结束；而西北中西部的大部分地区秋季开始的持续性干旱事件明显比其他季节多，在冬、春季结束的频次明显高于夏、秋季，夏季发生概率最小；东北区域秋季持续性干旱事件较少，其他季节出现频率均比较高。

第四，中国旱灾受灾面积总体呈增大趋势，农作物因旱受灾面积和成灾面积趋于增大，进入 21 世纪后干旱受灾和成灾面积呈现减少的变化趋势。20 世纪 50 年代以来，中国旱灾总体呈加重趋势，农作物因旱受灾和成灾面积趋于增大。尤其是华北、东北、西北地区东部、西南以及华南等显著干旱化，干旱程度加重，频次增多，旱区范围显著扩大。中国存在由西南向东北的干旱化趋势带，进入 21 世纪后干旱化主要体现在西南地区。

3.4 干旱灾害风险评估

干旱灾害风险是指干旱的发生和发展对社会、经济及自然环境系统造成影响和危害的可能性。需要注意的是仅当干旱造成的影响和危害变成现实，风险才能转化为灾害。干旱灾害风险包括致灾因子危险性、承灾体暴露度和脆弱性 3 个方面。

致灾因子危险性是指造成干旱灾害的主要气象因子的变化特征和异常程度，例如天然降水的异常减少、蒸发量增大或气温的异常偏高等。一般认为干旱灾害风险随着致灾因子危险性的增大而增大。

承灾体暴露度是指可能受到干旱缺水威胁的社会、经济和自然环境系统，具体包括农业、牧业、工业、城市、人类和生态环境等。地区暴露度越大，可能受到的潜在损失越大，风险也就越高。

脆弱性是指因各种自然因素与社会因素制约而造成的易于遭受干旱灾害损失和影响的属性和性质。自然因素主要包括地形地貌特征、气候条件、水文条件等；社会因素主要包括社会经济发展水平、产业结构、农作物种植结构、基础灌溉设施建设、防旱保障体系建设，以及人们的防旱抗旱意识强弱等。一般认为，干旱灾害风险随着脆弱性的增加而增加。

干旱灾害风险评估是指对干旱灾害风险发生的强度和形式进行评定和估计，具有不确定性。方法的选用主要基于拥有的数据资料和对干旱灾害相关知识的掌握程度。需要注意的是灾害评估和灾害风险评估的不同，干旱灾害评估主要是指灾后评估，干旱灾害风险评估主要是灾前预评估。

3.4.1 评估流程

从干旱灾害风险评估理论基础和形成机理出发，利用成因分析的思想，采用评判因子规范化、加权综合评价法、灾害风险评价指数法和自然断点分级法等，对指标进行选取，包括致灾因子危险性、承灾体暴露度和脆弱性，再利用 GIS 技术手段建立干旱灾害风险评估模型，并用干旱灾情的历史数据对结果做验证。干旱灾害风险评估与区域特征技术路线流程如图 3.1 所示。

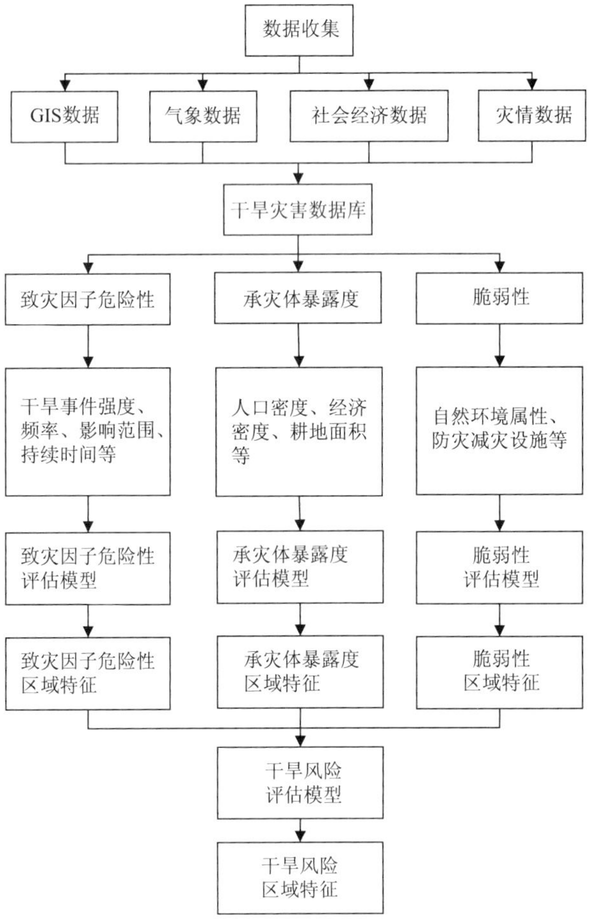

图 3.1　干旱灾害风险评估与区域特征技术路线

（1）确定研究区域与评价单元。

（2）确定干旱灾害风险评估的主要内容：致灾因子危险性、承灾体暴露度和脆弱性，并选择要素所对应的指标，确定各指标的权重。

（3）选择干旱灾害风险评估所需要的 GIS 数据、气象数据、社会经济数据和灾情数据，建立相应的干旱灾害数据库。

（4）构建干旱灾害的致灾因子危险性、承灾体暴露度和脆弱性的评估模型，运用 GIS 的空间分析、叠加、图斑合并，以及属性数据库操作功能，评估危险性、暴露度和脆弱性的时空分布特征。

（5）在要素风险评估的基础上，采用灾害风险指数法、加权综合评价法等方法建立风险评估模型；利用自然断点法等方法，得到干旱灾害风险时空分布特征。

3.4.2　评估方法

1. 致灾因子危险性评估

美国气象学会将干旱分为 4 大类，分别为气象干旱、农业干旱、水文干旱和社会经济干旱。干旱指标也有多种不同的划分方式，总体而言可划分为单因子指标和多因子指标。单因子指标主要指降水距平百分率、无雨日数、标准化指数、Z 指数和土壤湿度等，此类指标突出降水量这一主要影响因子反映干旱变化，意义明确、计算简单，但不能清楚表达干旱起始时间，在进行不同的时空比较时缺乏统一标准。多因子指标多从水分平衡角度出发，考虑降水、蒸发、土壤水分、地表径流、气温等因素对干旱的影响，构建复杂的干旱指标，主要包括帕尔默干旱指标、相对湿润度指数和气象干旱综合指数等，该类指标主要强调干旱形成的机理和过程，可以较好地反映各因素对干旱过程的综合影响。但是，由于涉及的参数多，且很多参数需要通过试验来确定，计算过程烦琐，使用范围受限。还有些指标从河流水文变化的角度出发，用河流年径流量序列负轮长来考察区域干旱程度，能较好地表达水文变化的过程，但由于平均负轮长的分布具有明显的区域差异，在具体应用时应予以充分注意。

致灾因子危险性指标主要考虑干旱灾害的强度、频率等。干旱灾害的致灾因子危险性评估模型为

$$H_j = \sum_i^n (h_i Q_i)$$

其中，H_j 为第 j 个区域干旱灾害危险性指数；h_i 为第 i 类要素的危险性指数；Q_i 为第 i 类要素的危险性权重。

2. 承灾体暴露度评估

承灾体暴露度的评估对象一般为人类及社会经济实体，评估指标有数量型和价值量型两种。与干旱灾害风险有关的数量型指标包括耕地面积、灌溉面积、农作物播种面积百分比、经济密度、人口密度、牲畜总量、耕作制度等；价值量型指标包括粮食产量等。承灾体暴露度指标的选取应遵循代表性与普适性、客观性与准确性、综合性与可操作性，以及结构性与系统性的原则，从而全面反映区域干旱灾害暴露度的本质特征。承灾体暴露度评估模型为

$$V_j = \sum_i^n (y_i Q_{vi})$$

其中，V_j 为第 j 个区域暴露度指数；y_i 为第 i 类要素的暴露度指数；Q_{vi} 为第 i 类要素的暴露度权重。

3. 脆弱性评估

脆弱性高低与气候变化、人口增加（尤其是在原本水资源短缺的地方）、土地利用变化、社会管理导向政策以及环境恶化等都有关系。采取合适减灾行动的一个有效途径是进行灾害的脆弱性分析，从而降低干旱灾害风险。脆弱性评估模型为

$$S_j = \sum_{i}^{n}(\theta_i Q_{si})$$

其中，S_j 为第 j 个区域承灾体脆弱性指数；θ_i 为第 i 类要素的脆弱性指数；Q_{si} 为第 i 类要素的脆弱性权重。

3.4.3　全球干旱灾害风险

欧洲联合研究中心（JRC）科研人员在 *Global Environmental Change* 上发表题为《绘制全球干旱风险地图：一个基于次国家层面干旱危险性、暴露度和脆弱性估计的经验框架》（*Mapping global patterns of drought risk: An empirical framework based on sub-national estimates of hazard, exposure and vulnerability*）的文章，该研究基于危险性、暴露度和脆弱性绘制地方行政尺度的全球干旱风险地图，可以为当地干旱风险评估提供初步筛选分析，从而有助于改进干旱预防工作，以便制定合适的干旱管理政策（Carrao et al.，2016）。

该研究针对不同区域、不同人群和不同经济部门，构建了一致、公平的干旱风险管理框架，利用国家和地方层面的数据，绘制了全球干旱风险地图（图 3.2）。该研究基于 3 个独立的决定因素：①危险性源自历史降水赤字的非参数分析；②暴露度基于人畜密度、作物覆盖和水资源压力等指标的非参数聚合分析；③脆弱性源自社会、经济和基础设施等高水平影响因素指标的组合计算。

1. 研究数据

1）致灾因子

干旱辨识使用的逐月降水数据为美国全球降水气候中心（Global Precipitation Climatology Centre，GPCC）的降水数据集（表 3.4），该数据基于全球大约 85 000 个观测站点，通过 SPHEREMAP 插值方法得到全球陆地格点化的降水数据集。GPCC 降水数据集最大的优势在于它所利用的全球站点数远超过其他同类型的资料集，它的水平空间分辨率包括 0.5°（纬度）×0.5°（经度）、1.0°（纬度）×1.0°（经度）和 2.5°（纬度）×2.5°（经度）三种。

2）暴露度

暴露度分析采用 2000 年全球农业用地数据、世界人口格点数据集、放牧数据和基准水压力（表 3.4）。2000 年全球农业用地数据为农业用地占比数据，基于 MODIS 和 SPOT 遥感卫星数据融合获得。世界人口格点数据集（gridded population of the world，GPW）来自美国国家航空航天局（National Aeronautics and Space Administration，NASA）社会经济数据和应用中心（Socioeconomic Data and Applications Center，SEDAC），空间分辨率为 1 km。放牧数据为联合国粮食与农业组织（FAO）的 GLW（gridded livestock of the world），空间分辨率为 5 km。基准水压力数据（baseline water stress，BWS）可作为衡量相对需水量的指标，由 2010

年取水量与可供水量之比计算。

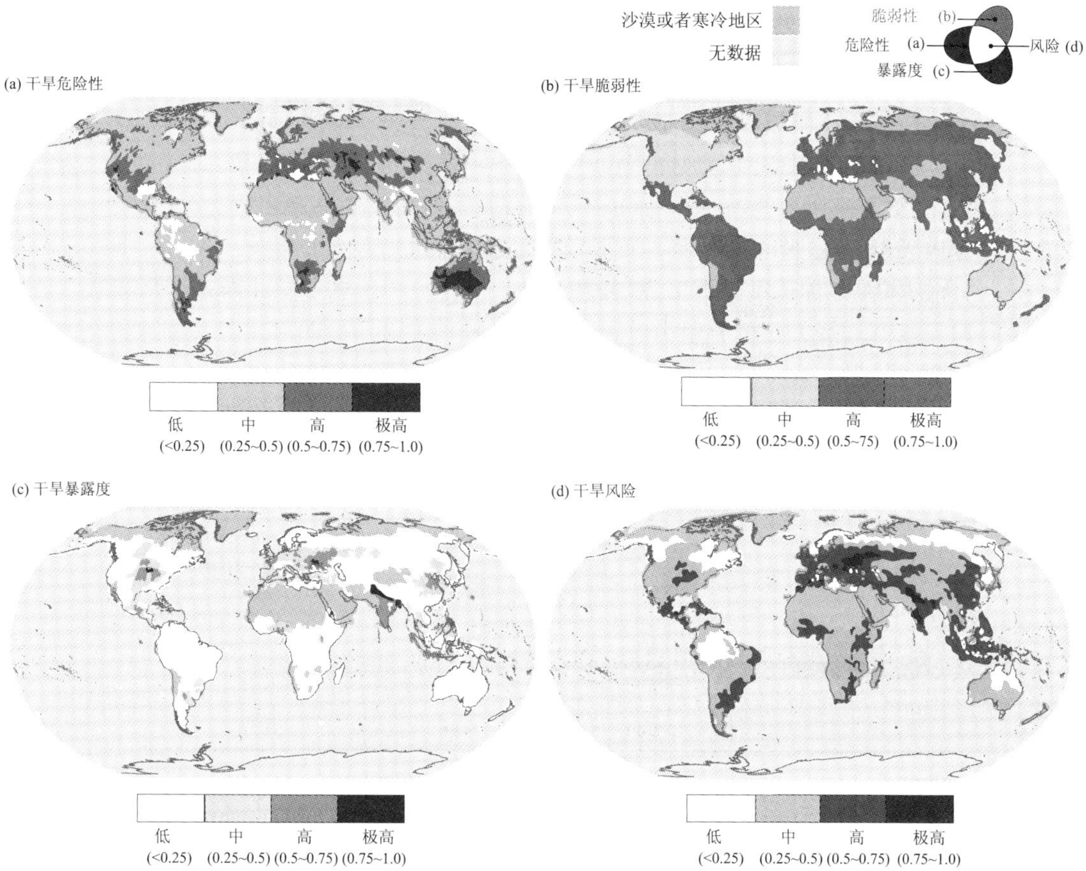

图 3.2　1901～2010 年全球干旱风险及其组成部分

表 3.4　全球案例研究数据

要素		来源
致灾因子	降水数据	美国全球降水气候中心（Global Precipitation Climatology Centre，GPCC）
暴露度	全球农业用地数据	基于 MODIS 和 SPOT 遥感卫星数据融合获得
	世界人口格点数据集	美国国家航空航天局（National Aeronautics and Space Administration，NASA）社会经济数据和应用中心（Socioeconomic Data and Applications Center，SEDAC）
	放牧数据	联合国粮食与农业组织（FAO）的 GLW（gridded livestock of the world）
	基准水压力	由 2010 年取水量与可供水量之比计算
脆弱性	社会指标有城市人口占比、识字率、预期寿命、15～64 岁人口总数等	世界银行（World Bank）
	经济指标有人均能源消耗、人均生产值等	
	基础设施指标有农业灌溉土地占耕地面积比例、道路密度等	

3）脆弱性

干旱脆弱性是对社会、经济和基础设施因素的量化（表 3.4）。其中社会指标有城市人口占比、识字率、预期寿命、15～64 岁人口总数等；经济指标有人均能源消耗、人均生产值等；基础设施指标有农业灌溉土地占耕地面积比例、道路密度等。社会、经济和基础设施指标数据均来自世界银行（World Bank）。

2. 方法

1）致灾因子

基于全球 1901～2010 年 GPCC 降水数据集，统计全球严重干旱（降水严重亏缺）的发生频次。

2）暴露度

对 2000 年全球农业用地数据、世界人口格点数据集、放牧数据和基准水压力数据进行标准化处理。

$$Z_i = \frac{X_i - X_{\min}}{X_{\max} - X_{\min}}$$

其中，X_i 代表地方区域的暴露度指标；$X_{\max}$ 和 $X_{\min}$ 是所有地区的最大和最小值。

3）脆弱性

对社会、经济和基础设施数据进行标准化处理。

$$Z_i = 1 - \frac{X_i - X_{\min}}{X_{\max} - X_{\min}}$$

其中，X_i 代表地方区域的脆弱性指标；$X_{\max}$ 和 $X_{\min}$ 是所有地区的最大和最小值。

3. 结果

偏远地区的干旱风险较低，如冻土带和热带森林；人口密集区和农牧业产区的干旱风险较高，如中南亚、南美东南部、欧洲中部和美国东南部（图 3.2）。随着这些地区干旱频率和强度的增加，全球粮食安全风险将加剧。干旱潜在风险主要由暴露度指数型增长所驱动，与危险性和脆弱性之间的空间相关性较弱。

全球大部分地区缺乏应对干旱灾害的基础设施能力。大部分农业区基础设施的脆弱性较高，应该通过灌溉和雨水收集系统来实施地方气候变化适应措施。不同经济部门的多元化区域经济将有助于减少干旱风险，减轻经济发展对农业的依赖性。

3.4.4 中国干旱灾害风险评估

近年来，全球干旱灾害损失显著增加。在气候变暖的背景下，不论是观测还是预估，许多陆地地区已经或将会变得更干。为了减少气候变暖带来的影响，《巴黎协议》指出，全球平均气温上升幅度需控制在相对于工业化前水平 2.0℃以内，并努力将全球气温上升控制在工业化前水平 1.5℃以内。现有研究大多集中于干旱特征的变化研究。而未来干旱灾害社会经济影响工作仍是一大难点，其不仅需要辨识干旱事件，还需量化未来的社会经济状况。

《美国国家科学院院刊》（PNAS）期刊上发表了题为 *Drought losses in China might double between the 1.5℃ and 2.0℃ warming* 的论文（Su et al., 2008）。该研究区别于传统的单一台站

频率分析，提出“强度-面积-持续时间”多维干旱事件辨识方法；区别于传统的社会经济条件不变的假定，通过预估未来动态的社会经济发展状况；考虑未来灾害适应能力的提升，构建 31 个省份的脆弱性曲线；并给出未来可能发展路径下全球升温 1.5℃和 2.0℃干旱灾害带来的经济损失状况。

1. 研究数据

1）致灾因子

未来干旱特征的辨识是基于第五次耦合模式比较计划（CMIP5）气候模式数据。全球气候模式是预估未来气候变化的主要工具。考虑干旱指数计算的要求，气象要素包括逐日降水、平均气温、最高气温、最低气温、相对湿度、下行短波辐射等。

2）暴露度

暴露度研究中，需要对未来中国社会经济进行预估。需求的数据包括基准年 2010 年全要素生产率、资本存量、劳动力；基准年 2010 年人口出生率、死亡率、受教育水平等。

3）脆弱性

脆弱性曲线的构建主要基于灾情数据。需求的数据为 1984～2015 年因干旱灾害造成的直接经济损失。

2. 研究方法

1）致灾因子

通过干旱灾害区域性识别方法（Zhai et al.，2017；Huang et al.，2018）和干旱指数（标准化降水蒸散指数 SPEI、帕尔默干旱指数 PDSI 和标准化降水指数 SPI），辨识干旱事件的强度、影响范围、持续时间。

2）暴露度

采用柯布-道格拉斯生产函数预估未来五种共享社会经济路径（SSP1：“可持续性”路径，SSP2：“中间道路”路径，SSP3：“区域竞争”路径，SSP4：“不均衡”路径，SSP5：“化石燃料发展”路径）下的中国 GDP 变化；将干旱影响范围和社会经济数据进行叠加分析，评估暴露在干旱影响区域内的 GDP 总值。

3）脆弱性

损失率为干旱灾害造成的直接经济损失与暴露度的比值。脆弱性曲线即为损失率与干旱强度间的关系曲线，可用于定量评估干旱造成的直接经济损失。

3. 结果

相比于基准期（1986～2005 年），全球升温 1.5℃和 2.0℃下，干旱事件强度和影响范围都在增加（图 3.3）。在“可持续性”路径（SSP1）的全球升温 1.5℃下，干旱灾害损失将分别是 1986～2005 年和 2006～2015 年的 10 倍和 3 倍。在以传统化石燃料为主的发展路径（SSP5）的全球升温 2.0℃下，干旱灾害损失更高，为 1.5℃的 2 倍[图 3.4（a）]。干旱损失的大幅度增加是未来社会经济发展和气候变暖共同作用的结果。此外，由于 GDP 的快速增长，干旱损失占 GDP 的比例从 1986～2005 年的 0.23%下降为 2006～2015 年的 0.16%。随着气候变暖，干旱损失占 GDP 的比例的减少趋势将在未来发生逆转。全球升温 2.0℃时，干旱损失占 GDP 的比例将可能回到 1986～2005 年的水平[图 3.4（b）]。相比于升温 2.0℃，控温 1.5℃能减少数百亿美元的干旱年损失。中国干旱灾害风险研究的结论明确指出了控温的重要性。

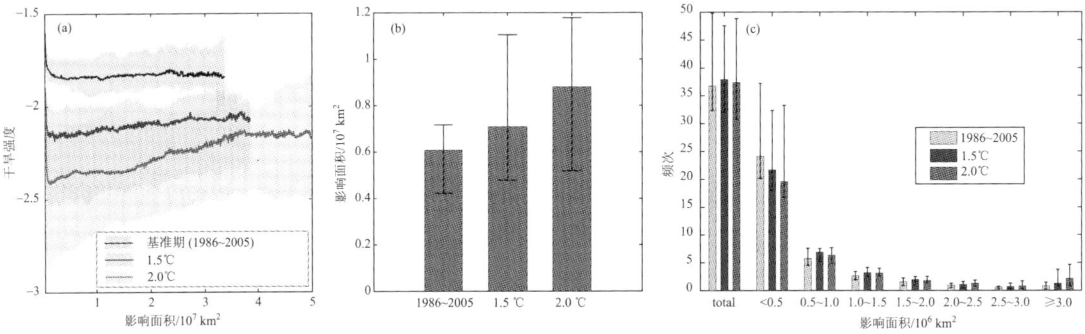

图 3.3 全球升温 1.5℃、2.0℃下的干旱事件强度、影响范围和发生频次

基准期为 1986～2005 年；（a）为干旱事件强度；（b）为干旱事件的平均影响范围；（c）为年均干旱事件发生频次；干旱特征变化由 SPEI 和 PDSI 干旱指标计算获得；（a）中阴影和粗线分别为 22 套全球气候模式结果的范围和中位数；（b）～（c）中柱状图和黑色竖线分别代表多模式预估的中位数和范围

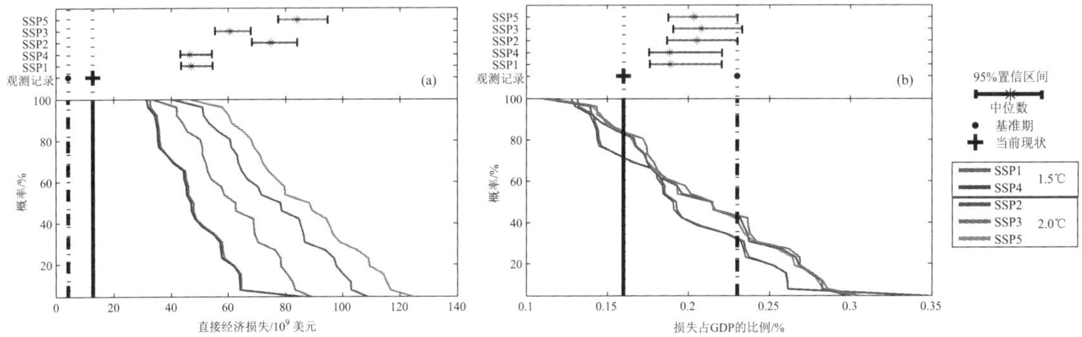

图 3.4 全球升温 1.5℃、2.0℃下的干旱灾害损失及其占 GDP 比例

基准期为 1986～2005 年；（a）为干旱灾害直接经济损失；（b）为损失占 GDP 比例；纵轴上的概率表示超过给定损失（a）或损失占 GDP 比例（b）的结果比例；图中结果包含了 44 种组合（22 套全球气候模式数据和 2 个干旱指标）；虚线和黑色竖线分别表示 1986～2005 年和 2006～2015 年的年均干旱损失和损失占 GDP 比例

3.5 干旱灾害风险管理

干旱灾害风险管理是一种主动的管理模式，其本质是积极有效地预防和降低干旱灾害风险。其决策过程主要包括对干旱灾害风险的分析、评价和处置 3 个部分。干旱灾害风险分析又包括了对致灾因子危险性、承灾体暴露度和脆弱性的分析。干旱灾害风险评价的目的是判断风险的严重程度，为风险处置提供依据。干旱灾害处置的目的是通过选择和实施风险处置措施来降低干旱灾害的风险，然后进行风险再评估。干旱灾害风险分析是干旱灾害风险评价的前提，而干旱灾害风险评价的结果又是干旱灾害风险处置的依据。IPCC SREX 报告提出，灾害风险管理的主要方法包括减少暴露度和脆弱性、提升恢复力、提高对风险变化的应对能力、风险转移和分担等（IPCC，2012）。

（1）减少暴露度。通过退耕等措施减少干旱承灾体的暴露度，通过改变作物生长期缩短承灾体的暴露时间。

（2）减少脆弱性。通过开发抗旱植物品种，提高对干旱的适应性；通过实施产业多样化战略，减少社会经济对干旱的脆弱性。开发生物抗旱技术，增强对干旱灾害的适应能力。培育能够在极端干旱条件下存活并生长的植物品种，提高作物或生态植被的抗旱能力。

（3）提升恢复力。建立干旱灾害风险分析与评估系统，提高对干旱灾害风险的早期预警水平，为采取针对性的防御措施提供科学依据。通过提高政府和社会对干旱的重视程度、加强干旱减灾防灾技术开发、加大抗旱工程建设、提高公众抗旱科学素养等多方面措施来提高干旱防灾水平，增强干旱防灾能力的可靠性。通过改善生态环境，降低无效蒸散量，提高水分涵养能力；通过改进水文条件，增强水资源综合保障能力；通过改善土壤条件，提高土壤保墒能力。

（4）提高对风险变化的应对能力。①加强水利工程建设，科学调配水资源。可以通过建库蓄水，对水资源实现时间调控；通过跨流域调水，对水资源实现空间调配；通过地下水开发，对水资源实现结构调整，将近期不能直接利用的地下水转化为可以直接使用的地表水。②开展人工增雨和露水收集工程，科学开发空中云水资源。一般大气中的云水资源只有小部分被转化为降水或露水，可以通过开展人工增雨和露水收集工程，提高大气中云水转化为降水和露水的比例，从而增加可利用水资源总量。发展新的灌溉和耕作技术，提高水资源利用效率。③可以通过发展喷灌、滴灌、覆膜、沟垄、套种及控制播种等技术措施，有效提高水资源的利用效率，甚至可以将无效水资源转化为有效水资源。④制定科学合理的干旱灾害风险管理规划，保证风险管理政策的有效性和执行力及相关财务预算的早期响应能力。比如，成立由具有影响力的单位牵头的，由各政府部门、民间团体及利益相关单位组成的干旱防御联盟，并建立相应的制度和机制确保其持续性和运行效果。

（5）风险分担和转移。建立干旱灾害风险分担和转移制度。干旱灾害风险分担制度可以降低个体的干旱灾害风险性，干旱灾害风险转移制度可以降低短期的干旱灾害风险性，从而提高全社会整体对干旱灾害风险的承担能力。

3.6　知识差距

3.6.1　复合型干旱事件辨识

以往关于干旱事件的研究，多关注全球或单一区域的单因子变化。而复合型干旱事件的研究所涉及的领域比较广泛，多个因子本身可以属于不同天气气候变量，也可以是驱动因子和致灾因子的组合。此外，复合型干旱事件也可以是同一时间发生在不同区域的对某一系统/行业造成影响的事件。同时，复合型干旱事件所导致的影响远大于单个因子造成影响的总和，有时甚至超过系统的应对能力。仅考虑单一因子或者单一区域，可能会低估相应的发生概率和风险。因此，未来需要开展更多跨学科、跨部门、跨区域的研究。

3.6.2　区域性干旱事件辨识

传统干旱事件研究大都是针对单点（站点或格点）的极值分析或时间序列过程性事件的

识别分析，而极端事件一般都具有区域属性，即极端事件同时具有区域性和过程性特征。针对此问题，学者开始基于空间聚类方法或划定一定区域内多站超过极端阈值作为区域性或群发性事件。区域性极端事件辨识方法，能将事件的强度、持续时间和影响范围联系起来，从多维角度辨识区域性干旱事件，实现从单一站点的极值分析向时间和空间并重的区域性极端事件分析转变的突破，也进一步为区域性极端事件的社会经济影响以及灾害风险研究提供了有力的技术支撑。因此，优化区域极端事件辨识方法，考虑干旱事件的发生、发展与消退，从强度、影响范围和持续时间等多维角度分析极端事件，是深入认知干旱事件演变过程和进一步开展干旱灾害风险研究的关键环节。

【关注点】

干旱灾害，干旱类型，干旱指标，干旱演变特征，干旱灾害风险管理

【专题讨论】

请以 2022 年长江中下游干旱为例，讨论干旱灾害发生的原因、造成的影响、防灾减灾措施的运用以及经验教训。

【思考题】

一、干旱区是否总是干旱，湿润区是否没有干旱？

二、干旱灾害发生的成因以及主要的辨识方法有哪些？

三、干旱灾害风险评估三要素分别是什么？

参 考 文 献

闫昕旸, 张强, 闫晓敏, 等. 2019. 全球干旱区分布特征及成因机制研究进展. 地球科学进展, 34(8): 826-841.

张强, 韩兰英, 张立阳, 等. 2014. 论气候变暖背景下干旱和干旱灾害风险特征与管理策略. 地球科学进展, 29(1): 80-91.

张强, 姚玉璧, 李耀辉, 等. 2020. 中国干旱事件成因和变化规律的研究进展与展望. 气象学报, 78(3): 500-521.

中国气象局. 2022. 中国气象灾害年鉴. 北京: 气象出版社.

Carrao H, Naumann G, Barbosa P. 2016. Mapping global patterns of drought risk: An empirical framework based on sub-national estimates of hazard, exposure and vulnerability. Global Environmental Change, 39: 108-124.

Dai A. 2012. Increasing drought under global warming in observations and models. Nature Climate Change, 3(1): 52-58.

Giannini A, Saravanan R, Chang P. 2003. Oceanic forcing of Sahel rainfall on interannual to interdecadal time scales. Science, 302(5647): 1027-1030.

Greve P, Orlowsky B, Mueller B, et al. 2014. Global assessment of trends in wetting and drying over land. Nature Geoscience, 7(10): 716-721.

Huang J L, Zhai JQ, Jiang T, et al. 2018. Analysis of future drought characteristics in China using the regional climate model CCLM. Climate Dynamics, 50: 507-525.

IPCC. 2012. Managing the risks of extreme events and disasters to advance climate change adaptation: a special report of working groups I and II of the Intergovernmental Panel on Climate Change. Cambridge, UK, and New York, NY: Cambridge University Press.

IPCC. 2021. Climate Change 2021: The Physical Science Basis. Contribution of Working Group I to the Sixth

Assessment Report of the Intergovernmental Panel on Climate Change. Cambridge, UK, and New York, NY: Cambridge University Press.

Meinshausen M, Meinshausen N, Hare W, et al. 2009. Greenhouse-gas emission targets for limiting global warming to 2℃. Nature, 458(7242): 1158-1162.

Palmer W C. 1968. Keeping track of crop moisture conditions, nationwide: the new crop moisture index. Weatherwise, 21(4): 156-161.

Sheffield J, Wood E F, Roderick M L. 2012. Little change in global drought over the past 60 years. Nature, 491(7424): 435-438.

Su B D, Huang J L, Fischer T, et al. 2018. Drought losses in China might double between the 1.5℃ and 2℃ warming. Proceeding of the National Academy of Sciences of the United States of America (PNAS), 115: 10600-10605.

Trenberth K E, Dai A, van der Schrier G. 2014. Global warming and changes in drought. Nature Climate Change, 4(1): 17-22.

UNCCD. 2022. Drought in Numbers 2022-Restoration for Readiness and Resillence. Bonn: UNCCD.

Wilhite D A, Glantz M H. 1985. Understanding the drought phenomenon: The role of definitions. Water International, 10: 111-120.

Zhai J Q, Huang J L, Su B D, et al. 2017. Intensity-area-duration analysis of droughts in China 1960-2013. Climate Dynamics, 48: 151-168.

第4章　热带气旋灾害风险评估与管理

引　言

热带气旋发生频次高、分布范围广、影响程度重，且有显著的地域性、季节性特征，是严重影响和制约全球沿海地区社会经济发展的重大灾害性天气系统。热带气旋登陆时，通常会带来大风和暴雨。大风会摧毁房屋，破坏电力和通信设施及市政建筑；暴雨会造成山洪、洪水、滑坡和泥石流；当大风和暴雨达到一定的临界值时，暴雨会增大地质灾害发生的可能性，大风会导致土壤松动、裂缝增多，增加了降雨的渗透性，加大了暴雨对地质灾害的启动作用，进而诱发山体滑坡、泥石流等地质灾害（陈文方 等，2017；钱传海，2022）。

全球变暖背景下重大自然灾害事件频发。1980～2022年，以热带气旋为主的天气灾害事件次数占所有自然灾害的比例约为23.91%。热带气旋频繁发生在亚洲、欧洲、北美洲、南美洲、非洲和大洋洲，其中亚洲和北美洲是重大热带气旋灾害最频发的地区，年代际平均发生次数为30次左右。全球范围内约有50多个国家与地区受热带气旋的影响，其中北半球占总数的73%，南半球仅占27%。每年全球热带洋面上发生的底层中心风力达8级以上的热带气旋平均有83个。热带气旋发生频率较多的区域为南北纬5°～20°的海温较高的洋面上，主要发生于8个海域：西北太平洋、东北太平洋、北大西洋、孟加拉湾、阿拉伯海、西南太平洋、南印度洋西部和南印度洋东部。

中国是受热带气旋灾害影响最严重的国家之一，主要影响地区为东部沿海省份，包括山东、江苏、上海、浙江、福建、台湾、广东、广西和海南等地。1949～2022年，西北太平洋海域共有2414个热带气旋生成，其中登陆中国的热带气旋有658个，平均每年8.9个。中国四大临海中，南海是最频发的，平均每年14个；其次是东海，平均每年7.7个。中国每年因热带气旋造成的直接经济损失达345.5亿元，占气象灾害总直接经济损失的18.3%（Qin et al.，2016）。

全球沿海地区人口和财富的快速增长使热带气旋造成的经济损失持续增长，沿海地区的人口和社会经济都将面临越来越高的热带气旋灾害风险。开展未来热带气旋灾害损失的研究，需要对研究区的气候变化情景进行预估。全球变暖背景下，未来可能面临更严重的热带气旋灾害风险。全球气候模式作为预估未来气候变化的重要工具，被广泛应用于相关的研究工作中；世界气候研究计划的分支机构——联合科学委员会/气候变化与预测耦合模型工作组（WRCP），制定了全球耦合模式比较计划（coupled model intercomparison project，CMIP）（张飞跃 等，2016）。CMIP先后由气候变率与可预报性研究委员会（CLIVAR）和世界气候研究方案联合科学委员会管理。CMIP实施以来发展迅速，经历了CMIP1、CMIP2、CMIP3、CMIP5、CMIP6几个阶段的发展（Eyring et al.，2016）。全球模式由于其复杂性和需要整合几个世纪的多样本，计算量非常大，分辨率通常很低。需要降尺度来预估小区域和地方尺度的气候变化情况，如极端气候和自然灾害。目前有两种主要的降尺度方法：统计降尺度和动力降尺度。

现代灾害风险管理迫切需要系统化、精细化和定量化的灾害风险模型，即通过对热带气旋致灾因子危险性、承灾体暴露度和脆弱性分别开展定量模拟和评估，获得精细化的定量风险，从而为有针对性地开展灾害风险管理和风险转移提供科学参考。本章节将介绍热带气旋、热带气旋的成灾机制和热带气旋灾害风险评估，以 3 个热带气旋作为案例，通过风险管理来适应此类气象灾害带来的影响。

4.1　热带气旋灾害概述

4.1.1　热带气旋

热带气旋（tropical cyclone，TC）是指发生在热带或副热带洋面上，具有有组织的对流和确定气旋性环流的非锋面性涡旋的统称，包括热带低压、热带风暴、强热带风暴、台风、强台风和超强台风。热带气旋的定义有广义和狭义之分，广义上热带气旋的定义对气旋的强度没有要求，即无论热带气旋处于其生命周期中的任何阶段，都可以被称为“热带气旋”；狭义的热带气旋仅包括处于发展期和成熟期的强盛气旋，按中心最大风速，其强度必须超过气旋分级系统的最低标准。一般把登陆中国的热带气旋简称登陆气旋，其中造成经济损失的热带气旋被定义为致灾气旋或影响气旋。热带气旋常见于夏秋两季，其生命周期可大致分为生成、发展、成熟、消亡 4 个阶段。成熟期的热带气旋拥有暴风眼、眼墙、螺旋雨带等结构，直径在 100～2000 km，中心最大风速超过 30 m/s，中心气压可降低至 960 hPa 左右，在垂直方向可伸展至对流层顶。未登陆的热带气旋可能维持 2～4 周，直到脱离热带海域，登陆的热带气旋通常在登陆后 48 h 内快速消亡。台风风圈分为 7 级风圈和 10 级风圈。7 级风圈是指在特定范围内平均风力为 7 级及以上，10 级风圈是指在特定范围内平均风力为 10 级及以上。7 级风圈的半径为 450 km，10 级风圈的半径为 100 km；7 级风速为 13.9～17.1 m/s，10 级风速为 24.5～28.4 m/s。

中国把西北太平洋和南海的热带气旋按其底层中心附近最大平均风力（风速）大小划分为 6 个等级，其中风力为 12 级或以上的统称为台风。国际上将产生于西太平洋、西北太平洋及其邻近海域的热带气旋被称为“台风（typhoon）”；产生于大西洋和东太平洋的热带气旋被称为“飓风（hurricane）”；产生于印度洋和南太平洋的热带气旋可能被称为“气旋风暴（cyclonic storm）”或简称为“气旋”（cyclone）。经过国家标准化管理委员会批准，新版《热带气旋等级》（GB/T 19201—2006）于 2006 年 6 月 15 日正式实施并一直沿用至今，等级划分见表 4.1。

表 4.1　热带气旋等级划分表

热带气旋等级	底层中心附近最大平均风速/（m/s）	底层中心附近最大风力/级
热带低压（TD）	10.8～17.1	6～7
热带风暴（TS）	17.2～24.4	8～9
强热带风暴（STS）	24.5～32.6	10～12
台风（TY）	32.7～41.4	12～13
强台风（STY）	41.5～50.9	14～15
超强台风（Super TY）	≥51.0	≥16

热带气旋发展过程中夹带有大量的暖湿水汽，会在地形或者天气系统等作用下，引起狂风暴雨等强对流天气，对受影响地区造成严重的经济损失和人员伤亡。虽然由热带气旋带来的降水有时候可以缓解一些地区的旱情以及高温带来的影响，但是其实质上还是一个高影响事件。尤其是在全球气候变化背景下，极端天气事件频发，加之承灾体随着经济社会的发展变得更为脆弱，有必要加强对热带气旋灾害的风险评估，提高防御能力，减少灾害损失。

4.1.2 热带气旋灾害风险

热带气旋灾害风险指热带气旋灾害发生的可能性以及由其可能造成的影响和损失（IPCC，2021）。热带气旋灾害风险的大小由致灾因子危险性、承灾体暴露度和脆弱性 3 个要素共同决定。

1. 致灾因子危险性

相较于其他自然灾害，热带气旋的致灾因子具有多样性和复杂性。多样性体现为：既包含大风和暴雨等直接致灾因子，也包含洪水、风暴潮（及其引发的沿海洪水）等次生致灾因子。复杂性体现为：直接致灾因子和次生致灾因子可能引发“灾害链”，而风、雨、潮以及天文大潮等多种致灾因子“并发”形成“复合型灾害”，较单一致灾因子的情况更为复杂。热带气旋大风的形成，主要是由于热带气旋中心气压很低，与周围环境形成很大的气压梯度引起（李辉　等，2019）。一个较强热带气旋的 8 级大风半径一般都达百余千米，不少热带气旋都伴有 12 级以上的大风；风力足以损坏甚至摧毁陆地上的建筑、桥梁、车辆，掀翻巨轮；会使地面输电线路等严重受损；可以把杂物吹到半空，使户外环境变得非常危险。一般的登陆热带气旋常伴有 100 mm 以上的大暴雨，当其移动缓慢时常会造成某地区数百毫米乃至上千毫米的降雨；热带气旋引起的持续强降水可能引起河水泛滥、滑坡和泥石流，对国民经济建设和人民的生命财产造成极大威胁。风暴潮是强风和气压骤变等强烈的大气扰动所导致的海面异常升降的现象。通常分为热带气旋风暴潮和温带风暴潮，分别由热带气旋和温带气旋或寒潮引起。巨大的风暴潮涌会摧毁沿海地区的堤坝以及建筑物，造成海水倒灌，破坏农田，影响交通运输以及渔业生产，严重威胁人民的生命财产安全。由于风暴潮和河流洪水的累积效应，在热带气旋事件中经常引发重大的洪水，其影响因进程的改变而加剧。热带气旋的大风及低压造成的海面上升，可以淹没沿海地区；倘若适逢天文大潮，并与海潮叠加时，情况就更加严重。热带气旋过后带来的积水，以及下水道所受到的破坏，可能会引发流行病；海水的盐分随着热带气旋引起的巨浪被带到陆上，附在农作物的叶面导致农作物枯萎；附在电缆上则可能引起漏电、破坏输电设施等；积水还会引起道路堵塞，防碍救援工作；狂风暴雨破坏水产养殖业和农业生产，导致食物短缺。

2. 暴露度

热带气旋暴露度是指人民、民生、环境服务和各种资源、基础设施以及经济、社会和文化资产处在有可能受到热带气旋灾害影响范围内的承灾体数量或价值。以具体的承灾体人口和社会经济资产为例，人口暴露度是指处在有可能受到热带气旋灾害影响范围内的人口数量。经济暴露度是指暴露于热带气旋灾害事件影响范围内的经济总量。1984～2022 年，中国大陆平均每年受热带气旋影响造成的经济损失近 18 817 亿元，死亡人数达 12 782 人。就单次热带气旋侵袭中国的记录来看，造成经济损失最严重的 10 次热带气旋灾害中有 3 次发生在 2017 年，分别是“哈维”（969 亿美元）、“玛利亚”（694 亿美元）和“艾尔玛”（582 亿美元）。仅这 3 次热带气旋造成的损失就占了 1970～2019 年全球十大灾害经济损失总额的 35%。强台风“碧利斯”造成了 820 人死亡，210 人失踪，以及 348 亿元的直接经济损失；超强台风“桑美”造成了 441 人死亡，157 人失踪，以及 194 亿元的直接经济损失（刘彤和闫天池，2011）。

3. 脆弱性

脆弱性是指有受到不利影响的倾向性或趋势。热带气旋灾害风险不仅与致灾因子危险性参数有关，而且与承灾体的脆弱性密切相关。承灾体脆弱性评估是连接致灾因子危险性和承灾体损失程度之间的纽带，也是风险评估中最为复杂的一部分。热带气旋社会脆弱性与生态脆弱性研究较为独立，从研究对象、概念与内涵方面来看，两者存在显著差异。研究对象上，热带气旋社会脆弱性主要针对单一的社会经济系统，以人口、建筑物、交通系统、生产部门等承灾体脆弱性评估为主；生态脆弱性主要针对生态系统，以湿地、草地、生态交错带等典型脆弱生态系统评估为主。在概念与内涵上，热带气旋社会脆弱性强调系统可能遭受一定强度灾害事件影响的程度，侧重于脆弱性结果与系统对灾害事件的响应，由暴露于灾害事件下的承灾体的脆弱性和系统适应灾害的能力组成；生态脆弱性强调分析气候变化下生态系统脆弱性的原因，侧重于系统敏感性、恢复力等内在属性分析，由系统接触外界干扰时表现出的敏感性以及自身的恢复能力组成。由于两者的复杂性与差异性，整合热带气旋社会脆弱性与生态脆弱性研究存在一定难度。热带气旋作为一种突发性灾害事件，具有持续时间短、影响范围广、破坏强度大等特点，同时随着人类活动的不断加剧，承灾体不再局限于单一的生态系统或社会经济系统，而是耦合人与自然的社会-生态系统。

4.2 热带气旋成灾机制

热带气旋形成的自然原因包括热力因素和动力因素。热力因素主要是海面（60 m 深处）的水温高于 26℃，相对潮湿的中层大气（适当的相对湿度）和海平面与 500 hPa 大气之间的条件不稳定的深层大气。动力因素主要是适当的科里奥利力、低层相对涡度和低的水平垂直风切变。人为原因主要是人为排放温室气体、人为气溶胶变化等，使热带气旋形成过程发生改变。

1. 自然原因

1）热力因素

（1）海温，热带气旋主要集中在西北太平洋、西北大西洋、孟加拉湾、阿拉伯海、印度洋和南太平洋的部分地区。热带气旋在海洋西部比东部多，在北半球比南半球多；在西北太平洋的发生率最高，而南大西洋和东南太平洋还没有发现热带气旋。热带气旋的发生发展离不开温暖的海洋，一般来说海表温度在 26℃以上才能形成热带气旋，而热带气旋的发展增强过程也需要足够的海洋热力支撑。热带气旋高发区主要分布于 9°06'N～19°06'N 范围内，此区域内登陆热带气旋占总登陆气旋的 71.6%；随着热带气旋强度的增大，其生成地对纬度的要求也越高（越靠近赤道），纬度带越窄（张金善 等，2018）。赤道海域太阳高度角较大，接收的太阳辐射量较多，热带海洋中的海水温度持续升温，海温普遍持续高于 26℃。因此赤道海域热量充沛，为热带气旋的生成与发展提供了有利的下垫面热力条件。

（2）水汽，丰富的水汽也是热带气旋生成与发展的重要因素。在西北太平洋区域，西南季风、越赤道气流以及东风带都携带了大量水汽。在季风槽区，水汽含量高达 80%以上，并且在季风槽的槽线上辐合上升，辐合上升区域水汽含量可达 95%以上。

（3）不稳定大气层，西北太平洋季风槽为夏季西南季风和东北信风的汇合区，它提供了风场的纬向和经向切变，为低层气旋性环流的发展提供有利的动力条件，而且季风槽强烈的辐合所形成的强烈上升运动和对流活动为热带气旋发展提供了有利的动力和热力条件，这也正是约有 75%的热带气旋形成于季风槽区域的主要原因。此外，一般把季风槽的槽线视为热带辐合带。在季风槽的槽线上，气流扰动形成一个个逆时针扰动气流，再配合水汽的辐合上升，形成了槽线上的热带辐合带云带（吴炎成 等，2016）。

2）动力因素

（1）科里奥利力，北半球夏季，南半球的气流经常跨越赤道流向北半球（即越赤道气流），从南半球来的越赤道气流到了北半球由于受科里奥利力的影响就会向东偏，从而加强了热带西太平洋季风槽（冯涛 等，2013）。西北太平洋的热带气旋生成数量与越赤道气流的强度密切相关，越赤道气流偏强，季风槽位置偏东，强度偏强，热带气旋生成数量偏多，反之亦然。

（2）低层相对涡度，西北太平洋同样受到季风影响，主要体现为其上空西北太平洋副热带高压及热带气旋辐合带（ITCZ）的季节性推进及撤退（郝赛和毛江玉，2015）。1～6 月，10°N 以南受 ITCZ 控制，为正涡度区；10°N 以北，受西北太平洋副热带高压及 Hadley 环流圈环流下沉支的影响，为负涡度区。因此，热带气旋主要生成于 10°N 以南。7 月开始，西北太平洋副热带高压加强并向北跃进，ITCZ 随之北上至 10°N～15°N。因此，正相对涡度区向北扩展，热带气旋生成位置北跳。7～10 月，南半球马斯克林高压的加强发展使得赤道附近（7°N 以南）为负涡度控制；10°N～20°N 受 ITCZ 及低频活动影响，为正涡度区；而脊线位于 28°N 附近的西北太平洋副热带高压是造成 20°N 以北为负涡度区的主要原因。因此，热带气旋在 10°N～20°N 气旋性涡度区大量生成，进入热带气旋活动的“盛期”。综上，海陆热力差异的季节反转及海温的季节变化造成南海及西北太平洋冬、夏季风大气环流系统（如季风槽、西北太平洋副热带高压）发生季节性变化，低层相对涡度随之发生改变，进而影响热带气旋生成位置。值得注意的是，11 月、12 月，南海中北部（10°N～18°N）及西北太平洋 10°N 以北仍为正相对涡度区，但是热带气旋却主要生成于 10°N 以南，且南海上空气候平均低层相对涡度大于西北太平洋，而西北太平洋生成的热带气旋却平均强于南海局地生成的热带气旋。由此可见，南海及西北太平洋热带气旋的生成并不完全决定于低层相对涡度这一大气动力参数。低层气旋式涡度对夏季南海热带气旋生成有明显的调控作用，而对于冬季，特别是 11 月、12 月，热带气旋活动并不是主要影响因素。

（3）水平风垂直切变，较弱的垂直风切变是热带气旋强度增强的关键因素之一（龚俊强，2022）。垂直风切变是指垂直方向上风速的突然变化，通常以热带气旋为中心一定范围内（给定半径内如 500 km，或某一圆环如 500～900 km），200～850 hPa 等压面之间平均风矢量差的大小表示：

$$\mathrm{VWS}_{200\sim850\,\mathrm{hPa}}=\left|\bar{V}_{200\,\mathrm{hPa}}-\bar{V}_{850\,\mathrm{hPa}}\right|$$

其中，VWS 表示环境垂直风切变大小（下标表示垂直风切变的计算层次）；$\bar{V}_i$ 表示第 i 层上的平均风。垂直风切变主要通过热力和动力作用对热带气旋强度产生影响。热力作用主要包括：①“高层通风”，指发生在对流层上层（200～300 hPa），表现为暖心“通风”，即对流层高层暖核向顺切变一侧平流，或者是在高层由垂直风切变产生的非对称流通过涡动通量从涡旋中心由里向外输送高值位温与高值假相当位温，从而破坏了热带气旋暖心结构，使其强度减弱。卫星观测资料显示，在垂直风切变的作用下，非对称涡旋的垂直范围缩小，降低暖心位置，从而使热带气旋减弱。②“中层通风”，指的是对流层中层眼墙外低熵空气在垂直风切变引起的涡动通量作用下径向流入眼墙内，使得眼墙内原本的高熵空气减少，眼墙热效率降低，从而使热带气旋减弱。此外，对流层中层干空气的流入使得低熵和高熵空气相互混合，促进雨水蒸发，从而增强下沉气流。③“低层通风”，指垂直风切变增强了顺切变左侧的下沉运动，这些下沉运动将对流层中层的低熵空气带入对流层低层，边界层内空气的熵减小，在对流层低层入流的作用下卷入眼墙后，减少了眼墙中的熵，从而降低眼墙的热效率。同时，切变增强的下沉运动会持续不断地将低熵空气带入边界层，减少了热带气旋从洋面上获取的能量，使得热带气旋的强度减弱，这解释了螺旋雨带中的下沉运动是如何影响到眼墙中的对流活动。动力作用主要包括以下方面：①在垂直方向上，垂直风切变还可以使涡旋在垂直方向上倾斜，形成非对称的结构，如造成内核区的对流不对称、眼壁结构的不对称以及雨带-波型特征，使得强对流主要发生在顺切变左侧，而非对称的对流发展又会影响到涡旋的倾斜，使热带气旋强度减弱。②垂直风切变造成的涡动角动量通量可以通过在高层产生相对入流，抑制眼墙中的上升运动，同时使得边界层的入流减弱，诱发与热带气旋次级环流相反的异常环流，使得热带气旋强度减弱。综上，垂直风切变主要通过破坏热带气旋的暖心结构或降低眼墙热效率使得热带气旋减弱；同时，垂直风切变使热带气旋涡旋发生倾斜以及产生非对称结构，从而使其减弱。

2. 人为原因

1）人为排放温室气体

人们焚烧化石矿物或砍伐森林并将其焚烧时，产生二氧化碳等多种温室气体。这些温室气体对来自太阳辐射的可见光具有高度透过性，而对地球反射出来的长波辐射具有高度吸收性，因而产生“温室效应”，导致全球气候变暖。全球变暖导致海水表层温度升高，这有利于台风的生成，且可以使台风获得更大量热量和水汽，有利于台风的加强。大气环流异常导致台风的路径多变，这导致有些地区会接连不断地受到台风的侵袭，而有些地区则不会受到影响。温室气体正在使高层大气和海洋变暖，创造了更加稳定的大气环境，使适宜热带气旋形成与发展的对流活动减少。大气和海面温度升高，波高和能量增加，海平面上升，一些岛屿地区热带气旋强度增加。

2）人为气溶胶变化

人类社会经济活动会导致大气中的气溶胶含量发生变化。工业排放、交通排放、能源生产、农业活动、建筑和土地利用变化、生物质燃烧和气溶胶喷射等活动都会直接或间接地改变大气中的气溶胶数量、物理特性和化学特性。气溶胶的变化导致北半球近地面高气压异常、南半球近地面低气压异常，驱动了北半球低层大气中异常的东南风及向南半球的越赤道气流，明显减弱热带气旋活跃海区的水汽辐合和垂直上升运动。

4.3　热带气旋灾害风险评估

热带气旋灾害风险评估是对研究区域的人类社会经济系统遭受的不同强度热带气旋灾害发生的可能性及其可能造成的灾害损失进行分析和评价。风险评估是热带气旋风险管理和防范热带气旋灾害的重要基础。根据热带气旋灾害风险理论，整个热带气旋灾害风险是一个复杂的系统，由致灾因子、承灾体的脆弱性和暴露程度，以及区域防灾减灾能力组成（王洁 等，2021）。热带气旋风险灾害评估系统可分为 3 个子系统：热带气旋致灾因素、社会防灾减灾因素和自然承灾因素。在建立热带气旋灾害风险评估系统时，选择热带气旋的频率和强度作为致灾因素，地形、土地覆盖等作为自然承灾因素，人口、经济、交通和医疗相关指标作为社会防灾减灾因素，完整体系如图 4.1 所示。

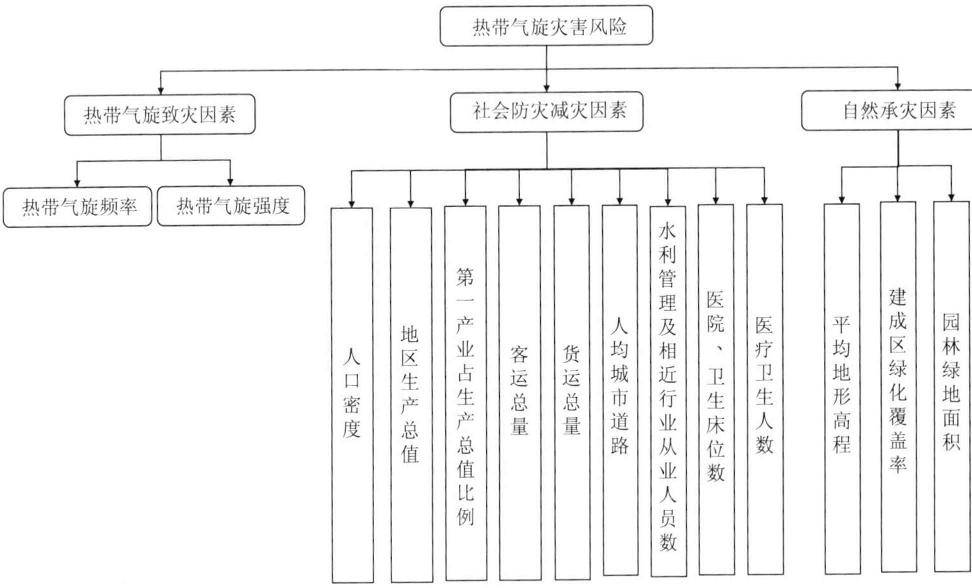

图 4.1　热带气旋灾害风险评估指标体系

热带气旋灾害风险评估的主要内容包括资料收集、统计影响或登陆的热带气旋的基本气候特征（包括频数、强度、持续时间等）、灾情评估和致灾因子（一般以降水、大风为主）分析（图 4.2）。

4.3.1　热带气旋灾害风险评估方法

热带气旋灾害风险评估方法众多，涉及领域广且具有学科交叉的特点。经过长期发展，热带气旋灾害风险评估已从对致灾因子的单一研究转变为结合灾害地区的自然和社会属性进行全面评估研究。

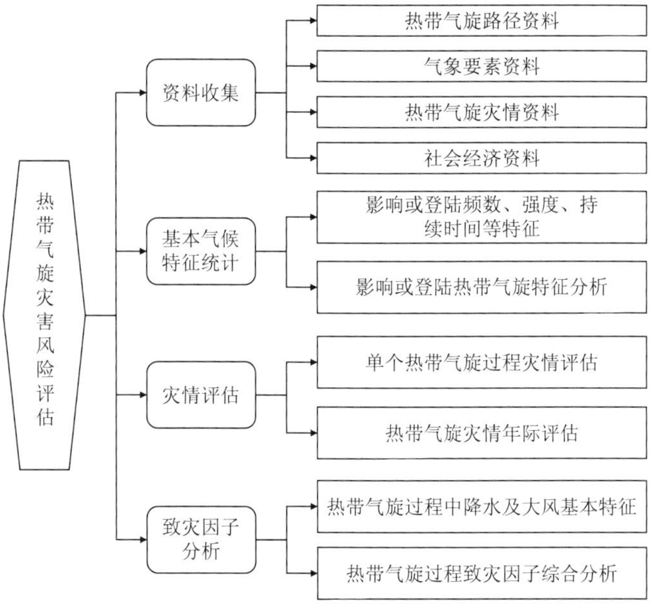

图4.2　热带气旋灾害风险评估主要内容

1. 致灾气旋判定阈值

热带气旋危险性分析就是分析大风、暴雨和风暴潮等的强度、频率和影响范围，并给出热带气旋路径及其强度的时空分布。采用登陆气旋的影响频次作为致灾因子危险性指标，它描述了一段时间里登陆气旋发生的次数，影响频次越多则说明受影响越严重，致灾的可能性越高。

可根据模式输出的西北太平洋逐日风场数据及降水量、气压，当出现涡旋且东南沿海地区气象条件达到致灾气旋阈值时，则认为有致灾气旋发生（陈雪　等，2020）。基于某一时间段的致灾气旋的风速、降水量和气压观测资料，相关阈值为

$$X' = \bar{X} \pm X_s$$

其中，$\bar{X}$ 为各气象要素平均值；X_s 为标准差；X' 为阈值。

热带气旋带来的灾害有3个方面：热带气旋大风灾害、热带气旋风暴潮灾害、热带气旋暴雨洪涝灾害，其中热带气旋暴雨洪涝灾害包括了中小河流洪水、山洪、地质灾害和城市内涝。因此，热带气旋灾害风险评估的主要内容包括3类：根据热带气旋大风和不同灾害的抗风能力信息，对风灾风险进行评估；根据风暴和洪涝风险调查中收集的信息，对热带气旋的暴雨造成的洪涝风险（中小河流洪水、山洪、内陆洪水、地质灾害等）进行评估；收集验潮站潮位观测站及多少年一遇潮位的特征值，基于淹没分析模型进行风暴潮风险评估。热带气旋大风危险性评估主要采用数值模拟方法，根据历史上发生的热带气旋灾害资料，确定特定地点遭遇不同强度（通常用风速来表征）热带气旋大风灾害的超越概率（exceedance probabilities）。在路径模拟方面，主要采用“样本圆或海岸段”的方法，即选择靠近研究地点（沿岸段）的历史热带气旋作为分析样本，构建关键热带气旋参数的概率分布模型，从中产生大量的热带气旋模拟样本。热带气旋暴雨危险性评估则需要建立定量的热带气旋暴雨预报和

预测模型，但热带气旋暴雨形成机制较为复杂，既包含热带气旋本身环流形成的降水，又包括热带气旋外围环流与中纬度系统相互作用产生的远距离暴雨，同时受地形、下垫面、中小尺度系统等因素影响，是热带气旋系统中最难模拟的变量之一。对热带气旋风暴潮危险性的评估主要有两种方式：基于典型重现期的风暴潮危险性评估、基于热带气旋风场模拟和风暴潮数值模型的危险性评估。

2. 经济损失标准化

IPCC 第六次评估报告指出，暴露度的增加将导致热带气旋造成更大的直接经济损失。损失大小将取决于热带气旋频率和强度的未来变化。热带气旋的暴露度分析分为人口暴露度分析和经济暴露度分析。

对于人口暴露度，多数直接采用研究区域的受灾人口数或人口密度等指标表征。为将暴露人口的范围缩小到极端降水的影响范围内，部分研究引入了致灾因子的影响范围，以致灾因子与总人口数乘积作为指标进行人口暴露度的研究（井源源 等，2020）。近年来也有一些研究引入受灾率的概念，采用受灾率乘以总人口的方法计算暴露人口。但大多数研究进行受灾率计算时，一般直接表示为历史受灾人口与总人口的比值，而人口暴露度是未来气候、设防能力等多方面综合影响的结果，目前的研究均未剔除设防水平下受保护的人口。通过改进，定义暴露人口为在灾害发生时，致灾因子影响范围内，因没有设防或设防水平不足而可能受到影响或伤害的人口，处于设防保护下的部分不属于暴露人口，能够更加准确地评估灾害影响下的实际人口暴露度。由于地区设防能力与区域经济发展程度紧密相关，故引入人均生产值，在一定程度上表征地区设防水平。

对于经济暴露度，多数直接采用研究区域的经济损失数据或占经济总量的比值等指标表征，在计算过程中为了排除通货膨胀的影响，需要对经济损失数据进行经济损失标准化处理。居民消费价格指数（consumer price index，CPI）的变动反映经济运行过程中物价的变动，是观察通货膨胀程度的重要指标，也是宏观经济分析、决策，以及国民经济核算的重要指标（温姗姗 等，2017）。以某一年为基准年，对热带气旋灾害的直接经济损失数据进行 CPI 标准化处理，以获得具有时空可比性的热带气旋灾害损失数据序列：

$$\mathrm{CPI}_{\mathrm{EL}} = \mathrm{EL} \times \frac{\mathrm{CPI}_s}{\mathrm{CPI}_t}$$

其中，EL 为当年的直接经济损失；CPI 为居民消费价格指数；s 表示基准年；t 表示当年（谈科 等，2021）。

3. 灾害风险指数法

热带气旋灾害风险评估常先采用灾害风险指数法（natural disaster risk index，NDRI）进行计算；再利用地理信息系统软件的图层运算功能对致灾因子危险性、承灾体暴露度和脆弱性等评价因子进行计算，得到热带气旋灾害风险指数栅格图层；再进行热带气旋风险的评估，并结合历史热带气旋灾情和实际情况等做相应修正；最后，根据气象灾害风险评估原则和方法，使用自然断点分级法将研究区的热带气旋灾害风险指数分为 5 个等级，分别对应为高风险区、较高风险区、中等风险区、较低风险区和低风险区。反映损失率和致灾因子危险性之间的确定性函数被称为脆弱性函数（vulnerability function）或灾损函数（damage function），一般表现为曲线的形式，被称为脆弱性曲线（vulnerability curve）或易损性曲线（fragility curve）。根据历史灾害损失数据和致灾因子强度反推出承灾体的脆弱性曲线，采用一元回归方法，拟合房屋脆弱性特征，构建综合致灾强度-房屋倒损率脆弱性曲线（郭桂祯 等，2017）。在拟合承灾体脆弱性曲线过程中，主要采用加权最小二乘法（weighted least squares，WLS），就是根据基础数据本身各自准确度（或者称为可靠性）的不同，在拟合时每个数据赋予不同的加权数值。这种方法的拟合结果比单纯最小二乘拟合更加精确。对于多阶多项式的拟合，拟合系数需要通过求解线性方程组得出，其中线性方程组的系数矩阵和需要求解的拟合系数矩阵分别为

$$\boldsymbol{A}=\begin{Bmatrix} x_1^N & \cdots & x_1 & 1 \\ x_2^N & \cdots & x_2 & 1 \\ \vdots & & \vdots & \vdots \\ x_M^N & \cdots & x_M & 1 \end{Bmatrix},\quad \boldsymbol{\theta}=\begin{Bmatrix} \theta_N \\ \theta_{N-1} \\ \vdots \\ \theta_1 \end{Bmatrix}$$

使用加权最小二乘法（WLS）求解得到的拟合系数为

$$\boldsymbol{\theta}_W^0=\begin{Bmatrix} \theta_{WN}^0 \\ \theta_{W,N-1}^0 \\ \vdots \\ \theta_{W1} \end{Bmatrix}=\left[\boldsymbol{A}^{\mathrm{T}}\boldsymbol{W}\boldsymbol{A}\right]^{-1}\boldsymbol{A}^{\mathrm{T}}\boldsymbol{W}_y$$

其对应的加权最小二乘为以下表达式的最小值，式为

$$\boldsymbol{J}_W=\left[\boldsymbol{A}\theta-y\right]^{\mathrm{T}}\boldsymbol{W}\left[\boldsymbol{A}\theta-Y\right]$$

根据公式拟合可得综合致灾强度-房屋倒损率脆弱性曲线。

4.3.2　热带气旋灾害风险评估案例

本章节以 2009 年的热带风暴“艾拉”、2014 年的超强台风“威马逊”和 2019 年的台风“利奇马”为例，介绍热带气旋灾害风险评估案例。

1. 孟加拉国热带风暴“艾拉”灾害风险评估

1）危险性

艾拉（Aila）于 2009 年 5 月 25 日袭击了孟加拉国西南海岸。5 月 25 日，热带风暴 Aila 从孟加拉国西南部沿海开始过境，影响数小时。受风暴影响，孟加拉国沿海海浪高达 1.8～2.4 m，沿海数千间房屋被毁，多处河流决堤，几十万人受灾。孟政府国要求沿海地区疏散居住在低洼地带的居民，数万人被撤离到避难中心。孟加拉国最大的港口，位于东南部的吉大港和西南部的蒙格拉港都将警戒级别提高到危险级别，并从 25 日早上起全面中止正常作业。5 月 26 日，据孟加拉国媒体报道，热带风暴 Aila 已经造成该国南部 7 个县的至少 50 人死亡。

2）暴露度

Aila 4 次高达 6.5 m 的潮汐影响了孟加拉国 11 个沿海地区和超过 390 万人（United States，2010）。大约 1743 km 的路堤被损坏并被冲走，190 人丧生，另有 7100 人受伤。此外，Aila

造成了约 15 万头牲畜死亡，完全或部分摧毁了近 325 000 英亩[①]的农作物土地，并造成了相当大的基础设施损失（UNDP，2012）。

3）脆弱性

灾害评估结果显示，在此次热带风暴后，大多数流离失所者迁移的原因与生计选择高度相关（图 4.3）。高达 54%的人提到他们的房屋和耕地的损坏，17%的人认为因缺乏工作机会而迁移，13%的人是因为房屋和宅基地的损坏，其他原因包括粮食和水危机、环境卫生问题、妇女和青少年的不安全感等（Islam and Hasan，2016）。

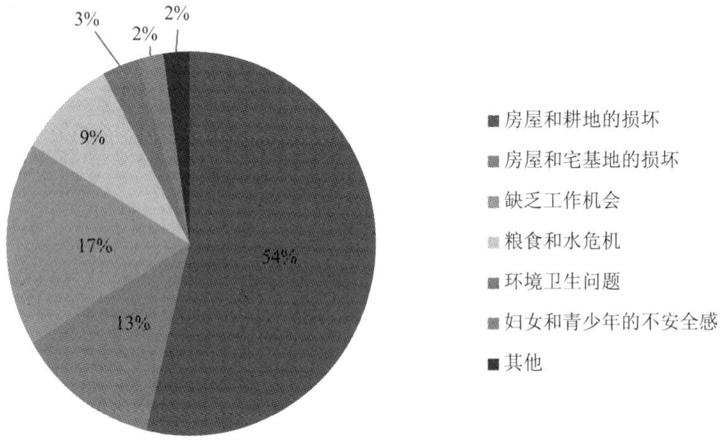

图 4.3　受热带气旋影响人口迁移的原因

2. 超强台风“威马逊”灾害风险评估

1）危险性

2014 年第 9 号超强台风“威马逊”（Rammasun）在西北太平洋洋面上生成；7 月 15 日 18 时 20 分在菲律宾中部沿海登陆，登陆时为强热带气旋（15 级，风速 48 m/s）；18 日 15 时 30 分在中国海南文昌翁田镇沿海登陆，登陆时中心附近最大风力 17 级（60 m/s），最低气压 910 hPa，19 时 30 分在广东徐闻县南部沿海再次登陆，登陆时中心附近最大风力 17 级（60 m/s），最低气压 910 hPa；19 日 07 时 10 分在广西防城港市光坡镇沿海第三次登陆，登陆时中心附近最大风力 15 级（48 m/s），最低气压 988 hPa；20 日 4 时在云南省境内减弱为热带低压，8 时中央气象台对其停止编号（图 4.4）。

“威马逊”在海南文昌和广东徐闻沿海登陆时中心附近最大风力均为 60 m/s（17 级），为 1973 年以来登陆中国华南地区的最强热带气旋，也是 1949 年以来登陆广东、广西的最强热带气旋。1949 年以来，有 8 个热带气旋登陆中国时的强度在 60 m/s 或以上，最近登陆华南的是 7314 号热带气旋（登陆海南琼海）。“威马逊”登陆时中心气压为 910 hPa，为 1949 年以来登陆中国热带气旋的中心气压最低值。热带气旋先后登陆琼、粤、桂的情况历史少见。1949 年以来，登陆中国大陆地区三次以上的热带气旋仅有 12 个，其中有 7 个热带气旋 3 次登陆 3 个不同省份。“威马逊”以超强热带气旋级别先后在海南、广东两次登陆，在广东境内一直维

① 1 英亩≈4046.86 m^2。

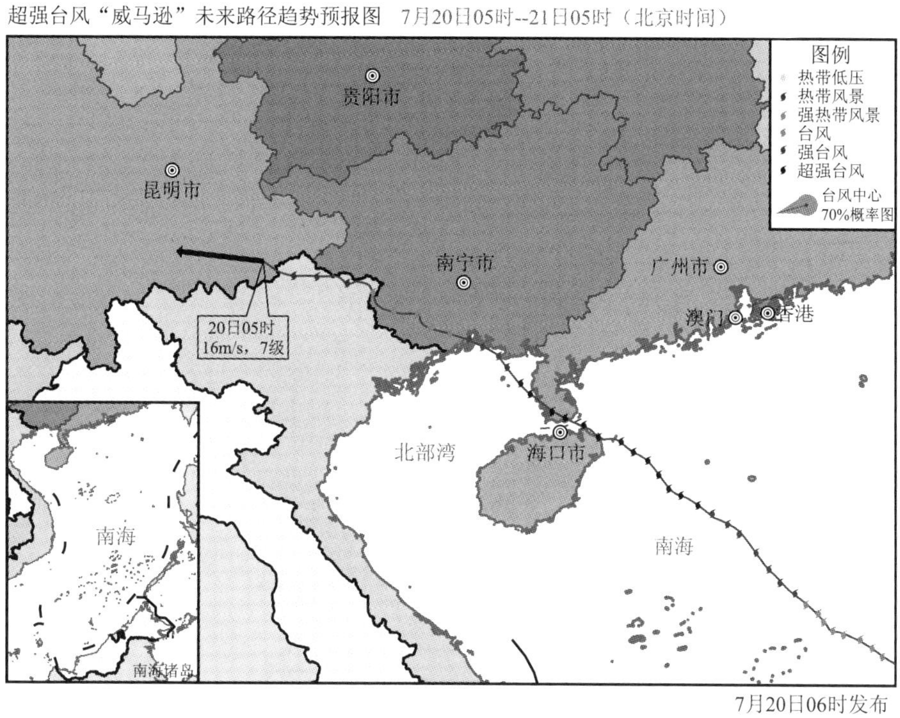

图 4.4 2014 年第 9 号超强台风“威马逊”路径趋势预报图（中央气象台提供）

持超强热带气旋级别，后减弱为热带气旋，登陆广西时仍维持强热带气旋级别。“威马逊”三次登陆时的强度均维持在强热带气旋以上，为历史罕见。“威马逊”在广西内陆以强热带气旋和热带气旋持续了 9 h（19 日 7～16 时），为有气象记录以来最长时间。受“威马逊”影响，海南、广东西南部、广西西部和南部、云南南部普遍出现 50～300 mm 的降水，其中雷州半岛南部、海南中部和北部降水量在 300 mm 以上（图 4.5）。

海南各市县降水量均在 100 mm 以上，平均降水量达 259.9 mm，北部和西部有 4 个市县超过 400 mm。其中 18 日，海南普降暴雨到大暴雨，除了南部外的地区普降大暴雨到特大暴雨，昌化镇降水量最大为 702.1 mm，多地小时降雨强达 100～139 mm。粤西市县出现暴雨到大暴雨，粤东和珠江三角洲市县出现大雨到暴雨、局部大暴雨。广东省有 69 个气象站录得 100 mm 以上的累计雨量，其中湛江徐闻县录得广东省最大雨量 260.9 mm。广西有 10 个地市出现了大暴雨，312 个乡镇降水量有 200～300 mm，50 个乡镇降水量 200～300 mm，23 个乡镇降水量 300～550 mm，其中北海合浦常乐镇降水量达 552 mm，为广西地区最大。

海南东北部、广东雷州半岛和广西沿海地区普遍出现 10～13 级平均风，阵风达 14～17 级。珠三角大部出现 6 级以上强风，粤西出现 8 级以上大风，粤西沿海市县出现 13～17 级的大风。粤西沿海市县自 18 日 12 时开始出现 12 级以上大风，并持续 18 h 左右。粤西沿海七洲列岛录得 72.4 m/s（超 17 级）的大风，徐闻南华农场录得 59.8 m/s（17 级）大风。三沙市部分岛礁出现 10～11 级大风。18 日，海南东北部陆地普遍出现平均风 10～12 级，阵风 13～16 级，最大风力出现在翁田镇，为阵风 17 级（58.8 m/s）、平均风 12 级（36.2 m/s）。海南岛东部海面浮标站和文昌七洲列岛录得的最大阵风达 74.1 m/s 和 72.4 m/s。广西涠洲岛竹蔗寮村和盛塘村阵风达 59.4 m/s 和 5.5 m/s，有 9 个地市出现了平均风速 8 级以上，阵风 10～14

级的大风，其中沿海三市（北海、防城港、钦州）11 级以上大风持续了 9～11 h。部分县市出现了 1981 年以来极大风速的最大值。

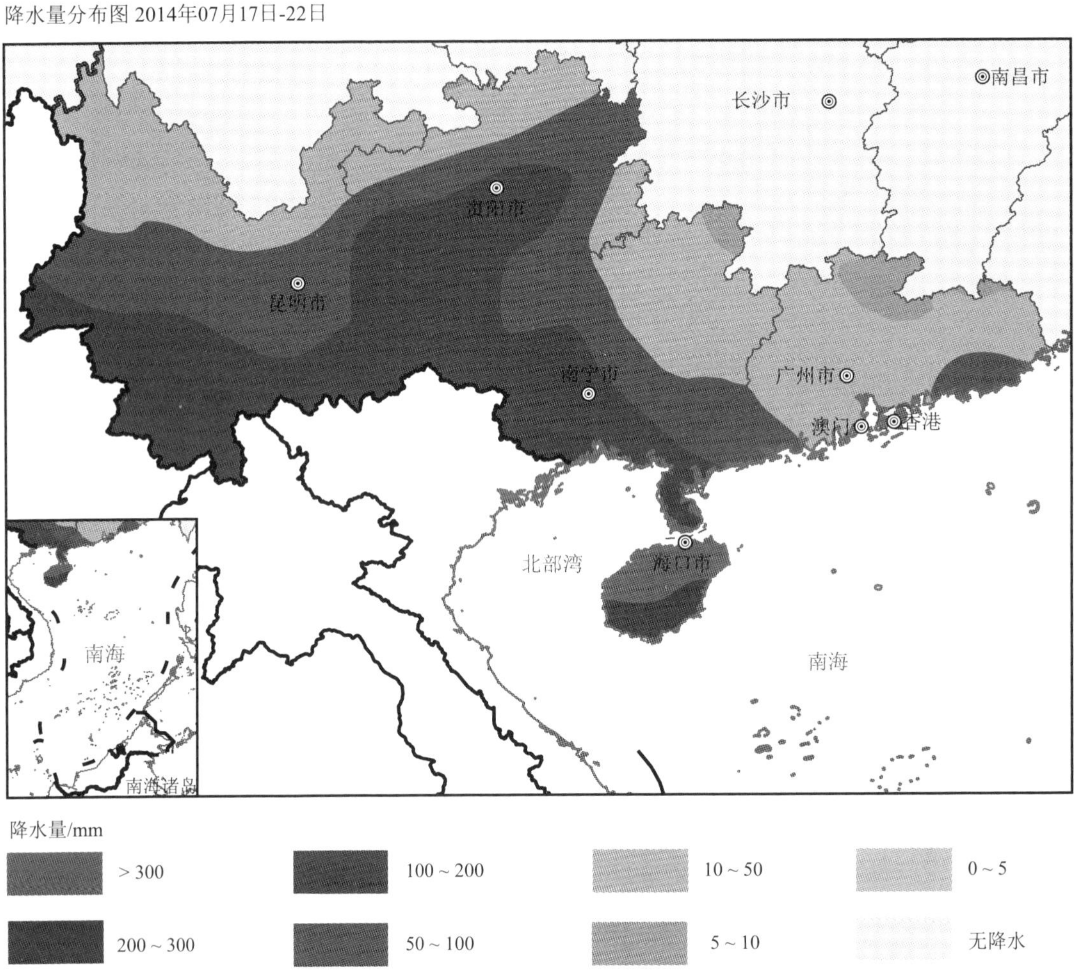

图 4.5　2014 年 7 月 17～22 日南方 5 省区（琼、粤、桂、滇、黔）降水量分布

2）暴露度

南方前期部分地区发生暴雨洪涝灾害，一些地区江河湖库底水高。珠江流域平均降水量 88 mm，造成江河湖库水位进一步上涨。广西部分河流超警戒水位，北仑河东兴站于 19 日 18 时出现超警戒水位 2.71 m 的洪水；南流江支流武利江文利站于 19 日 20 时出现超警戒水位 2.77 m 的洪水。海南琼中水库蓄水量达 89%。根据广东、广西、海南、云南民政厅统计，截至 7 月 23 日 7 时，“威马逊”共造成广东、广西、海南、云南 1107.3 万人受灾，紧急转移安置 86.2 万人；56 人死亡，20 人失踪；农作物受灾面积 191.4 万 hm^2；倒塌房屋 4.0 万余间；直接经济损失 384.8 亿元。

3）脆弱性

7 月 17～22 日，“威马逊”共造成广东、广西、海南、云南 50 mm 以上降水覆盖面积 50 万 km^2，使上述部分地区的交通、通信中断、城市断水断电，并发生内涝，对人民生活造成很大影响。灾害评估结果显示，超强热带气旋“威马逊”具有登陆强度强、登陆次数多、登陆后强度减弱慢、雨量大、风速强等特点。综上所述该热带气旋危险性强，受影响地区暴露范围广以及脆弱性高。

3. 台风“利奇马”灾害风险评估

1）危险性

2019 年第 9 号台风“利奇马”（Lekima）8 月 4 日下午在西北太平洋洋面生成，7 日 17 时加强为强台风级，23 时加强为超强台风。10 日 1 时 45 分前后在浙江省温岭市沿海登陆，登陆时中心附近最大风力 16 级（52 m/s，超强台风级），中心最低气压 930 hPa。登陆后经过浙江、江苏及黄海海域后，于 11 日 20 时 50 分“利奇马”在山东省青岛市黄岛区沿海第二次登陆，登陆时中心附近最大风力 9 级（23 m/s），中心最低气压为 980 hPa。12 日 4 时之后在莱州湾附近回旋，至 13 日 8 时在渤海东部海面减弱为热带低压。之后风力进一步减弱，中央气象台 14 时对其停止编号（图 4.6）。

“利奇马”登陆强度达 52 m/s，是 2019 年登陆中国的最强热带气旋，也是 1949 年以来登陆浙江热带气旋中的第三强，仅次于 0608 号台风“桑美”和 5612 号台风“温岚”。“利奇马”陆上停留时间长达 44 h，且强度维持在热带风暴及以上级别。1949 年以来还有 6 个热带气旋在中国大陆维持热带风暴及以上级别的时间超过 40 h（表 4.2）。

表 4.2　热带气旋维持时间信息表

热带气旋编号（热带气旋名）	维持时间/h
1810（安比）	57
9012（Yancy）	51
0907（天鹅）	47
1410（麦德姆）	46
0908（莫拉克）	45
0509（麦莎）	41

受“利奇马”和冷空气的共同影响，8 月 8～13 日，江南东部、江淮东部、黄淮大部、华北东部、东北地区东部部分地区等地累计降水量一般有 50～100 mm，浙江东部和北部、江苏北部和南部的部分地区、山东大部、辽宁中部和南部及上海等地累计降水量普遍在 100 mm 以上。其中，浙江的温岭、北仑以及山东的昌乐、临朐、青州等地累计降水量接近或超过 300 mm（图 4.7）。8 日以来，浙江东部和北部、福建北部沿海、上海、江苏东北部和中南部沿海、安徽东北部、山东北部和半岛、河北东部、辽宁南部等地出现 8～11 级阵风，浙江东部沿海岛屿、山东青岛和泰安局地有 12～15 级大风，温岭石塘镇三蒜岛（61.4 m/s）、椒江区南岙村（60.3 m/s）、温岭北港（57.8 m/s）等地风速达到或超过 17 级。

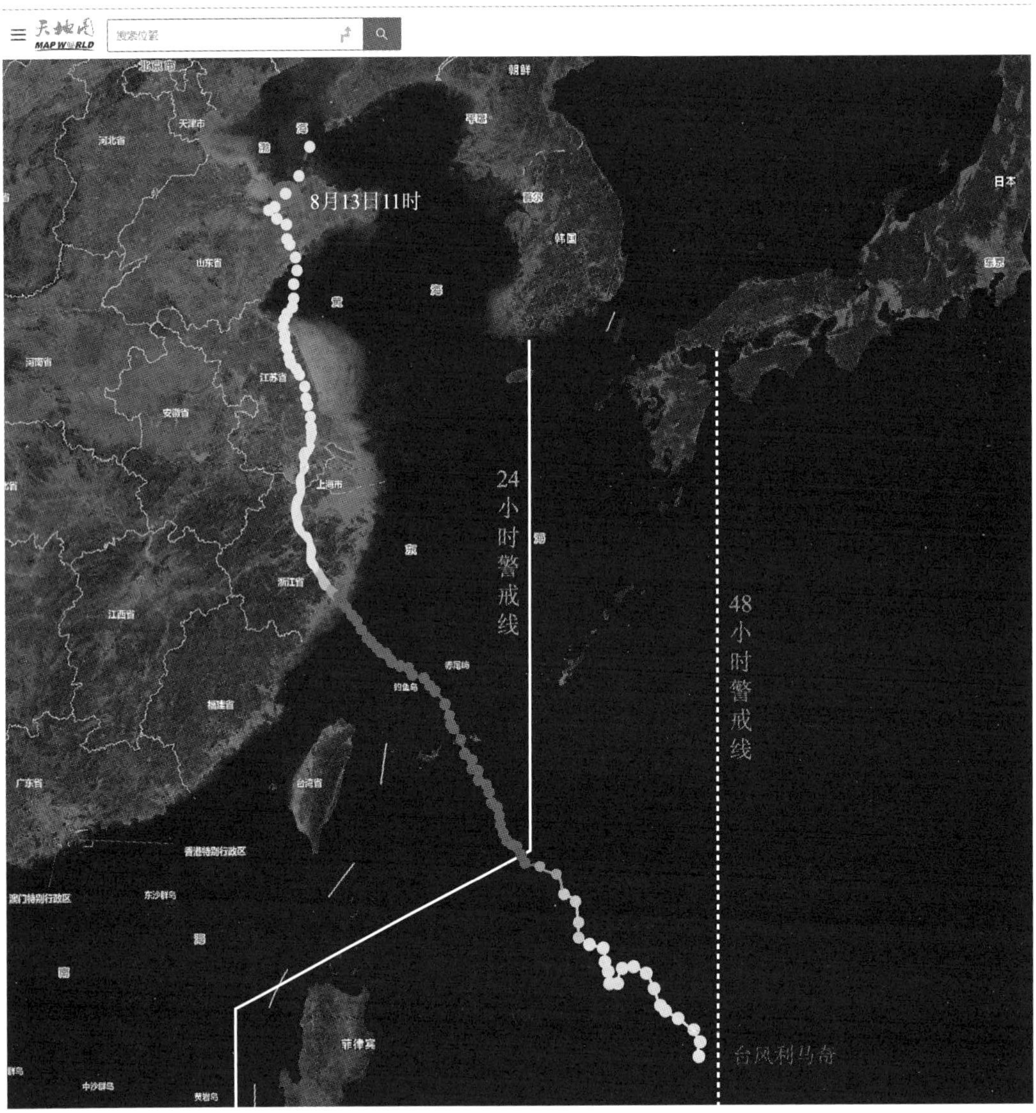

图 4.6　台风“利奇马”路径图

2）暴露度

“利奇马”登陆后一直北上，先后影响浙江、福建、江苏、上海、安徽、山东、河南、河北、天津、辽宁、吉林等省份。国家气候中心热带气旋风险评估模型分析显示，中等及以上热带气旋灾害风险覆盖面积达 24.8 万 km^2。山东、浙江、江苏、安徽、上海等地共有 46 个国家站的日降水量达到或超过极端阈值，其中山东临朐（386.7 mm）、青州（353.9 mm）、广饶（347.8 mm）和浙江北仑（291 mm）等 19 站的最大日降水量突破历史极值。国家气候中心热带气旋风险评估模型分析显示，“利奇马”风雨综合强度指数为 158.6，为 1961 年有记录以来的最大值（图 4.8）。

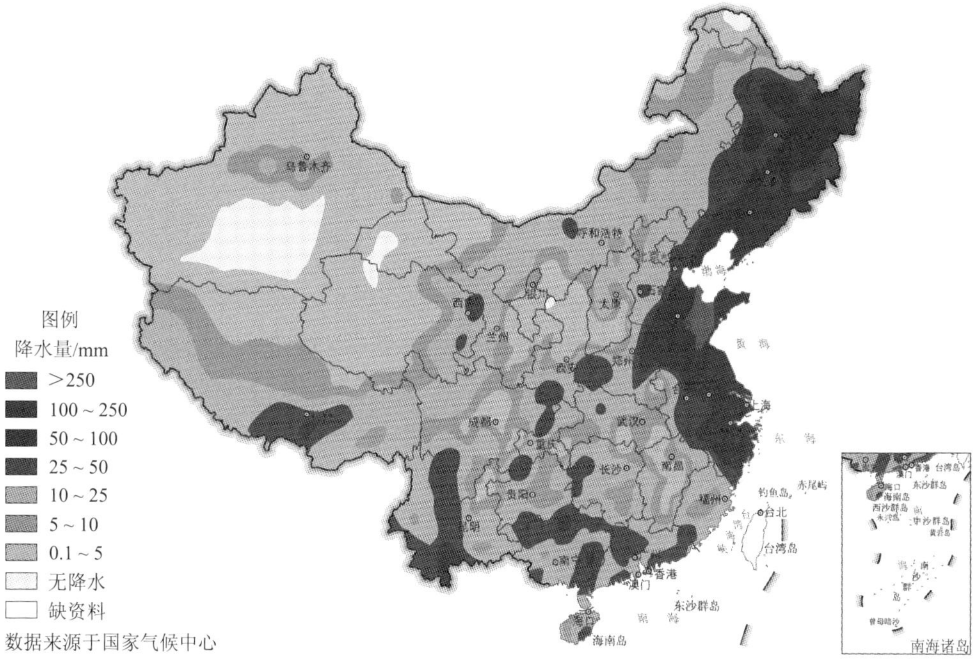

图 4.7　2019 年 8 月 8～13 日全国降水量分布图

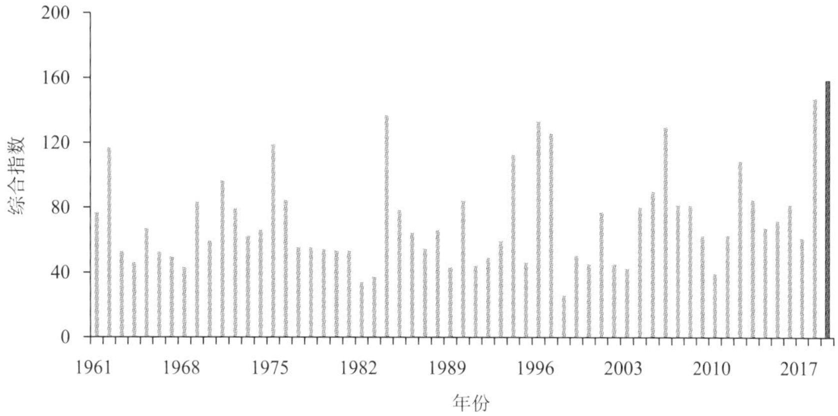

图 4.8　1961 年以来各年热带气旋风雨综合强度指数最大值

3）脆弱性

“利奇马”影响区域为东部经济发达、人口密度高的地区，灾害影响损失较大。受热带气旋带来的强降水影响，先后发生浙江永嘉堰塞湖垮塌、临海古城洪水、山东寿光河堤决口等事件。据应急管理部统计（表 4.3），截至 2019 年 8 月 14 日 7 时，“利奇马”共造成 1402.4 万人受灾，56 人死亡，14 人失踪，超过 1.5 万间房屋倒塌，农作物受灾面积 1137 khm^2，绝收 93.5 khm^2，直接经济损失 515.2 亿元，直接经济损失是 2000 年以来第二多（1323 号热带气旋“菲特”最多，为 631.4 亿元）。

表 4.3 台风“利奇马”灾情（截至 8 月 14 日 7 时）

	死亡（失踪）人数/人	倒塌房屋/间	农作物受灾面积/khm^2	直接经济损失/亿元
浙江	45（3）	6100	257.7	385.4
上海			2.4	0.34
江苏	1	400	155.4	4.6
安徽	5（4）	1900	24.4	32.9
福建				0.02
山东	5（7）	6700	643	90.1
河北			16.6	0.84
辽宁			25.2	0.79
吉林			12	0.18

4.4 热带气旋灾害风险管理

1. 减少暴露度

准确及时的热带气旋预报预警可以起到趋利避害的作用，能最大限度地减少和转移暴露的人口和资产。对海上热带气旋的探测主要依赖气象卫星，在卫星云图上，能清晰地看见热带气旋的存在和大小。利用气象卫星资料，可以确定热带气旋中心的位置，估计热带气旋强度，监测热带气旋移动方向、速度及狂风暴雨出现的地区等，对防止和减轻热带气旋灾害起着关键作用。当热带气旋到达近海时，可用雷达监测热带气旋动向。还可利用其他的多源探测和预报资料，分析预测热带气旋的动向、登陆的地点和时间等，及时发布热带气旋预报、警报或紧急警报，通过电视、广播等媒介为公众服务，同时为各级政府提供决策依据。发布热带气旋预报或警报是减轻热带气旋灾害的重要措施，早期预警系统的灾害预警等级越高，信息热度越高，持续时间越长；依照热度曲线，可在不同时间段发布不同内容信息，以增加民众关注度（韩金和戴尔阜，2021）。

2. 减少脆弱性

对热带气旋灾害，重点是防御强风、暴雨、高潮位对沿海船只、沿海居民的影响。根据灾种特点以及对社会经济的影响特征，采取针对性应对措施。对水库堤坝、交通线路等较为重要且较易进行防灾减灾工作的设施，可加大防灾减灾人员的投入；对建筑物、电力系统等防灾减灾难度较大的设施，可提高其抗灾能力，选取最优建设材料及建筑结构进行重修改建，降低其脆弱性指数，最大化减小灾害风险。热带气旋登陆期间持续造成慢性侵蚀，不仅威胁海滩，而且威胁旨在支持旅游业而修建的宝贵基础设施。传统上，可以通过海堤和护岸等工程解决方案来解决。

3. 提高对风险变化的应对能力

应对热带气旋灾害需要政府和相关部门制定一个统一指挥、反应灵敏、功能齐全、协调有序、运转高效的应急管理机制，快速响应、协同应对是应急管理机制的核心。随着技术的进步和社会的发展，社会各界对热带气旋预报的需求也不断增长。因此，基于影响的预报便应运而生，比如热带气旋降水是否会引发山洪、泥石流、中小河流洪水、农田渍害和城市内涝等，热带气旋大风是否会造成房屋倒塌和农作物倒伏，热带气旋登陆前后是否伴随风暴潮增水，不同海岸带增水有多高，是否会叠加天文潮从而加重海水倒灌等。热带气旋影响预报涉及气象、海洋、水文、航运、保险等众多领域或部门，各学科进步和互融必将推动热带气旋影响预报的快速发展，从而更好满足社会各界服务需求。

4. 风险转移和分担

社会机构特别是商业保险在防灾减灾中起着越来越重要的作用。保险企业作为防范化解各类灾害风险的市场化机制，在管理风险、经济补偿和撬动资源等方面具有独特优势。应加强顶层设计和政策扶持，推动形成全国统筹、各方参与、市场化运行、全方位保障的灾害保险制度设计，切实为人民群众生命财产安全提供更加全面的保障，进行风险转移和分担。

5. 提高恢复力

公众对热带气旋灾害防御知识的了解及在防御过程中的主动响应和积极参与是防灾减灾取得成效的重要保障。要采取多种形式，针对政府公共服务部门的相关人员及广大社会公众，定期或不定期开展热带气旋灾害科普教育和培训工作，组织热带气旋灾害防御演练，依托 3·23 世界气象日、5·12 防灾减灾日、科技活动周等广泛宣传普及热带气旋灾害预警和防范避险知识，引导社会公众正确理解和应用热带气旋灾害预警信息，提高公众自救互救能力，提高全社会气象灾害防御意识和避险防灾能力。

6. 转型

近年来热带气旋路径预报取得较大进步，但每年仍会遇到一些预报误差较大的异常路径热带气旋，快速增强热带气旋的识别和预报技术依然没有突破性进展。应持续主流热带气旋异常变化的机理研究，主流新型卫星资料定量应用，进一步发展数值天气预报核心技术，主流热带气旋影响预报和灾害风险评估能力建设，提升热带气旋监测预警的针对性、精准度和提前量，为防灾减灾提供科技支撑。

4.5　知 识 差 距

在定量风险评估方面，由于资料来源有限、指标选取较为单一，只能作为对评估方法和技术的探讨。实际上，热带气旋灾害风险系统涉及的对象和内容要复杂得多，应对指标体系进行充实，对评估结果做进一步完善。由于资料的缺漏和时间序列过短，大多数研究只对部分热带气旋灾害及可能造成灾害的原因进行分析，而热带气旋灾害对农业、生态、社会生活的影响，灾害成因分析和灾情预警预报等问题尚待进一步研究（卢莹 等，2021）。虽然热带气旋灾害造成的相对经济损失和死亡人数减少，但社会的发展使得更多的生命财产暴露在自然灾害中，灾害增加的风险依然存在，中国热带气旋灾害防御工作仍面临巨大挑战。在进行热带气旋灾害影响因素分析时，由于受限于数据的质量和精度，还有很多方面需要完善。在致灾因子方面，未考虑风暴潮的影响；在人类活动方面，未考虑防灾减灾能力、防洪工程的影响。当前研究主要集中在区域热带气旋灾害的风险管理、热带气旋综合灾情指数的预测和热带气旋致灾因子危险性的预测 3 个方面，在系统性的、针对具体承灾体的热带气旋灾害风险评估上的工作非常有限。

在承灾体脆弱性方面，中国学者在土木工程领域相继开展了一些有关建筑对大风灾害的脆弱性等级研究，尽管尚未系统地应用于热带气旋灾害的风险评估中，但也为中国的热带气旋灾害风险的脆弱性评估研究提供了参考。总体来看，针对特定承灾体的热带气旋灾害风险定量研究几乎处于空白状态，尤其是特定承灾体的热带气旋灾害脆弱性研究工作非常稀少，因此中国的热带气旋灾害风险研究还有待加强和深入。热带气旋的高风险性和致灾性越来越受到政府和学术界的高度关注。因此，在《国家中长期科学与技术发展规划纲要（2006—2020年）》和《国家防灾减灾科技规划（2010—2020 年）》中都已将台风、风暴潮和洪涝等自然灾害的风险研究作为国家重点开展和支持的工作。这些研究结果可为决策部门提供简单高效的热带气旋灾害评估与管理方法，为科学制定防灾减灾策略提供参考依据，从而可以有效降低热带气旋灾害的影响。

【关注点】

热带气旋，热带气旋等级，热带气旋成灾机制，热带气旋灾害风险管理

【专题讨论】

如何提高热带气旋的预测准确性及防灾减灾的能力。

【思考题】

一、热带气旋强度越大，是否带来的影响越大？

二、热带气旋灾害风险评估过程是否还存在不足？如何改进？

三、运用已有知识阐述如何防范和减轻热带气旋灾害的潜在危险性和致灾程度？

参 考 文 献

陈文方, 端义宏, 陆逸, 等. 2017. 热带气旋灾害风险评估现状综述. 灾害学, 32(4): 146-152.

陈雪, 苏布达, 温姗姗, 等. 2020. 变化环境下中国东南沿海致灾气旋及其人口暴露度研究. 海洋通报, 39(2): 241-248.

旦增伦珠. 2017. 国际耦合模式比较计划概况. 农家科技(上旬刊), 9, 277.

冯涛, 黄荣辉, 陈光华, 等. 2013. 近年来关于西北太平洋热带气旋和台风活动的气候学研究进展. 大气科学, 27(2): 364-382.

龚俊强. 2022. 台风“黑格比”(2004)近海急剧增强特征及成因分析. 浙江气象, 43(1): 17-23.

郭桂祯, 赵飞, 王丹丹. 2017. 基于脆弱性曲线的台风-洪涝灾害链房屋倒损评估方法研究. 灾害学, 32(4): 94-97.

韩金, 戴尔阜. 2021. 基于系统动力学的台风减灾决策研究. 灾害学, 36(2): 220-227, 234.

郝赛, 毛江玉. 2015. 西北太平洋与南海热带气旋活动季节变化的差异及可能原因. 气候与环境研究, 20(4): 380-392.

井源源, 方建, 史培军. 2020. 未来气候变化情景下湖北省极端降水的人口暴露分析. 北京师范大学学报(自然科学版), 56(5): 700-709.

李辉, 李晴岚, 黄典, 等. 2019. 基于历史资料的热带气旋大风定点预报及检验. 热带气象学报, 35(5): 652-663.

刘彤, 闫天池. 2011. 我国的主要气象灾害及其经济损失. 自然灾害学报, 20(2): 90-95.

卢莹, 赵海坤, 赵丹, 等. 2021. 1984-2017 年影响中国热带气旋灾害的时空特征分析. 海洋学报, 43(6): 45-61.

钱传海. 2022. 台风监测预警及灾害防御. 中国保险, 2: 40-44.

谈科, 姜彤, 王艳君, 等. 2021. 1984—2019 年影响中国东南沿海城市的热带气旋及其经济损失变化特征. 海洋通报, 4: 465-472.

王洁, 杨奕杰, 王杰, 等. 2021. 基于近 20a 历史数据的中国沿海城市台风灾害风险评估. 海洋预报, 38(5): 24-30.

温姗姗, 翟建青, Fischer T, 等. 2017. 1984-2014 年影响中国热带气旋的经济损失标准化及其变化特征. 热带气象学报, 33(4): 478-487.

吴炎成, 马卫民, 张钊扬, 等. 2016. 一次西北太平洋多热带气旋天气过程成因分析. 海洋预报, 33(4): 1-8.

张飞跃, 姜彤, 苏布达, 等. 2016. CMIP5 多模式集合对南亚大河气候变化模拟评估及未来情景预估. 热带气象学报, 32(5): 734-742.

张金善, 殷成团, 张然, 等. 2018. 中国沿海登陆热带气旋活动特征分析. 水科学进展, 29(6): 759-767.

Eyring V, Bony S, Meehl G A, et al. 2016. Overview of the Coupled Model Intercomparison Project phase 6 (CMIP6) experimental design and organization [J]. Geoscientific Model Development, 9: 1937-1958.

Islam M R, Hasan M. 2016. Climate-induced human displacement: a case study of Cyclone Aila in the south-west coastal region of Bangladesh. Natural Hazards, 81: 1051-1071.

Qin D H, Zhang J Y, Shan C C, et al. 2016. China National Assessment Report on Risk Management and Adaptation of Climate Extremes and Disasters. Beijing: Science Press: 123-124.

UNDP. 2012. Review of Development Partners' Response to Cyclone Aila: Early Recovery Facility. New York: UNDP.

第 5 章　风暴潮灾害风险评估与管理

引　言

风暴潮灾害是一种常见的海洋灾害，被人们喻为“来自海洋的杀人魔王”。风暴潮灾害主要发生在热带气旋、温带气旋以及冷暖气团相互作用强烈的沿海地区。按形成原因和特性的不同，可将风暴潮分为台风风暴潮和温带风暴潮。台风风暴潮主要发生在低纬度沿海地区，以孟加拉湾北部及沿海地区、加勒比海、中国东南沿海地区为多；温带风暴潮主要发生在中纬度沿海地区，以欧洲北海沿岸、美国东海岸以及中国北方海区沿岸为多。风暴潮的危害远远超过其他气象灾害，世界上绝大多数因强风暴引起的特大海岸灾害都是由风暴潮造成的。比如，1970 年 11 月 13 日在孟加拉湾沿岸发生了一次震惊世界的台风风暴潮灾害，风暴增水超过 6 m，夺去了恒河三角洲一带 30 万人的生命，溺死牲畜 50 万头，使 100 多万人无家可归。1991 年 4 月，孟加拉湾沿岸又发生了一次特大风暴潮，在有热带气旋及风暴潮警报的情况下，该次风暴潮仍然夺去了 13 万人的生命。1959 年 9 月 26 日，日本伊势湾的名古屋一带地区，遭受了日本历史上最严重的风暴潮灾害。最大风暴增水曾达 3.45 m，最高潮位达 5.81 m。当时，伊势湾一带沿岸水位猛增，暴潮激起千层浪，汹涌地扑向堤岸，防潮海堤短时间内即被冲毁。灾害造成了 5180 人死亡，伤亡合计 7 万余人，受灾人口达 150 万，直接经济损失 852 亿日元（1959 年市值）。中国是世界上受海洋灾害影响最为严重的国家之一。中国大陆海岸线长达 18 000 km，沿岸地区人口稠密，经济发达。海洋给沿海地区带来了优越环境和良好的发展条件。改革开放以来，海岸带地区开发利用活动日益频繁，特别是近岸养殖业、滨海旅游业、经济开发区建设等，蓬勃发展，已经初步形成了以海洋为依托的沿海经济地带。因沿海经济的快速发展和人口的急剧增加，海洋灾害往往导致沿海灾害损失愈来愈大。据《2022 年中国海洋灾害公报》统计，在各类海洋灾害中，造成直接经济损失最严重的是风暴潮灾害，占总直接经济损失 99%。2013～2022 年，中国共发生风暴潮、海浪和赤潮等各类海洋灾害 1000 余次，因灾死亡人数（含失踪）449 人，直接经济损失达 714 亿元，其中 90%以上是风暴潮灾害造成的，并且每次重大海洋灾害发生时沿海地区转移的人口都在几万甚至上百万。其中，造成影响最大的是 2013 年的“天兔”台风风暴潮，9 月 22 日 19 时 40 分前后，台风“天兔”在广东省汕尾市附近海域登陆，受风暴潮和近岸浪的共同影响，福建和广东两省因灾直接经济损失合计 64.93 亿元。沿海最大风暴增水 2.01 m，发生在广东省海门站。增水超过 1 m 的还有福建省东山站（1.03 m）等 7 个站点。广东、福建两省受灾人口 588.61 万人，紧急转移安置人口 40.98 万人，水产养殖受灾面积 26.67 khm^2，毁坏渔船 228 艘，损坏渔船 4900 艘，损毁码头 1.54 km，损毁防波堤 22.41 km，损毁海堤、护岸 58.41 km，淹没农田 11.06 khm^2，直接经济损失 64.93 亿元（自然资源部海洋预警监测司，2022）。

IPCC 第六次评估报告指出，1901～2018 年，全球平均海平面上升了 0.20 m（0.15～0.25 m）。1901～1971 年，海平面上升的平均速度为每年 1.3 mm（0.6～2.1 mm），1971～2006

年间增加到每年 1.9 mm（0.8～2.9 mm），并且在 2006～2018 年海平面上升速度进一步增加至每年 3.7 mm（3.2～4.2 mm）。在未来预估中，IPCC 预计到 2050 年，在低（SSP1-2.6）、中（SSP2-4.5）、高（SSP5-8.5）情景下，全球平均海平面将上升 0.19 m（0.16～0.25 m）、0.21 m（0.18～0.26 m）和 0.23 m（0.20～0.30 m）。到了 2100 年，在低（SSP1-2.6）、中（SSP2-4.5）、高（SSP5-8.5）情景下，全球平均海平面将上升 0.44 m（0.32～0.62 m）、0.56 m（0.44～0.76 m）和 0.77 m（0.63～1.01 m）。考虑到冰盖过程的不确定性，高情景下 2100 年和 2150 年全球海平面上升幅度甚至可能达到 2 m 和 5 m。未来全球海平面上升在百年至千年尺度上不可逆转，沿海地区面临的滨海洪涝、海岸侵蚀、海水入侵等风险将持续增加（IPCC，2012；2019；2021a；2021b）。

《2022 年中国海平面公报》（自然资源部海洋预警监测司，2023）发布的数据表明，中国沿海海平面变化总体呈波动上升趋势。1980～2022 年，中国沿海海平面上升速率为每年 4.0 mm，高于同时段全球平均水平。1993～2022 年，中国沿海平均海平面持续处于高位。2022 年，中国沿海海平面较常年高 94 mm，比 2021 年高 10 mm。与常年相比，渤海、黄海、东海和南海沿海海平面分别高 119 mm、86 mm、79 mm 和 94 mm；与 2021 年相比，南海的沿海海平面高度上升明显，升幅为 44 mm，而其他海区沿海海平面高度基本持平（国家海洋局，2022）。2022 年，中国沿海高海平面的变化加剧了风暴潮的致灾程度，给广东、浙江和山东等地带来较重影响。受高海平面、天文大潮和强降雨等共同作用，浙江和海南等地沿海发生复合型滨海洪涝，造成较大经济损失。与 2021 年相比，长江口、钱塘江口和珠江口的咸潮入侵总体加重，江苏、广东和海南等地沿海部分监测岸段海岸侵蚀加剧，辽宁、山东和江苏等地沿海部分监测区域海水入侵范围加大。全球变暖背景下，海平面上升以及高潮位和风暴潮引起极值水位导致的海洋灾害将对沿海社会经济和自然环境造成巨大影响。IPCC 第六次评估报告第一工作组在第 11 章对风暴潮未来的预估中指出，对于东亚地区（包括中国、日本和韩国）的风暴潮而言，由台风引起的风暴潮将更为严重。对于太平洋岛屿，McInnes 等（2014）发现，斐济未来风暴潮增加主要是由于海平面上升，而台风变化只有很小的贡献。在引起风暴潮的各种因素中，海平面上升将导致大多数地区出现极端沿海水位的可能性更高。海平面的上升对于风暴潮灾害有推波助澜之势，是今后风暴潮灾害加剧的重要原因之一。

开展风暴潮灾害的风险评估，可以大大减少风暴潮灾害造成的危害和损失。中国是开展海洋灾害监测及预报预警发布较早的国家。中国的验潮历史最早可追溯到 1900 年前后。1949 年前，全国只有 14 个验潮站；1949 年后，海洋主管部门在沿海地区先后建立了近 100 个风暴潮观测站，为风暴潮的监测和预警提供了坚实基础。国家海洋预报台在 1974 年正式对公众发布风暴潮预报，1986 年 7 月 1 日开始在广播、电视中播出，目前还对台风过程和风暴潮增水开展网络预报。而一次特大风暴潮灾的成功预报，通常可减少人员伤亡 95%以上，减少经济损失 20%～50%。随着相关文件日益完善，当前开展的风暴潮灾害风险评估系统和方法，采用了国标 GB/T 39418—2020《风暴潮等级》技术规范，划定了风暴潮的强度等级、高潮位超警戒程度等级以及风暴潮灾度等级等。

本章节从风暴潮灾害概念、成灾机制、风险评估和风险管理等方面，系统阐述风暴潮灾害风险评估和管理。

5.1 风暴潮灾害概述

风暴潮是指由台风、温带气旋、冷锋的强风作用和气压骤变等强烈的天气系统引起的海面异常升降现象，又称“风暴增水”“风暴海啸”“气象海啸”“风潮”（石先武 等，2013）。按照诱发风暴潮的大气扰动特性来分，风暴潮可以分为台风风暴潮和温带风暴潮。台风风暴潮由热带气旋引起，在北美称为飓风风暴潮，在印度洋沿岸称为热带气旋风暴潮；温带风暴潮由温带气旋、强冷空气、寒潮等温带天气系统引起。天气系统是指伴随一定天气的大气运动形式，诸如气旋、反气旋、锋面、切变线等的统称。

风暴潮灾害存在以下 4 个特点。

（1）共生性，风暴潮的产生与热带气旋的形成、移动、中心气压值大小和大风半径的尺度等密切相关。因此，热带气旋灾害中的所有特点都应在风暴潮灾害中反映出来，包括季节性与区域性。

（2）依赖性，由于具有共生性的特点，因此在进行风暴潮灾害风险评估的过程中，台风的任何变化都将极大地影响风暴潮的变化。

（3）复杂性，风暴潮灾害的影响因子众多且复杂，包括地形变化、天文潮水位高低等多种耦合方式，使得风暴潮的预测、预报有着复杂性。

（4）综合性，风暴潮灾害的形成不仅与自然因素有关，还与人为因素造成的次生灾害有关，包括风暴潮灾害信息发布、风暴潮避难场所的建立，以及灾害发生时人们采取的行动等。因此，防灾研究是自然科学和社会科学的研究，是一个综合性问题。

根据《风暴潮等级》（GB/T 39418—2020），依据最大风暴增水的大小将风暴潮的强度等级分为特强、强、较强、中等和一般 5 个等级，分别对应 Ⅰ、Ⅱ、Ⅲ、Ⅳ和Ⅴ级（表 5.1）。

表 5.1　风暴潮强度等级

等级	Ⅰ（特强）	Ⅱ（强）	Ⅲ（较强）	Ⅳ（中等）	Ⅴ（一般）
最大风暴增水 h_s/cm	$h_s>250$	$200<h_s\leqslant 250$	$150<h_s\leqslant 200$	$100<h_s\leqslant 150$	$50<h_s\leqslant 100$

5.2 风暴潮灾害成因和机制

1. 风暴潮成因

风暴潮灾害是天文潮、台风、寒潮大风等多种因素交叉作用的结果。天文潮是指地球上的海洋受月球和太阳的引潮力作用产生的潮汐现象。台风是诱发水位异常变化的强迫力，是台风风暴潮形成的主要因素。寒潮大风也是诱因之一，寒潮指冬半年大规模的冷空气活动，常引起大范围强烈降温与大风，常伴有雨雪天气。持续的向岸大风是诱发风暴潮的主要气象因素。强台风风暴潮可以使海平面上升 5～6 m，使影响海区的潮位大大超过正常潮位，当风暴潮和天文大潮高潮位相遇时，会使水位暴涨，导致潮水漫溢、海堤溃决、冲毁房屋，造成严重的经济损失和人员伤亡。

大多数风暴潮都是由台风引起。当台风移近海岸时，风与气压的作用会使海水发生堆积，海水漫过滩涂或者堤坝，导致沿海一带发生生命财产和经济的重大损失。台风风暴潮多见于夏秋季节，特点是来势猛、速度快、强度大、破坏力强。凡受台风影响的海洋国家、沿海地区均有台风风暴潮发生的可能。不同于台风引起的风暴潮，温带风暴潮多发生于春秋季节，夏季也时有发生，其特点是增水过程比较平缓、增水高度低于台风风暴潮，主要发生在中纬度沿海地区，以欧洲北海沿岸、美国东海岸以及中国北方海区沿岸为多。风暴潮能否成灾，在很大程度上取决于其最大风暴潮位是否与天文潮高潮相叠，尤其是与天文大潮的高潮相叠。如果最大风暴潮位恰与天文大潮的高潮相叠，则会导致发生特大潮灾。当然，风暴潮能否成灾也取决于受灾地区的地理位置、海岸形状、岸上及海底地形，尤其是滨海地区的社会及经济（承灾体）情况。如果风暴潮位非常高，即使未遇天文大潮或高潮，也会造成严重潮灾。

2. 风暴潮的形成过程

（1）风暴潮形成前，在冷空气和低压作用下，海上大风由外海较长时期吹向岸边时，由于海面和空气温度不同，海面上方的空气上下层能量交换，海浪增高并产生破碎，海面粗糙程度增加，摩擦系数增大，风速越大海面摩擦系数越大，海面逐渐上升产生大浪。大风容易使船舶颠覆，海浪毁坏港口、海上钻井平台等工程设施，导致通信和电路中断；严重时，导致海上油气田停产等。

（2）风暴潮发生时产生的海浪会卷走水产养殖设施，冲毁道路、堤坝建筑等基础设施，甚至会造成房屋倒塌、海滨浴场后退。海浪加速了对海底的冲刷和对海岸的侵蚀，夺去大量土地，形成海岸侵蚀等地质灾害。侵蚀下来的泥沙又被搬运到港湾淤积，使航道受损。潮水岸边遇阻导致潮位急剧升高形成增水，风暴增水会淹没码头、道路、仓库、盐田等，造成码头瘫痪、仓库进水、盐田冲毁；严重时，甚至造成人员伤亡。

（3）风暴潮发生后，大量海水淹没沿岸农田导致大片农田被毁，有时倒灌的海水使灌溉机井报废，导致农田保浇面积减少，荒地面积增加。风暴潮发生后在灾害上表现为次生灾害和衍生灾害叠加，带来土地盐碱化。当海水淹没陆地时，大量的可溶性盐类被带至陆地，大量盐类集聚，土壤理化性质改变，形成大片盐渍化土壤。在蒸发作用下，盐类返于地表，形成轻重不同的盐碱土壤（王喜年，2005）。

5.3　风暴潮灾害风险评估和案例

灾害风险评估是对研究区遭受不同强度灾害的可能性及其可能造成的后果进行的定量分析和评估，是把致灾因子的危险性与承灾体的脆弱性紧密联系起来的重要桥梁，是开展综合减灾和制定应急管理对策的基础和依据，亦是防灾减灾优化配置的基本依据，风暴潮灾害风险包括致灾因子危险性、承灾体暴露度和脆弱性 3 方面。

风暴潮灾害风险评估是针对一个区域发生风暴潮灾害损失水平的估算，或者未来时间尺度内发生风暴潮灾害可能性的估算，该方法计算结果只代表一种相对风险的度量，而非可能灾害损失。该方法不仅从风暴潮灾害自然属性角度出发（如发生频率和强度），借助数值模型开展不同强度或者不同重现期下致灾因子危险性评估，而且还要从人文、社会、环境等方面综合考虑不同承灾体对灾害的承灾、应急响应水平，最终以致灾因子危险性、承灾体暴露度和承灾体脆弱性为基础，通过建立灾害风险评估模型得到风暴潮灾害风险评估图。其中，重现期指大于等于或小于等于某一水平的随机事件在较长时间内重复出现的平均时间间隔，常以多少年一遇表达。不同学者对于灾害风险的形成机理理解不同，使得风险度表达亦不同。1989 年，Maskrey 综合研究灾害风险案例，提出灾害风险度是致灾因子危险性与承灾体脆弱性的代数和，但是更多的学者则认为灾害风险度是两者的乘积，并应用于许多的风险评估研究中。20 世纪 90 年代，美国将风暴潮防灾减灾的重点转移到了风暴潮风险评估上，在全国范围内开展风暴潮灾害风险评估工作，是最早开展风暴潮灾害风险评估的国家，其评估结果在风暴潮灾害应急响应中发挥了积极作用。中国风暴潮灾害风险评估工作起步较晚，直至 2008 年，第一份针对河北沧州、唐山和秦皇岛部分沿海区域的风暴潮灾害风险评估图才问世；2013 年，浙江省正式启动苍南县、平阳县、玉环县等首批 8 个县（市、区）的风暴潮灾害风险评估工作。目前，中国沿海城市风暴潮风险评估工作刚刚启动，研究还不够全面和深入，难以满足沿海城市公共安全保障之需，是海洋减灾防灾的薄弱环节之一。

5.3.1 风暴潮灾害危险性

风暴潮灾害的危险性评估包括风暴潮数值模拟、溃堤风险分析、不同重现期风暴潮强度评估和可能最大风暴潮淹没范围及水深。

1. 风暴潮数值模拟

风暴潮灾害数值模拟主要集中在风暴潮数值模拟预报的研究。20 世纪 40 年代，美国以及欧洲北海沿岸诸国已经开始风暴潮预报研究。20 世纪 50～70 年代，风暴潮数值模拟预报得到初步发展。得益于计算机技术的进步，国外对于风暴潮的预报取得飞跃式发展。风暴潮数值模拟预报的计算精度逐步提高，计算的准确性与时效性不断增强。20 世纪 90 年代，风暴潮与天文潮耦合的二维水流数值模型成为风暴潮业务预报的主要手段，同时风暴潮三维水流数值模型也发展迅速，主要模型有美国国家海洋带管理局（National Oceanic and Atmospheric Administration，NOAA）联合国家气象局（National Weather Service，NWS）开发的台风风暴潮漫滩预报模式 SLOSH（Sea, Lake, Overland Surges from Hurricanes）模型（Jelesnianski，1992）、英国 Bidston 海洋研究院开发的广泛应用于世界温带风暴潮预报的 STWS（Storm Tide Warning System）的海模型 Sea Model，以及荷兰开发的为政府提供减灾决策支持的，基于风暴潮模式模拟的 DELFT3D 系统。风暴潮数值模拟预报主要包括 3 个方面的内容：一是台风气压场、风场的模拟，二是台风增水的模拟，三是天文潮与增水的耦合模型。其中气压场是指气压的空间分布，风场是指风向量的空间分布。显然，三者有着紧密联系，其评估精度取决于各自的模拟精度。同时从减灾备灾的角度看，风暴潮灾害危险性评估除了对模拟精度的要求外，另一个重要指标就是时效性。台风运动具有多变性，因此对台风增水评估的预见期不能很长。从提高精度、增加时效等几个方面考虑，目前大多数较为先进的模型都在朝着台风云图-风暴增水一体化数值模式发展，模型通过卫星云图接收系统获得台风信息，实时计算台风可能路径和台风增水，结合决策支持系统，形成防治风暴潮灾害的预警系统。

典型的风暴潮灾害都是天文大潮叠加强台风引起的。因此，天文潮的准确预报是风暴潮危险性评估的关键技术。本章主要介绍两种风暴潮数值模拟预报模型，分别是美国的 SLOSH 模型和荷兰的 DELFT3D 模型。

美国的 SLOSH 模型是一个二维的流体动力数值模型，它是一种扇形的、极坐标网络系统的计算海域，称之为“SLOSH 海域”。这种计算海域的设计，使得“SLOSH 海域”的覆盖范围不仅包括大部分陆架海域，而且包含部分的内陆地形和内陆水域，如湖泊或接近封闭状的海湾等。同时，均匀延展的极坐标网格系统，既能较均匀地反映风暴强迫力场的全貌又能对岸线的形状给予较精细的刻画。在每一格点上，不管是陆架海域、湖泊、海湾的水深状况，还是海岸、陆地的地形高程都是从海图、地形图或市政工程图上摘取的，以使计算海域能够尽可能具体地反映自然界的形态（应仁方，1987）。

荷兰水利研究院（Delft Hydraulics.，DELFT）在它们的数值模拟系统中也引入了风暴潮计算模式，通过与其他水流运动计算模型结合，形成了一套著名的数值模拟计算系统——DELFT3D。DELFT3D 数学模型包括水流（FLOW）、水质（WAQ）、生态（ECO）和泥沙（MORPHOLOGY）等模块，是目前世界上最为先进的海岸与海洋模拟工具之一。根据台风资料和相应的土地利用信息，其风暴潮模型能够模拟风暴潮增水发生的位置、可能洪水淹没范围和台风登陆可能的致灾范围。该模型还配有一套决策支持系统，可通过不同工程调度选择不同方案，并提出减灾措施。其中 DELFT3D-FLOW 模块是一个三维的水动力输运模型，该模块基于结构化矩形网格，采用有限差分法中的交替隐式法（ADI），求解斜压 Navier-Stokes 和运输方程。主要控制方程组如下，它们分别为质量守恒方程、动量方程和运输方程：

$$\frac{\partial \xi}{\partial t}+\frac{\partial\left[(d+\xi)U\right]}{\partial x}+\frac{\partial\left[(d+\xi)V\right]}{\partial y}=Q$$

$$\frac{\partial U}{\partial t}+U\frac{\partial U}{\partial x}+V\frac{\partial U}{\partial y}-fV=-g\frac{\partial \xi}{\partial x}-\frac{g}{\rho_0}\int_{-d}^{\rho}\frac{\partial \rho'}{\partial x}\mathrm{d}z+\frac{\tau_{sx}-\tau_{bx}}{\rho_0\left(d+\xi\right)}+v_h\nabla^2 U$$

$$\frac{\partial U}{\partial t}+U\frac{\partial U}{\partial x}+V\frac{\partial U}{\partial y}+fU=-g\frac{\partial \xi}{\partial y}-\frac{g}{\rho_0}\int_{-d}^{\rho}\frac{\partial \rho'}{\partial y}\mathrm{d}z+\frac{\tau_{sy}-\tau_{by}}{\rho_0\left(d+\xi\right)}+v_h\nabla^2 V$$

$$\frac{\partial(\xi+d)c}{\partial t}+\frac{\partial(\xi+d)U_c}{\partial x}+\frac{\partial(\xi+d)V_c}{\partial y}=D_h\nabla^2 c-\lambda_d\left(d+\xi\right)c+R$$

其中，ξ 表示水位（总水深）；d 表示到参考平面的当前水深（净水深）；U、V 分别代表在 x、y 方向上的速度分量；Q 代表单位面积上质量源强度；f 为科里奥利力参数；v_h 是动态水平涡流黏度；ρ_0 是参考密度；ρ' 是不规则密度；τ_{sx}、τ_{sy} 是作用在海平面上的风压分量；τ_{bx}、τ_{by} 为底部的剪应力分量。而在输运方程中，c 代表盐度或者温度；D_h 是水平涡流消散度；λ_d 代表一阶衰减过程；R 为单位面积上的源项（Delft，2003）。

中国研究机构同样也开发了一些台风风暴潮的计算数值模型。针对天文潮预报的重要性及沿海、河口水利部门对天文潮准确预报的迫切性，河海大学开发了天文潮高精度预报技术。该预报模型采用自动分潮优化技术，从 306 个分潮中选择对预报站有效的分潮组成分潮系列，求其调和常数。目前海洋预报部门一般采用 122 个或 163 个固定分潮进行预报，与之相比，该技术的分潮数多了将近一倍，并能根据不同站点的实际情况自动优选，因此预报精度比海洋部门的潮汐表提高了 20%，从而保证了对岸形复杂、潮波变形大和受洪水径流影响显著测站的天文潮预报精度。

风暴潮的数值模拟可以对风暴潮的强度、持续时间和影响范围进行预测预报，能够为沿海地区政府部门的风暴潮灾害防灾减灾工作提供决策依据。同时，数值模拟技术不受历史资料长度的限制，可以预测风暴潮个例的变化，实现对风暴潮灾害危险性的实时预报预警，受到了许多学者的青睐，得到了越来越多的应用。但风暴潮数值模拟并不完美，其准确性受制于数值模型的精度和输入条件的准确度。

2. 溃堤风险分析

风暴潮灾害的溃堤风险分析是为了评估沿海防护堤坝在风暴潮袭击下发生溃决的可能性和潜在影响，以指导风暴潮灾害风险管理，开展减灾措施，可以较大限度地减少风暴潮灾害对沿海地区的影响。风暴潮过程中，沿海防护堤坝可能受到严重冲击，导致结构破坏和溃堤灾害。溃堤风险分析通常涵盖 6 个方面。

（1）堤坝结构评估。对沿海防护堤坝的结构和材料进行评估，了解其强度、稳定性和抗风暴潮能力。评估要考虑堤坝的设计规范、材料特性、年久失修情况等因素。堤坝的结构评估是溃堤风险分析的基础，决定了堤坝在风暴潮冲击下是否能够保持完整和稳定。

（2）水动力学模拟。利用数值模型模拟风暴潮过程中的水动力学变化，预测风暴潮高度、流速、涌浪等参数。水动力学模拟对于评估堤坝的稳定性和抗冲击能力至关重要，模拟结果还可以揭示潮汐、风暴潮、涌浪等的相互作用，从而更好地理解溃堤风险。

（3）地形和地质条件分析。研究沿海地区地形和地质条件，包括海岸线地貌、河口情况、土质情况等。地形和地质条件会影响风暴潮的传播和影响范围，从而对堤坝稳定性产生影响。

（4）风暴潮历史数据分析。回顾和分析风暴潮事件的历史数据，了解研究区可能面临的潮汐和风暴潮高度范围。历史数据是溃堤风险评估的重要参考，通过分析，可以得到类似事件对沿海防护堤坝的影响情况，从而提供预警和防范的依据。

（5）风暴潮预测模型。基于气象因素、海洋因素和地形条件等，建立预测风暴潮高度和潮汐水位的数值模型，提前预警可能发生的风暴潮事件。风暴潮预测模型结合了多种数据和信息，能够在风暴潮来袭前提供及时的预警信息，帮助决策者做出应对措施。

（6）社会脆弱性评估。开展沿海地区社会脆弱性评估，评估对象包括人口密度、基础设施情况、紧急撤离计划等。社会脆弱性评估是溃堤风险分析的重要一环，涉及灾后救援和人员疏散等多方面问题，社会脆弱性评估还需要考虑溃堤对居民和经济带来的潜在影响。

3. 不同重现期风暴潮强度评估

风暴潮灾害的危险程度主要取决于未来发生不同规模风暴潮的可能性大小，并以不同重现期风暴潮强度作为判断标准，评价长时间序列下一个区域可能面临的风暴潮灾害强度。这是一种基于频率分析的手段，给出一个区域未来发生不同严重程度风暴潮的可能性，是风暴潮危险性长期特征的反映，如百年一遇风暴潮、五十年一遇风暴潮。

不同重现期风暴潮的计算需要收集长时间序列的历史风暴潮资料，在一些验潮资料缺乏的区域，多采用长短系列订正的方法。但这种方法只有在资料系列短的观测站附近存在长期观测站，同时两者又有良好相关才是有效的。当然亦可采用经过检验的风暴潮数值模式，对无资料时段中的风暴潮过程进行计算，以弥补潮位资料的缺失，从而开展不同重现期风暴潮计算，但是这类研究并不多。近几年，一些学者提出了采用随机模拟扩充台风样本的方法来增加样本数，弥补历史观测数据数量上和质量上的不足等问题。随机台风的数值模拟虽然在一定程度上解决了观测样本的不足问题，但是不容忽视的是随机数据集生成、计算的工作量大，实际应用并不多。

对于不同重现期风暴潮的重现期估算，主要有 Gumbel 分布法、皮尔逊III型曲线法、韦伯分布、广义极值分布、帕累托分布和联合概率分布等计算方法。这些方法侧重点不同，各有优点和不足，在实际应用中应结合实际情况选择最佳方法。例如，GB/T 51015—2014《海堤工程设计规范》中推荐 Gumbel 分布法、皮尔逊III型曲线法。不同重现期风暴潮强度的计算可以实现对一个区域在未来长期时间里发生风暴潮灾害危险程度的分析，为政府规划部门制定防灾减灾规划提供科学依据，是风暴潮灾害危险性评价的主要方法之一。但是该方法并不涉及具体的风暴潮过程，对风暴潮的持续时间、影响范围等要素无法预测，因此无法预测风暴潮个例的实时危险性。此外，受全球气候变化和海平面上升的影响，不同重现期的风暴潮极值水位可能发生变化，不能客观全面反映未来风暴潮灾害的风险。气候变化是指气候状态的变化，可以通过其性质的平均值和/或可变性的变化来确定（例如通过统计检验），而且这种变化持续了很长一段时间，通常是几十年或更长时间。

4. 可能最大风暴潮淹没范围及水深

20 世纪 60 年代，工程设计领域引入了可能最大风暴潮（probable maximum storm surge，PMSS）概念。PMSS 的计算对中国沿海正在新建和拟建的核电站高潮位的确定至关重要，已列入国家核安全导则中，其计算方法一般可分为两种，一种是数值计算方法，即确定相关台风参数，在适当的边界条件和初始条件下，通过数值模型计算沿岸的风暴增水分布和特定地点风暴增水随时间的变化。国内外研究学者利用数值模型针对 PMSS 开展了一系列的研究。其中，美国对 PMSS 的研究历史较长，工作也较为系统，并对台风强度进行分类，利用 SLOSH 模式计算不同强度台风下的最大可能淹没范围，以可能最大台风产生的风暴潮为 PMSS。日本以“5912”号伊势湾台风作为可能最大台风的基准参数进行路径平移，完成不同区域 PMSS 关键参数的设置（The Cabinet Office, 2003）。胡仁飞等（2013）考虑台风路径预报的不确定性，引入风暴潮集合预报技术，以台风“9711 号”为基础，计算宁波近海的 PMSS。数值计算适用性较强，易于在较大范围内推广应用，但是 PMSS 数值计算的准确性，很大程度上取决于数值模式的准确性。PMSS 的另一种计算方法是采用数理统计方法，以区域内已有的实测水位的历史数据组的分析结果为依据，数据曲线的渐近线或接近于它的数值就是 PMSS 水位。该方法需要收集长时间序列的历史实测数据，而且需要分析筛选出有代表性的数据。在实际应用中，如果在一个研究区域内能够收集到质量可靠的、长时间序列的历史风暴潮观测数据，则可用该方法估算出这个区域的 PMSS，计算的 PMSS 是一种有确定低超越概率的风暴潮。但是该方法主要应用在易受温带风暴影响的区域。

PMSS 的计算方法具有较大适用性，而且易于运用，在沿海堤岸工程以及核电站设计中应用广泛，但选取的台风典型关键参数通常是最强台风的组合，计算得到的 PMSS 可能会过于极端，给工程设计带来巨大成本。因此，在实际工作中，应该根据沿岸工程的重要程度，通过专家论证，选择合理的设计方案。

5.3.2　风暴潮灾害暴露度

风暴潮灾害的暴露度是针对承受灾害的客体而言的，指各种承灾体如人员、生计、环境服务和各种资源、基础设施。承灾体暴露度信息的提取是风暴潮灾害风险评估的基础工作，暴露度信息包括风暴潮淹没区内的各种地物及其属性，如农田、工矿、居民地、道路及人口状况等。过去暴露度信息提取主要依靠专题地图，如土地利用专题图、房屋建筑专题图等，这些专题图往往不具备较好的现势性。现在较多采用基于遥感图像的暴露度提取方法。李政国等（2011）依据利用面向对象思想分类法，对高分辨率遥感影像先进行几何分割，再获取暴露度对象，实验表明，这样提取的承灾体边缘完整而且相对准确，在实际应用价值中具有广泛的适应性。

根据海洋功能区划分，风暴潮灾害导致的灾害损失主要有：①港口，码头、海上石油平台、沿海居民的建筑物等结构损毁；②航道区，泥沙骤淤和海堤侵蚀；③锚地区，船舶碰撞、搁浅或沉没；④渔业资源利用和养护区，设施损坏或渔船沉没，水产品养殖损失，人员伤亡；⑤矿产资源利用区，造成工矿企业受损；⑥旅游区，损坏旅游区设施，危及旅游区工作人员及游客生命财产安全；⑦海水资源利用区，导致发电厂及盐业企业停止运转造成损失；⑧工程用海区，风暴潮造成海床运动，导致海底管道破坏，淹没围海造地低洼地带，损坏海岸防护工程；⑨海洋特别保护区，风暴潮对海岸自然保护区有一定的破坏能力，影响自然保护区生物的生存。

风暴潮灾害在研究数据上，基于验潮站数据、多星融合高度计数据、遥感数据、中国海洋公报、风暴潮计算数值模型等来预测风暴潮强度，利用人口、经济统计数据分析地区级尺度风暴潮灾害的暴露度。在研究内容上，关注风暴潮灾害对沿海潮滩红树林湿地、三角洲和沙质岸滩等生态系统的影响，评估生态系统种群暴露度；也有风暴潮灾害风险评估研究以及应对风暴潮灾害风险对策等方面的研究。

5.3.3 风暴潮灾害脆弱性

风暴潮灾害的脆弱性是社会、经济、自然与环境和风暴潮灾害系统本身相互作用的综合结果，作用的承灾体包括沿海人口、房屋、堤防、农作物及其他植被、养殖区、船舶航运、港口码头及其他防灾工程设施等，风暴潮灾害脆弱性大小客观反映了沿岸承灾体对风暴潮灾害的抗打击能力。风暴潮灾害脆弱性评估在风暴潮灾害风险评估中起着桥梁纽带作用，基于社会脆弱性的风暴潮灾害定性或半定量风险评估结果主要服务于风暴潮灾害宏观风险管理，而基于风暴潮灾害物理脆弱性的定量风险评估结果在工程防御设计、保险等行业发挥着重要作用，风暴潮灾害定量风险评估正受到越来越多的关注。

脆弱性破坏概率矩阵和脆弱性曲线是最常用的脆弱性评价方式。破坏概率是指在一定致灾因子强度作用下承灾体的损失率，不同等级强度的致灾因子造成的破坏概率即可形成破坏概率矩阵，而不同致灾因子强度对同一破坏状态有多种可能性，可进一步形成更精细化的破坏概率矩阵，常见破坏状态可分为基本完好、轻微破坏、中等破坏和严重破坏等。在国内，对于建筑物、室内财产等承灾体可通过风暴潮灾害现场调查等手段，构建淹没水深-损失率破坏概率矩阵（梁海燕和邹欣庆, 2005；郑君, 2011）。

脆弱性曲线作为精细定量的脆弱性评价方法和灾害评估的关键环节，其核心要素是表达致灾因子强度和承灾体脆弱性的定量响应关系，通常可用致灾因子强度与承灾体损失（率）的关系曲线或方程式表示（周瑶和王静爱, 2012）。脆弱性曲线按研究对象可分为承灾体的区域脆弱性曲线和单体脆弱性曲线。区域脆弱性曲线多采用致灾因子强度-损失（率）反演方法进行构建，历史灾害案例数据库是构建承灾体区域定量脆弱性曲线的基础。单体脆弱性曲线针对的是单个典型承灾体结构，除基于损失调查数据采用致灾因子强度-损失（率）反演外，还可以采用数值模拟或物理模型试验的方法构建。单体的脆弱性与特定承灾体的结构、性质、形状等因素有关。美国联邦应急署开发的 HAZUS 多灾种损失评估软件同时用破坏概率矩阵和脆弱性曲线来表征各类承灾体的物理脆弱性，将建筑物分为 5 种破坏状态：完好、轻度损坏、中度损坏、重度损坏、完全损坏，每一种破坏状态都有一条脆弱性经验曲线与之对应，用户只需要根据评估区域实际情况设定脆弱性曲线相关参数即可。此外，当单灾种包含多种致灾因子并且可能同时发生时，单因子脆弱性曲线刻画承灾体物理脆弱性会存在局限性，可通过建立致灾因子的联合概率分布，构建脆弱性曲面，用于表达多种致灾因子影响下承灾体的受损状况（Ming et al., 2015）。

由于风暴潮灾害历史数据较为有限，因而通过传统的致灾因子强度-损失（率）反演方法构建脆弱性难度较大。除灾害实地调查、历史灾害案例数据库外，另外一个值得关注的是财产保险公司承保理赔数据，财产保险公司对于每一个保单记录，一般都包含出险原因、损失大小、事故位置、标的价值等详细记录，可据此构建可信度较高的脆弱性曲线。对于风暴潮灾害引起的海岸洪水，许多学者把其等同内陆洪水开展洪灾脆弱性曲线研究（石勇 等, 2009）。但风暴潮淹没引起的洪水与内陆洪水的破坏因素有两个不同：一是风暴潮导致的海岸洪水中海水含盐可能会导致对海水养殖等承灾体的破坏作用较大；二是风暴潮与近岸浪耦合形成破坏作用使得致灾因子的强度加大，特别是对海堤等防护工程的破坏作用加剧。

5.3.4　风暴潮灾害风险评估方法

风暴潮灾害风险评估技术的具体流程如图 5.1 所示，包括搜集各验潮站潮位长序列观测数据、基础地形数据、河口水位数据、潮汐特征数据等。由于缺乏全国范围风暴潮增水长期观测数据，通过有限站点较长期的天文潮汐表数据、实际潮位数据和风暴潮增水位数据，计算 T 年重现期的天文潮位、风暴潮增水位和二者叠加得到的组合总潮位；推导出 T 年重现期的实际总潮位与组合总潮位的最大拟合关系。将由实测潮位得到的风暴潮增水位插值到其余潮汐站，并与由该站点得到的重现期天文潮位相加得到最大组合潮位，乘以上述得到的拟合常数得到重现期实际潮位，再加上平均海平面的上升高度，得到重现期总潮位。最后，结合数字地形模型进行淹没分析，得到淹没范围和深度；叠加 T 年一遇风暴潮淹没图及承灾体暴露度图，进行风暴潮灾害风险评估。

1. 数据处理

进行风暴潮灾害风险评估，所需的基础数据包括：①全国沿海各验潮站的位置、潮汐特征；②全国各验潮站的实测潮位年极大值序列；③各验潮站验潮零点、潮高基准面和 85 黄海高程的水准关系；④全国沿海的数字高程模型；⑤全国沿海的堤防分布和高程；⑥全国沿海的人口和经济分布；⑦历史风暴潮过程数据，包括最高潮位、过程最大增水、灾害损失等。

各验潮站的实测潮位数据基于当地的验潮零点，验潮零点一般以当地基面起算，比如全国沿海存在着大连基面、大沽基面、青岛黄海基面、吴淞基面、坎门零点、珠江基面、榆林基面等。要获得准确的数据，需要将陆面高程和水面高程衔接起来，必须先查明各验潮站所采用的验潮零点，然后将潮位数据归算至 85 黄海高程，才能获得准确的淹没范围和淹没深度。这些换算资料存在于各种测绘资料文献中，需考证核定后使用。

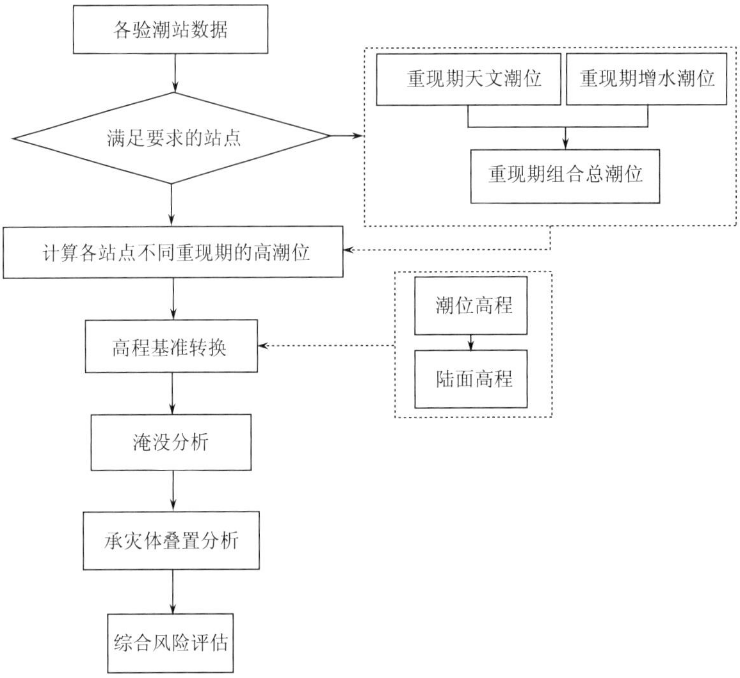

图 5.1　风暴潮灾害风险评估技术路线

各地比较精确的数字高程模型应该是国家测绘的 1∶5 万的 DEM，而其他公开途径获取的数据，如 SRTM 采用的是 WGS84 高程系统。WGS84 高程系统与 85 黄海高程因为所采用的似大地水准面不同，在各地存在着不同的高程异常，所以在使用这些数据时一定要修正，统一到 85 黄海高程后再作使用。

2. 重现期潮位计算

对于有长期（理论上大于 30 年）潮位年极值序列的站点，采用了多种重现期计算方法，包括 Gumbel 分布法、皮尔逊 III 型曲线、指数分布法、Gamma、GEV，分别计算 T=2、T=10、T=20、T=50、T=100、T=200、T=500 时的重现期潮位，然后求取 5 种方法的平均值，作为各有数据站点的重现期潮位。

由于中国的大陆海岸线长达 18000 km，各地潮汐特征变化大，采用有限的有长期年极值序列数据的主要港口验潮站得到的重现期潮位来计算整个海岸带的淹没范围，会产生极大误差。因此，可考虑加入其他辅港的验潮站，可根据它的潮汐特征，将主港的验潮站的增水重现期高度插值到辅港的天文潮重现期潮位上，然后根据天文潮年极大值潮位和增水年极大值组成的组合潮年极大值和实际测定的潮位年极大值之间的关系，得到辅港的不同重现期的高潮位值。

其中，天文潮年极大值和风暴潮增水年极大值组成的组合潮年极大值与实测潮位的年极大值之间存在一个比值，如在广东地区，这个比例系数为 0.8。这样，在缺乏数据的站点，通过增水空间插值、天文潮空间插值和组合潮与实测潮位的拟合关系，就可以得到缺少数据站点的不同重现期潮位。

3. 高程基准转换

在淹没分析之前，要清楚各种数据的起算基面以及基面之间的转换关系。潮汐表中的天文潮是基于潮高基准面的，潮高基准面是由平均海平面确定的。实测潮位的起算基面不同，大致存在以下规律：广东省多采用珠江基面，浙江省、上海市多采用吴淞基面，山东省多采用青岛黄海基面，天津市采用大沽基面，辽宁省多采用大连基面，海南省采用榆林基面。这只是普遍情况，具体到每个站点，需要逐个辨识，有部分站点的起算基面是本站的水尺零点。为了进行淹没分析，需要将高程、高度数据归算到 85 黄海高程基准，归算方法可参考相关标准。

4. 淹没分析

先将各个验潮站的多年重现期潮位值采用克里金插值法生成潮位栅格，然后将此潮位栅格与 DEM 高程做叠置分析，分析结果如图 5.2 所示。可以看出珠江三角洲百年一遇风暴潮淹没范围主要分布在中山、珠海和佛山等地，而淹没水深较深的地区主要分布在中山东部、珠海与澳门，这些地区有必要采取对应的防范风险措施。

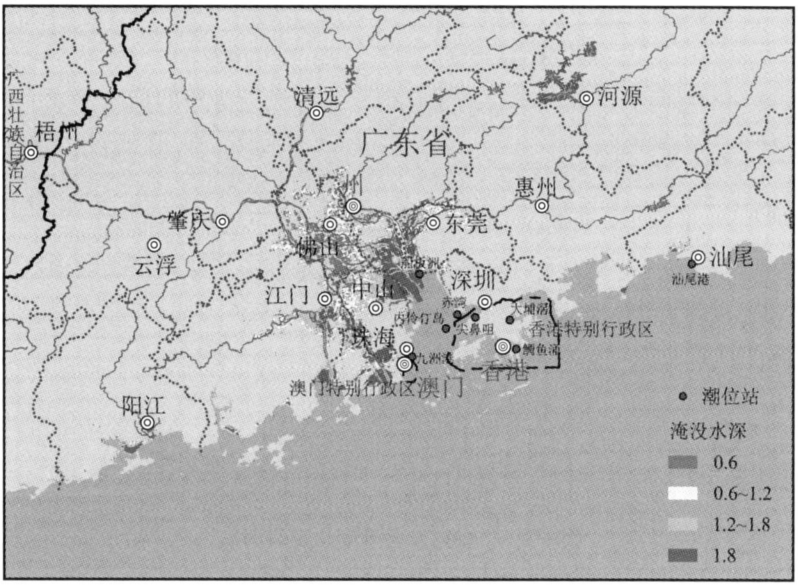

图 5.2　珠江三角洲百年一遇风暴潮淹没范围和深度

5. 承灾体叠置分析

将 T 年重现期的淹没范围及深度/等级与社会经济数据（受灾人口和经济损失）进行叠置分析，评估各行政单元潜在损失。具体方法为将人口按城镇用地面积均分，经济总量按不同土地用地类型权重划分。以 P 代表面积比例；C 代表栅格数量；i 代表不同城市；j 代表不同土地利用类型（耕地、林地、草地和城镇用地）；k 代表不同危险区（低、中、高和极度危险区），则

$$P_{ijk} = \frac{C_{ijk}}{\sum_{k=1}^{4} C_{ijk}}$$

计算各城市受灾人口与经济损失时，先用城镇用地中不同危险区的面积比例乘以该城市总人口及经济总量，再乘上对应危险区的灾损率，得到受灾人口情况和经济损失情况。

$$\mathrm{AP}_i = \sum_{k=1}^{4} (P_{ijk} \times \mathrm{Total}_i \times \mathrm{DSR}_k)$$

$$\mathrm{Loss}_{\mathrm{GDP}_i} = \sum_{k=1}^{4} [(P_{ijk} \times \mathrm{Farmland}_i \times \mathrm{DSR}_k) + (P_{ijk} \times \mathrm{Urban}_i \times \mathrm{DSR}_k)]$$

其中，AP_i 为受灾人口；Total_i 表示不同城市的总人口数；DSR_k 为不同危险区的灾害损失率；$\mathrm{Loss}_{\mathrm{GDP}_i}$ 为经济损失情况；$\mathrm{Farmland}_i$ 表示不同城市耕地所占产值；Urban_i 表示不同城市城镇用地所占产值。

6. 综合风险评估

将淹没深度、人口和经济数据的栅格分别进行标准化处理，得到标准化后的值记为 N_{depth}、N_{Pop}、N_{GDP}，综合风险评价指标为三者的综合，公式为

$$\mathrm{Risk}_{\mathrm{degree}} = N_{\mathrm{depth}} \times (N_{\mathrm{Pop}} + N_{\mathrm{GDP}})$$

根据上式得到风暴潮灾害风险等级的量化值，划分风险等级的标准可采用自然断点法，分为一级、二级、三级和四级。

5.3.5 评估案例

广东省是中国的经济大省，人口众多，也是受风暴潮灾害影响最大的地区之一。2012～2021年，风暴潮灾害给广东省造成直接经济损失达269 373.56万元，占总直接经济损失的31%（自然资源部海洋预警监测司，2021）。

1. 数据

潮位资料见表5.2。

表 5.2　广东省及香港潮位资料列表

数据类别	来源	站点	时间范围
天文潮	潮汐表	全国所有站点	1990～2014年
风暴潮过程中实测最高潮位及过程最大增水潮位	《中国海洋灾害公报》	全国主要站点	1989～2014年
	《台风海浪与增水年鉴》	全国主要站点	1968～1979年
	《台风暴雨洪水暴潮手册》	广东省主要站点	1955～1997年
	《广东省防灾减灾年鉴》	广东省主要站点	1994～2013年
	《广东省海洋灾害公报》	广东省主要站点	2013～2014年
	《广东省海洋环境公报》	广东省主要站点	2001～2014年
	香港天文台	香港3个站	1949～2014年
	其他地方公报		
逐时潮位观测数据	NHSLC	13个站	1975～1997年
	《海洋站观测资料》	17个站	1975～1976年

将潮位资料整理成风暴潮增水年极值、天文潮年极值、实测潮位年极值等。此外其他数据包括：

（1）采用广东省 1∶5 万（30 m 网格）DEM 图，西安 1980 坐标系，85 黄海高程；

（2）土利利用类型参考广东省土地利用类型图；

（3）社会经济数据为 2010 年广东省人口和社会经济数据，空间分辨率为 0.5°×0.5°。

2. 重现期潮位计算

根据收集的长时间序列的实测潮位数据，用 5 种方法计算重现期潮位，取平均值，如表 5.3 所示。

表 5.3　重现期潮位计算表

站名	重现期潮位/m							当前表中潮位数据的高程起算面
	T=2	T=10	T=20	T=50	T=100	T=200	T=500	
赤湾	4.08	4.90	5.22	5.63	5.94	6.25	6.65	从水尺零点起算
闸坡	4.06	5.13	5.63	6.34	6.93	7.59	8.58	从水尺零点起算
湛江	4.34	5.88	6.42	7.10	7.59	8.07	8.70	从水尺零点起算

3. 高程基准的转换

将表 5.3 中的验潮站重现期潮位根据各站的水准关系，进行转换，统一归算到 85 黄海高程基准，结果见表 5.4。

表 5.4　重现期潮位转换（85 黄海高程）

站名	重现期潮位/m							当前表中潮位数据的高程起算面
	T=2	T=10	T=20	T=50	T=100	T=200	T=500	
赤湾	2.22	3.05	3.37	3.78	4.09	4.39	4.79	85 黄海高程
闸坡	2.54	3.61	4.11	4.82	5.41	6.07	7.06	85 黄海高程
湛江	2.82	4.36	4.90	5.58	6.07	6.55	7.18	85 黄海高程

表 5.3 和表 5.4 中的 3 个站点是广东省的主要站点，广东省仍有大量其他辅助验潮站。有些站点有天文潮预报数据，有些仅有潮高基准面等潮汐特征数据，而没有长时间序列的年最高潮位数据。此时就需要利用已知站点的重现期潮位，结合其余站点的重现期增水位、天文潮重现期潮位和辅助站点的潮高特征值，插值得到辅助站点的重现期潮位值。

4. 淹没分析

将不同重现期潮位数据通过克里金插值，生成潮位栅格，然后与 DEM 叠加，得到广东省不同重现期潮位的淹没深度和淹没范围。将广东省分为 4 个区域：粤东、珠江三角洲、粤西、雷州半岛，分别显示，绘制 T=2、T=10、T=20、T=50、T=100、T=200、T=500 情景下的淹没深度和淹没范围，图 5.3～图 5.6 为 T=100 年情景下的各区域淹没深度和淹没范围。

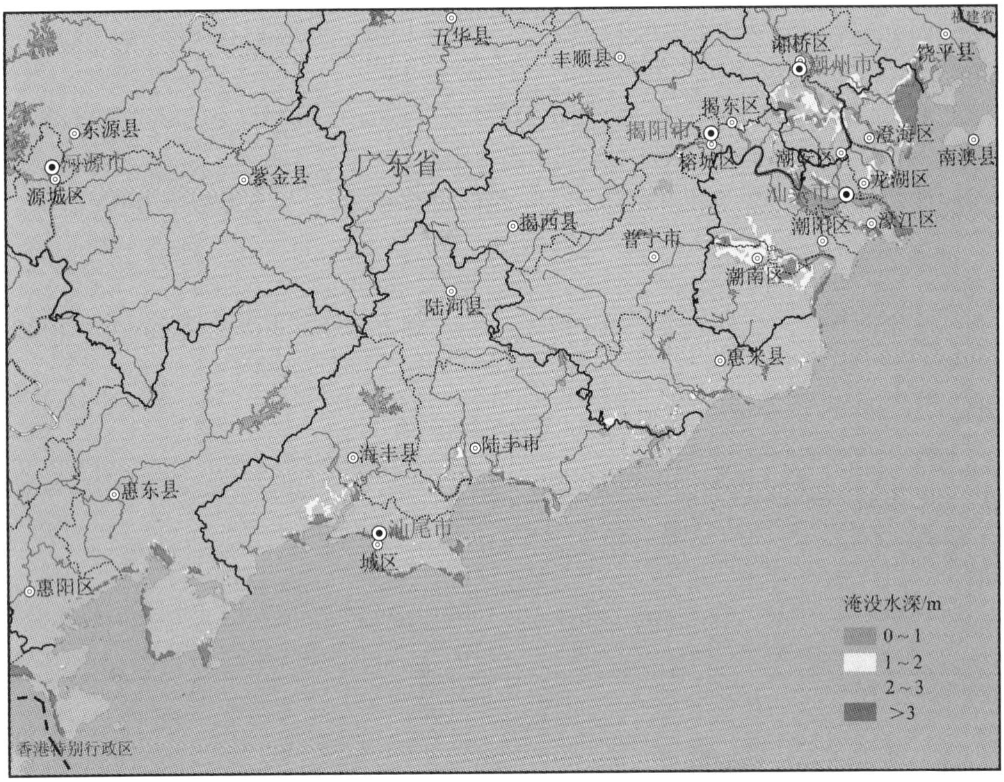

图 5.3　粤东风暴潮增水淹没范围和深度

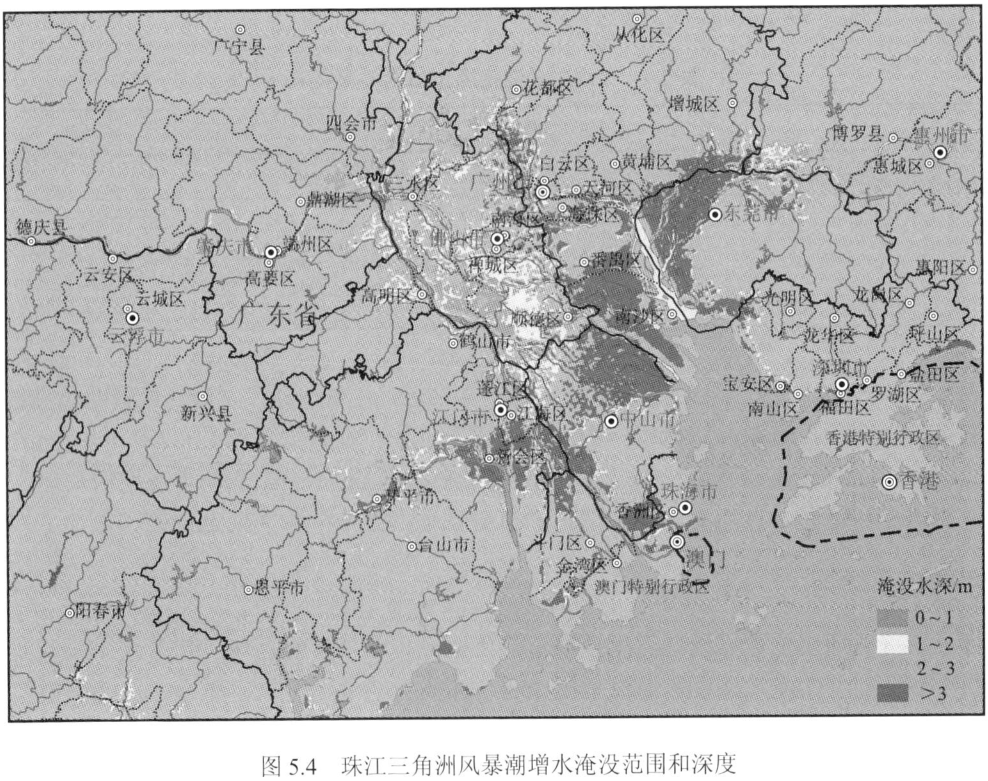

图 5.4　珠江三角洲风暴潮增水淹没范围和深度

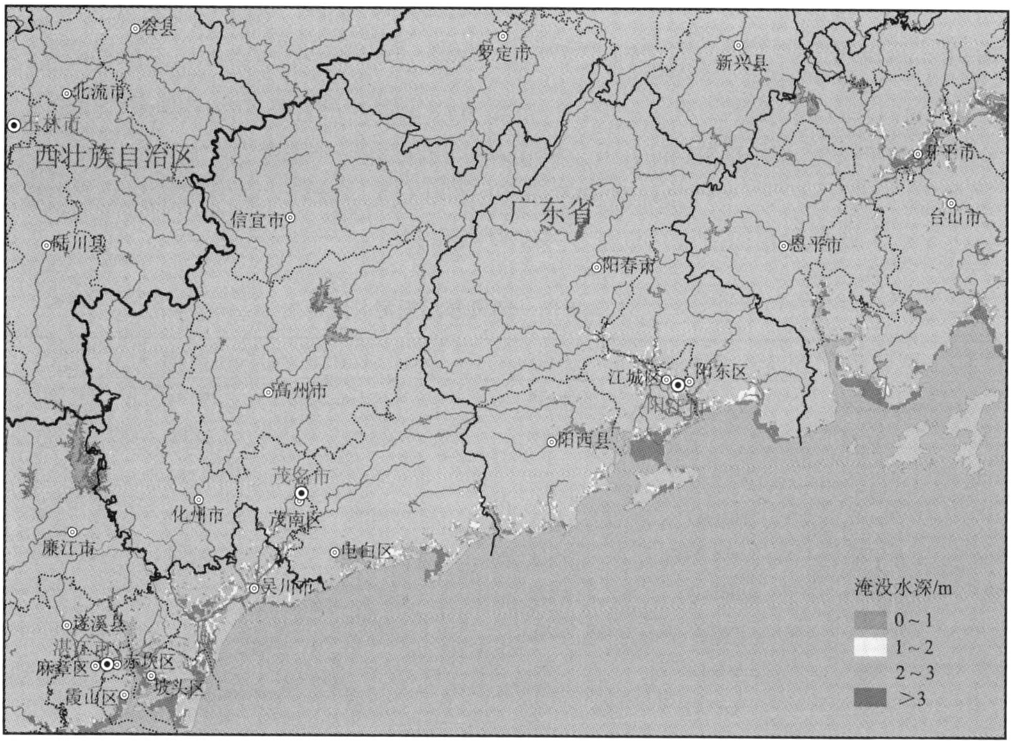

图 5.5　粤西风暴潮增水淹没范围和深度

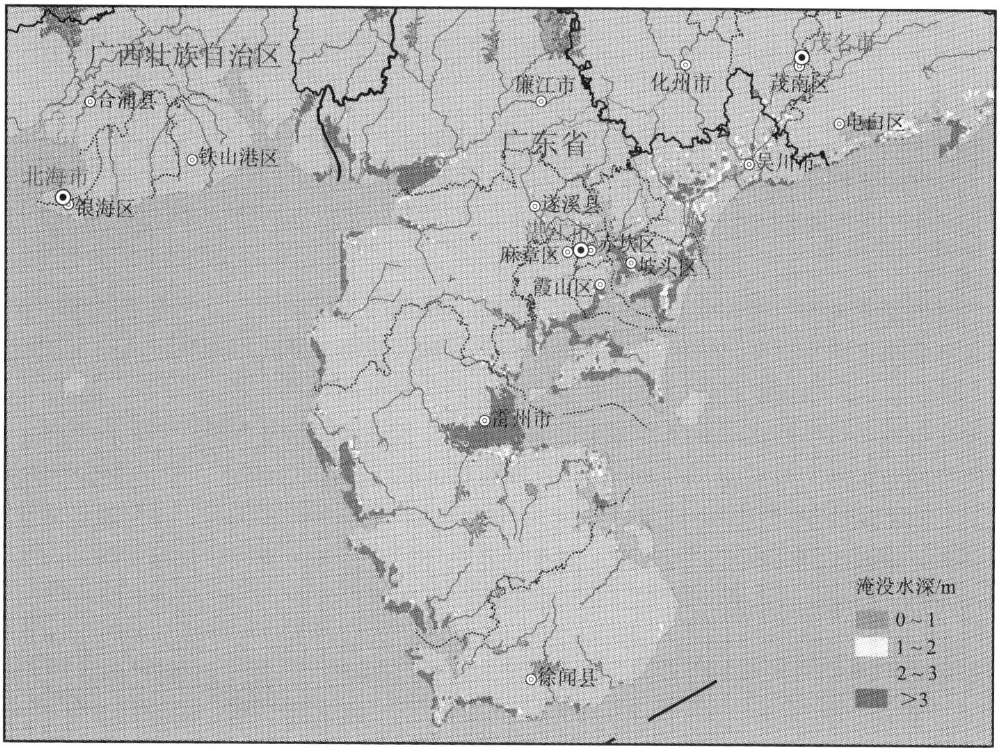

图 5.6　雷州半岛风暴潮增水淹没范围和深度

5. 灾害风险评估

采用 2013 年广东省统计年鉴数据，计算得到广东省各市百年一遇风暴潮灾害发生时的人口和经济潜在损失。从表 5.5 可以看出佛山和广州在百年一遇风暴潮灾害发生时的受灾人口数量和经济总损失较大，分别超过 250 万人和 1500 亿元。此外，中山和珠海受灾也较为严重。以上 4 市需要采取相应措施，以减少风暴潮灾害损失。

表 5.5 广东省百年一遇风暴潮灾害风险评估

地区	人口/万人	生产总值/亿元	农业损失/亿元	非农业损失/亿元	受灾人口/万人	总损失/亿元
广州	1283.89	13 551.21	49.19	1981.55	290.04	2030.74
深圳	1054.74	12 950.06	0.05	373.19	64.14	373.23
佛山	974.56	8930.35	51.62	1703.42	427.01	1755.04
东莞	829.23	5010.17	4.63	791.60	211.25	796.23
中山	315.50	2441.04	44.86	810.66	181.24	855.51
珠海	158.26	1503.76	18.28	342.84	45.37	361.12
惠州	467.40	2367.55	0.47	56.82	15.22	57.29
汕尾	296.90	610.41	3.22	47.02	36.23	50.25
江门	448.27	1880.39	17.51	241.65	104.88	259.16
阳江	247.00	887.03	3.21	22.81	11.09	26.02

5.4 风暴潮灾害风险管理

IPCC SERX 提出了 6 种方法来应对气候变化下的灾害风险管理。本节阐述了气候变化背景下的应对风暴潮灾害的 6 种措施。

1. 减少暴露度

根据风暴潮灾害风险评估结果，加大风暴潮高发地区的防潮堤建设，并进行统一管理和维护，减少承灾体暴露度。防潮堤的修建有利于抵御风暴潮，防止海水入侵，对维护沿海地区生态安全、人民生命财产安全和工农业生产安全有重大的意义。

重视生物防护措施在减轻风暴潮灾害中的作用，建设沿海防护林，保护滨海湿地。建设沿海防护林要遵循因地制宜、因害设防、合理布局、综合治理、突出重点、讲求实效的原则。要从沿海的实际情况出发，合理安排好林种布局，做到多林种、多树种、多层次、多功能科学配置。要做到“网带片点、乔灌草、林果桑花”相结合，抓住重点、找准突破口，力求做到布局合理、技术先进、经济有利、实施可行。

2. 提高对风险变化的应对能力

构建和完善风暴潮灾害监测预报和预警体系，充分利用现代高科技手段，大力开发研究风暴潮灾害预警预报系统。国内外关于海洋流形成、发展、运动的数值模拟已有一定基础，相较而言，国外的发展技术更完善一些。建议选择合适的对象，适当引进一些国外的先进数值计算技术，对重点区域建立必要的专门预警预报系统，结合实际观测信息开展实时预警预报。对沿海地区风暴潮进行全面的灾害风险区划分布研究，建立必要的国家基本数据库，并对重点区域确定不同风暴潮灾害风险等级分布（Petak and Atkinson，1993；Vermeiren and Watson，1994）。

3. 转型

风暴潮灾害风险管理作为防灾减灾的重要工作点，其信息技术需要推陈出新，管理方式、理念等也需要改革深化，实现风暴潮灾害风险管理的转型升级，也是确保社会管理以及安全生产的必然保障。

4. 减少脆弱性

在沿海风暴潮灾害频发地区，应根据风暴潮风险等级考虑各种工矿企业、村镇、铁路、公路、桥梁、水库的选址，旅游开发建设应根据所处地区的风暴潮灾害风险等级采取相应的预防措施，包括工程措施与减灾备灾预案。

5. 防御、响应与恢复

（1）构建应急避险体系，开展风暴潮灾害防治基本知识的普及教育，包括风暴潮灾害发生发展的基本条件、发生风暴潮灾害时的减灾措施等。风暴潮灾害多发地区还应根据实际情况开展备灾演习，真正做到有备无患。

（2）构建应急抢险救援体系，完善的应急抢险救援体系是减少灾害损失尤其是减少人员伤亡的主要手段。应加强抢险救援队伍建设，储备好抢险物资和设备，以最大限度减少风暴潮灾害带来的损失。

（3）构建风暴潮灾害的应急响应体系，风暴潮灾害是瞬时或在较短时期内发生的，需要建立高效统一的组织指挥体系、科学的决策支持体系、权责明确的责任体系和科学完善的预案体系。

6. 风险转移与分担

构建防灾保险体系，建立洪水保险、风险分担与分散的机制。海洋灾害一般发生在沿海地区，经济相对发达，开展防灾保险具有一定基础。目前更需要致力于研究风暴潮的风险机制。

5.5　知 识 差 距

（1）对于风暴潮灾害危险性评估与分析，研究方法从数理统计发展到数值计算，从定性、半定量发展到定量，从静态分析发展到动态模拟，已取得了一系列成果。开展风暴潮致灾因子危险性研究除了需要进一步提高风暴潮数值模式精度之外，更重要的是利用各自优势，将风暴潮数值模拟与 PMSS 的计算、不同重现期风暴潮的研究紧密联系起来，利用数值模式为 PMSS 的计算等研究提供基础数据，以解决历史观测数据在空间、时间和质量上的不足，开展风暴潮灾害实时危险性和长期危险性相结合的综合危险性研究，才能对实际的防灾减灾工作起到显著作用。

（2）风暴潮灾害脆弱性评估的系统化、定量化、精细化是灾害风险科学研究的热点。国内外承灾体脆弱性研究已积累了一定的成果和经验，并在继续深入和推广。但脆弱性研究的区域性较强，且在指标选择、数据标准、曲线精度、灾损调查等方面大多缺少一定的规范和评价标准，评估过程中的主观性也较强。随着地理信息技术的快速发展和对灾害研究的深入，加强能反映脆弱性本质的理论研究，进一步规范灾害损失调查与评估体系，综合考虑社会、经济、应急响应能力情况，开展承灾体脆弱性定量化评估将成为未来的发展趋势。

（3）风暴潮灾害风险评估不仅是风暴潮灾前损失预评估、救灾资源配置的理论基础，也是风暴潮灾害隐患排查、风险管理的基础和前提，具有重要的理论和现实意义。受全球气候变化和海平面上升的影响，风暴潮灾害风险可能会加剧。因此结合全球气候变化影响，定量评估全球气候变化和海平面上升对风暴潮灾害风险的影响是风暴潮灾害风险评估研究的未来趋势。

【关注点】

风暴潮，天文潮，风暴潮灾害成因，风暴潮灾害数值模拟，风暴潮灾害风险管理

【专题讨论】

除了本章所提及的风暴潮数值模型之外还有哪些常用的风暴潮数值模型，以及它们各自的优缺点是什么？

【思考题】

一、总结中国近些年来风暴潮灾害发生的时间与空间特征。

二、影响风暴潮灾害强度的因素有哪些？

三、风暴潮灾害风险评估三要素有哪些？

参考文献

胡仁飞, 汪一航, 张慧, 等. 2013. 宁波近海台风风暴潮可能最大增水的数值模拟. 应用海洋学学报, 32(3): 340-348.

李政国, 张茂省, 李林. 2011. 面向对象的遥感影像承灾体边缘提取方法. 水文地质工程地质, 38(1): 128-132.

梁海燕, 邹欣庆. 2005. 海口湾沿岸风暴潮风险评估. 海洋学报, 27(5): 22-29.

石先武, 谭骏, 国志兴, 等. 2013. 风暴潮灾害风险评估研究综述. 地球科学进展, 28(8): 866-874.

石勇, 许世远, 石纯, 等. 2009. 洪水灾害脆弱性研究进展. 地理科学进展, 28(1): 41-46.

王喜年. 2005. 关于温带风暴潮. 海洋预报, S1: 17-23.

应仁方. 1987. 美国 SLOSH 飓风暴潮预报模式. 海洋预报, S1: 16-29.

郑君. 2011. 风暴潮灾害风险评估方法及应用研究. 杭州: 浙江大学.

周瑶, 王静爱. 2012. 自然灾害脆弱性曲线研究进展. 地球科学进展, 27(4): 435-442.

自然资源部海洋预警监测司. 2022. 2021 年中国海平面公报. 北京: 自然资源部海洋预警监测司.

自然资源部海洋预警监测司. 2022. 2021 年中国海洋灾害公报. 北京: 自然资源部海洋预警监测司.

Delft W L. 2003. Delft3D-FLOW: Simulation of Multi-Dimensional Hydrodynamic Flows and Transport

Phenomena, Including Sediments-User Manual. Hydraulics. Delft: Deltares.

IPCC. 2012: Managing the Risks of Extreme Events and Disasters to Advance Climate Change Adaptation. A Special Report of Working Groups I and II of the Intergovernmental Panel on Climate Change. Cambridge and New York: Cambridge University Press.

IPCC. 2019. IPCC Special Report on the Ocean and Cryosphere in a Changing Climate. Cambridge and New York: Cambridge University Press.

IPCC. 2021a. Summary for Policymakers// Climate Change 2021: the Physical Science Basis. Contribution of Working Group I to the Sixth Assessment Report of the Intergovernmental Panel on Climate Change. Cambridge and New York: Cambridge University Press.

IPCC. 2021b. Climate Change 2021: the Physical Science Basis// Contribution of Working Group I to the Sixth Assessment Report of the Intergovernmental Panel on Climate Change. Cambridge and New York: Cambridge University Press.

Jelesnianski C P, Chen J, Shaffer W A. 1992. SLOSH: Sea, Lake, and Overland Surges From Hurricanes. //NOAA Technical Report NWS 48. Silver Springs: United States Department of Commerce, NOAA, NWS.

Maskrey A. 1989. Disaster Mitigation: a Community Based Approach. Oxford: Oxfam GB.

McInnes K L, Walsh K J E, Hoeke R K, et al. 2014. Quantifying storm tide risk in Fiji due to climate variability and change. Global and Planetary Change, 116: 115-129.

Ming X D, Xu W, Li Y, et al. 2015. Quantitative multi-hazard risk assessment with vulnerability surface and hazard joint return period. Stochastic Environmental Research and Risk Assessment, 29(1): 35-44.

Petak W J, Atkinson A A. 1993. 自然灾害风险评价与减灾政策. 向立云, 程晓陶, 译. 北京: 地震出版社.

The Cabinet Office. 2003. Tsunami·Storm Surge Research Association //Tsunami·Storm Surge Manual. Tokyo: The Cabinet Office.

Vermeiren J C, Watson Jr C C. 1994. New Technology for Improved Storm Risk Assessment in the Caribbean. Disaster Management, 6(4): 191.

第 6 章　龙卷风灾害风险评估与管理

引　言

龙卷风是一种破坏力极强的小尺度激烈旋转的空气涡旋，是积雨云底部下垂的象鼻子状漏斗云体，上大下小，其生消迅速，一般伴随降雨、雷电或冰雹。龙卷风的中心气压很低，水平气压梯度力大，从而造成很大的风速，具有极强的破坏力，可将途经之地的所有物品，如桥梁、房屋和人畜等全部卷走。除强烈的风速外，其内部气压很低，会造成邻近建筑物倾倒和车辆等发生爆炸（丁一汇，2008）。龙卷风作为地球大气中最为剧烈和最具有破坏性的天气现象，已经在全世界范围内造成了极大的经济损失和人员伤亡。由于属于小尺度天气事件，龙卷风出现的时空随机性较强，破坏性大，目前难以对其做出准确的预报以及有效的防范。

全球除南极洲以外的大洲都有龙卷风记录，尤其以中纬度地区发生居多，其中美国发生最为频繁，约占全球龙卷风记录总数的 75%，其次为加拿大。而在欧洲西部和中部、中国、孟加拉国、日本、澳大利亚、新西兰、南非以及阿根廷等国家或地区，龙卷风发生也较为频繁。

中国龙卷风的地理分布呈现出北多南少的特征，主要发生在中国东部和部分中部地势平坦的地区，青藏高原、云南等地区也有弱龙卷风发生。1991～2021 年，中国平均每年可记录龙卷风 38 次，主要集中在江苏、广东、湖北、安徽等地，其中江苏最多，年均监测到龙卷风 4.8 次。2022 年，中国共记录龙卷风 25 次，其中 11 次达国标中等强度以上，也就是增强藤田级数（enhanced Fujita，EF）1 级以上，6 次为强龙卷。龙卷风突发性强、预报难度大，能在短时间内造成重大人员伤亡和财产损失，导致的灾害尤为突出。近年来，中国几次 EF 3 级以上强龙卷风均导致了严重人员伤亡和重大经济损失。例如，2016 年 6 月 23 日江苏省盐城市阜宁 EF 4 级龙卷风造成 98 人死亡和 800 多人受伤；2019 年 7 月 3 日辽宁省开原市 EF 4 级龙卷风造成 7 人死亡、190 余人受伤；2021 年 5 月 14 日傍晚到夜间，苏州和武汉两地先后出现 EF 3 级强龙卷风，共造成 14 人死亡。

针对龙卷风的研究起源于欧洲，目前全球有关龙卷风的研究主要在美国开展，其龙卷风的数据库建设、外场观测试验、发生环境特征研究、气候特征分析、影响评估等方面都走在世界前列。中国的龙卷风研究起步较晚，20 世纪 80 年代，中国龙卷风研究主要为灾害描述（郑峰和谢海华，2010）；到了 20 世纪 90 年代，龙卷风的研究集中于气候特征分析；进入 21 世纪，诸多学者开始对龙卷风的机制进行探讨（刘式达 等，2006），利用天气雷达监测龙卷风事件的天气过程，围绕该相关内容的研究逐渐增多（朱江山 等，2015）；同时，针对龙卷风发生的环境分析、气候与灾害特征的研究，尺度从区域扩展到全国（黄大鹏 等，2016）。

龙卷风的机制、发生发展过程及防治的科学研究，对于促进地区社会经济发展，保障人民生命健康安全等具有重要现实意义。本章针对龙卷风灾害风险评估与管理，共 5 小节，6.1 节主要介绍龙卷风灾害的定义、等级、分类与气候特征；6.2 节主要介绍龙卷风灾害的成灾机制，包括龙卷风形成的基本条件与其他影响因素；6.3 节以具体案例介绍龙卷风灾害风险评估方法与流程；6.4 节主要介绍龙卷风灾害风险管理方法；6.5 节为知识差距。

6.1　龙卷风灾害概述

6.1.1　龙卷风基本定义

龙卷风，是一种猛烈的天气现象，由直立中空管状的强烈旋转气体构成。龙卷风常发生于积雨云或是积雨云以下，形成上大下小的漏斗状，延伸至地面，并且常被尘土或碎片残骸等包围。龙卷风漏斗状的云称为“漏斗云”或“管状云”。目前，尚无对龙卷风的统一定义。《大气科学辞典》中给出的龙卷风定义为：“从积雨云中伸下的猛烈旋转的漏斗状云柱。它有时稍伸即隐，有时悬挂空中或触及地面”（大气科学辞典编委员，1994）。美国气象学会（American Meteorological Society）对龙卷风的定义作了多次修订，最近定义为：“从积状云下垂伸展至地面的强烈旋转空气柱，且经常可看到漏斗状云或地面旋转的碎片和沙尘”。龙卷风常见于热带和温带地区，包括美洲内陆、澳洲西部、印度半岛东北部等。无论是陆地上的“陆龙卷风”或是海面上的“水龙卷风”，发生条件基本上均需要极不稳定的空气扰动，或高温高湿空气与冷空气的剧烈辐合作用。因此，龙卷风常发生于中纬度温带气旋及强烈对流雷雨附近。龙卷风的季节性较弱，春季、夏季、秋季均可发生，其水平范围很小，直径从几米到几百米不等，平均直径为 250 m 左右。龙卷风中的风是气旋性的，一般在北半球逆时针旋转，在南半球则顺时针旋转。

6.1.2　龙卷风等级及分类

对龙卷风强度的划分，广泛采用 1971 年美国芝加哥大学美籍日裔气象学家藤田哲所提出的藤田级数（Fujita，1971），2007 年增强藤田级数（enhanced Fujita scale，EF）被启用。增强藤田级数按破坏程度不同分为 6 个等级，如表 6.1 所示。

表 6.1　增强藤田级数分级表

EF 分级	风速/（m/s）	特征	发生概率/%
EF 0	29.2～38.1	吹断树枝，较轻的碎片被卷起，击碎玻璃，吹断烟囱	29
EF 1	38.1～49.2	掀翻屋顶，一些较轻的汽车会被吹翻或刮离路面	40
EF 2	49.2～60.3	大树折断，货车刮离路面	24
EF 3	60.3～73.4	大树吹离地面，房屋被毁，火车脱离轨道	6
EF 4	73.4～89.5	房屋夷为平地，车辆、树木吹飞至高空	<2
EF 5	＞89.5	房屋完全摧毁，汽车完全刮飞，路面上的沥青也会被刮走，火车全部脱离地面	<1

对于龙卷风的分类，包括但不局限于以下 3 种标准，包括位置、强度、形态和形状，具体如下。

1. 按发生位置分类（陆亚龙和肖功建，2001）

（1）陆龙卷风，漏斗云向下伸展触及地面。
（2）水龙卷风，漏斗云向下伸展至水面（至海面的又称海龙卷风）。
（3）高空漏斗云，漏斗云向下伸展而悬挂在高空。

2. 按强度分类

（1）微弱龙卷风，风速一般在 18～25 m/s。典型的微弱龙卷风只有一个长而狭小的漏斗云，在轴中心处垂直风速达到最大，但是也不强；而且其倒圆锥状的漏斗云底端并没有接触到地面。这是最常被发现的龙卷风。周围有雨幕产生的时候，则预兆着这种龙卷风马上就要结束了。

（2）强烈龙卷风，通常有一个很明显的柱状漏斗云，涡旋也很强，触及地面会有剧烈的狂风暴雨天气现象出现。其最大垂直风速环绕在圆柱的边界上向轴心慢慢递减，而不是在轴心上，不同于微弱龙卷风。

（3）剧烈龙卷风，中心有一个类似于台风眼的明显环形平静区域，核心内部气压很强。当龙卷风的风眼经过某一地区时，周围空气为了适应压力的突然改变会产生快速的下沉气流。在剧烈龙卷风内，地面的气流是向外辐散的，它在地面碰到向内辐合到中心的气流，二者结合而又转向，变成向上的类似微弱龙卷风的上升气流，且环绕在龙卷风眼旁。由于气流会向各个方向移动，一般会出现好几个漏斗云，它们也都环绕着龙卷风眼旋转。

3. 按形状和形态分类

（1）浓密状龙卷风，底部轮廓鲜明、稳定、浓密，并有一个垂直向下的细长管子。根据形态又为两大类：一是漏斗、柱状或树干状；二是蛇形状、绳状或鞭子状。
（2）松散状龙卷风，形状松散，轮廓模糊不清。
（3）派生龙卷风，在主龙卷风周围又派生出来的各式的小龙卷风。

此外，按龙卷风发生时的形态可将其分为上升龙卷风和下曳龙卷风。上升龙卷风也可称为吸进型龙卷风，是龙卷风中上升的气流，宛如吸尘器强力吸入地面上所接触到的各种物体。下曳龙卷风是积雨云与中心之间的气压差距递增，造成气流向下曳出，也可以称为喷出型龙卷风。

6.1.3　龙卷风空间分布特征

从全球范围来看，针对龙卷风频发的不同国家，其空间分布具体呈现出以下特征。美国的佛罗里达州和中南部平原是龙卷风的高发区，中南部平原称为“龙卷风走廊”，其范围一般指从得克萨斯州中部向北到艾奥瓦州北部，以及从堪萨斯州中部和内布拉斯加州东部到俄亥俄州西部的区域。英国的龙卷风主要发生于英格兰的东部、南部以及海峡群岛周边。德国的龙卷风多发于沿海和丘陵地区（Graf, 2008）。法国的龙卷风多发于西北部、南部和东部（Paul，2001）。西班牙的龙卷风多发于地中海区域和加的斯湾附近省份（Gayà，2011）。1961～1993年，日本的陆龙卷风和水龙卷风主要发生在沿海地区，而关东地区大量龙卷风远离沿海区域。大洋洲的龙卷风主要发生在澳大利亚和新西兰。澳大利亚的龙卷风主要发生于东南部和西南部（Allen and Allen, 2016）。阿根廷的龙卷风多发于中部的潘帕斯草原（Rasmussen et al., 2014）。巴西龙卷风多发于南部和东南部。中国龙卷风一般多发生在中东部地形相对平坦的平原地区，平原多于山区；从区域尺度来看，长江三角洲、苏北、鲁西南、豫东等平原、湖沼区以及雷州半岛等地都是龙卷风的易发区（黄大鹏 等，2016）。美国龙卷风导致的人员死亡多数发生在阿肯色州低地地区、田纳西州以及美国东南部密西西比河下游流域；美国大平原地区的人员伤亡较少，而最南部诸州的人员伤亡较多；中老年人相对于年轻人面临更高的风险。1984～2013年，中国龙卷风导致的死亡人数、倒损房屋数量及直接经济损失均呈逐年下降的趋势。在空间分布上，中国龙卷风导致的直接经济损失表现出西部地区少、东部地区多的特征，江苏、安徽、湖北、湖南、江西和广东为中国龙卷风灾害发生频次高，死亡人数多且经济损失较重的省份，其中江苏省和安徽省最为严重（黄大鹏 等，2016）。

6.1.4 龙卷风时间分布特征

1. 年尺度分布特征

1991～2010年，美国平均每年有龙卷风1000多个，加拿大龙卷风的年频率约70个。欧洲平均观测到的龙卷风每年大约有330个，其中陆龙卷风170个，水龙卷风160个。欧洲龙卷风多发生于英国、德国、法国和西班牙。1981～2010年，英国平均每年大约有（49.2±10.5）个龙卷风，其中陆龙卷风（36.5±10.1）个，水龙卷风（12.7±2.8）个。法国平均每年有15～20个龙卷风。亚洲的龙卷风主要发生于中国、日本、印度和孟加拉国，其中，日本平均每年发生20.5个陆龙卷风和4.5个水龙卷风；孟加拉国平均每年发生的龙卷风有2个。大洋洲的龙卷风主要发生在澳大利亚和新西兰：澳大利亚平均每年发生的龙卷风有29个，新西兰平均每年发生的龙卷风有17个。南美洲的龙卷风多发于阿根廷中部的潘帕斯草原，阿根廷平均每年记录到的龙卷风大概有10个；巴西、智利和乌拉圭也有龙卷风的记录，巴西平均每年记录到的龙卷风有3个（黄大鹏 等，2017）。

2. 季节和月尺度分布特征

美国的龙卷风多发于春季，其次为夏季，冬季最少发生。欧洲的龙卷风主要发生在夏季，其次为秋季。其中，英国龙卷风主要发生在9～11月，11月为龙卷风发生最多月，其次为6～8月。德国2/3的龙卷风发生在6～8月，其中7月龙卷风发生次占27%。法国的龙卷风多发于春季和夏季，8月发生最多。西班牙的龙卷风多发于暖季，明显趋向于秋季。澳大利亚的龙卷风多发于初春和夏季，其次为初冬。中国龙卷风发生的季节变化特征明显，主要集中在春夏两季，尤以7月和8月最多，两月约占全年总数的50%以上。日本56%的陆龙卷风发生在7～10月，其中9月最多，3月最少；水龙卷风主要发生在9～10月，10月最多。

3. 日尺度分布特征

美国的龙卷风多发于下午和傍晚，主要集中于当地14～20时。英国龙卷风多发于当地11～18时。西班牙的龙卷风多发于12～18时（UTC）（Kirk，2014）。中国的龙卷风以午后到傍晚为高峰时段（范雯杰和俞小鼎，2015）。日本的龙卷风多发于日本标准时的9～17时，其中10～11时和15～16时是两个高峰时段。

6.2 龙卷风成灾机制

6.2.1 自然原因

龙卷风是近地面不稳定能量集中在很小的区域内释放的一种形式。龙卷风的形成过程如下：由于不稳定性，大气中产生强烈的上升气流，上升气流在最大过境气流的影响下进一步被加强。在风速和风向的切变作用下，上升气流在对流层的中部开始旋转，于是形成中尺度气旋。中尺度气旋分别向地面发展和向上伸展，伸展过程中，变细、增强。同时在气旋内部形成一个小面积的初生龙卷风，并逐渐形成龙卷风核心。在对流系统前部下沉气流的作用下，龙卷风核心发展的涡旋向下垫面延伸，地面气压急剧下降，地面风速急剧上升，形成龙卷风（Markowski and Richardson, 2009）。综上，龙卷风形成的条件包括：空气湿润且非常不稳定，在不稳定空气中形成塔状积雨云，高空风与低空风方向相反，从而产生风切变将上升的空气移走。

从龙卷风的形成过程与条件中可以发现，不稳定的天气系统是其形成的重要原因，其与地形、地貌、湿度以及当地的热量和大气能量条件密切相关。河网越密集的地区，龙卷风发生越频繁，龙卷风灾害风险的程度越高。在龙卷风易发季节，地面温度高、对流强烈，河湖周围的水汽条件充足，十分有利于龙卷风天气系统的发生、发展。除了地形、地貌条件以外，龙卷风的形成也和局地的动力条件相关。龙卷风多发于水汽条件充足地区，而地形的抬升作用也十分重要。因此，江海河湖周边地区以及河网密集区域为龙卷风多发地区，而水域附近的丘陵山区龙卷风更盛。

不同国家（或区域）、不同时间尺度的龙卷风发生环境特征有差异。美国学者研究发现，对流有效位能、低层风切变、抬升凝结高度、中层温度递减率、有利的湿度场配置等环境参数有利于龙卷风的发生，可以利用月平均对流降水和风暴相对螺旋度两个大尺度的环境参量建立月龙卷风活动指数，揭示美国龙卷风空间分布、季节变化和年际变化等气候学特征。月龙卷风活动指数的建立为龙卷风延伸期预报提供了基本框架。欧洲相关学者通过研究发现，对流有效位能、低层大气水汽含量和环境切变（风暴相对螺旋度）等环境参数与各自月尺度气候特征的比较值，可以作为指示欧洲龙卷风发生可能性的有用指标。最大上升气流速度和深层（0～6 km）垂直风切变的组合可以很好地区分欧洲的弱龙卷风（包含未分级的龙卷风）与强龙卷风，强龙卷风发生在更快的最大上升气流速度和深层垂直风切变的环境中。美国的情况与欧洲不同，抬升凝结高度和任何一种风切变（深层垂直风切变或低层垂直风切变）的组合可以很好地区分弱龙卷风与强龙卷风，强龙卷风发生在更低的抬升凝结高度和更大的垂直风切变的环境中。荷兰相关学者发现，抬升凝结高度不能有效区分荷兰的龙卷风环境和雷暴环境，因而不能将其作为判定龙卷风发展的唯一有利环境因子。荷兰弱龙卷风（F 0）发生时，低层（0～1 km）风矢量差的绝对值低于雷暴发生时的平均值；而较强龙卷风（F 1 和 F 2）发生时，0～1 km 层内风矢量差的绝对值远高于雷暴发生时的平均值。

中国学者在对龙卷风的环境特征也做了大量研究后发现，7～8 月 6 时（UTC）的对流有效位能（E）与深层垂直风切变（S）是影响中国龙卷风的两个重要因子，E、S 的高值中心很好地对应于龙卷风事件发生的集中区。此外，低的抬升凝结高度和大的低层风切变也是重要因素。与美国龙卷风发展有利的环境因子相比，中国不需要较大的中层温度递减率就可以产生龙卷风。在对中国东北龙卷风环境特征研究发现，水汽、深层垂直风切变、低层垂直风切变、温度直减率，以及干线或冷锋触发机制是东北龙卷风发生与否的关键因子。与夏季江淮流域和华南地区的龙卷风相比，东北龙卷风环境温度直减率较大，850～500 hPa 温差为 30～33℃，低层水汽含量及湿层厚度显著偏低，低层垂直风切变和深层垂直风切变均更强。江淮地区龙卷风超级单体风暴的环境温度直减率较小，850～500 hpa 温差平均为 23.7℃。珠江三角洲春季龙卷风发生的有利环境条件为，在对流层深厚气层中，气压低、风速大、层结不稳定、低层高温高湿和中下层位势不稳定，与垂直风切变无明显联系（王霁吟 等，2015；王秀明 等，2015）。

6.2.2　社会因素

通常将龙卷风对人类社会，包括生命财产健康安全造成的危害称为龙卷风灾害。经济条件是龙卷风成灾轻重的重要因素，与龙卷风灾害风险关系密切，两者呈正相关。经济发达地区，生产力水平高，行业规模大，工业、民用建筑密集，现代化程度高，发生龙卷风灾害易造成严重损失。近年来的龙卷风灾害资料显示，同等级别的龙卷风，在社会经济发达地区造成的损失无疑比经济欠发达地区大得多。由于人均国内生产总值能客观评估一个地区的生产力水平及经济发展程度，一般被认为是龙卷风成灾的重要影响因素。

人类是龙卷风灾害的承灾体之一。龙卷风灾害经常能夺去人类的生命，尤其是人口密度大的地区，工业和民用建筑密集、社会生活设施多，增大了龙卷风灾害造成人员伤亡的概率，增加了龙卷风致灾的风险性。人口密度与龙卷风灾害中人员伤亡数量呈显著正相关。同时，人类通过自身活动改变了地貌特征，增加龙卷风灾害的风险。人口密度大的城市地区，城市化进程加快，极大地改变了地表特征，增大了龙卷风的发生概率；人口密度大的农村和郊区，人类通过大修水库、开挖人工河道和水渠，改变了局地的热力、动力和空气水分成分条件，增大了龙卷风的发生概率。可见，人口密度与龙卷风灾害风险呈正相关，是龙卷风成灾的另一主要社会因素之一。

6.3　龙卷风灾害风险评估

6.3.1　资料获取

龙卷风灾害风险评估需要搜集龙卷风的气象特征和强风特征相关数据，并对龙卷风灾害资料进行核实和数据统计处理，包括发生的具体时间、地点、风速、伴生灾害、灾情情况，还要针对受伤人数、死亡失踪人数、受灾人数、损坏房屋和倒塌房屋、破坏的农业种植面积、直接经济损失和其他灾情等进行记录和统计。

龙卷风研究的重要基础工作是收集整理龙卷风记录，建立龙卷风数据库。目前，美国和欧洲大部分国家已经建立了国家（或区域）的龙卷风数据库。美国国家气候数据中心（National Climatic Data Center）和风暴预测中心（Storm Prediction Center）共同维护建立了国家级龙卷风数据库，涵盖了 1950 年至今的龙卷风数据，包括龙卷风开始/结束时间、开始/结束位置、开始/结束经纬度、强度、路径长度、路径宽度、经过的州和县、直接和间接死亡/受伤人数、财产和作物损失、报告来源、过程描述、事件描述等信息（NCEI，2016）。

中国气象局国家气候中心于 2008 年开始建立中国龙卷风灾情普查数据库，包括龙卷风的发生时间、地点、受灾人口、死亡人口、失踪人口、受伤人口、损坏房屋数量、倒塌房屋数量、直接经济损失、农作物受灾面积、农作物成灾面积、农作物绝收面积、农业经济损失等信息。除此之外，2008 年出版发行的《中国气象灾害大典》综合卷和各省分卷，记录了中国从古代至 2000 年的龙卷风，其中 1949 年之后的记录相对完整。1984～2015 年《全国气候影响评估》和 2003～2015 年《中国气象灾害年鉴》中也有相对完整的龙卷风记录。

6.3.2 风险评估指标体系构建

龙卷风灾害风险评估包括致灾因子危险性、承灾体暴露度和脆弱性的评估。由于龙卷风灾害是小尺度天气事件，出现的时空随机性较强，破坏性强，直接观测难度大，结合上述特点，对致灾因子危险性、承灾体暴露度和脆弱性指标的选取，一般从系统性、综合性、独立性、可比性、真实性与实用性，以及资料收集的难易度去考虑，具体指标及选取步骤如下。

1. 致灾因子危险性

龙卷风致灾因子危险性是指未来可能发生的龙卷风对人群产生各种不利影响。基于历史龙卷风（HT）的记录，包括龙卷风发生的频率、范围、等级，但由于缺乏系统的记录和数据库，实际发生的龙卷风数量大于记录的龙卷风数量，通常采用潜在的恶劣天气日（SW）作为补充，对可能形成龙卷风的区域进行评估。具体包括对历史龙卷风位置的点数据集使用地理信息系统（GIS）进行处理，输出栅格的分辨率要与潜在的恶劣天气日的分辨率相匹配，以便于比较，恶劣天气日的数据通常采用 ERA 5 数据集。因为潜在恶劣天气日不一定意味着龙卷风的产生，所以我们优先考虑具有记录的历史龙卷风，并结合研究区实际情况确定两者的权重系数。

2. 承灾体暴露度

龙卷风灾害暴露度是指各承灾体处于可能受到龙卷风不利影响的位置。暴露度与人口密度及经济发展水平相关，具有显著的地域维度（Koks et al., 2015），通常将建筑环境的密度或人口密度作为承灾体暴露度指数的相关指标。目前与龙卷风灾害暴露度有关的研究大都使用网格化的人口密度来分析暴露度的空间分布差异，人口在暴露度中的重要性是显而易见的。在此意义上，一些研究指出人口增长在与龙卷风灾害相关的损失增加中起着至关重要的作用，龙卷风对于发展中国家所造成的损失也在不断增加（Noji, 2005；Zhou et al., 2014；Zúñiga and Villoria, 2018）。因此，结合目前的研究成果，可将人口密度作为龙卷风承灾体暴露度的计算指标。

3. 脆弱性

龙卷风灾害脆弱性是指各承灾体易受龙卷风负面影响的倾向。龙卷风脆弱性指标的建立基于社会经济变量进行，主要包括经济结构特征、教育、年龄和流动性、性别和医疗服务等指标。经济结构特征指的是研究区的经济发展水平，教育因素取决于文盲率及其对应的高等教育水平，年龄和流动性考虑幼儿、老年人以及残疾人口的比例，性别指的是女性与男性的比例，医疗服务指的是城市的医疗条件包括医院数量、可以容纳的人数，以及无法获得医疗援助的人口比例。基于以上指标，可应用多变量统计方法建立加权指数综合评估脆弱性。脆弱性计算的各指标在不同国家及地区有不同的特点，因此各指标的权重系数需结合实际情况确定，具体权重计算方法可参考下文列举的案例。

6.3.3　龙卷风灾害风险评估案例

1. 墨西哥龙卷风灾害风险计算及评估

1）研究区概况

墨西哥位于北美洲，被北回归线所穿越。由于特殊的地理位置，墨西哥很容易受到热带气旋、锋面系统的影响。此外，其复杂的地形特征产生了一些局部的相互作用，有利于产生深层对流云，为龙卷风的发生创造了条件。墨西哥目前由 32 个州组成，包括 2469 个城市，大约有 1.26 亿人居住。

墨西哥的龙卷风研究是相对较新的。近年来，科学、政府和公共部门对这些极端事件的关注度不断提高，这源于具有高度社会经济影响的事件。例如，科阿维拉州于 2015 年 5 月 25 日发生的重大龙卷风灾害，以及该国明显增加的其他龙卷风活动。这使得与龙卷风发生相关的风险管理也得到相当程度的重视。此前，龙卷风风险评估在墨西哥仍然是一个未被讨论的问题，关于墨西哥龙卷风风险等级的区划图也是一项空白。该案例在城市一级使用了基于 GIS 的模型，评估墨西哥龙卷风风险等级。

2）研究方法

评估墨西哥龙卷风灾害风险的方法是在城市一级。因此，有必要为每个市政单位计算一个单一的值。一个指数是由一个或几个指标组成的，并代表对某物的衡量。在这个意义上，可创建龙卷风危险性指数（THI）、暴露度指数（EI）和龙卷风脆弱性指数（TVI）。THI 来自历史龙卷风记录和使用再分析数据对潜在恶劣天气日的计算。EI 是基于人口密度数据的计算产物。TVI 的计算有两个主要阶段：第一，创建脆弱性指标和执行多变量统计技术；第二，在加权指数中应用所得的数值。3 个指数的具体计算如下：

（1）危险性指数

其中，历史龙卷风记录是从两个龙卷风数据点集（León-Cruz et al., 2022；Medrano and García, 2014）计算出来的，涵盖 2000～2020 年，并基于从多方来源获得的文件信息。由于受气象仪器的限制，墨西哥的观测数据点分布不够密集，对于历史龙卷风的记录不够完善，官方数据库缺乏关于墨西哥严重风暴和龙卷风的更新，龙卷风的大致路径很难被追踪（Dotzek et al.，2006; Silva Dias, 2011）。历史龙卷风位置的点数据集使用地理信息系统（GIS）进行处理，应用半径为 60 km 的内核密度估计计算热图。半径长度是根据近邻分析得出的预期平均距离确定的。历史龙卷风的输出栅格空间分辨率被设定为 0.25°，以确保密度与潜在恶劣天气日相匹配。潜在的恶劣天气日（SW）是使用 ERA 5 数据集计算的（Hersbach et al.，2020）。该数据库的水平分辨率为 0.25°，更新频率为 1 h。ERA 5 数据集在全世界范围内被广泛用于计算恶劣天气环境。同时采用 Gensini 和 Ashley（2011）与 Ashley 等（2014）提出的方法计算对流有效位能（MUCAPE）和地表与大气层底层 6 km 之间的风切变（SHEAR）。选择的时间范围是 1990～2020 年。使用协变量（C-composite index）0～6 km SHEAR×MUCAPE 作为潜在的严重和非严重对流环境的区分器。计算每年（1990～2020 年）对流抑制能量值（CIN）≥–75 J/kg 的情况下，协变量（C-composite index）≥20 000 的平均天数。对两个栅格输出，HT 和 SW，都从 0 到 1 进行归一化，以使它们具有可比性。因为 SW 不一定意味着龙卷风的产生，因此优先考虑 HT 输出。使用 THI 输出和 GIS 的分区统计工具，对每个城市的最大值进行分配。为了表示最坏的情况下龙卷风的危险性，决定保留最高值。最后，应用自然断裂的分类方法，将得出的数值分为 6 类，从 0 到 5（零、非常低、低、中等、高和非常高）（图 6.1）。

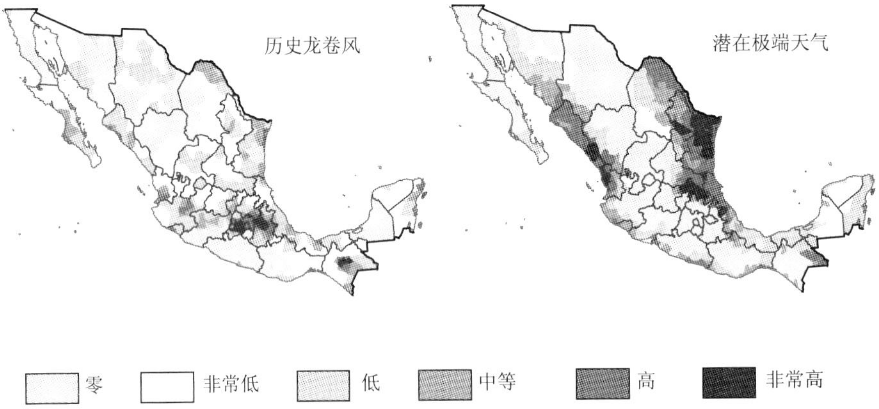

图 6.1　龙卷风危险性指数两个考虑因素的空间分布图

得到上述两个危险性指标计算结果后，利用公式（6.1）便可计算出 THI 的空间分布，结果见图 6.2。计算 THI 有助于提高对墨西哥龙卷风作为危险事件的理解。总的来说，25.8%的墨西哥城市处于非常低的危险区（大约 2370 万人），23.7%处于低危险区（大约 2790 万人），16.4%处于中等危险区（大约 2070 万人），而 11.7%处于高危险区（大约 3330 万人），6%处于非常高的危险区（大约 1470 万人），其余 16.4%的城市（约 570 万人）处于零危险区。需要指出的是，尽管只有 17.7%的城市处于高和非常高的危险等级，但它们集中了墨西哥总人口的 38.1%，约 4800 万人。

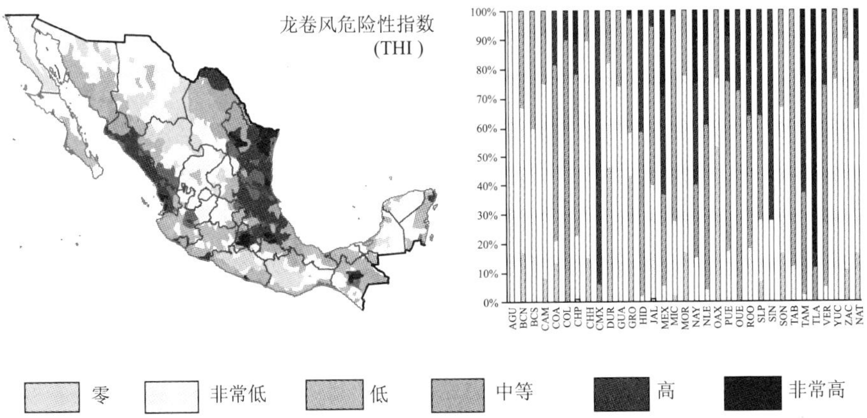

图 6.2　龙卷风危险性指数空间分布图

$$THI=(0.6\times HT)+(0.4\times SW) \tag{6.1}$$

（2）暴露度指数

选择人口密度了解暴露度的空间分布。首先，计算每个市镇的面积。然后，利用 2021 年 INEGI 数据集中的总人口，计算人口密度（PD）。为了降低墨西哥最大城市（如墨西哥城、蒙特雷和瓜达拉哈拉）对人口密度的影响，在这个阶段采用了对数函数，计算暴露度指数（EI）。该方程如公式（6.2）所示，由对数函数应用于人口密度计算出的暴露水平如图 6.3 所示。可见在墨西哥全国范围内，11.5%的城市被归类为非常低的暴露水平，26.5%为低水平，34.5%为中等水平，20.9%为高水平，只有 6.6%为非常高的水平。就人口而言，约 260 万居民处于非常低的暴露水平（占总人口的 2.0%），约 1010 万处于低水平（占总人口的 8.0%），约 2780 万处于中等暴露水平（占总人口的 22.1%），约 3640 万处于高水平（占总人口的 28.9%），约 4910 万处于非常高的水平（占总人口的 39.0%）。

$$EI = \ln(PD)+3 \tag{6.2}$$

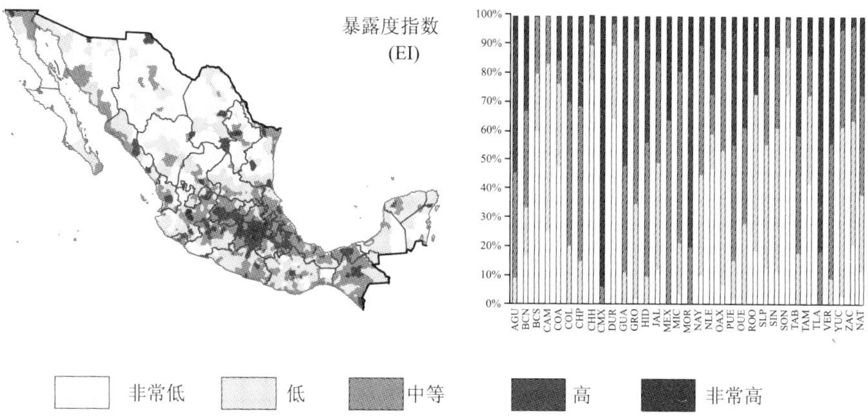

图 6.3　龙卷风暴露度指数空间分布图

（3）龙卷风脆弱性指数

脆弱性分析的方法包括基于空间分析和统计建模分析两种。先是从最近的墨西哥全国人口普查中选择与脆弱性评估有关的 22 个变量，但在对它们进行相关分析后只保留了 16 个（表 6.2）（de Loyola Hummell et al., 2016; Frigerio and De Amicis, 2016; Siagian et al., 2014）。这 16 个变量代表社会和结构特征，变量通过数值转换为 z-scores，从而进行标准化，使其具有可比性后，再进行因子分析。这种多变量统计方法旨在减少与脆弱性有关的潜在变量数量。选择主成分分析技术来计算最初的因子负荷，并采用正交旋转法（varimax with Kaiser normalization）（Frigerio De Amicis, 2016; Siagian et al.,2014）。随后，选择特征值大于 1 的因子，使用相关矩阵进行 Kaiser-Meyer-Olkin（KMO）和 Bartlett's 检验。得到的 KMO 为 0.85，P 值<0.001，证明了因子分析的适用性。CVS 格式的原始普查数据来自 2021 年 INEGI 数据集。再随后，用 R 语言对这些数据进行处理。最后，将得到的表格与包含 2469 个多边形的市镇形状文件（SHP）相连接。

表 6.2　选定的变量和它们对脆弱性的影响

变量	变量描述	影响
PM65	老年人占比（大于 65 岁）	+
PM05	幼儿占比（小于 5 岁）	+
PFEM	女性占比	+
PHLI	原住民占比	+
PDIS	残疾人占比	+
PANA	文盲占比	+
PEPB	高等教育人口占比	-
PEAC	经济活跃人口占比	-
PSSD	缺乏医疗保障人口占比	+
VPTI	房屋地面为泥土家庭人口占比	+
VICU	只有一间房屋家庭人口占比	+
VSEL	未通电家庭人口占比	+
VSRT	未安装电视或广播家庭人口占比	+
VSIN	未连通互联网家庭人口占比	+
VPEN	屋顶薄弱家庭人口占比	+
VTEN	墙体薄弱家庭人口占比	+

从因子分析中得出总共 5 个因素解释了总变异性的 71.96%。由此产生的因素和被解释的变异性被定义为结构特征（22.69%）、教育（18.91%）、年龄和流动性（13.54%）、性别（9.06%）和医疗服务（7.76%）。因子的方向和对脆弱性的影响是由因子载荷的符号决定的。根据因子分析的结果，制定脆弱性指数。参考 Frigerio 和 De Amicis（2016）和 Siagian 等（2014）提出的方法，使用不平等加权评分，通过对每个因子得分的加权，以其解释方差的百分比除以所有提取的共同因子的总解释方差（Siagian et al.,2014）。最后，使用基于标准差的分类系统定义了 5 个等级（Siagian et al., 2014），分为 1～5 级（非常低到非常高），并在市一级地图上进行合并（图 6.4）。

如前所述，TVI 是 5 个因素的产物：结构特征、教育、年龄和流动性、性别以及医疗服务。根据公式（6.3）便可计算出脆弱性指数（TVI），结果如图 6.5 所示。可见在墨西哥，4.0%的城市被归类为非常低的脆弱性水平（约 4480 万人），30.5%为低水平（约 5300 万人），37.6%为中等水平（约 1990 万人），19.3%为高水平（约 560 万人），8.6%为非常高水平（约 260 万人）。高度和非常高的脆弱性水平与特定的社会群体（即主要是原住民）有关，他们约占墨西哥总人口的 7%。

$$\mathrm{TVI}=\frac{F_1\times 22.69}{71.96}+\frac{F_2\times 18.91}{71.96}+\frac{F_3\times 13.54}{71.96}+\frac{F_4\times 9.06}{71.96}+\frac{F_5\times 7.76}{71.96} \tag{6.3}$$

（4）风险

风险是危险性、暴露度和脆弱性的乘积。在这个意义上，我们使用公式（6.4）的方法来计算龙卷风风险。最终的风险值被重新划分为 6 个类别，采用了最小值、最大值以及自然断裂分类方法。单独定义了零风险类别，其定义是没有历史龙卷风记录或潜在恶劣天气日。龙卷风风险指数（TRI）的空间分布结果见图 6.6，可见在墨西哥全国范围内 16.4%的城市处于

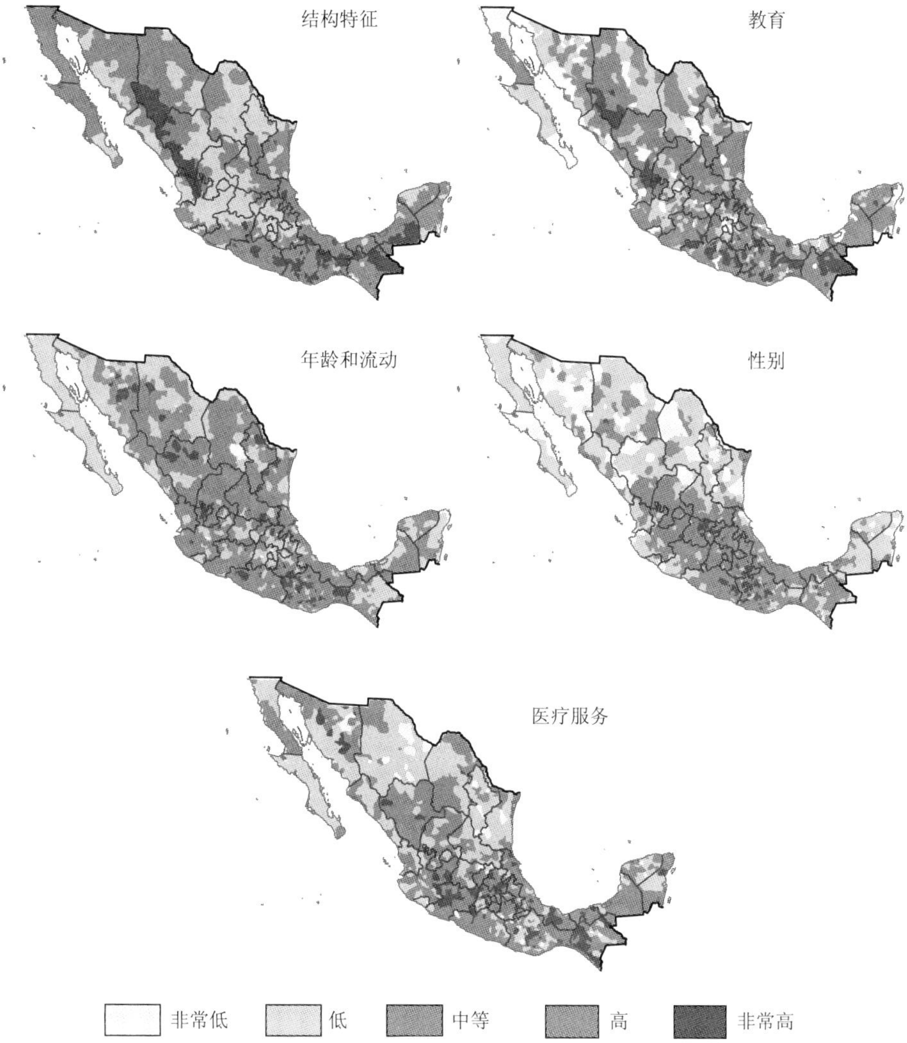

图 6.4　龙卷风脆弱性指数 5 个考虑因素的空间分布图

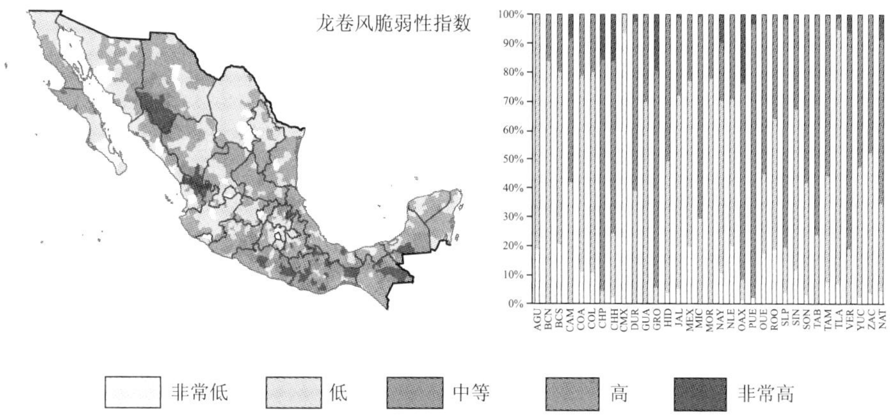

图 6.5　龙卷风脆弱性指数空间分布图

零风险，28.5%处于非常低的风险，24.9%处于低风险，15.6%处于中等风险，12.5%处于高风险，2.1%处于非常高的风险。就人口而言，约 570 万人（总人口的 4.5%）生活在无风险地区，约 3130 万人（总人口的 24.8%）生活在非常低风险的地区，约 4890 万人（总人口的 38. 8%）生活在低风险地区，约 2330 万人（总人口的 18.5%）生活在中等风险地区，以及约 1540 万和约 140 万人（总人口的 12.2%和 1.1%）分别生活在高风险和非常高风险地区。

$$\mathrm{TRI} = \mathrm{THI} \times \mathrm{TVI} \times \mathrm{EI} \tag{6.4}$$

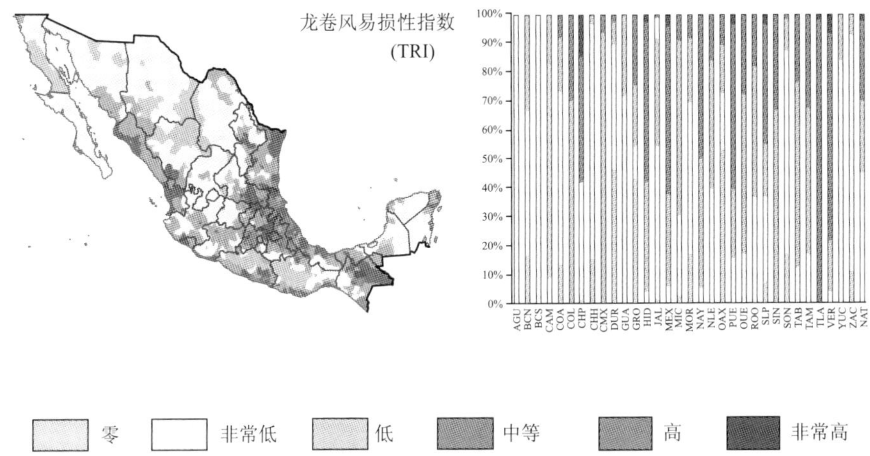

图 6.6　龙卷风风险指数空间分布图

2. 江苏省龙卷风风险计算及评估

1）研究区概况

江苏省位于长江三角洲地区，中国大陆东部沿海，地跨 30°45'N～35°08'N，116°21'E～121°56'E，与上海、浙江、安徽、山东接壤。江苏跨江滨海，湖泊众多，地势平坦，地貌由平原、水域、低山丘陵构成；东临黄海，地跨长江、淮河两大水系。江苏地理上跨越南北，气候、植被同时具有南方和北方的特征。江苏总面积 10.72 万 km^2。国家统计局数据显示，2021 年江苏省常住人口为 8505.4 万人。江苏地处长江经济带，下辖 13 个地级市，全部进入全国百强，综合实力百强区、百强县、百强镇数量等均常年位居全国前列。江苏省域经济综合竞争力居全国前列，拥有全国最大规模的制造业集群，人均生产总值自 2009 年起连续居全国第一位，是中国经济最活跃的省份之一，与上海、浙江、安徽共同构成的长江三角洲城市群已成为六大世界级城市群之一。江苏省水网众多，地形条件和天气气候条件有利于龙卷风的形成和发展。同时，区域经济发达、人口密度大、城市化水平高，龙卷风发生时造成灾害损失和人员伤亡也大。因而研究江苏省龙卷风气候特征，进行灾害脆弱性评估对工农业生产、建筑业和生命财产安全、防灾救灾等国民经济和社会各项事业具有重大的现实意义。统计表明，1956～2005 年江苏省共有 1070 次龙卷风记录，平均每年发生 21.4 次龙卷风。总体分布是沿海多内陆少。沿海分布为南多北少，东南部多中西部少。13 个地级市中，南通是江苏省龙卷风发生频次的最高值区，50 年内共有 300 次记录；发生频次最低的为宿迁市，50 年内仅有 29 次记录。

2）资料获取

1956～2005 年江苏省龙卷风资料来源于各地气象报表、各级气象部门的灾情简报、民政部门灾害简报及各地气象工作人员的实地调查报告，资料详尽可靠。对资料进行了调查核实和电子化处理，包括发生日期、持续时间、地点（具体到乡镇、村）、路径长度、路径宽度，以及记录到的风向、风力、风速和详细灾情。对灾情进行详细分类，统计了损坏房屋数、倒塌房屋数、树木损失数、电线杆吹倒数、受伤人数、死亡失踪人数、农业受灾面积、经济损失和其他灾情，以及遭破坏事实。

3）研究方法

（1）致灾因子危险性分析

结合已有的研究及相关理论，选取区域内龙卷风年平均频数 N_1、区域内强龙卷风频数 N_2（EF≥1）、龙卷风灾害年均频数 N_3 作为龙卷风危险性的评价指标。其中，区域内龙卷风年平均频数 N_1 为区域单位面积上发生龙卷风灾害的年平均次数，单位为次/（10 000 km^2·年），可根据区域龙卷风统计资料确定。区域内强龙卷风频数 N_2（EF≥1）为一定时期内区域单位面积上 EF 强度超过 1 级的强龙卷风年平均次数，可用强龙卷风次数/区域面积来确定，单位为次/1000 km^2。龙卷风灾害年均频数 N_3 为区域内发生龙卷风灾害的年平均次数，可用 M 年区域龙卷风灾总次数/M 来确定，单位为次/年。

（2）承灾体暴露度分析

可选取人口密度 N_4、人均生产总值 N_5 作为承灾体暴露度的评价指标。其中，人口密度（人/km^2）反映了发生龙卷风灾害时的人员伤亡隐患。如图 6.7 所示，人口密度与人员伤亡数呈显著正相关，两者相关系数为 0.658。可见人口密度越大，社会结构越复杂，龙卷风灾害发生时造成的可能损失就越大。人均生产总值（千元/人）直接反映了区域的社会经济发展水平。由于龙卷风造成的具体经济损失难以全面统计和估量，而各类房屋的受灾损倒是龙卷风造成的最主要经济损失，故在此用受灾的房屋损倒数来表征经济损失，如图 6.8 所示，房屋损倒数与人均生产总值呈正相关，两者相关系数为 0.618。可见人均生产总值越高，区域社会现代化程度越高，龙卷风灾害发生时造成的可能损失就越大。

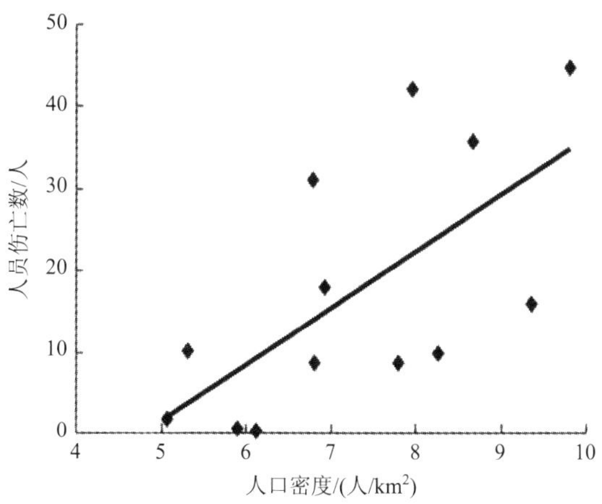

图 6.7　人口密度与人员伤亡数相关图

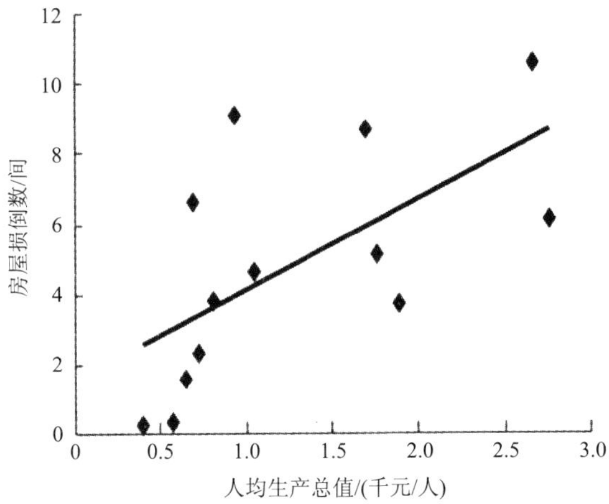

图 6.8 人均生产总值与房屋损倒数相关图

（3）承灾体脆弱性分析

结合江苏省龙卷风相关记录的实际情况，选取建筑结构 N_6 作为评价分析脆弱性的指标，指一定时期内区域单位面积上的房屋因龙卷风灾害而损坏及塌倒的间数。该指标可以用区域龙卷风灾房屋损倒间数/区域面积来确定，单位为间/km^2。

（4）风险分析

龙卷风灾害风险取决于致灾因子危险性、受灾体暴露度和脆弱性，通过上述 6 个评价指标开展评估，首先对上述 6 个指标的原始数据，进行初始化处理（黄崇福，2005）：

$$N_i^* = \frac{N_i - N_{i(\min)}}{N_{i(\max)} - N_{i(\min)}} \tag{6.5}$$

其中，N_i 表示各指标序列中的每一项，其中 $i=1\sim6$，依次分别代表区域内龙卷风年平均频数、区域内强龙卷风频数、龙卷风灾害年均频数、人口密度、人均生产总值、建筑结构；$N_{i(\max)}$ 表示该指标中的最大值；$N_{i(\min)}$表示该指标中的最小值。

在上述指标体系的基础上，根据所得指标数据和下面的构造模型，计算龙卷风灾害风险度：

$$V_k = \sum_{i=1}^{6} N_i^* \times W_i \tag{6.6}$$

其中，V_k 为第 k 个城市的龙卷风灾害风险度；N_i^*为第 i 个因子的初始化值；W_i 为第 i 个因子的权重。各因子权重的确定采用层次分析法，先将目标定位分解，再进一步分解为多个层次指标或准则，然后构造判断矩阵并确定指标的优先权重，最后通过加权的方法计算指标对于总目标的权重，该方法已被广泛应用于龙卷风、雷暴等气象灾害的评估研究。也可用其他分析法来确定，如德尔斐法、层次分析法等，经过计算可得 6 项指标的权重（表 6.3）。

根据一致性检验步骤，可知以上构建判断矩阵的一致性比例 CR 完全满足一致性检验的要求，因此表 6.3 中计算的权重系数可以采用。由上得到各因子的权重值，利用经过初始化处理的各因子原始数据，根据公式（6.6）可以求得江苏省各个城市对应的龙卷风灾害风险度

V_k，如表 6.4 所示。据此，可以对江苏省龙卷风灾害风险作进一步的评估（许遐祯 等，2009）。

表 6.3　龙卷风灾风险三要素评估指标相对重要性权重系数

指标	W_1（0.16）	W_2（0.6）	W_3（0.25）	总权重 W
N_1	0.75			0.12
N_2	0.25			0.04
N_3		0.66		0.40
N_4		0.33		0.20
N_5			0.72	0.18
N_6			0.25	0.06

表 6.4　江苏省各个城市对应的龙卷风灾害风险度

城市	V_k	城市	V_k	城市	V_k
南京	0.413	南通	0.654	镇江	0.385
无锡	0.684	连云港	0.277	泰州	0.333
徐州	0.331	淮安	0.107	宿迁	0.121
常州	0.434	盐城	0.300		
苏州	0.687	扬州	0.291		

根据上述求得的江苏省龙卷风灾害风险度结果，可以对其进行龙卷风灾害风险度分区。将龙卷风灾害风险度计算结果按[0，0.2)、[0.2，0.4)、[0.4，0.6）和[0.6，1]作为划分龙卷风灾害高、较高、中度和低的限界值，分别赋值 1、2、3、4 作为龙卷风灾害风险度区划指标值（表 6.5）。

表 6.5　龙卷风灾害风险度区划指标值

区域	等级	指标	主要地理范围
高风险区	1	[0.6，1]	苏州、无锡、南通
较高风险区	2	[0.4，0.6)	常州、南京
中度风险区	3	[0.2，0.4)	镇江、泰州、徐州、盐城、扬州、连云港
低风险区	4	[0，0.2)	宿迁、淮安

根据区划结果，可以将江苏省分成龙卷风灾害高风险区、较高风险区、中度风险区和低风险区，运用图像处理工具生成江苏省龙卷风灾害风险评估结果（图 6.9）。

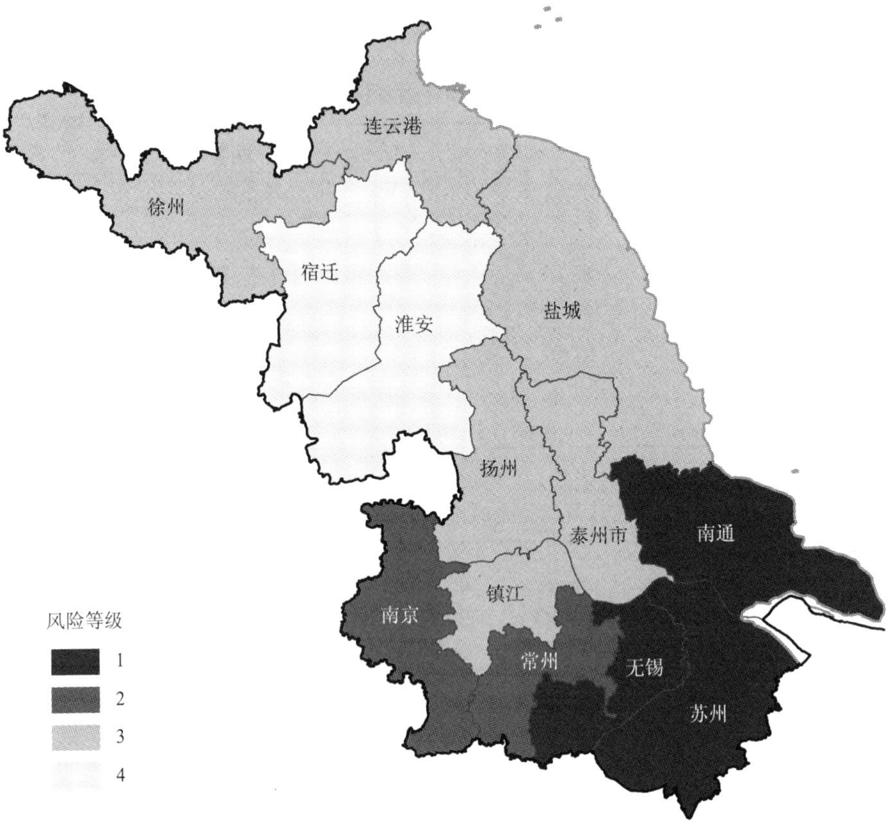

图 6.9　江苏省龙卷风灾害风险评估结果

6.4　龙卷风灾害风险管理

龙卷风灾害风险管理的目的是减少龙卷风灾害可能带来的损失，实现社会资源的合理配置和最佳组合，从而有助于资源价值最大化和可持续发展。龙卷风灾害风险管理主要包括提升龙卷风灾害风险变化的应变能力，龙卷风灾害防御、响应与恢复，减少暴露度，降低脆弱性，龙卷风灾害风险转移分担和转型 6 种方法。同时在龙卷风灾害风险管理中，要统筹发展和规划，善于预见和预判各种风险挑战，做好应对各种事件的预案，减少龙卷风带来的损失。

（1）提升龙卷风灾害风险变化的应变能力。随着全球变暖的加剧，全世界范围内的极端天气事件更加频发，龙卷风发生的频率与强度及其造成的危害也在加剧。为此，我们要增强应对龙卷风灾害的意识，积极采取预防措施，做好相关教育宣传，防患于未然。充分利用社会资源，建立广泛的龙卷风信息报告制度。加强国内气象部门已有的气象信息员队伍的建设，培养气象信息员识别龙卷风风暴的能力，建立发现龙卷风及时报告的渠道；同时鼓励社会大众的广泛参与，利用普及的手机、网络等媒体及时报告龙卷风信息。目前国内专门从事龙卷风研究的人员还很少，需加大建立龙卷风研究科研机构和扩充人员队伍的力度。加强与美国气象局风暴预测中心及相关研究人员的技术交流。加强龙卷风历史资料数据的整理工作，建立完整规范、质量可靠的长时间序列龙卷风数据库。龙卷风数据库建立是龙卷风气候特征研究的重要基础性工作。目前，中国气象局国家气候中心建立了龙卷风灾情普查数据库，该数据库中的龙卷风数据相对来说较为完整规范。但不同时期龙卷风收集数据的方式不同，龙卷风记录的缺失程度不同，数据质量参差不齐，其可靠性仍需要进一步检验。

（2）龙卷风灾害防御、响应与恢复。龙卷风灾害虽然是小尺度的天气事件，但是其破坏力是十分惊人的，在龙卷风灾害发生后，政府相关部门的救援一定要及时、系统化，确保将灾害造成的损失降到最低。参考以往的龙卷风灾害救援事件，针对救援行动中的有效及不足之处，提出以下建议：①加强专业队伍建设，强化训练演练。搜救队伍在人员结构、装备配备等方面应进行提档升级，以满足各种特殊环境和复杂条件下遂行多样化、专业化应急救援任务需要。各类搜救队伍要加快模拟训练设施建设，积极推进搜救犬基地建设，强化开凿破拆、顶升支护、倒塌斜楼、狭小空间救援、水域救助、废墟搜救等专项技术训练。②全面收集灾情信息。灾情发生后，及时与本地政府和相关部门响应机制相对接，获取地方派出所、村委会等联络信息，及时掌握准确灾情，确保救援队伍快速到达灾区并展开救援。在灾害现场充分发挥无人机作用，搭载空中喊话系统、红外热成像系统、三维成像系统、微波系统、气体检测系统等设备，实施高空全局巡察，传输灾情视频图像，掌握全面灾情态势，为宏观部署提供科学依据，开展生命侦察、搜救，提高救援成功率。③正确运用战术措施。坚持“救人第一、科学施救”和“确保重点、兼顾一般”原则，充分把握 72 h 黄金救援期，集中优势兵力和精干力量，充分利用各种手段和方法，搜索、抢救被困人员，疏散、转移遇险群众。以学校、医院、宾馆、体育馆、工厂等为重点，根据救援进展科学调整部署，适时由搜救遇险遇难人员向搜寻、救助、排险转变。④强化后勤保障。建设区域性后勤保障中心，采用模块化存储方式，分类集中存放帐篷、睡袋、被装、雨衣等装备物资以及装备抢修、饮食保障、油料供给、淋浴等保障车辆，满足第一时间快速调派需求。⑤确保通信畅通。在龙卷风监测预报预警方面，美国是世界上水平最高的国家。美国国家气象局的风暴预测中心负责美国 1～8 天的强对流天气预报，预报强对流天气发生的概率。其中，1～3 天的预报给出强对流天气风险等级；2～8 天的预报不区分强对流天气的类型；1 天的预报分别给出龙卷风、破坏性大风和冰雹发生的概率；当天气形势有利于多个龙卷风或单个强龙卷风爆发时，风暴预测中心发布平均时效为 2 h 的龙卷风观察预报。当通过多普勒雷达观测到龙卷风初级胚胎，或观察员直接观测发现龙卷风后，当地的气象部门应立即发布龙卷风预警，各地应参考学习美国在龙卷风预警方面的经验及技术，做出相应的改善与升级。

（3）减少暴露度。龙卷风一般发生时会伴随雷暴等其他恶劣天气，结合相关部门的预警，在有龙卷风发生时，群众要减少外出，避免暴露在龙卷风灾害的范围内。提前躲到安全地方，服从政府相关部门的安排，或提前撤离暴露区。相关部门则要做好相关的宣传工作与保障，树立“大宣传”理念。对外协调、保持好与宣传主管部门、主流媒体的联系，畅通宣传渠道，特别是要抢占主流媒体；对内整合多个业务部门资源，实现资源共享。组织开展重大灾害和公网瘫痪等特殊情况下的应急通信保障能力专题研究，加强与供电、通信等单位的联勤联动，进一步丰富灾场信息通信手段和方法，有效提升极端环境、恶劣条件、复杂情况下的通信覆盖和持续保障能力，确保能够与群众保持联系，指导群众避免暴露在龙卷风的风险范围内。

（4）降低脆弱性。为了降低龙卷风灾害造成的损失，从降低脆弱性的角度出发，我们首先要确保龙卷风易发地区的合理规划，包括房屋抗风等级、质量的严格把控、在城市中设置集中地下避难场所。在建筑质量相对较低的农村地区，建设安全屋，确保弱势群体的安全，减少龙卷风可能造成的人口伤亡。同时，树木可以防风固沙，防止水土流失，保护生态平衡，龙卷风等自然灾害频发与乱砍滥伐树木等破坏性活动有着密不可分的关系。因此，应重视植树造林，及时修复被破坏的植被，将绿化美化作为工作重点。经济方面则要在综合考虑地区环境承载能力、产业政策和就业需要的基础上，支持发展特色优势产业，推进产业结构调整，避免在龙卷风易发地区布局大量的经济密集型产业，尽量减小龙卷风可能造成的经济损失。

（5）龙卷风灾害风险转移分担。由于龙卷风的发生具有随机性且破坏力巨大，因此其风险防治是一项十分具有挑战的工作。这就意味着应对龙卷风灾害风险绝不可能是某一个部门可以单独承担的，需要各部门之间的紧密合作与相互配合，包括中央与地方、政府与非政府组织、企业和社区群众，共同分担和减小灾害风险。同时将未来的风险转移到现在，提前采取措施减小风险，对于已建好工程，应定期对建筑的牢固度进行检测；对于正在实施的大型工程，需要统一规划，严格标准，做到从局部到整体都符合防灾的要求；对于危险性高及特别重要的工程，应不惜花巨资，力求万无一失。

（6）转型。在实践可持续发展的过程中，人们的灾害风险管理理念也发生着变化。在信息高速发展的今天，我们应对灾害风险时应该充分利用优势，转变传统观念，促进龙卷风灾害风险防灾减灾的转型。首先应当加强天气雷达观测技术的发展与应用，综合运用卫星观测技术。天气雷达观测技术是龙卷风监测预警的最强有力的手段，中国应在充分利用新一代天气雷达功能的同时，发展双线偏振雷达和相控阵天气雷达技术，并将其逐步应用到中国新一代天气雷达监测网络中，加强龙卷风的科学研究与雷达监测技术积累。2016 年底发射成功的中国风云四号静止卫星搭载先进的闪电成像仪，可以实现对中国闪电活动全天候连续观测，闪电产品的应用对于雷暴和龙卷风等的预警和预报也具有重要作用。同时，对于已经发生龙卷风灾害的地区，我们应当促进其产业的转型，实现灾区经济的长期可持续发展，需要在综合考虑地区环境承载能力、产业政策和就业需要的基础上，支持发展特色优势产业，推进产业结构调整，合理引导受灾企业恢复生产，在促进发展方式转变的同时扩大就业机会。针对农村地区的高暴露度，抓住推进农业园区建设的契机，重点建设现代生态农业产业集聚区，推动一、二、三类产业互动发展，完善农业布局，促进农业结构的调整和生产方式的转变，同时加快产业转型，积极推进新型农业园区和电商示范村的建设，为经济发展注入新的活力。

6.5 知识差距

龙卷风的研究起步较晚，在 20 世纪 90 年代才逐渐增多，并在龙卷风数据库建设、龙卷风气候特征分析和龙卷风发生环境特征研究等方面开展了大量研究工作，但龙卷风的监测预报预警试验业务才刚刚起步，未来需要在天气雷达观测技术发展应用、龙卷风监测预报预警科学试验研究、动员社会资源广泛参与、科研队伍建设、数据库建设、区域特征分析及影响评估等方面进一步加强研究。龙卷风的预报警报是世界性难题，丁一汇院士曾提出，根据雷达资料、卫星云图和地面资料可以对龙卷风进行警报（丁一汇，1978）。关于龙卷风的区域特征和灾损情况的研究，范雯杰和俞小鼎（2015）利用 1961～2010 年资料统计了我国龙卷风的时空分布特征，鹿世瑾（1996）、陈家宜等（1999）分别对我国福建省、江苏省的龙卷风灾情资料进行了分析评定，研究了龙卷风发生的地域分布和季节分布。可以看出，目前国内对龙卷风的研究主要集中在龙卷风气候特征、地理分布等，而对于区域特征和灾损情况的研究并不多。总的来说，中国龙卷风研究在 3 个方面还存在很大不足，需要继续努力。

（1）由于中国龙卷风发生频率极低，且受制于观测条件，因此历史龙卷风记录存在不确定性。现场调查存在一定的难度和挑战，气象业务部门人员尚未普遍掌握，也缺乏类似美国的志愿者报告制度，从而难以对部分龙卷风进行有效确认。因此，需要加强气象业务部门的现场调查能力和气象信息员队伍建设，实现更为可靠的龙卷风观测和调查，从而建立一个较为完备的中国龙卷风数据库，尤其是 EF 2 级及以上强度的强龙卷风数据库。

（2）中国龙卷风对流风暴的组织形态、闪电活动和地面要素分布等特征尚未有系统性的研究成果，不同天气背景（梅雨、冷涡、TC 等）下的特征研究也存在很大不足。未来随着更为密集的地面自动气象站网、更高分辨率的精细雷达观测和闪电定位系统的发展，我们对龙卷风对流风暴的精细地面要素分布、细致结构特征、龙卷风涡旋和闪电活动特征等将会有更为深入的认识（郑永光 等，2021）。

（3）不同天气背景下，龙卷风的环境条件存在较多差异，即使是有利龙卷风形成的环境条件背景下，形成概率也是极低的，因此，龙卷风形成的关键机理和因素是什么，我们尚未完全清楚。也就是说，形成龙卷风暴的关键物理因子尚未完全清晰，比如梅雨背景下，有利于龙卷风的环境条件通常涵盖了很大的地理范围，但通常产生龙卷风的数目只有一个或者几个。此时，如何判识梅雨龙卷风发生的关键条件。再如，登陆台风的螺旋雨带中可能会产生很多中气旋或者中涡旋，但发展为龙卷风数目通常也仅有一个或者几个，那么形成台风龙卷风的关键条件是什么。此外，现场调查结果表明，2016 年阜宁 EF 4 级龙卷风的消亡过程是非常突然和短暂的，这种突然消亡的机制是什么。这些都是未来值得深入研究的方向。未来通过分析更高时空分辨率观测资料和极高分辨率的数值模拟技术的发展，会逐步解答这些问题。

【关注点】

龙卷风，藤田级数，龙卷风监测预报预警，龙卷风灾害风险管理

【专题讨论】

通过本章节的龙卷风灾害相关概念及风险评估案例的学习，结合具体区域的实际情况，讨论如何从区域角度进行龙卷风灾害风险评估，在评估过程中相较于本章节案例有哪些异同？

【思考题】

一、请分析龙卷风发生的原理机制及其形成过程。

二、请分析龙卷风灾害风险评估模型中影响因素选取的依据。

三、2018 年 6 月 23 日江苏省盐城市阜宁县发生了 EF 4 级龙卷风，造成了巨大损失。试结合其灾后恢复的经验，从风险管理的角度为其他城市提出减灾防灾的相关建议。

参 考 文 献

陈家宜, 杨慧燕, 朱玉秋, 等. 1999. 龙卷风风灾的调查与评估. 自然灾害学报, 4: 111-117.

大气科学辞典编委会. 1994. 大气科学辞典. 北京: 气象出版社.

丁一汇. 1978. 强对流天气的分析和预报. 气象, 4(5): 15-17.

丁一汇. 2008. 中国气象灾害大典. 北京: 气象出版社.

范雯杰, 俞小鼎. 2015. 中国龙卷的时空分布特征. 气象, 41(7): 789-805.

黄崇福. 2005. 自然灾害风险评价理论与实践. 北京: 科学出版社.

黄大鹏, 高歌, 叶殿秀, 等. 2017. 龙卷风研究进展及预警业务现状. 科技导报, 35(5): 45-53.

黄大鹏, 赵珊珊, 高歌. 2016. 近 30a 中国龙卷风灾害特征研究. 暴雨灾害, 35(2): 97-101.

刘式达, 刘式适, 梁福明. 2006. 大气涡旋的螺旋结构. 大气科学, 30(5): 850-853.

鹿世瑾. 1996. 福建龙卷风的活动特点. 气象, 7: 36-39.

陆亚龙, 肖功建. 2001. 气象灾害及其防御. 北京: 气象出版社.

王霁吟, 陈宝君, 宋金杰, 等. 2015. 基于再分析资料的我国龙卷发生环境和通用龙卷指标. 气候与环境研究, 20(4): 411-420.

王秀明, 俞小鼎, 周小刚. 2015. 中国东北龙卷研究: 环境特征分析. 气象学报, 73(3): 425-441.

许遐祯, 潘文卓, 缪启龙. 2009. 江苏省龙卷风灾害风险评价模型研究. 大气科学学报, 32(6): 792-797.

郑峰, 谢海华. 2010. 我国近 30 年龙卷风研究进展. 气象科技, 38(3): 295-299.

郑永光, 刘菲凡, 张恒进. 2021. 中国龙卷研究进展. 气象, 47(11): 1319-1335.

朱江山, 刘娟, 边智. 2015. 一次龙卷生成中风暴单体合并和涡旋特征的雷达观测研究. 气象, 41(2): 182-191.

Allen J T, Allen E R. 2016. A review of severe thunderstorms in Australia. Atmospheric Research, 178-179: 347-366.

Ashley W S, Strader S, Rosencrants T, et al. 2014. Spatiotemporal changes in tornado hazard exposure: the case of the expanding bull's-eye effect in Chicago, Illinois . Weather, Climate, and Society, 6(2): 175-193.

de Loyola Hummell B M, Cutter S L, Emrich C T. 2016. Social vulnerability to natural hazards in Brazil . International Journal of Disaster Risk Science, 7(2): 111-122.

Dotzek N, Kratzsch T, Groenemeijer P, The European Severe Weather Database (ESWD): an Inventory of Convective High-impact Weather Events for Forecast and Warning Evaluation, Climatology, and Risk Assessment. Geneva: WMO.

Frigerio I, De Amicis M. 2016. Mapping social vulnerability to natural hazards in Italy: a suitable tool for risk mitigation strategies. Environmental Science & Policy, 63: 187-196.

Fujita T T. 1971. Proposed characterization of tornadoes and hurricanes by area and intensity. SMRP Research Paper, 91.

Gayà M. 2011. Tornadoes and severe storms in Spain. Atmosperic Research, 100(4): 334-343.

Gensini V A, Ashley W S. 2011. Climatology of potentially severe convective environments from the North American regional reanalysis [J]. E-Journal of Severe Storms Meteorology, 6(8): 1-40.

Graf M. 2008. Synoptical and Mesoscale Weather Situations Associated with Tornadoes in Europe. Zurich: Institute of Geography, University of Zurich.

Hersbach H, Bell B, Berrisford P. 2020. The ERA5 global reanalysis. Quarterly Journal of the Royal Meteorological Society, 146(730): 1999-2049.

Kirk P J. 2014. An updated tornado climatology for the UK: 1981—2010. Weather, 69(7): 171-175.

Koks E E, Jongman B, Husby TG. 2015. Combining hazard, exposure and social vulnerability to provide lessons for flood risk management . Environmental Science & Policy, 47: 42-52.

León-Cruz J F, Pineda-Martínez L F, Carbajal N. 2022. Tornado climatology and potentially severe convective environments in Mexico. Climate Research, 87: 147-165.

Markowski P M, Richardson Y P. 2009. Tornadogenesis: our current understanding, forecasting considerations, and questions to guide future research. Atmospheric Research, 93(1-3): 3-10.

Medrano J M, García A. 2014. Climatología de tornados en México. Investigaciones Geográficas, Boletín del Instituto de Geografía, 83: 74-87.

NCEI. 2016. Storm Events Database. 2016-09-01.

Noji E K. 2005. Disasters: introduction and state of the art . Epidemiologic Reviews, 27(1): 3-8.

Paul F. 2001. A developing inventory of tornadoes in France. Atmospheric Research, 56(1): 269-280.

Rasmussen K L, Zuluaga M D, Houze Jr R A. 2014. Severe convection and lightning in subtropical South America. Geophysical Research Letters, 41(20): 7359-7366.

Siagian TH, Purhadi P, Suhartono S. 2014. Social vulnerability to natural hazards in Indonesia: driving factors and policy implications. Natural Hazards, 70(2): 1603-1617.

Silva Dias M A. 2011. An increase in the number of tornado reports in Brazil. Weather, Climate, and Society, 3(3): 209-217.

Zhou Y, Li N, Wu W et al. 2014. Local spatial and temporal factors influencing population and societal vulnerability to natural disasters. Risk Analysis, 34(4): 614-639.

Zúñiga R A A, Villoria A M G. 2018. Desastres en México de 1900 a 2016: patrones de ocurrencia, población afectada y daños económicos. Revista Panamericana de Salud Pública, 42, e55.

第 7 章 高温热浪灾害风险评估与管理

引 言

高温热浪通常指在一段持续性的高温过程中，引起人和自然系统不能适应并产生不利影响的现象。全球气候变化以及城市化进程加快导致热岛效应加强，高温热浪发生的频率增多，强度增加（IPCC，2018）。IPCC 第六次评估报告指出，在全球气候变暖的背景下，20 世纪中叶以来已经观测到了许多极端天气气候事件的变化，高温热浪的频发、多发是显著的特征，高温热浪事件会成为新常态（IPCC，2021）。工业革命前十年一遇的高温热浪，在现在的发生频率是当时的 2.8 倍；而当全球变暖达到 2.0℃时，这种强度的高温热浪将会变为每隔一年发生一次（Clarke et al.，2022）。当前气候状态下，高温热浪事件会造成每百万人中约 32 人死亡，而在全球升温 2.0℃水平下，死亡人数将会增加到 59～81 人。随着城市人口老龄化，易感人群增多，高温热浪危害呈加剧之势。2003 年欧洲热浪造成了约 7 万人死亡（García-Herrera et al.，2010）。2010 年俄罗斯热浪造成约 2 万人死亡（Wang et al.，2019）。2022 年 6 月，南欧、北非、中东、南亚、美国、日本等地区出现持续高温天气，其中日本东京的最高气温连续 5 天超过 35℃，是自 1857 年有气象记录以来最严重的高温天气；7 月，欧洲、美国再次被热浪侵袭，其中葡萄牙出现 47℃高温，打破该国 7 月最高温纪录，逼近欧洲历史极值，一周内超过 200 人死于高温天气，而西班牙一周内因高温死亡人数多达 510 人；8 月上旬，中亚、南亚、欧洲、北美洲南部多地出现 35℃以上的高温天气，北非、西亚出现了 40℃以上的持续高温，造成了电力危机、公共卫生资源短缺等问题。

中国也是受高温热浪灾害影响严重的国家之一。中国高温热浪始于 4 月，直至 9 月全国热浪基本结束，其间热浪由西南向东北延伸，接着向长江中下游和西北地区发展。频次和日数呈现南高北低的空间格局；中国高温热浪日数总体上呈 1960～1980 年先减少，1990 年后增加的变化趋势（吴锦成 等，2022）。2022 年，全国平均高温日数为 1961 年以来历史同期最多，夏季区域性高温事件综合强度已达到中国 1961 年有完整气象观测记录以来最强，发展为持续时间长、范围广、极端性强的灾害事件。

高温热浪会对人口经济、粮食生产和生态环境造成影响。高温热浪导致疾病发生或者加重，甚至死亡。持续高温少雨造成干旱，对农牧业影响严重。高温加快土壤水分蒸发，使土壤水分下降，导致干旱甚至森林火灾的发生。持续高温天气会改变水体理化性质，引发蓝藻，导致水源污染。高温热浪造成的影响在很大程度上是可以预防的。开展高温热浪灾害风险评估与管理的工作，了解高温热浪及其灾害，可为监测、预测和防灾减灾提供科学的理论支撑，实现人与自然和谐的可持续发展。

本章将从高温热浪的基本定义出发，介绍高温热浪的类型及其危害，阐述高温热浪形成机制，以高温热浪灾害风险评估的方法和流程为基础，介绍高温热浪灾害风险评估案例，最后提出应对高温热浪的主要措施。

7.1　高温热浪灾害概述

7.1.1　高温热浪定义

受地理、社会和经济等因素的影响，不同国家和地区在研究高温热浪时采用的标准各不相同。世界气象组织将高温热浪定义为：连续 5 日或更长时间，每日最高气温超过 35℃或更多。中国气象局规定，当日最高气温≥35℃且持续 3 日以上的高温天气称为高温热浪。由于国土辽阔，地理位置引起的气象差异巨大，中国各省份可以根据当地气候特点自行划定界限温度。

中国使用世界气象组织对气温的统一定义，此处气温是指百叶箱中温度计所测量的温度。百叶箱须设在草坪上，离地面 1.5 m，周围比较开阔，无高大建筑、树木等阻挡风或遮挡阳光。

除了气温以外，人们也用体感温度衡量“热”。体感温度指人体感受到的空气温度，影响体感温度的主要因素有空气温度、空气湿度、风速以及辐射等。研究认为，当体感温度在 18～26℃时人体感觉舒适，当体感温度大于 38℃时存在较高热风险，当体感温度大于 54℃时人体极易热衰竭甚至猝死（杨文婷和王汶，2021）。

7.1.2　高温预警等级

高温预警等级在不同国家的标准各不相同，此处把中国和英国的高温热浪预警系统作为典型案例加以介绍。

根据中国气象局发布的《气象灾害预警信号发布与传播办法》，高温预警信号分为三级，分别为黄色、橙色和红色。

（1）高温黄色预警信号发布标准是连续 3 天日最高气温在 35℃以上。

（2）高温橙色预警信号发布标准是 24 小时内最高气温将升至 37℃以上。

（3）高温红色预警信号发布标准是 24 小时内最高气温将升至 40℃以上。

英国的高温热浪预警根据 *Heatwave Plan for England* 发布，高温健康监测系统会在每年 6～9 月根据昼夜温度及其持续时间预测热浪并发布预警等级。在发布不同热浪预警等级时需要采取不同措施。

（1）一级，热浪准备工作从 6 月持续到 9 月，届时将发布一级预警。更高的预警等级发布之前，热浪预警等级将一直保持在一级。夏季，社会和医疗服务部门会确保通过 *Heatwave Plan for England* 中规定的措施来保持应对热浪的准备。

（2）二级，当英国气象局预测连续 2 日或以上温度高到足以对健康产生重大影响时，就会在预测事件发生前的 2～3 日发布二级预警。由于气温升高，死亡率会很快上升，大多数死亡发生在热浪发生后的前两天，因此这是确保做好应对措施并迅速采取行动减少潜在热浪危害的重要阶段。

（3）三级，当气象局确定有地区达到了温度阈值，就会发布三级预警。三级预警发布时需要针对高风险人群采取具体行动。

（4）四级，当热浪影响到人体健康和社会保障之外时，如电力或水资源短缺，或健康和社会保障系统的完整性受到威胁时，会发布四级预警。此时，疾病和死亡可能发生在健康的人群中，而不仅仅发生在高风险人群中，需要在国家和区域上采取多部门应对措施。

7.1.3 高温热浪分类

在中国高温热浪可分为干热型高温和闷热型高温两种类型。气温极高、太阳辐射强而且空气湿度小的高温天气，被称为干热型高温。夏季由于水汽丰富，空气湿度大，人们的感觉闷热，就像在蒸笼中，此类天气被称为闷热型高温。

（1）干热型高温一般出现在中国华北、东北和西北地区的夏季，表现为日最高气温高、日最低气温较高、昼夜温差小、太阳辐射强、相对湿度较小。

（2）闷热型高温一般出现在中国沿海及长江中下游以及华南等地区，表现为夏季水汽丰富、相对湿度大、日最高气温高、日最低气温高、昼夜温差小，使人们感觉闷热。

7.1.4 高温热浪危害

高温热浪往往使人心情烦躁，甚至神志错乱，容易造成公共秩序混乱、事故伤亡，以及中毒、火灾等事件的增加。这些都是高温热浪的影响结果。

（1）高温会加剧土壤水分蒸发和作物蒸腾作用，引发干旱，高温、干旱常同时出现，造成土壤缺水严重，加速旱情发展，给农林牧业造成较大影响。

（2）热浪导致土壤干燥、空气湿度低、植被含水量低，给森林火灾的滋生与蔓延提供了有利条件。火灾本身不仅会破坏自然环境，而且会造成财产损失。火灾产生的 CO、NO_2、O_3，以及各种挥发性有机化合物、颗粒物等，还会造成污染并对人类健康造成负面影响。

（3）因用于防暑降温的水电需求量猛增，造成水电供应紧张、故障频发，给人们生活、生产带来很大影响。

（4）高温热浪造成湖泊富营养化加剧，引发蓝藻，加重水质污染。

（5）高温热浪使人体不能适应环境，甚至超出人体的耐受极限，从而导致疾病的发生或加重，甚至死亡。对人体健康的主要影响是产生中暑以及诱发心脑血管疾病，导致死亡。对于患有高血压、心脑血管疾病的人，在高温潮湿无风低气压的环境里，排汗受到抑制，体内蓄热量不断增加，心肌耗氧量增加，使心血管处于紧张状态，闷热可导致血管扩张，血液黏稠度增加，易发生脑出血、脑梗死、心肌梗等，严重的可能导致死亡。在夏季闷热的天气里，还易出现热伤风（夏季感冒）、腹泻和皮肤过敏等疾病。

（6）高温条件下桥梁、道路和车辆易受损，不利于交通安全。户外建筑工作更是处于高风险之中。

7.2 高温热浪成灾机制

7.2.1 高温热浪形成原因

全球变暖是高温热浪频发的气候背景，大气环流异常是高温热浪频发的直接原因，而城市热岛效应则加剧了城市热浪的影响。

1. 大气环流异常

（1）副热带高压。在南北半球的副热带地区，存在着副热带高压带。由于海陆热力差异、海气相互作用、山脉的存在、陆面过程，乃至海冰、冰川和积雪等外部强迫过程，改变了大气能量收支等诸多因子影响，副热带高压带常断裂成若干个高压单体。这些单体统称为副热带高压。在北半球，它主要出现在太平洋、大西洋和北非大陆上，受到其内部大气动力过程影响，青藏高原积雪、热带太平洋海温变化等外力因素的催化作用也不可忽视。

出现在西北太平洋上的副热带高压称之为西北太平洋副热带高压，通常简称为西北太平洋副高。西北太平洋副高是常年存在的永久性暖性深厚天气系统，其强度和位置随着季节产生变化。平均而言，冬季位置最南，夏季最北，从冬到夏向北偏西移动，强度增强。由于副高本身是个暖性高压，加上其盛行的下沉气流增温效应，中心地带天气基本格调是晴热干燥，因此副高所在位置的天气高温少雨，如果副高稳定控制一个地区，就非常容易出现干旱和高温天气。

受副热带高压影响，2022年夏季发生了全球性高温事件。在北半球副热带地区上空，西北太平洋副热带高压带、大西洋高压带和伊朗高压带均阶段性增强，由此形成大范围的环球暖高压带。在暖高压带的控制之下，盛行下沉气流有利于地面增温，加之在大范围高压带的作用下，空气较为干燥，不易形成云，也使得太阳辐射更容易到达地面，导致高温频发，且强度较强，进而造成北半球多地出现持续高温热浪事件。具体而言，在欧洲，陆地被不断加强的高压脊控制，其西侧的“切断低压”将北非炎热的空气不断向北方输送，造成西欧地区温度飙升。在北美，西风带波动形成的高压脊长期控制着美国大部。在北半球副热带高压与高压脊的共同控制之下，大气晴空辐射、下沉增温、暖平流输送过程增强，持续的晴朗天气造成了高温的迅速发展。西北太平洋副热带高压与中国华北、长江中下游、华南等地区高温天气的关系密切。当副高西伸至100°E、脊线北抬至34°N附近，且稳定少动，则华北地区就出现高温天气；当副高脊线在28°N～32°N，强度中心在长江口附近，且稳定少动，则长江中下游地区就出现高温天气；当副高西伸至110°E以西，脊线在28°N以南且稳定少动，华南大部分地区就出现高温天气。

（2）拉尼娜现象。该现象会影响热带大气环流变化，并且具有“暂时的全球降温效应”。2022年全球的高温天气受到大气环流异常的影响，副热带高压和中纬度西风带波动的配合起到了主要作用。衰减缓慢的拉尼娜事件并不是导致本轮全球高温的直接原因，但它影响到了东亚夏季风的建立和中国雨季进程，为期间中国南方高温的发生发展提供了重要的气候背景条件。根据统计分析，在多数拉尼娜事件发生的次年夏季，东亚夏季季风偏强，西北太平洋副热带高压易偏北，长江中下游地区雨季更短，梅雨更少。梅雨结束后伏旱期，副高异常偏强，并将控制中国南方地区。

2. 全球变暖

高温的发生除了受到当地上空暖高压偏强的影响外，还和气候变暖的背景有关。IPCC第六次评估报告指出，最近50年全球变暖正以过去2000年以来前所未有的速度发生，气候系统不稳定加剧，联合国秘书长古特雷斯称之为“全人类的红色警报”。目前国际学术界认为，由于气候的变化，极端天气与气候事件发生的频率和强度增大。与过去的历史记录相比，未来的气候将进入一个显著变化时期，国际上称之为气候新平衡态，它意味着随着气候的变暖，现在发生的打破纪录的极端事件可能会变成经常发生的事件。

7.2.2 高温热浪其他影响因素

城市热岛效应是城市热环境的突出表现形式和人类活动对城市气候影响的体现。城市的热量来源于太阳辐射和人为热排放，而太阳辐射只有极小部分使大气直接升温，大部分通过复杂的城市环境增温。因为太阳短波辐射到达地面被地表吸收，地表能量再以长波辐射的形式使大气增温。相对乡村来说，城市的不透水构造（沥青、混凝土、砖、钢铁等）具有较低反射率、较高导热率和较高储热能力，在白天大量吸收太阳辐射使地面增温，增温后把热量传递给大气使大气增温；与此同时，城市的低天空视域因子减少了长波辐射热损失，使大量太阳辐射热量滞留储存在城市中，到了夜晚，城市气温下降速度低于乡村，使热岛效应在夜间持续和加强。随着世界城市化趋势的发展，未来热岛效应的影响范围和强度将会进一步扩大。在此背景下，城市高温热浪危害也会继续扩大。

城市热岛效应引起的夜间温度升高会放大高温热浪对人体健康的影响。城市地区的热浪将因城市热岛效应而加剧，与农村地区相比，城市地区炎热天气和热浪更频繁，并对城市居民的健康产生更为严重的负面影响（Tan et al.，2010）。

7.3 高温热浪灾害风险评估

7.3.1 高温热浪灾害风险评估技术路线

根据自然灾害风险分析理论，自然灾害风险评估一般包括致灾因子危险性和承灾体的暴露度与脆弱性评估三项基本内容。在承灾体暴露度和脆弱性一定的情况下，致灾因子危险性越大，灾害损失风险越高。高温热浪灾害风险评估技术路线如图 7.1 所示。

（1）建立数据库，调查收集研究区域历史上发生的高温热浪灾害发生的时间、范围、强度及造成的损失，收集整理气象数据及社会经济数据，建立高温热浪气象灾害数据库、灾情库及社会经济数据库。

（2）构建风险评估框架，IPCC 第五次评估报告突出了灾害风险评估在气候变化研究中的重要地位，提出了基于极端天气气候事件危险性、暴露度和脆弱性的 H-E-V 灾害风险评估框架。

（3）危险性评估，高温热浪的危险程度取决于连续异常天气的持续时间和异常程度。热浪强度的大小直接反映了热浪灾害发生与否以及热浪灾害的影响大小。热浪持续时间越长，承灾体承受热浪危害的风险概率越大；高于阈值温度越多，承灾体承受热浪危害的风险概率也越大。进行高温致灾危险性评估，就是基于历史高温热浪灾害发生的强度、频次和持续时间等，建立能够反映高温热浪发生状况的模型。表征高温热浪三维特征的变量有很多，针对高温热浪灾害风险评估通常使用较多的指标是日最高温度、日最低温度、平均温度、高温日数等指标。除此之外，国内外还开发了许多组合指标，如温湿指数、热指数、相对气候指数和体感温度等。

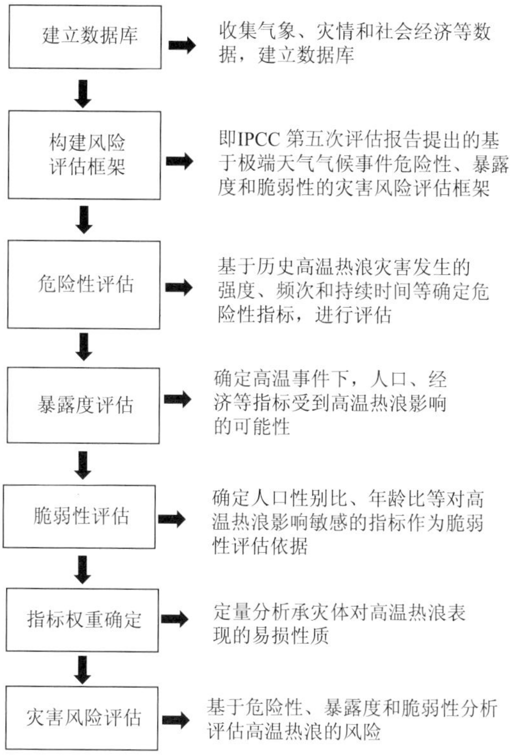

图 7.1　高温热浪灾害风险评估技术路线

（4）暴露度评估，暴露度是指暴露在致灾因子影响范围之内的承灾体（如人口、财产、自然环境等）数量或价值。基于社会经济统计资料，对可能受高温热浪威胁的人员和财产的暴露程度进行分析。一个地区暴露在高温热浪下的人员和财产越多，可能遭受的潜在损失越大，灾害风险也就越大。目前在风险评估研究领域，对于高温热浪暴露度指标选取并没有统一的指标体系（武夕琳 等，2019），通常选取下垫面因子与人口密度因子等，作为评估承灾体暴露度的指标因子。

（5）脆弱性评估，高温热浪灾害的脆弱性指的是承灾体在遭受高温热浪时所体现出来的被影响或被损害的程度，取决于承灾体的敏感性和适应能力，针对承灾体对高温热浪灾害表现出的易于受到损害的性质进行定量化研究。一般来说，敏感度高、适应能力有限的地区或人群尤其容易受到热浪的影响。对农作物而言，水稻在抽穗扬花期对高温热浪异常敏感。此外，由于医疗资源、经济水平落后等原因，在贫困地区的人口更容易受到热浪的影响（Witze，2021）。人体健康对高温热浪的脆弱性因子主要包括人群因素、行为因素、居住环境、社会经济因素等。人群因素中可考虑年龄、性别、身体状况。行为因素中考虑是否独居、酗酒、饮水多少等。居住环境中主要考虑城市还是郊区、居住屋顶隔热情况、房屋周围绿地率、空调和风扇使用率等。社会经济因素主要考虑贫富水平、教育程度高低等。

（6）针对不同高温热浪灾害影响因素对承灾体造成的影响程度，可使用层次分析法、熵权法等对影响因素赋予相应的权重。

（7）灾害风险评估，即在高温热浪致灾因子、暴露度和脆弱性分析基础上，就高温热浪灾害对研究区所造成的损失进行评估。

7.3.2　评估案例

以中巴经济走廊极端高温事件风险评估为案例（陈金雨 等，2022），介绍高温热浪灾害风险评估的方法与流程。中巴经济走廊地处南亚次大陆西北部，介于24°N～40°N和60°E～80°E；北起中国喀什地区，南至巴基斯坦的瓜达尔港，全长3000 km。中巴经济走廊是“一带一路”建设规划的战略枢纽和先行示范区。研究表明，该地区对气候变化极其敏感且易发生极端天气气候事件（Zahid and Rasul，2012）。其中极端高温事件对该地区人类社会造成了严重的影响。对中巴经济走廊地区极端高温热浪事件进行风险评估，划分极端高温热浪事件风险区域，能为中巴经济走廊应对极端高温事件提供科学依据。

（1）数据库建立，使用气象数据、人口经济数据、耕地数据、不透水面积数据和灾害损失数据来评估高温灾害风险。其中气象数据包含中巴经济走廊及其周边地区气象站点的逐日最高高温数据，人口经济数据包含2015年人口密度数据、2010年人口年龄和性别结构数据与2005年巴基斯坦的国内生产总值数据，耕地数据为2015年耕地数据，灾害损失数据包括2000～2015年中巴经济走廊极端高温事件灾害损失数据，包括极端高温事件的开始时间、结束时间、发生位置、死亡人数等。

（2）构建风险评估框架，根据IPCC报告中提出的风险表达建立基于高温热浪事件危险性、暴露度和脆弱性的H-E-V灾害风险评估框架。

（3）建立包含致灾因子危险性、承灾体暴露度和脆弱性的风险评估指标体系。包括：①致灾因子危险性，把日最高气温大于极端高温阈值且持续时间在3d及其以上的高温事件定义为极端高温事件。其中，考虑到中巴经济走廊地区气温地域差异较大，将年均日最高气温小于研究区平均日最高气温的高寒山区剔除后，定义极端高温阈值为1961～2015年夏季（6～8月）逐日最高气温升序排列的第95百分位数，强度为极端高温事件的最高气温，持续时间为事件历时。②承灾体暴露度，暴露度是指在极端高温灾害下，人员、生计、环境服务和各种资源、基础设施、经济、社会或文化资产处在有可能受到不利影响的位置。根据指标数据的可获得性，选取了人口密度、耕地面积占比和不透水面积占比作为极端高温灾害的暴露度指标。人口密度是风险评估最常用的暴露度指标，一个地区人口密度越大，暴露在极端高温中的人口数量越多。巴基斯坦是一个农业大国，农业是该国经济的重要来源，耕地面积占比是重要的承灾体暴露度指标之一。下垫面对于大气的影响，主要体现在对气温与大气水分的影响上，气象条件相同时，不同类型下垫面的表面温度差异巨大，不透水表面是城市下垫面的最主要组成部分，城市不透水面积与地表气温之间存在正相关关系。因此，不透水面积占比也是评估极端高温事件承灾体暴露度指标之一。③承灾体脆弱性，为了衡量在极端高温事件下承灾体的脆弱性，选取了国内生产总值、脆弱性人口比和性别比作为极端高温灾害的脆弱性指标。一方面，极端高温灾害高脆弱性地区主要分布于经济较差的欠发达地区，这些区域人群由于经济上的适应能力较差而受到极端高温的威胁较大；另一方面，老人（65岁及以上）和小孩（15岁及以下）对极端高温较敏感，不同性别群体在一定程度上对极端高温的适应能力也不同，女性高温死亡人数高于男性，因此脆弱人口比（老人小孩占比）与性别比（男女比例）也是高温灾害特有的脆弱性指标。

（4）确定指标权重，由于各指标之间含义和量纲各不相同，不具有可比性，为了便于进行综合运算，需要对各指标数据进行数据归一化。归一化后的数值能够反映各评价指标对极端高温灾害风险的影响大小。使用层次分析法、熵权法确定各指标权重，得到极端高温时间风险权重指标如表 7.1 所示。

表 7.1　极端高温事件风险指标权重

目标层	因子层	指标层	AHP	熵权法	组合权重
极端高温事件风险指数	危险性（0.6068）	强度（正向）	0.6370	0.3288	0.5255
		频次（正向）	0.2583	0.3398	0.2878
		持续时间（正向）	0.1047	0.3313	0.1867
	暴露度（0.2774）	人口密度（正向）	0.6370	0.3891	0.5425
		耕地面积占比（正向）	0.2583	0.2797	0.2664
		不透水面积占比（正向）	0.1047	0.3312	0.1910
	脆弱性（0.1158）	国内生产总值（负向）	0.7143	0.3606	0.5967
		脆弱人口比（正向）	0.1429	0.1837	0.1564
		性别比（负向）	0.1429	0.4557	0.2469

（5）评估结果。致灾因子的危险性指标包括极端高温事件的强度[图 7.2（a）]、频次[图 7.2（b）]和持续时间[图 7.2（c）]。其中，中巴经济走廊超过 70%的地区极端高温事件强度均在 40℃以上，极端高温事件强度高的地区主要为信德省和旁遮普省，最高强度达到 50℃；极端高温事件发生频次高的地区主要为俾路支省和信德省；持续 4 d 以上的极端高温事件主要为伊斯兰堡、俾路支省、旁遮普省和信德省。其中，信德省有 10%的地区极端高温事件持

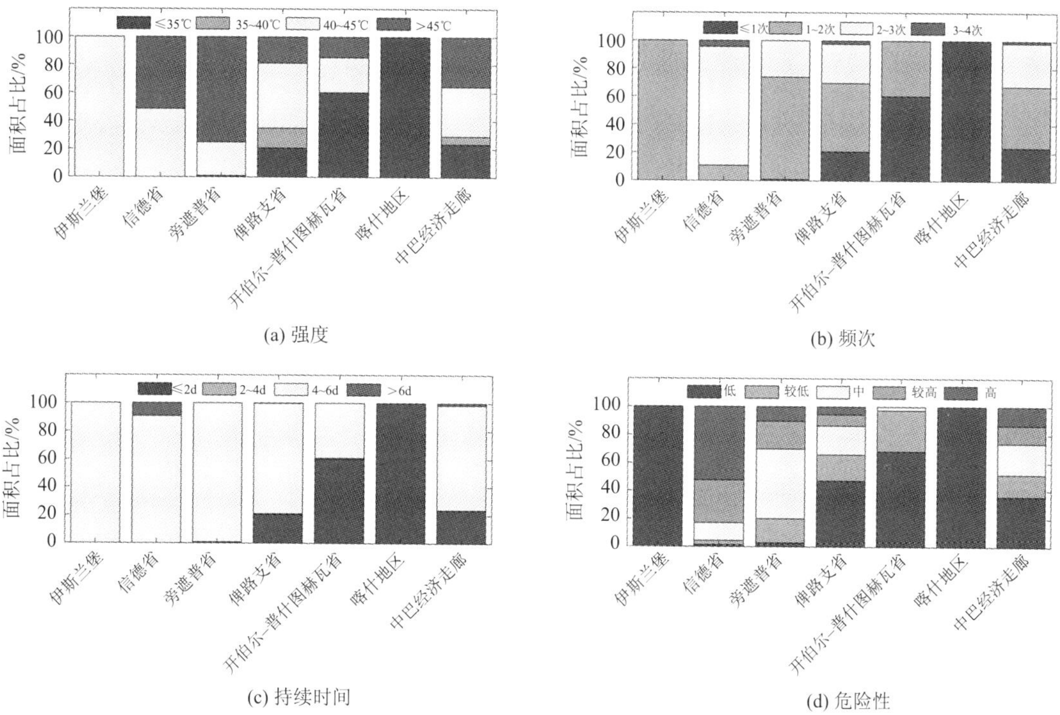

(a) 强度　(b) 频次

(c) 持续时间　(d) 危险性

图 7.2　中巴经济走廊极端高温事件危险性指数面积占比

续时间超过 6 d。综合极端高温事件发生的强度、频次和持续时间，得到致灾因子的危险性。如图 7.2（d）所示，中巴经济走廊高（较高）危险性地区主要分布在俾路支省、旁遮普省和信德省，约占研究区总面积的 26.07%，信德省大约 60%的地区属于高危险性。伊斯兰堡和中国喀什地区均属于低危险性地区。

承灾体的暴露度指标主要包括人口密度[图 7.3（a）]、耕地面积占比[图 7.3（b）]和不透水面积占比[图 7.3（c）]。其中，人口密度较高的地区主要集中在伊斯兰堡、开伯尔-普什图赫瓦省、旁遮普省和信德省；耕地面积占比较高的地区主要集中在旁遮普省和信德省；不透水面积占比较高的地区主要集中在伊斯兰堡、开伯尔-普什图赫瓦省、旁遮普省、信德省和中国的喀什地区。从承灾体暴露度[图 7.3（d）]可以看出，伊斯兰堡、旁遮普省和信德省等地区高（较高）暴露度水平地区占比较高，约占研究区总面积的 17.74%。

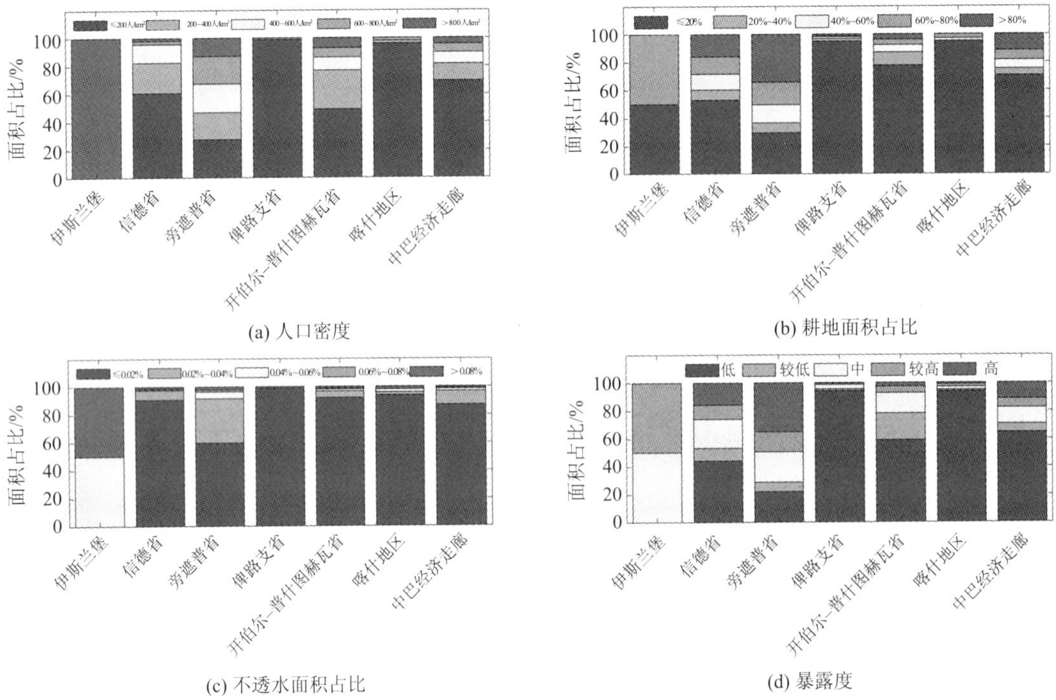

(a) 人口密度

(b) 耕地面积占比

(c) 不透水面积占比

(d) 暴露度

图 7.3　中巴经济走廊极端高温事件暴露度指数面积占比

承灾体的脆弱性指标主要包括国内生产总值、脆弱人口比和性别比。其中经济较好的地区主要为旁遮普省和信德省[图 7.4（a）]；脆弱人口比主要在 0.3～0.5，占比最高（> 0.5）的地区主要分布在信德省[图 7.4（b）]；中巴经济走廊绝大部分地区男女性别比集中在 0.8～1.2，性别比最高（> 1.5）的地区主要分布在俾路支省[图 7.4（c）]。从脆弱性[图 7.4（d）]可以看出，中巴经济走廊大约 80%的地区属于中高脆弱性地区，其中脆弱性高与较高的地区主要分布在俾路支省、信德省、开伯尔-普什图赫瓦省和中国喀什地区，脆弱性高的地区占研究区总面积的 36.65%，抵抗高温热浪的能力弱。

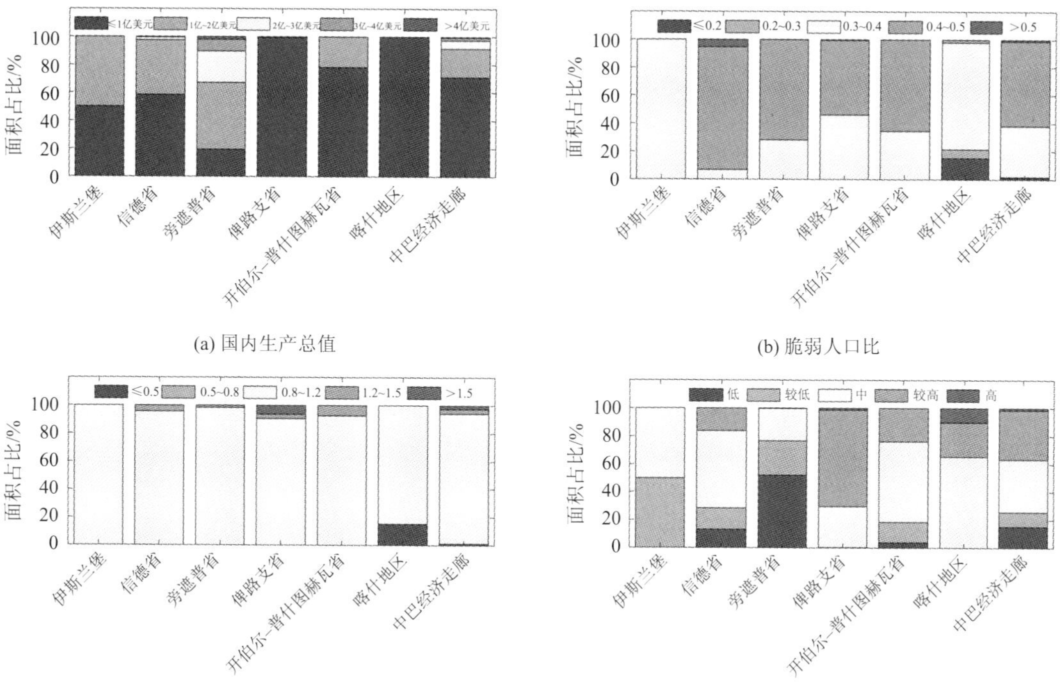

(a) 国内生产总值　(b) 脆弱人口比

(c) 性别比　(d) 脆弱性

图 7.4　中巴经济走廊极端高温事件脆弱性指数面积占比

（6）极端高温灾害风险评估，先将致灾因子的危险性指数、承灾体暴露度指数和脆弱性指数归一化后通过风险评估模型计算得到极端高温事件风险指数，然后采用标准差法进行风险分级并得出极端高温事件风险（图 7.5）。中巴经济走廊地区中、高及较高风险区主要分布在伊斯兰堡、旁遮普省和信德省；低与较低风险区域占比最大（70.18%），主要分布在开伯尔一普什图赫瓦省、俾路支省和中国喀什地区。此外，研究区中等级及其以上风险面积占比超过 50%的地区主要为旁遮普、信德省和伊斯兰堡，其中伊斯兰堡全部属于中高风险区，无

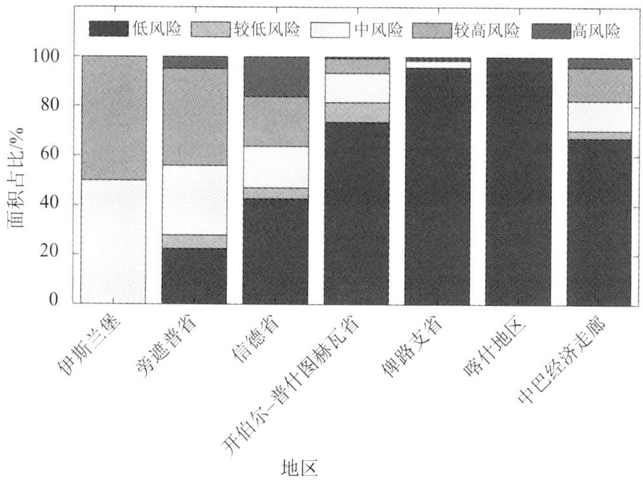

图 7.5　中巴经济走廊极端高温事件不同风险区面积占比

低风险地区；旁遮普省高风险区面积占比不高（6.15%），大部分地区属于中及较高风险区；信德省为高风险区面积占比最高的地区；中国喀什地区均属于低风险区，同样低与较低风险区面积占比较高的还有俾路支省与开伯尔-普什图赫瓦省。

（7）结果验证，通过统计分析 2000～2015 年中巴经济走廊地区极端高温事件的发生地点、频次及影响范围，得到该时间段内极端高温事件主要发生在旁遮普省和信德省，属于划分出的高风险区，与研究结果一致。

7.4 高温热浪灾害风险管理

高温热浪直接或间接导致的人体健康和自然环境受损的案例数不胜数，但是应对高温热浪灾害的措施仍然处于一个较落后的阶段。高温热浪灾害风险管理主要有 6 种，分别为提升对高温热浪灾害风险变化的应变能力、高温热浪灾害响应与恢复、减少暴露度、降低脆弱性、高温热浪灾害风险转移与分担、高温热浪灾害风险管理转型。

1. 提升对高温热浪灾害风险变化的应变能力

当高温热浪灾害已经发生时，对高温热浪灾害风险变化的应变能力成为防灾减灾的首要对应措施，可以从 3 个方面入手。

（1）提升决策者和社会公众的高温热浪风险意识。不同于火灾、地震、洪水等传统的城市灾害，高温热浪灾害期间，民众通过自助和互助的方式能够很大程度地减少灾害的负面影响。因而公众宣传与教育是形成“自下而上”防灾体系的重要途径。首先，应当确立权责分明的灾情信息交流机制。如在英国的高温热浪灾害应对措施中，对“高温-健康”信息交流的对象、时机、方式方法做了详细规定，针对不同类型弱势群体提供不同的防护指南。其次，充分利用网络媒体、社交渠道向大众传播高温热浪灾害知识以及防御手段。利用现有的街道居委会等基层组织结构，向民众直接宣传防灾方法，并重点帮助独居老人、患有长期身心疾病等弱势人群。

（2）加强天气气候灾害的监测。目前高温热浪的地面监测主要通过气象站点观测到的温度、湿度和辐射等数据来判断。地面监测站虽然可以获得高温热浪的实时观测资料，但是地理分布不均匀，会造成一些区域对高温热浪灾害监测的失误。

（3）提高高温热浪预警能力。2013 年中国疾病预防控制中心开始在哈尔滨、南京、重庆、深圳 4 个城市试点启动高温与健康风险早期预警模型，预警分为四级，根据不同的预警级别，向公众发布信息，并制订相应的措施。这对中国城市应对极端气候类灾害进行了有益的探索。进一步提升现有高温-健康预警系统，使之与城市应急规划相结合，完善了由气象部门、社会保障部门、医疗机构、社会团体等多主体参与的高温应急机制。

2. 高温热浪灾害响应与恢复

对于居住条件恶劣、没有降温条件或长时间暴露在室外的弱势群体，应当提供避暑降温场所，以应对高温热浪灾害。应对高温热浪的室内避暑场所应当选择利用现有的公共资源，如社区活动中心、图书馆、大型购物中心等。北美一些城市的高温应急规划特别重视对降温场所的规划，如芝加哥市在高温热浪期间会设置 24 小时降温中心，多伦多为高温弱势人群发放免费的乘车券，接送市民到降温中心，费城城市可持续发展办公室每年都会统计降温场所与灾害弱势人群的分布变化，以改善降温场所的规划布局。室外避暑场所主要针对长期暴露在外的流动人口设置，一般结合公园、广场或重要交通枢纽站点等人流密集的公共空间，如在“火炉城市”重庆，公交车站会在夏季极端高温期间运行喷雾降温装置。

3. 减少暴露度

高温热浪灾害发生时，相关部门要根据气温预报做好应急预案，保障电力、水资源供应，采取补水作业和喷灌降温。老弱病幼人员应减少户外活动，注意多饮水补充身体水分，避免热射病及其他高温易诱发的潜在疾病影响。特别需要注意的是，暑期休假在家的学生游水避暑时，一定要注意远离危险水域，防止发生溺亡事故。

4. 降低脆弱性

（1）提高建筑对高温热浪灾害的抵御能力，可从城市的工程建设出发。对于城市风环境和通风廊道的建设，应当从区域、城市多个层面进行推进，形成一个高效且关联密切的城市呼吸系统，从而减少高温热浪灾害影响。

（2）区域层面，应着重研究自然地形地貌和盛行季风情况，其目的在于全面分析区域内的自然通风潜力，从而合理规划城市用地功能、布局产业功能、建设密度等。此外，对于地处炎热地区的城市来说，夏季的高温热浪情况将会更为严峻，城市中心区域的竖向布局应当更具气候适应性，形成中部高突的城市竖向格局将更有利于散热，且竖向格局应当顺应夏季盛行风向呈逐渐升高状，以减少建筑物对于夏季盛行风的阻挡，提高城市通风效率。而对于城市新区而言，应当尽早将城市通风廊道的建设纳入城市生态绿道、道路广场的规划范畴，从规划之初就能形成高效的城市呼吸系统。改善城市规划，推动城市绿地系统建设环节，减缓城市热岛效应，可以降低脆弱性，减少高温热浪灾害的影响。

5. 高温热浪灾害风险转移与分担

提高高温热浪灾害防治能力，提升城市恢复力，要从制定相关法律法规入手。打破传统的单一政策规定，整合编订综合适用于当前整体客观环境的新的防灾规划。新的规划要积极纳入气候适应性城市建设，这样才能长期地对城市面向高温热浪灾害的社会脆弱性管理进行指导。中央与地方应建立高温热浪灾害的救助保障机制。中国的自然灾害救助工作由国家减灾委员会组织领导，国家减灾委员会负责同时协调重大自然灾害的救助活动。应急管理部门负责全国的自然灾害救助工作，承担国家减灾委员会的具体工作。将包括企业、非政府组织和社区群众等在内的社会资源融入政府救灾行动，共同分担和减小灾害风险。主要表现形式有捐款、捐物，及各种医疗、心理救助等。应确保金融保险机制发挥更大的灾害风险分担作用。金融保险机制能将高温热浪灾害风险融入整个金融保险市场，用更多的保险资金来最大限度地分散灾害风险。

6. 高温热浪灾害风险管理转型

温室气体大量排放是全球气候变暖的直接原因，是高温热浪灾害在全球范围愈发频发的大背景之一。伦敦、纽约、芝加哥等国际大都市编制的城市总体规划和气候适应性规划中，都将城市绿色低碳发展作为重要发展目标。城市的绿色低碳发展包含城市系统中的方方面面，对于城市中的碳、热排放量来说，最重要的应当是产业、能源和交通的发展，其中城市产业，尤其是高能耗、高污染的重工业产业的发展布局对城市热排放和碳排放有着重大影响。而在城市能源使用方面，煤和石油目前在中国能源消费结构中占据前两位，能源结构较为单一，也影响了城市的热排放和碳排放。

热岛效应是客观长期存在的。它不是高温热浪灾害的产生原因，却大大加剧了高温热浪灾害的负面影响。在极端高温的情况下，夜间城市热岛效应的强度会显著高于白天，昼夜持续不断的高温使得人体机能在夜间难以恢复，严重加剧对于健康的损害。

要解决这些问题，必须进行高温热浪灾害风险管理的转型，以长远统筹的眼光对整个城市制定战略性规划。从城市总体规划的角度，实施第二产业结构低碳转型，发展低碳循环经济，积极鼓励第三产业以及智慧产业的发展，逐步淘汰高耗能、高排放的粗放式产业。大力发展诸如太阳能、潮汐能、风能、地热能、生物能等绿色清洁能源，改善能源结构，削减对于化石能源的依赖。大力发展大运力公共交通和绿色出行，通过紧凑且功能混合的城市布局和高密度的城市路网，为步行和自行车出行者提供便捷的出行模式，从而减少小汽车出行。通过生态、社会、经济、城市空间的综合策略，有效减少城市温室气体的排放量和热量产生，是城市应对气候变化及其带来的极端气候灾害的治标之举。

7.5 知识差距

（1）复合型高温热浪灾害风险评估研究稀缺。高温热浪对社会经济和人口造成了严重威胁，除传统高温热浪事件，还存在不同的复合型高温热浪事件。其中，昼夜复合型高温热浪由于日夜连续的高温过程，带来的危害会进一步放大。而温湿复合型高温热浪同样能造成严重危害。较高的湿度是高温热浪危害人体健康的重要因素。高湿度环境会抑制人们通过排汗调控体温，造成体温过热，增加中暑风险。传统高温热浪灾害风险评估中仅对单一要素开展分析与评估，而涉及对不同复合型高温热浪灾害事件进行风险评估的研究与案例还较少。

（2）数据来源的单一性对高温热浪灾害风险评估指标的构建造成困难。例如社会经济数据在小尺度上存在缺失，且这一类数据的官方发布存在一定滞后性。气象站点存在分布不均匀以及数据缺失问题。遥感技术可以有效弥补气象站缺失的情况，比如使用 NOAA/AVHRR、TERRA/MODIS 等多光谱卫星数据反演昼夜地表温度可以实现大规模的温度监测。卫星监测数据提供了可与城市数据库结合的地表温度数据，可以用来识别城市甚至更细精度的高温热浪风险区域，为城市制定适应性策略提供参考。此外，卫星监测数据还可以使城市地表温度可视化，扩充未来气候变化脆弱性研究中的可用数据。如，通过空间大数据（街景图像、开放街道地图等）进行有效挖掘，并与实际问题关联，将其纳入空间指标研究中，更好地服务于高温热浪系列问题研究。不同学科背景数据来源不一，数据质量、精度存在差异，未来如何针对不同气候、人群等差异，进一步综合各学科研究需要、集成各学科优势，如将医疗急救数据作为高温热浪脆弱性评估后的验证，将为构建科学完善的高温热浪脆弱性评估指标体系提供依据。

（3）由于学科分异，以往的研究并没有与社会人群进行很好的关联，未来更需注重人-

自然要素的耦合研究。在人-自然耦合要素研究中，由于社会经济统计单元与自然统计单元的差异，二者不能有效融合，对空间制图造成困难，通常在研究中对社会经济数据进行降尺度处理。目前，高温热浪脆弱性空间制图多集中于城市这一尺度，未来如何实现社区小尺度到区域大尺度的耦合以及跨区域比较并对其制图表达，以直观揭示不同气候背景、不同尺度下高温热浪风险模式差异，仍需进一步研究，以期为制定适当的整体或局部适应策略提供参考。

（4）高温热浪预警系统存在缺陷，高温热浪预警系统的研究起步较晚，大部分城市高温热浪的监测预警工作仅属于气象部门，以温度为主要考虑因素，对健康因素重视不够。此外，风险评估与管理需关注不同人群。目前众多研究所集中关注到的主要为老年人、小孩、慢性病患者、社会经济条件较差群体等。在中国，高温暴露下作业的建筑工人、快递员、外卖配送员等，均是高温热浪风险下亟待关注的流动风险人群。居民个体的高温风险适应能力有限，且针对不同人群适应对策应突出差异性，如流动人群更需就近配备降温空间，再比如公共避暑场所建造。老年人由于受自身生理条件局限，高温热浪发生时更易发生危险，更需要得到医疗资源规划布局关注。

【关注点】

高温热浪，高温热浪分类，体感温度，高温热浪成灾机制，高温热浪灾害风险管理

【专题讨论】

请以 2022 年夏季高温热浪灾害为例，讨论高温热浪灾害发生的原因、造成的影响、防灾减灾措施的运用以及经验教训。

【思考题】

一、要为中国制定一个高温热浪灾害的预警等级和应对方案，应该注意哪些方面？

二、全球变暖的背景下，热岛效应是否使城市更容易受到高温热浪灾害的侵袭，会造成比农村更严重的影响吗？

参 考 文 献

陈金雨, 陶辉, 翟建青, 等. 2022. 中巴经济走廊极端高温事件风险评估. 自然灾害学报, 31(4): 65-74.

吴锦成, 朱烨, 刘懿, 等. 2022. 中国热浪时空变化特征分析. 水文, 4(3): 72-77.

武夕琳, 刘庆生, 刘高焕, 等. 2019. 高温热浪风险评估研究综述. 地球信息科学学报, 21(7): 1029-1039.

杨文婷, 王汶. 2021. 基于体感温度的中国户外高温风险分布研究. 气候与环境研究, 26(6): 637-647.

Clarke B, Otto F, Stuart-Smith R, et al. 2022. Extreme weather impacts of climate change: an attribution perspective. Environmental Research: Climate, 1(1), 012001.

García-Herrera R, Díaz J, Trigo R M, et al. 2010. A review of the European summer heat wave of 2003. Critical Reviews in Environmental Science and Technology, 40(4): 267-306.

IPCC. 2018. Special Report on Global Warming of 1.5 ℃. Cambridge: Cambridge University Press.

Tan J, Zheng Y, Tang X. et al. 2010. The urban heat island and its impact on heat waves and human health in Shanghai. International Journal of Biometeorology, 54: 75-84.

Wang Y, Wang A, Zhai J, et al. 2019. Tens of thousands of additional deaths annually in China cities between 1.5 ℃ and 2.0 ℃ warming. Nature Communications, 10(1): 3376.

Witze A. 2021. Racism is magnifying the deadly impact of rising city heat. Nature, 595(7867), 349-351.

Zahid M, Rasul G. 2012. Changing trends of thermal extremes in Pakistan. Climatic Change, 113(3-4): 883-896.

第 8 章　低温冷冻灾害风险评估与管理

引　　言

低温冷冻灾害是指剧烈降温及雨雪、霜冻等造成的灾害，主要包括低温连阴雨、低温冷害、霜冻、寒潮等。IPCC 第六次评估报告指出 20 世纪 50 年代以来全球变暖导致全球范围内低温极值的频率和强度减少，也有研究者指出北极变化使得冬季极端寒冷的风险变小（Blackport et al., 2022）。强寒潮和全球变暖并不矛盾，全球变暖不意味着冬季就变热。北极变暖对北美和东亚的冬季天气产生了重大影响，区域性海冰减少导致北极上空海平面气压的增加和中纬度地区海平面气压降低（Cohen et al., 2020），当秋冬季北极海冰偏少时，极地冷空气更容易向欧亚大陆侵袭，造成欧亚大陆部分地区冬季的温度异常偏低（Tang et al., 2013）。

全球变暖导致北极地区升温，极地涡旋对冷空气的束缚力减弱，原本稳定的气压带在横向上发生变化，干扰了风带方向和速度，进而导致大气环流发生异常，诱发极端天气，寒潮频发且强烈就是这种极端天气下的产物（赵晓妮和李慧，2021）。目前，全球依然在升温，尽管冬季冷事件的总量可能减少，其偶发性和极端化也会带来很大风险。低温事件极端性显著，持续时间长且连续发生（罗澜，2021）。2022 年 12 月 20 日，寒潮袭击了加拿大西部和美国，造成了多地交通瘫痪、经济停摆、损失严重，并出现了超预期的巨大伤亡，截至 2022 年 12 月 31 日，美国因此寒潮事件共有 87 人死亡、失踪。低温冷冻灾害在中国的影响范围非常广，尤其是东北和黄淮海地区（高懋芳 等，2008）。全球变暖背景下，极端天气现象增加，中国低温冷冻灾害呈现出新的特点和规律。2022 年，中国共遭受 35 次冷空气过程影响，较常年偏多 5.9 次；2 月份，南方平均气温为 2009 年以来同期最低值，低温雨雪冰冻灾害造成中国西南、中南地区受灾较重，直接经济损失占全年低温雨雪冰冻灾害损失的 80%；11 月 26 日～12 月 1 日，入冬以来最强的寒潮天气再次给全国大部地区带来剧烈降温、大风沙尘和雨雪天气，其中新疆阿勒泰、塔城地区的极端暴雪天气造成了人员伤亡。2008 年，中国南方大部分地区遭遇了罕见大范围低温雨雪冰冻灾害，此次冰冻天气影响范围广、强度大、持续时间长，对农业、交通、电力、通信等方面造成严重影响（丁一汇 等，2008）。2008 年低温冷冻灾和雪灾造成的直接经济损失占当年所有气象灾害造成损失的 52%，除死亡人口外，其他各项损失指标均占比最高。

国内外关于低温灾害的研究主要包括其时空分布、监测与预警、致灾机理和风险评估等。日本从 20 世纪 30 年代就开始针对频发的低温冷害进行研究，是世界上最早开始研究低温冷害，也最重视低温冷害的国家之一，偏重于对经济作物的抗寒性研究以及冷害机理的研究（崔一鸣 等，2015）。中国低温冷害的影响研究始于《论我国气候的几个特点及其与粮食作物生产的关系》（竺可桢，1964）。20 世纪 70 年代后，农业气象学家对低温冷害指标展开了系统研究，归纳出生长季温度距平指标、生长季积温指标等 6 种指标用于研究低温冷害。《水稻、玉米冷害等级》（QX/T 101—2009）、《北方春玉米冷害评估技术规范》（QX/T 167—2012）等气象行业标准对不同作物冷害进行指标和等级的划分。国内有许多研究者采用风险指数和概率的方法，结合 GIS 技术对玉米、水稻、小麦、大豆等不同农作物遭受冷害、霜冻等进行风险评估（王惠贞 等，2022；余兰，2021；杨霏云 等，2017；李亚春 等，2015）。也有学者对巨灾型低温雨雪冰冻天气和极端低温事件的识别、归因、时空分布、风险评估方面进行研究（李涛 等，2022；甄熙 等，2017；Wang et al., 2012；贺芳芳和邵步粉，2011；丁一汇 等，2008）。

为减轻低温冷冻灾害的损失和风险，亟须厘清低温冷冻灾害的变化规律和时空特征，开展低温冷冻灾害风险评估。本章节首先介绍低温冷冻灾害的基本概念和国内外有关低温冷冻害风险评估的研究进展；其次，归纳低温冷冻灾害风险评估的指标和方法，包括对低温灾害危险性、暴露度、脆弱性等方面的评估；再通过典型案例详细介绍低温冷冻灾害风险评估的研究过程；最后，从减少暴露度和脆弱性、风险转移和分担、提高对风险变化的应对能力等方面讨论低温冷冻灾害的风险管理。

8.1 低温冷冻灾害概述

8.1.1 低温冷冻灾害的概念

低温冷冻灾害包括低温连阴雨、低温冷害、霜冻、寒潮等（丁一汇，2008）。

低温连阴雨指连续多日阴雨并伴随气温下降的天气现象。此间降水量不大，但气温较低。这种天气有时接连出现，以致阴雨天气长达 1 个月之久。

低温冷害是指在农作物或经济林果生长期间，气温低于作物生理下限温度，影响作物正常生长，引起作物生育期延迟或受损，导致减产的一种农业气象灾害。

霜冻指当地面最低温度降至 0℃以下时，对农作物等造成伤害或死亡的气象灾害。

寒潮是指高纬度地区的冷空气在特定天气形势下加强南下，造成大范围剧烈降温和大风、雨雪天气，当这种来势凶猛的冷空气活动使降温幅度达到一定标准时，称为寒潮。寒潮是一种大范围的天气过程，在全国各地都可能发生，可以引发霜冻、冻害等多种次生自然灾害。由于我国幅员辽阔，南方和北方气候差异很大，一般而言，北方采用的寒潮标准是 24 小时降温 10℃以上，或 48 小时降温 12℃以上，同时最低气温低于 4℃；南方采用的寒潮标准是 24 小时降温 8℃以上，或 48 小时降温 10℃以上，同时最低温度低于 5℃。

8.1.2 低温冷冻灾害的类型和特点

1. 低温连阴雨

低温连阴雨灾害常见于我国长江中下游地区，普遍发生在每年的 3～4 月；两广（广东和广西）地区则在 1～3 月发生。

参考中国气象局颁布的《早稻播种育秧期低温阴雨等级》（QX/T 98—2008），低温连阴雨等级以日平均气温、日平均气温持续天数、日照时数为综合指标，划分为轻度、中度、重度 3 个等级（表 8.1）。

表 8.1　低温连阴雨等级

等级	指标		
	日平均气温/℃	日平均气温持续天数/d	过程平均日照时数/h
轻度	<12.0	持续 3～5	<3.0
中度	<12.0	持续 6～9	<3.0
	<10.0	≥3	<3.0
重度	<12.0	≥10	<3.0
	<8.0	≥3	<3.0

2. 低温冷害

低温冷害主要发生在春季、夏季和秋季。春季发生在长江流域的冷害被当地人称为“倒春寒”，6～8 月发生在东北地区的低温冷害称为东北低温冷害或夏季低温冷害，秋季发生在长江中下游和华南地区、影响后季稻的低温冷害称为秋季低温冷害或“寒露风”。而有时在人类感官觉得很温暖，甚至 20℃时也会发生低温冷害，再加上农作物遭受低温冷害后植株外观也不像遭遇暴雨、干旱等灾害表现得那样明显，有时甚至直到收获季节时才会被人察觉，所以有些地方将低温冷害称为“哑灾”（崔一鸣　等，2015）。

低温冷害根据低温对作物影响时期的长短和作物受害的程度，可以分为延迟型、障碍型及混合型 3 种，其中影响较大的是障碍型冷害。延迟型低温冷害主要是指农作物在营养生长期间，有时也包括生殖生长期遭遇较长时间的低温危害，使生育期延迟植株生长发育速度缓慢以致不能在初霜来临前正常成熟，而导致产量降低。有时虽然秋霜来得不早，但因生育期拖后，作物不能充分灌浆成熟，也会造成大量减产。障碍型冷害是指农作物在生殖生长关键期，主要是生殖器官分化期到抽穗开花期，遭受短时间的异常低温，使作物生殖器官的生理机能受到严重破坏，以致不育或部分不育而减产。此种冷害虽然一般持续时间不长，但发生在农作物对低温比较敏感的时期，造成的危害非常大。延迟型冷害和障碍型冷害是相互联系的，经常会同时影响作物生长发育。出现延迟型冷害时，往往也会在发育的关键时期出现异常低温造成障碍型冷害，形成混合型冷害。一般说来，障碍型冷害年份受害的只是低温敏感期恰与异常低温相遇的部分品种和地块，而延迟型冷害则危害地域范围广（扈光辉　等，2014；蔡志欢和张桂莲，2018）。

3. 霜冻害

霜冻害出现在秋季、冬季以及春季，但主要出现在深秋到初春。按照发生时间一般可分为春霜冻和秋霜冻。春霜冻又称晚霜冻、终霜冻，是指作物苗期、果树花期、越冬作物返青后发生的霜冻，主要发生在喜温作物的苗期和开花期；秋霜冻又称早霜冻、初霜冻，指秋收作物尚未成熟，露地蔬菜还未收获时发生的霜冻，主要发生在秋收作物的灌浆成熟期。

霜冻害按照天气成因又可分为平流型霜冻、辐射型霜冻和混合型霜冻。平流型霜冻是冷空气从高纬度地区积累发展并南下，引起剧烈降温造成的，常伴有烈风，也被称为风霜。平流型霜冻危害范围广、面积大，多发于早春和晚秋的长江以北地区以及冬季的华南和西南地区。辐射型霜冻是指晴朗无风的夜晚或早晨，在冷高压控制下，地表植物表面因强烈的辐射冷却而形成的霜冻，常被称为晴霜。平流辐射型霜冻是冷空气入侵和辐射冷却共同作用下的霜冻，又称混合型霜冻。当入侵的冷空气温度在 0℃以上，不能形成霜冻，夜晚天气晴朗无风，辐射冷却进一步加强，使地面和近地面气温下降至 0℃以下，产生霜冻，这也是最常见的一种霜冻（高懋芳 等，2008）。

根据《作物霜冻害等级》（QX/T 88—2008），作物霜冻害等级分为 3 级，即轻霜冻、中霜冻和重霜冻。

轻霜冻指气温下降比较明显，日最低气温比较低；植株顶部、叶尖或少部分叶片受冻，部分受冻部位可以恢复；受害株率小于 30%；粮食作物减产幅度在 5%以内。

中霜冻指气温下降很明显，日最低气温很低；植株上半部叶片大部分受冻，且不能恢复；幼苗部分被冻死，受害株率在 30%～70%；粮食作物减产幅度在 5%～15%。

重霜冻指气温下降特别明显，日最低气温特别低；植株冠层大部叶片受冻死亡或作物幼苗大部分被冻死；受害株率应大于 70%；粮食作物减产幅度在 15%以上。

对于不同作物类型，定义冻害等级指标也不同。参考《作物霜冻害等级》（QX/T 88—2008），采用日最低气温对果树、蔬菜、粮食作物等不同作物霜冻指标进行定义（表 8.2）。

表 8.2　主要粮食作物霜冻害等级指标（日最低气温/℃）

作物名称	轻霜冻			中霜冻			重霜冻		
	苗期	开花期	乳熟期	苗期	开花期	乳熟期	苗期	开花期	乳熟期
玉米	−1.0～−2.0	0.0～−1.0	−1.0～−2.0	−2.0～−3.0	−1.0～−2.0	−2.0～−3.0	−3.0～−4.5	−2.0～−3.0	−3.0～−4.0
高粱	−1.0～−2.0	0.0～−1.0	−1.5～−2.5	−2.0～−3.0	−1.0～−2.0	−2.5～−3.5	−3.0～−4.0	−2.0～−3.0	−3.5～−4.5
冬小麦	−7.0～−8.0	0.0～−1.0	−1.0～−2.0	−8.0～−9.0	−1.0～−2.0	−2.0～−3.0	−9.0～−10.0	−2.0～−3.5	−3.0～−4.5
春小麦	−3.0～−4.0	−1.0～−2.0	−2.0～−3.0	−4.0～−5.0	−2.0～−3.0	−3.0～−4.0	−5.0～−6.0	−3.0～−4.5	−4.0～−5.5
谷子	−1.0～−2.0	0.0～−1.0	0.0～−1.0	−2.0～−3.0	−1.0～−2.0	−1.0～−2.0	−3.0～−4.0	−2.0～−3.0	−2.0～−3.0
水稻	0.0～−0.5	0.0～−0.5	0.0～−0.5	−0.5～−1.0	−0.5～−1.0	−0.5～−1.0	−1.0～−2.0	−1.0～−2.0	−1.0～−2.0
马铃薯	−1.0～−2.0	−0.5～−1.0	–	−2.0～−3.0	−1.0～−2.0	–	−3.0～−4.2	−2.0～−3.5	–
大豆	−1.0～−2.0	0.0～−1.0	0.5～0.0	−2.0～−3.0	−1.0～−2.0	0.0～−1.0	−3.0～−4.5	−2.0～−3.0	−1.0～−2.5
燕麦	−6.0～−7.0	0.0～−1.0	−1.0～−2.0	−7.0～−8.0	−1.0～−2.0	−2.0～−3.0	−8.0～−9.0	−2.0～−3.0	−3.0～−4.0
荞麦	0.0～−1.0	0.0～−1.0	0.0～−1.0	−1.0～−2.0	−1.0～−2.0	−1.0～−2.0	−2.0～−3.5	−2.0～−3.0	−2.0～−3.0

4. 寒潮

寒潮出现在秋季、冬季以及春季。秋末的寒潮常常会给北方带来大范围初霜，使得晚秋作物遭到冻害；春天的寒潮会引起南方的连阴雨；冬季寒潮常常引起雪灾，北方发生江河湖海封冻等灾害，南方可产生冻雨（雨凇）灾害。

寒潮等级按《寒潮等级》（GB/T 21987—2017）可分为寒潮、强寒潮、特强寒潮。

寒潮指某地的日最低气温 24 小时内降幅大于或等于 8℃，或 48 小时内降幅大于或等于 10℃，或 72 小时内降幅大于或等于 12℃，而且使该地日最低气温下降到 4℃或以下的冷空气。

强寒潮指某地的日最低气温 24 小时内降幅大于或等于 10℃，或 48 小时内降幅大于或等于 12℃，或 72 小时内降幅大于或等于 14℃，而且使该地日最低气温下降到 2℃或以下的冷空气。

特强寒潮指某地的日最低气温 24 小时内降幅大于或等于 12℃，或 48 小时内降幅大于或等于 14℃，或 72 小时内降幅大于或等于 16℃，而且使该地日最低气温下降到 0℃或以下的冷空气。

影响中国的寒潮源地主要有 3 个，一个是新地岛以西的北冰洋洋面，二是新地岛以东的北冰洋洋面，三是冰岛以南的大西洋洋面。在这 3 个地区，冬半年极其寒冷，强大的冷气团集聚加强并在适当天气形势下，从西路、中路和东路 3 条路径爆发南下，形成寒潮。中国有两个寒潮多发区，一个是内蒙古中东部，二连浩特到锡林浩特；另一个从阿尔泰山到内蒙古西部阿拉善左旗、右旗一带。

8.1.3　低温冷冻灾害的影响和损失

低温冷冻灾害是中国发生频率较高的气象灾害。根据《中国气象灾害年鉴》、中国气候公报和应急管理部统计，1984～2022 年，中国平均每年因低温冷冻灾害造成的直接经济损失约为 139 亿元。2022 年，中国共遭受 35 次冷空气过程影响，较常年偏多 5.9 次，因低温冷冻灾害造成的直接经济损失约为 124.5 亿元。2022 年 2 月，南方地区出现持续低温雨雪寡照天气，对农业、电力、交通造成不利影响；同年秋末冬初，两次寒潮过程降温幅度大、影响范围广。

图 8.1 为 1984～2022 年中国低温冷冻灾害造成的直接经济损失，图 8.2 为 1984～2022 年中国低温冷冻灾害直接经济损失占比。由图 8.1 和图 8.2 可见 1999、2008、2018 年由于低温冷冻灾害造成的经济损失较为严重，1999、2008 年造成的直接经济损失占比较大。2008 年，中国南方广大地区遭遇 50 年一遇的大范围低温雨雪冰冻天气，此次低温冷冻灾害是降雪、冻雨和降雨并存的天气现象（丁一汇，2008），造成的直接经济损失达 1696.4 亿元，占比 0.54%。此次低温雨雪天气发生在春运期间，对公路、铁路、民航等交通部门造成了严重影响，受灾人口也达到 50 年来同类灾害之最。同时，冰冻灾害对电力系统、通信系统、农业生产等也造成了灾难性的影响，油菜、玉米等越冬作物遭受冻害，持续性强降雪还对设施农业、经济林

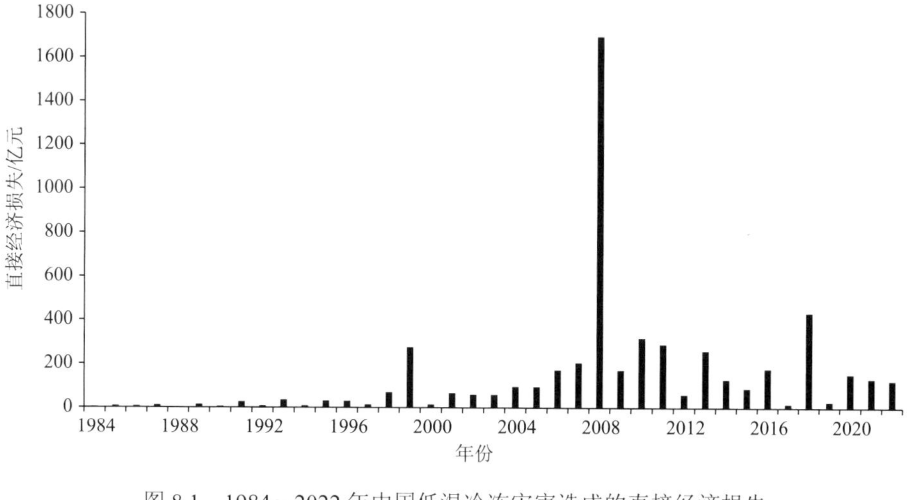

图 8.1　1984～2022 年中国低温冷冻灾害造成的直接经济损失

资料来源：《中国气象灾害年鉴》、中国气候公报和应急管理部统计

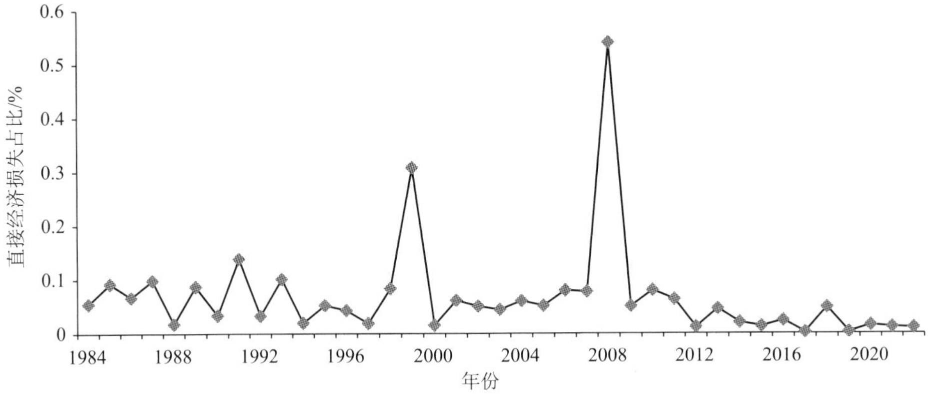

图 8.2　1984～2022 年中国低温冷冻灾害直接经济损失占比

资料来源：《中国气象灾害年鉴》、中国气候公报和应急管理部

果、养殖业等农副产业造成不利影响。2018 年，由于低温雨雪冰冻灾害影响，直接经济损失达 434 亿元，占该年国内生产总值的 0.048%。2018 年 1 月 24～31 日，浙江出现持续低温阴雨（雪）天气，交通受到影响，黄岩多条县道公路因路段积雪封道或全线交通管制，黄岩—富山—长决线路段发生 3 起道路交通事故。2018 年，低温雨雪冰冻天气集中在 1 月份发生，中东部地区先后出现三次大范围低温雨雪冰冻天气过程，雨雪覆盖范围高达 576 万 km^2，平均累计降雪量为 2000 年以来历史同期次高值，仅次于 2008 年。

由图 8.3 可知，1961～2010 年全国霜冻日数（日最低气温≤2℃）平均值约为 121 d，1961～1996 年之前霜冻日数基本都保持在平均值以上，1996 年以后霜冻日数呈现波动下降的趋势，尤其是近 5 年来霜冻日数明显减少。2020 年，全国霜冻日数为 112.6 d，较常年偏少近 9 d。

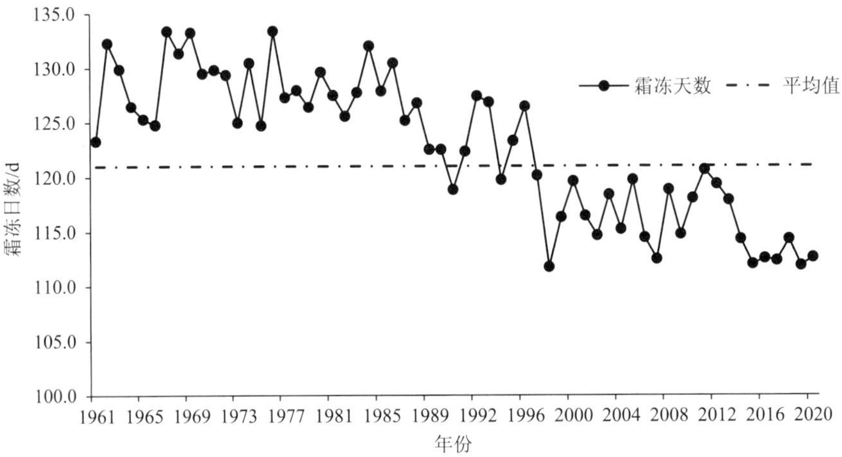

图 8.3　1961～2020 年全国平均霜冻日数

资料来源：《中国气象灾害年鉴 2021》

8.2　低温冷冻灾害成灾机制

8.2.1　气象相关因素

低温冷冻灾害由很多因素共同作用造成，主要包括气象要素，有降水、温度、地面相对湿度等；非气象要素，有地形、海拔高度、水体等。实际的受灾程度与承灾体本身的情况、气象条件和防灾减灾的能力等多方面因素都有着直接或间接的关系。

冷空气是低温冷冻灾害发生的主要原因。在春秋季节，北方的冷空气和南方的暖湿空气频繁交汇，常常造成低温连阴雨天气。而强冷空气，尤其是寒潮的爆发南下，使得温度急剧下降，会造成“倒春寒”、霜冻等灾害。

侵入中国的寒潮，主要是在北冰洋、俄罗斯的西伯利亚以及蒙古国等地爆发南下的冷高压。冷空气的堆积、加强、南移和爆发有一个过程，并有相应的天气形势配合。在强烈的辐射冷却作用下，北冰洋和西伯利亚地区会形成大规模的冷空气团，且由于空气做上升运动而产生绝热膨胀冷却，冷空气团不断增强。当冷空气团达到一定强度时，就会在有利的环流形势下爆发南下，发生寒潮。

对于霜冻而言，一般发生在寒冷、晴朗（无云或云量很少）、无风或微风、空气湿度不大的夜晚，多是由于地表面及植物表面向外大量辐射热量，使得近地面空气冷却到 0℃以下。霜冻与地面辐射冷却有关，而云量是影响辐射量多少的最主要因素，有云不利于霜冻的形成。风可以促使近地层与上层空气的混合，从而减小地面的冷却程度，因而也不利于霜冻的产生。

8.2.2　承灾体冷冻害因素

低温冷冻灾害对电力、房屋、道路、作物等承灾体都会带来危害。以植物冷冻害影响因素为例，植物冷冻害发生的因素很复杂，从内因来说，与植物种类、植物年龄、生长势、当年枝条的成熟度及枝条休眠有密切关系；从外因来说，与气象、地势、坡向、水体、土壤、栽培管理等因素分不开。

植物遇低温时，细胞膜会受到急性脱水产生的压力，结构受到破坏。低温抑制冷敏植物的叶绿素合成，使光合器官非正常发育，导致光合活性下降，碳转换速率降低。抑制植物有氧呼吸，无氧呼吸加强，体内大量有机物质被消耗，植物处于“饥饿”状态，形成弱苗和死苗。低温还会加速蛋白质分解，使蛋白质水平处于负值状态，造成蛋白质缺乏和有毒的水解产物积累。抑制植株有氧呼吸，促进无氧呼吸，使无氧呼吸的中间物或最终产物，如乙醛、乙醇、酚类等有毒性物质大量积累，危害正常生理过程。低温破坏植株原本内源激素的平衡状态，使得促进生长的激素减少，抑制生长的激素增加。生殖生长期如遇低温，主要影响作物正常抽穗、开花和成熟，生殖生长期是障碍型冷害发生的关键期。低温强度越大、持续时间越长，灌浆就越推迟，从而造成减产（孙磊　等，2019）。

8.3 低温冷冻灾害风险评估

8.3.1 低温冷冻灾害风险分析

风险评估对于认识自然灾害发生的可能性、预估自然灾害的可能影响具有重要意义。根据有关自然灾害风险理论和低温冷冻灾害的形成机制，低温冷冻灾害风险被定义为低温活动及其对农作物等受灾体造成的影响和危害的可能性。具体就是指某一地区、某一时间内低温冷冻灾害发生的可能性活动程度、破坏程度及对造成的危害影响有多大。

一般而言，低温冷冻灾害风险取决于 3 个因素：低温冷冻灾害的危险性、暴露度、脆弱性。可以进一步表示成危险性、暴露度、脆弱性的函数，风险的大小就是这 3 个因素综合作用的结果。

（1）危险性是指造成低温冷冻灾害的自然变异因素和程度，低温冷冻灾害会给社会经济系统造成破坏的可能性和严重程度。一般危险性越大，低温冷冻灾害的风险也越大。通常是利用历史低温事件发生的强度、持续时间、频次等指标来判定。相关研究利用强度-面积-持续时间（intensity-area-duration，IAD）方法识别低温事件的强度、面积、持续时间（王安乾 等，2017）。

（2）暴露度是指可能受到低温冷冻灾害威胁的人员、基础设施，农作物等。例如一个地区暴露于低温的农作物种类越多，可能遭受的潜在损失就越大，低温风险也越大。人口、耕地和植被覆盖度是低温冷冻灾害风险评估最常考虑的暴露度指标。通常可选用单位面积农作物种植面积、平均产量等作为评价灾害暴露度的指标，它表示不同地区抵抗低温冷冻灾害能力以及农业气象灾害对作物生产的潜在风险（李文亮 等，2009）。

（3）脆弱性是指在给定危险地区内存在的所有承灾体由于低温冷冻灾害而造成的伤害或损失程度。例如选取脆弱性人口比和性别比例为指标。一般承灾体的脆弱性越低，灾害损失越小，灾害风险也越小，反之亦然。承灾体脆弱性的大小，既与其物质成分、结构有关，也与防灾力度有关。

灾害风险评估是通过研究造成生命、财产及环境潜在影响的致灾因子的危险性及承灾体的脆弱性，判定风险性质与范围的过程。低温冷冻灾害风险评估模型为

$$R=H\times E\times V$$

其中，R 为低温冷冻灾害风险指数；H，E 和 V 分别经过为无量纲化处理低温冷冻灾害危险性，承灾体暴露度及脆弱性。

8.3.2 评估技术路线

根据低温冷冻灾害风险评估的步骤，首先收集低温灾害有关的数据，包括气象数据、社会经济数据、地理数据、灾情数据；然后选取合适的指标对危险性、暴露度、脆弱性进行计算；再根据灾害风险理论和低温冷冻灾害形成的机制，建立低温冷冻灾害风险三要素之间的函数关系，对低温冷冻灾害风险进行评估。低温冷冻灾害风险评估技术路线如图 8.4 所示。

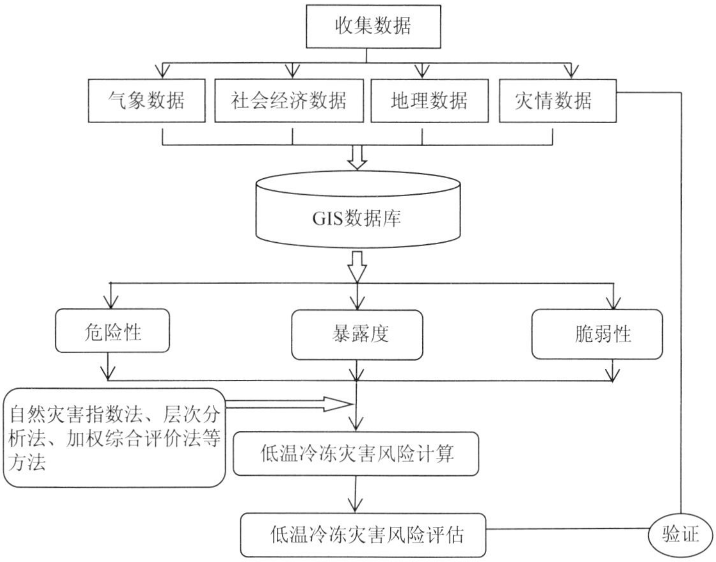

图 8.4　低温冷冻灾害风险评估技术路线

8.3.3　低温冷冻灾害风险评估案例

1. 中巴经济走廊极端低温事件风险评估

李涛等（2022）基于 1961～2015 年中巴经济走廊地区逐日最低气温、人口和耕地等数据，选取极端低温事件强度、频率、持续时间、人口密度、耕地面积占比、植被覆盖度、DEM、脆弱人口比和性别比，共 9 个指标，采用层次分析法和熵权法确定各指标组合权重，对中巴经济走廊地区极端低温事件进行风险评估，划定中巴经济走廊地区极端低温事件的低、较低、中、较高、高风险地区。

1）危险性

将日最低气温低于极端低温阈值且持续时间在 3 d 及其以上的低温事件判定为极端低温事件。由于中巴经济走廊地区气温地域差异较大，将年均日最低气温大于研究区平均日最低气温的栅格剔除后，定义极端低温阈值为 1961～2015 年冬季逐日最低气温升序排列的第 5 个百分位数。极端低温事件特征分别是极端低温事件最低气温的均值为强度，极端低温事件发生次数为频次，事件的年平均历时为持续时间。

致灾因子的危险性指标包括极端低温事件的强度、频次和持续时间。分析各指标的空间分布，极端低温事件强度高的地区主要分布在中巴经济走廊北部，极端低温事件最高强度达到–30℃；极端低温事件频次高的地区主要分布在自由克什米尔地区和俾路支省北部；持续 6 d 以上的极端低温事件主要分布在自由克什米尔地区、俾路支省北部、联邦直辖部落区南部。综合极端低温事件发生的强度、频率、持续时间，可以得到致灾因子的危险性空间分布，中巴经济走廊地区危险性较高的地区主要集中在吉尔吉特-巴尔蒂斯坦地区；中危险性地区主要包括吉尔吉特-巴尔蒂斯坦部分地区、中国喀什部分地区和开普省北部地区。

2）暴露度

巴基斯坦作为典型的农业国家，农业在国民经济中占有重要地位。巴基斯坦的农业以种植业为主，粮食作物以小麦、水稻为主，经济作物以棉花、甘蔗为主。同时，一个地区人口密度越大，暴露在极端低温中的人口数量越多。考虑到可以获得的指标数据、实际意义和评价规范等，选取了人口密度、耕地面积占比和植被覆盖度作为极端低温灾害的暴露度指标。

承灾体的暴露度指标包括人口密度、耕地面积占比和植被覆盖度。承灾体暴露度指标的空间分布结果显示，该区域人口密度较大的地区分布在巴基斯坦旁遮普省、信德省和伊斯兰堡首都区附近；耕地面积主要集中在巴基斯坦的信德省和旁遮普省；中巴经济走廊东、中部地区植被覆盖度较高，植被覆盖度最高的地区是开普省和克什米尔地区。综合承灾体的暴露度特征来看，该区域暴露度较高的地区在中巴经济走廊的东南部，主要集中在旁遮普省、开普省、伊斯兰堡首都区、中国喀什北部地区和自由克什米尔地区。

3）脆弱性

为了衡量在极端低温事件下承灾体的脆弱性，选取了 DEM、脆弱人口比和性别比作为极端低温灾害的脆弱性指标。首先，欠发达地区的极端低温灾害的脆弱性高，而且由于该地区人群的经济水平低，适应能力就较差，抵御极端低温的水平相对就较低；同时，以老人（65岁及以上）和小孩（15 岁及以下）为代表的脆弱群体对极端低温的敏感性强，不同性别群体在一定程度上对极端低温的适应能力也不同，女性比例越大，则低温风险越高。地区的高程是影响该地极端低温的另一重要因素，由于复杂多样的地形地貌，研究区北部山地经常发生暴雪，对该地区造成严重威胁。

从研究区承灾体脆弱性指标的空间分布结果显示，该区域脆弱性人口主要集中分布在俾路支省和信德省，男女性别比最小值主要分布在巴基斯坦中部的开普省和中国的喀什地区，该区域的平原地区主要分布在研究区的东南部，吉尔吉特-巴尔蒂斯坦地区海拔较高，是冰川发育的高度密集地。结合中巴经济走廊的脆弱性指标来看，脆弱程度较高的地区主要集中在北部海拔较高的山区和俾路支省。

4）风险评估

根据 IPCC 报告提出的风险表达，建立极端低温事件灾害风险评估框架：

$$R=H_n w_1 \times E_n w_2 \times V_n w_3$$

危险性指数：$H=\sum_{i=1}^{j}\left(\alpha_i \times H_i\right)$；暴露度指数：$E=\sum_{i=1}^{j}\left(\beta_i \times E_i\right)$；脆弱性指数：$V=\sum_{i=1}^{j}\left(\delta_i \times V_i\right)$

其中，R 为风险；H_n，E_n 和 V_n 分别为危险性指数，暴露度指数和脆弱性指数归一化后的数值；w_1，w_2 和 w_3 分别为 H_n，E_n 和 V_n 的权重；H，E 和 V 分别为危险性指数，暴露度指数和脆弱性指数；α_i，β_i 和 δ_i 分别为第 i 个指标所占的权重；H_i，E_i 和 V_i 为 H，E 和 V 中指标归一化后的值；j 为评价指标个数。权重由层次分析法和熵权法进行组合确定。

先将致灾因子的危险性指数和承灾体的暴露度指数、脆弱性指数归一化后通过风险评估模型计算得到极端低温事件风险指数，然后采用标准差进行风险分级得出极端低温事件风险等级空间分布。中巴经济走廊极端低温风险高值区主要分布在北部的中国喀什地区、吉尔吉特-巴尔蒂斯坦地区、中部的自由克什米尔地区、巴基斯坦的联邦直辖部落区和开普省（图 8.5）。

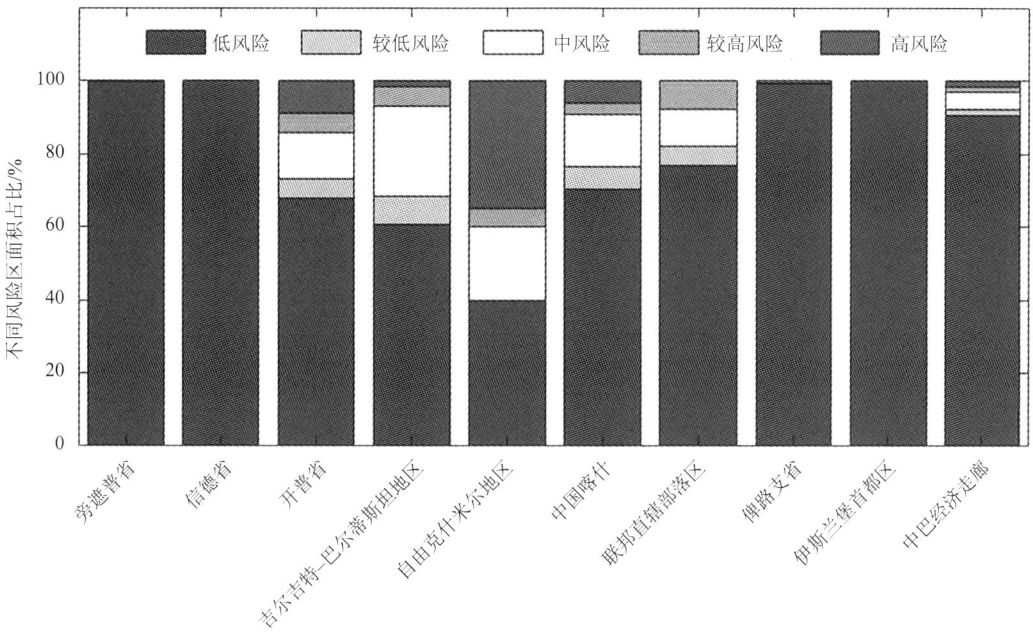

图 8.5　中巴经济走廊及各行政单元极端低温事件不同风险区所占面积比例

2. 黑龙江省玉米低温冷害风险评估

利用黑龙江省 21 个玉米农业气象站点的气温资料、玉米种植面积及产量等资料，计算玉米低温冷害风险指数，并依据风险指数将玉米低温冷害风险分成 3 级。结果表明 1981～2017 年黑龙江省玉米低温冷害的高风险区位于中南部的青冈和巴彦，西南部的肇东，以及西部的龙江；北部、东部和南部主要为低风险区。

1）确定低温冷害指标

利用黑龙江省 21 个玉米农业气象站 1981～2017 年的 5～9 月逐日平均气温资料，来源于黑龙江省气象局；21 个玉米农业气象站所在县（市、区）1981～2017 年的玉米产量、种植面积资料，来源于黑龙江省统计局。选择玉米生长季 5～9 月逐月平均气温之和的距平值（ΔT）作为黑龙江省玉米低温冷害的判断标准。强度等级见表 8.3。

表 8.3　黑龙江省玉米低温冷害强度等级

强度	$T\leqslant 80$	$80<T\leqslant 85$	$85<T\leqslant 90$	$90<T\leqslant 95$	$95<T\leqslant 100$	$100<T\leqslant 105$
轻度	$-1.4<\Delta T\leqslant -1.1$	$-1.9<\Delta T\leqslant -1.4$	$-2.4<\Delta T\leqslant -1.7$	$-2.9<\Delta T\leqslant -2.0$	$-3.1<\Delta T\leqslant -2.2$	$-3.3<\Delta T\leqslant -2.3$
中度	$-1.7<\Delta T\leqslant -1.4$	$-2.4<\Delta T\leqslant -1.9$	$-3.1<\Delta T\leqslant -2.4$	$-3.7<\Delta T\leqslant -2.9$	$-4.1<\Delta T\leqslant -3.1$	$-4.4<\Delta T\leqslant -3.3$
重度	$\Delta T\leqslant -1.7$	$\Delta T\leqslant -2.4$	$\Delta T\leqslant -3.1$	$\Delta T\leqslant -3.7$	$\Delta T\leqslant -4.1$	$\Delta T\leqslant -4.4$

注：T 表示 5～9 月逐月平均气温之和的多年平均值，单位为℃。

2）低温冷害风险评估模型

玉米低温冷害风险由低温冷害危险性、承灾体暴露度和脆弱性决定，它们的乘积即为玉米低温冷害风险指数。故而，黑龙江省玉米低温冷害风险评估模型为

$$R=H\times E\times V$$

其中，R 为低温冷害风险指数；H，E 和 V 分别为低温冷害危险性，承灾体暴露度及脆弱性，且经过无量纲化处理。

低温冷害危险性通常指发生灾害的可能性。该指数越大，意味着发生玉米低温冷害的可能性越大，从而对玉米产量的影响程度也就越大；反之亦然。利用玉米低温冷害频率与强度乘积的绝对值来表示玉米低温冷害危险性，即

$$H_i'=|F_i\times Q_i|$$

其中，H_i'为 i 站点危险性评估指标值，i=1，…，21；F_i 为 i 站点低温冷害频率；Q_i 为 i 站点低温冷害强度的平均值。

为了体现出县（市、区）之间玉米生产的相对重要程度，采用相对种植面积即县（市、区）玉米种植面积与该县（市、区）国土面积之比作为暴露度评估指标：

$$E_i' = S_i \,/\, S_i'\ 。$$

其中，E_i' 为 i 县（市、区）暴露度评估指标值，i=1，…，21；S_i 为 i 县（市、区）玉米种植面积（hm^2）；S_i 为 i 县（市、区）国土面积（km^2）。由于行政区域、农业产业布局规划调整，以及农业科技水平提高，黑龙江省各地玉米种植面积变化较大，因此主要利用 2011～2017 年的种植面积数据来评估暴露度指标。

脆弱性用各县（市、区）玉米相对单产水平作为评估指标：

$$V_i' = Y_i \,/\, Y_0$$

其中，V_i' 为 i 县（市）脆弱性评估指标值，i=1，…，21；Y_i 为 i 县（市）玉米单产（kg）；Y_0 为全省玉米平均单产（kg）。

3）风险评估结果

分别对危险性、脆弱性及暴露度评估指标作无量纲化处理后，利用风险评估模型计算玉米低温冷害风险指数，然后依据自然断点法分成高、中、低 3 级。得到结果，近 37 年黑龙江省玉米低温冷害风险评估指标值为 0.33～0.53 的高值区位于中南部的青冈和巴彦、西南部的肇东，以及西部的龙江，表明这些地区发生玉米低温冷害的风险较大；中部的集贤、西北部和西部大部分地区的风险评估指标值为 0.22～0.33，属于中等风险区；北部、东部和南部风险评估指标值为 0.02～0.22，属于低值区。结果说明，松嫩平原玉米低温冷害风险较高，而三江平原玉米低温冷害风险较低，可为今后调整玉米生产布局，合理安排农业生产提供科学参考。

8.4 低温冷冻灾害风险管理

1. 减少暴露度和脆弱性

研究探讨农作物抗寒技术，从农作物品种选择、农作物栽培管理技术推广等方面综合考虑，重点加强抗寒预防工作，多采用管理、物理、生态方法防寒抗冻。关于作物低温冷冻灾害的防御对策有很多，不同地区、不同生长阶段的防御措施也不一样。简言之，在现有的技术条件下，必须依据具体的环境和条件进行合适选择。

（1）选育抗寒品种，全球平均气温升幅接近 1.5℃，活动积温有所增加。近几年玉米等

作物的一些晚熟品种的种植范围也逐渐扩大，向北移动。依据气候变化的尺度，在晚熟品种中筛选培育抗冷性好的种，才能适应和抵抗北方的低温条件。在冷害条件下，以细胞膜损伤、冷害程度、存活率和光合作用等指标来判定，转基因株系的苗期低温耐受性比野生型植株要强（李璨和杨天杰，2011；陈儒钢 等，2008；Huang et al.，2013；Alexander et al.，2013）。

（2）采取抗低温栽培技术，农作物要在适宜时间播种，一般地表温度高于 10℃满足播种条件。对于低温冷害严重的年份，可适当选择生育期较短的早熟品种，采取地膜覆盖或育苗移栽技术播种。同时科学搭配温水灌溉措施，一般采用回水灌溉和深水灌溉法，通过增加土壤热量来提高地温，避免冷害的发生（陈玉明，2016）。

（3）适时适量使用化学药剂可以起到防御冷害效果。例如选用植物防冻剂紧急喷施，阻止冰核细菌生成，降低植物细胞冰点的流动，提高细胞活性（罗桂杰 等，2020）。针对受冻害轻微地块，须加强水肥管理，可选用磷酸、二氢钾等叶面喷施，促进农作物叶片生长及增加分蘖成穗率（雷杰和张晓蕾，2014）。

此外，需要充分考虑全球变暖下极端气象灾害发生造成的影响，为重大工程设施项目制定标准提供更加科学的技术依据。加强对重点行业企业的监管和检查指导，组织力量深入排查治理建筑施工单位、人员密集场所、尾矿区、老旧建筑等行业企业各类安全隐患，落实安全生产防范措施，严防各类灾害和事故发生。加强危房检查，加固门窗、围板、棚架、临时建筑物，落实防雪、防冻措施，通知高空等户外作业人员做好防雪、防冻准备，必要时停止作业。全力维护交通秩序，科学运用间断放行、车辆分流等措施及时有效地疏导和分流滞留旅客，最大限度地减少恶劣天气对交通运输的影响。确保省、县、乡、村各级道路交通安全畅通，保障群众安全出行。做好电网运行调度，加强对输电线路和变电设备的巡查，及时采取除雪融冰措施，保障发电、供电设施设备安全稳定运行，确保人民群众正常用电。加强供水、供气管道等基础设施维护检修、物资调度，落实防冻措施，保障冰雪天气期间正常生活。

2. 风险转移和分担

农业保险是对农业生产者提供保障的一种赔偿保险。当他们在从事种植业、林业、畜牧业和渔业生产过程中遭受自然灾害、意外事故疫病、疾病等保险事故所造成的经济损失时，予以赔付。其中，气象指数保险已被越来越多的学者视为发展中国家农业保险的发展方向。该类保险的基础是气象指数，通过将气象灾害对农作物损害的程度进行指数化处理，对应一定的农作物产量和损害程度。当指数达到一定水平并对农作物造成一定影响时，投保人就可以获得相应标准的赔偿。气象指数保险既有利于规避农业生产风险，又有利于提高防灾减灾和灾后恢复能力，在开发、经营以及理赔等方面确实解决了传统农业保险遇到的难题。国外关于气象指数保险方面的研究比较早，取得了丰硕的成果（Müller and Grandi, 2000; Manuamorn, 2007），国内诸多学者也对气象指数保险进行了探索和研究（毛裕定 等，2007；娄伟平 等，2009）。借鉴国内外研究成果以及成功的案例，可以开展实施低温灾害气象指数保险。具体实施步骤为：通过对农作物产量的分离和去趋势化处理，计算历年由于低温天气条件变化造成的损失，对比历史气象指数发生概率与历史产量损失率，确定指数保险赔付的赔付标准及触发值，基于低温冷害气象指数，采用通用定价模型对农作物气象指数保险进行定价（马绍冬和李哲东，2016）。

以黑龙江省为例，当地根据玉米生长季低温冷害造成的玉米产量损失和气象要素之间存在的关系，建立玉米低温冷害保险的赔付标准，并根据玉米低温冷害风险分布情况，设计不同保险费，从而完成玉米低温冷害气象指数保险产品的设计（余兰和钟化然，2020）。

3. 提高对低温雨雪冰冻灾害风险的应对能力

开展低温雨雪冰冻监测预警是防御低温雨雪冰冻灾害最有效的手段。针对低温雨雪冰冻灾害的特点，由应急、气象、交通运输、电力、农业农村等部门联合开展低温雨雪冰冻灾害监测预警工作，对于防御应对重大自然灾害具有重要意义。利用卫星遥感和气象预报数据进行监测，分析判断低温雨雪冰冻风险发生的可能性，按照预警级别，提前发布可能发生低温雨雪冰冻灾害的区域，增强社会公众的防御意识，提醒电力、交通运输、农业农村等相关行业做好防御准备，为各级政府部门开展防灾减灾救灾工作提供科学依据（韩鹏 等，2022）。

2021年应急管理部国家减灾中心成立了自然灾害综合风险监测预警中心（以下简称“监测预警中心”），开展灾害监测、风险评估、灾害预警等业务。监测预警中心成立后，围绕低温雨雪冰冻灾害风险防范，主要开展低温雨雪冰冻遥感监测分析、低温雨雪冰冻综合风险评估两项核心业务。在已有基础上，监测预警中心升级业务系统，形成体系化业务能力，建立了低温雨雪冰冻灾害监测和风险评估一张图。同时，监测预警中心将低温雨雪冰冻遥感监测分析和低温雨雪冰冻综合风险评估以产品报告的形式提供给应急管理部门的相关业务司局，为应急管理科学决策提供依据（韩鹏 等，2022）。

建立风险管控系统，汇总低温灾害应对相关的资源，可以更好地服务于新农村建设。将新的计算机技术和农业气象灾害的预测防御结合起来，并应用到实际生产。已经有一些省级气象部门建立了包括农业气象灾害预测、评估、决策在内的综合服务系统，研制了农业气象灾害分析、评估、决策的计算机软件，如陕西建立了棉花气象灾害预报系统，其数据库包括地面气象要素、大气环流、海温等多种长年代资料。预报方法库中有多种常用数理统计预报软件和预报因子处理软件。预报结果能根据系统给定的预报指标，自动推理、判断灾害影响大小，并给出栽培管理措施。

4. 提升恢复力

学习借鉴发达国家的先进经验，注重开展应对低温冷冻灾害的演习和应急预案的处置演练，提高公众对气象科学和气象灾害的科学认识度，增强防灾减灾意识，提升规避灾害、自救互救的能力水平。依据现代应急机制的特点与趋势，积极探索和鼓励民间机构及志愿者参与抗灾救灾，动员全社会的各种资源和力量，共同抗灾救灾。倡导政府主导、部门协作、社会力量参与的气象灾害预防模式，探索和鼓励各专业学会、民间机制参与气象灾害防御中的相关工作。依期实现将自然灾害造成的影响危害减少到最低限度的目的（王惠芳 等，2010）。

5. 转型

建立相关法规法律和标准，依法规范强化低温冷冻防灾减灾工作。加强气象灾害防御规范工作，制定实施《国家气象灾害防御规则》，统筹规划和防范气象灾害的应急基础工程建设，尽快出台国家、省级《气象灾害防御条例》和《气候资源法》，保障有关气象灾害防御的法律、法规和标准的建设和贯彻落实力度，通过法律法规保障气象防灾减灾工作，从法律层面促进灾害应急处置的部门联动。要以相关的法律、法规和科学标准为依据，开展对事关国计民生的重大基础设施和工程建设进行气候可行性论证及气象灾害风险评估（王惠芳 等，2010）。同时，适应措施的实施可能会激励政策制定者采取更多气候友好型政策，包括减排和可持续发展政策，从而改进基础设施抗寒能力，减少低温冷冻害事件对交通、电力和供水系统的破坏与影响。

8.5 知识差距

国外对低温冷冻灾害风险研究多从作物的生态和气象条件上诊断冷害的指标和方法、初步探索冷害机制、初步分析低温冷害的时空分布和防御低温冷害的办法。国内的研究多致力于低温冷害的预测与风险评估，考虑到不同地区低温冷害的发生条件与严重程度不同，王春乙和郭建平（1999）通过统计分析建立了不同地区一般低温冷害和严重低温冷害的判定标准。李祎君和王春乙（2007）综合多方面因素提出玉米低温冷害综合监测指标，包括主导指标、辅助指标和参考指标，该指标考虑了低温冷害的阶段性和延续性，更具有生物学意义，但只适用于小范围、小尺度的研究。

目前，东北的农作物，如水稻、棉花等是我国低温冷害的主要研究对象，研究侧重低温冷害的指标研究，气象意义上的低温冷害指标仍占据着主导地位，针对农作物生长的低温冷害指标的研究处于发展阶段，两者综合分析为灾损评估提供了更为有利的依据。全球变化下，在对温度变化比较敏感的东北地区，低温冷害发生的温度阈值有所改变，已有冷害指标应随之改变，这对低温冷害的预警、监测与评估起至关重要的作用。

基于 GIS 技术的冷害监测多采用插值技术，将站点数据扩展到区域尺度上，对于地势复杂的地区来讲，温度插值精度较高，但该方法多用于障碍型冷害，在延迟型冷害研究中较少（檀艳静 等，2013）。而遥感监测范围广，数据获取快捷方便，但常常由于云污染等因素，时间分辨率低，在小面积种植作物的灾损评估时，目前还主要依赖人工调查（王连喜 等，2013）。基于数理统计方法的冷害预测，历史拟合率较好，简单易行，但是对作物冷害发生的机理缺乏解释。目前进行低温冷害监测和预测采用的方法比较单一，新技术还处于研究阶段，如何将传统方法和新技术结合，提高低温冷害监测和预报能力。目前的评估方法主要是以历史序列资料（离散的站点）为基础，利用作物低温冷害指标，通过求算低温出现概率、变异系数等计算冷害致灾因子危险程度，而灾损风险评估研究较少（王远皓 等，2008）。

霜冻的发生是一个相对复杂的过程，与多种因素有关，但目前的农业霜冻灾害风险评估研究对影响霜冻发生的因素考虑并不全面，例如环境因素、作物品种以及社会因素，在未来的研究中应成为学者们关注的重点之一。

【关注点】

低温冷冻灾害，低温连阴雨，低温冷害，霜冻，寒潮，低温冷冻灾害风险管理

【专题讨论】

请以 2008 年中国南方罕见的低温雨雪冰冻天气为例，讨论低温灾害发生的原因、影响、防灾减灾措施的运用以及经验教训。

【思考题】

一、全球变暖背景下，思考低温冷冻灾害风险评估的意义和重要性。

二、针对不同农作物遭遇低温冷冻灾害，如何进行风险评估和管理？

三、面对极端低温天气，居民应该如何有效地进行自我防护？

参考文献

蔡志欢, 张桂莲. 2018. 水稻低温冷害研究进展. 作物研究, 32(3): 249-255.

陈儒钢, 巩振辉, 逯明辉. 2008. 植物抗寒基因工程研究进展. 西北植物学报, 28(6): 1274-1280.

崔一鸣, 毕伊红, 张丹丹, 等. 2015. 低温冷害研究进展. 现代农业科技, 24: 240-241.

丁一汇. 2008. 中国气象灾害大典: 综合卷. 北京: 气象出版社.

丁一汇, 王遵娅, 宋亚芳, 等. 2008. 中国南方2008年1月罕见低温雨雪冰冻灾害发生的原因及其与气候变暖的关系. 气象学报, 5: 808-825.

高懋芳, 邱建军, 刘三超, 等. 2008. 我国低温冷冻害的发生规律分析. 中国生态农业学报, 16(5): 1167-1172.

高原. 2018. 低温雨雪冰冻灾害媒体资源共享平台的构建. 传播力研究, 2(11): 220.

韩鹏, 郭桂祯, 李鑫磊, 等. 2022. 低温雨雪冰冻灾害监测预警和风险评估概述. 中国减灾, 9: 34-35.

贺芳芳, 邵步粉. 2011. 上海地区低温、雨雪、冰冻灾害的风险区划. 气象科学, 31(1): 33-39.

扈光辉, 张志武, 杨德光. 2014. 玉米耐低温冷害研究进展. 中国农学通报, 30(33): 1-7.

雷杰, 张晓蕾. 2014. 伊犁河谷气候条件对冬小麦各生育期及产量的影响分析. 农业与技术, 34(05): 136.

李璨, 杨天杰. 2011. 植物抗寒基因工程研究进展. 吉林农业科学, 36(2): 15-20.

李涛, 陶辉, 陈金雨. 2022. 中巴经济走廊极端低温事件风险评估. 气候变化研究进展, 18(3): 343-354.

李文亮, 张丽娟, 张冬有. 2009. 黑龙江省低温冷害风险评估与区划研究. 干旱区资源与环境, 23(10): 149-153.

李祎君, 王春乙. 2007. 东北地区玉米低温冷害综合指标研究. 自然灾害学报, 16(6): 15-20.

刘布春, 王石立, 庄立伟, 等. 2003. 基于东北玉米区域动力模型的低温冷害预报应用研究. 应用气象学报, 5: 616-625.

娄伟平, 吴利红, 倪沪平, 等. 2009. 柑橘冻害保险气象理赔指数设计. 中国农业科学, 42(4): 1339-1347.

罗桂杰, 刘博, 谭军, 等. 2020. 不同防冻剂对三角梅低温胁迫下生理特性的影响. 青岛农业大学学报(自然科学版), 37(1): 20-26.

罗澜. 2021. 极端高温与极端低温, 是此消彼长还是共同肆虐？中国气象报, 19-3.

马绍东, 李哲东. 2016. 水稻天气指数保险定价研究——以贵阳市水稻低温冷害天气指数为例. 农村经济与科技, 27(3): 1-4.

毛裕定, 吴利红, 苗长明, 等. 2007. 浙江省柑桔冻害气象指数保险参考设计. 中国农业气象, 2: 226-230.

宋连春. 2021. 中国气象灾害年鉴. 北京: 气象出版社.

孙磊, 王丽华, 高中超, 等. 2019. 黑龙江省玉米低温冷害致灾机理及防御措施. 黑龙江农业科学, 11: 148-153.

檀艳静, 张佳华, 姚凤梅, 等. 2013. 中国作物低温冷害监测与模拟预报研究进展. 生态学杂志, 32(7): 1920-1927.

王安乾, 苏布达, 王艳君, 等. 2017. 中国极端低温事件特征及其耕地暴露度研究. 资源科学, 39(5): 954-963.

王春乙, 郭建平. 1999. 农作物低温冷害综合防御技术研究. 北京: 气象出版社.

王惠芳, 张青珍, 张志芳, 等. 2010. 低温雨雪冰冻灾害的分析与对策. 安徽农学通报, 16(2): 134-135.

王惠贞, 唐红艳, 韩雪, 等. 2022. 内蒙古大豆秋季霜冻风险指数分析及灾害风险区划研究. 中国农业资源与区划, 43(2): 23-32.

王连喜, 肖玮钰, 李琪, 等. 2013. 中国北方地区主要农作物气象灾害风险评估方法综述. 灾害学, 28(2): 114-119, 130.

王远皓, 王春乙, 张雪芬. 2008. 作物低温冷害指标及风险评估研究进展. 气象科技, 36(3) : 310-317.

杨霏云, 张玉书, 李文科, 等. 2017. 水稻低温冷害综合评估方法. 应用生态学报, 28(10): 3281-3288.

余兰. 2021. 1981—2017 年黑龙江省玉米低温冷害风险评估. 黑龙江气象, 38(2): 31-33.

余兰, 钟化然. 2020. 黑龙江省玉米低温冷害天气指数保险设计. 黑龙江气象, 37(2): 44-46.

赵晓妮, 李慧. 丁一汇院士解析全球变暖与极端天气气候事件之关系. 中国气象报社, 2021-1-14.

甄熙, 张超, 李云鹏. 2017. 作物低温冷害指标研究进展. 北方农业学报, 45(2): 94-98.

竺可桢. 1964. 论我国气候的几个特点及其与粮食作物生产的关系. 地理学报, 1: 1-13.

Alexander S, Niclas M F, Xavier G, et al. 2013. Association mapping for chilling tolerance in elite flint and dent maize inbred lines evaluated in growth chamber and field experiments. Plant Cell and Enviroment, 36: 1871-1887.

Blackport R, Fyfe J, Screen S A, et al. 2022. Arctic change reduces risk of cold extremes. Science. 375: 729-729.

Cohen J, Zhang X, Francis J, et al. 2020. Divergent consensuses on Arctic amplification influence on midlatitude severe winter weather. Nature Climate Change, 10: 20-29.

Huang J, Zhang J H, Li W Z, et al. 2013. Genome-wide association analysis of ten chilling tolerance indices at the germination and seeding stages in maize. Journal of Integretive Plant Biology, 55(8): 735-744.

Manuamorn. 2007. Scaling up microinsurance: the case of weather insurance for small holders in India. Agriculture and Rural Development Discussion Paper, 36.

Müller A, Grandi M. 2000. Weather derivatives: a risk management tool for weather-sensitive industries. The Geneva Papers on Risk and Insurance—Issues and Practice: 25(2): 273-287.

Tang Q, Zhang X, Yang X, et al. 2013. Cold winter extremes in northern continents linked to Arctic sea ice loss. Environmental Research Letters, 8(1): 14-36.

Wang X J, Gong Z Q, Ren F M, et al. 2012. Spatial-temporal characteristics of regional extreme low temperature events in China during 1960-2009. Advances in Climate Change Research, 3(4): 186-194.

第9章　雪灾风险评估与管理

引　　言

雪灾是因长时间大量降雪造成大范围积雪成灾的一种自然现象。雪灾影响范围十分广泛，但在各地的影响不同，表现出较强的地域性。在全球范围内，雪灾主要分布在一些高纬度地区和部分中纬度地区，如欧洲东部地区、北美洲中部地区。在国家尺度上，美国是受雪灾影响最严重的国家之一，根据美国国家环境信息中心统计结果，1980～2022年，美国重大雪灾（直接经济损失≥10亿美元）发生20次，占总气象灾害的6.2%，造成的死亡人数共计1314人，位列第四，占气象灾害总死亡人数的8.5%。其中，2021年2月，美国南部的得克萨斯州连日遭遇暴雪，超过19.5万户居民断电，1400多万人停水，至少70人死亡（National Centers for Environmental Information，2022）。

中国同样也是受雪灾影响较严重的国家之一。雪灾主要发生在稳定积雪地区和不稳定积雪山区，偶尔出现在瞬时积雪地区，在中国也常集中发生于牧区，这些牧区大都处于中高纬度带的高海拔内陆地区，不同程度的雪灾几乎每年都会发生，已成为严重制约牧区经济社会发展的重要因素之一。中国雪灾分布范围极为广泛，主要集中分布在内蒙古、新疆、青海和西藏，其主要的灾害影响为降雪量过大、积雪过厚、雪层维持时间长，影响正常放牧活动。例如，2018年年底至2019年2月底，青海南部牧区玉树、果洛两州连续降雪和低温积雪已致约3万头只（匹）牲畜死亡，直接经济损失超过9200万元，其中玉树州1市5县28个乡镇99个村牧委会遭受不同程度雪灾，涉及受灾牧户31583户，受灾人口12.69万人，涉及受灾牲畜106.16万头只（匹），因灾死亡牲畜共计2.41万头只（匹），直接经济损失7656万元；果洛州4县19个乡镇2673户9288人受灾，共死亡牲畜6357头只（匹），直接经济损失1545.8万元。此外，全球正经历气候变暖的趋势，有研究表明，近几十年来观测到的西印度喜马拉雅山地雪灾频率随着气候变暖加剧而增加，这是因为冰雪覆盖作为一种气候变化的响应，非常敏感，增加的温度将导致积雪中液态水含量的增加及其剪切变形率的增加，这反过来有利于增加板和/或薄弱层界面处的应变，并因此导致雪灾（于灵雪　等，2013；Ballesteros-Cánovas et al., 2017）。总而言之，在这样的背景下，中国面临的雪灾防灾减灾形势越来越严峻，任务越来越艰巨，因此亟须做好雪灾风险评估和管理工作。

国内外关于雪灾评估的工作由来已久，从最初侧重于灾害发生的可能性分析，到不断拓展对灾害损失的定量化评估。国际上主要针对山区雪灾进行研究，研究的重点主要是积雪的流动性、雪崩、积雪深度对植被的干扰作用等，如Marana（2017）对Bergamo地区进行的雪崩分区和风险评估研究。国内对于雪灾风险评估早期从雪灾风险的危险性和脆弱性这两个方面展开。近些年来，才开始参考自然灾害风险三要素评估的理论和方法进行风险评估（刘佩，2012）。此外，国外对积雪遥感监测方法研究较多，灾害风险分析是研究的热点，但对单灾种雪灾的风险和灾情评估研究较少。大量成果从灾害系统角度研究灾害危险性和脆弱性问题。

同时，雪灾的综合性分析逐渐成为研究的重要方向，包括多指标的灾害评估、多方法的综合集成和多灾种的综合作用分析（吴玮 等，2013）。气象部门制定了《牧区雪灾等级》（GB/T 20482—2017）和《城市雪灾气象等级》（QX/T 178—2013）等国家标准和行业标准，对雪灾适用范围、术语和定义、要素的选择分析进行了统一规定，为中国雪灾的调查、统计、评估、灾情发布及抗灾救灾提供了依据。本章主要内容分为 4 个部分，9.1 节是雪灾的概述；9.2 节主要介绍雪灾的影响因素和成灾机制；9.3 节以具体案例介绍雪灾风险评估方法与流程；9.4 节主要从 6 个方面介绍了雪灾风险管理方法。

9.1 雪灾概述

雪灾是因长时间大量降雪导致大范围积雪、风吹雪（风雪流）和雪崩等，从而严重影响人畜生存与健康，或对交通、电力、通信系统等造成损害的一种自然灾害（吴玮 等，2013）。中国气象学上的雪灾一般都特指影响我国内蒙古、新疆、青海、西藏四大牧区的雪灾，也包括东北地区雪灾。

1. 雪灾类型

根据《中国气象灾害年鉴》，雪灾根据其形成条件、分布范围和表现形式不同普遍被分为雪崩、风吹雪和积雪。

其中，雪崩是由于山坡积雪的内聚力抗拒不了重力的拉引，向下滑动，引起大量雪体崩塌的现象。早期的雪崩，一般分为烟尘状雪崩、地表面雪崩、干雪雪崩、湿雪雪崩、风板雪崩和冰雪崩等。1973 年，国际冰雪委员会（ICSI）根据雪崩的性质制定了一个雪崩分类系统，该系统认为应该依据雪崩起动带、运动带和堆积带特征进行分类，该方法对雪崩预报、雪崩危险性评估等较为适用。而根据文献综述，现有的雪崩通常有如下 6 类划分方式和类型（王世金和任贾文，2012）。

（1）按雪崩发生时期，可分为季节性雪崩和常年雪崩。

（2）根据雪崩始发区雪层特征，一般分为松雪雪崩和雪板雪崩两类。松雪雪崩爆发于一个相对有黏性的干湿雪层，起动方式由一点开始；而雪板雪崩是较厚和较硬板块雪层下相对稀疏的松雪层在陡坡上的断裂和崩塌，其起动方式由一条线开始。雪板雪崩触发因子包括近表面局地载荷的快速增加、载荷的渐进持续增加（如降雪）和雪层特性空间变化（如表面增温）。其中，雪板雪崩占所有雪崩灾难的 90%左右，危害性更大。

（3）按雪层含水状态，雪崩又被分为干雪雪崩和湿雪雪崩两类，干雪崩常发生于山顶，而湿雪崩则常发生于中低山。

（4）按雪崩运动路径地貌形态特征，可分为沟槽雪崩、坡面雪崩、坡面-沟槽雪崩。

（5）按照雪崩驱动因子，分为天然雪崩和人为雪崩，前者主要威胁居民和基础设施，后者主要威胁高山冰雪旅游者。

（6）按照雪崩滑动面位置，可将其分为表层雪崩和全层雪崩。

另外，雪崩多伴随冰崩、岩崩事件发生，远距离灾害风险巨大，直接威胁山区聚居区居民的人身安全，同时也可能导致财产损失。

风吹雪是一种由气流挟带起分散的雪粒在近地面运行的多相流天气现象（陈晓光 等，

2001）。风吹雪常常阻断公路交通的正常通行，多发生在高纬度、高海拔和地形起伏变化较大的积雪地区，如在中国新疆地区主要发生在北疆和天山地带。风吹雪常发生在雪停之后，特别是晴朗天气。风吹雪依据雪粒的吹扬高度、吹雪的强度及对能见度的影响，可分成 3 类：①低吹雪，指地面上的雪被气流吹起贴地运行，吹扬高度在 2 m 以下；②高吹雪，指较强气流将地面雪卷起，吹扬高度达 2 m 以上，水平能见度小于 10 km；③暴风雪，指大量的雪随暴风飘行，风速超过 17.2 m/s，伴有强烈降温，水平能见度小于 1 km（天空是否有降雪难以判定）。风吹雪既存在季节性发生现象，也存在常年持续性发生现象。

积雪是指雪在地面所覆盖的面积达到一地周围能见面积的一半（车涛和李新，2005）。此外，根据积雪稳定程度，将积雪分为 5 种类型：①多年积雪指在雪平衡线以上，降雪积累量大于当年消融量，积雪终年不化；②稳定积雪（连续积雪）指空间分布和积雪时间（60 天以上）都比较连续的季节性积雪；③不稳定积雪（不连续积雪）指虽然每年都有降雪，而且气温较低，但在空间上积雪不连续，多呈斑状分布，时间上达到 10～60 天，且时断时续；④瞬间积雪指主要发生在中国华南、西南地区，这些地区平均气温较高，但在季风特别强盛的年份，因寒潮或强冷空气侵袭，发生的大范围降雪，积雪很快消融，使地表出现短时（一般不超过 10 天）积雪；⑤无积雪指除个别海拔高的山岭外，多年无降雪。雪灾主要发生在稳定积雪地区和不稳定积雪山区，偶尔出现在瞬时积雪地区。

2. 雪灾指标

一般来说，雪灾的首要标志是降雪在平地上所累积的深度，又称积雪深度（庄晓翠 等，2015）。降雪量同所有降水量一样，用相当的水层厚度来度量，单位是 mm。由于各地草场差异、牧草生长高度不等，形成雪灾的积雪深度是不一样的。在内蒙古和新疆地区，根据多年观察调查资料分析，对历年降雪量和雪灾形成的关系进行分析，得出雪灾的指标为：①轻雪灾，冬春降雪量相当于常年同期降雪量的 120%以上；②中雪灾，冬春降雪量相当于常年同期降雪量的 140%以上；③重雪灾，冬春降雪量相当于常年同期降雪量的 160%以上。

雪灾的指标也可以用其他物理量表示，诸如积雪深度、密度、温度等，不过上述指标的最大优点是使用简便，且资料易于获得。

3. 雪灾分布规律

在全球范围内，雪灾主要分布在一些高纬度地区，还有受高纬度地区影响显著的中纬度地区，此外，特别高山上有时也存在雪灾，比如珠穆朗玛峰。雪线可以作为一种雪灾发生的气候标志线，雪线是指在气候变化不大的若干年内，最热月积雪区的下限，即年降雪量与年消融量相等的平衡线。雪线以上年降雪量大于年消融量，降雪逐年加积，形成常年积雪，进而变成粒雪，发育冰川。雪线的分布高度主要取决气温、降水量和地形条件。从全球来看，雪线的分布高度与气温和降水量密切相关。其中，降水量越大，雪线越低；降水量越小，雪线越高。赤道地区空气多对流上升，云层较厚，降水多，大气对太阳辐射的削弱作用强；而副热带地区多下沉气流，晴天多，降水少，热量充足，积雪较易融化。因此，全球雪线最高的地区不在赤道，而是在副热带地区。处在此范围 20°S～25°S 的安第斯山脉雪线最高，主要分布在智利北部和玻利维亚西南部，一般高 5500～6000 m，最高可达 6400 m，是世界上雪线最高的地方。在纬度 40°的地方，根据气候的干燥程度，雪线高度在海拔 2500～5000 m。

到极地附近，雪线可降至地表。此外，由于 10°N 的降水量比 10°S 多，因此 10°S 的雪线比 10°N 要高一些。总之，雪线高度的纬度分布规律是由副热带地区向两侧递减。雪线高度的升降变化还受大气环境改变的影响，如全球变暖、臭氧层的破坏、沙尘暴等因素，均可对雪线高度产生影响。

中国雪灾有着显著的季节性特点，发生时期一般是在当年 10 月到次年的 4 月。从空间格局上来看，形成了 3 个雪灾多发区，即内蒙古大兴安岭以西、阴山以北的广大地区，新疆天山以北地区，青藏高原地区（刘兴元 等，2008；马晓芳 等，2017；王嫣娇 等，2017）。

雪灾是在中国发生频繁且影响较为严重的一类自然灾害。雪灾经常发生于牧区，雪灾可能发生始期和终止期具有明显地域性差异，可能发生始期出现规律是从东北至西南逐渐推迟，而在山地以及青藏高原牧区则随海拔高度增加而提前，如青藏高原中部海拔 4500 m 以上的高原牧区，雪灾的可能发生始期在 8 月中旬，成为最早的可能发生始期，而绝大多数牧区的雪灾可能发生始期都在 10～11 月份。雪灾的可能发生终止期的地理分布与可能发生始期的分布正好相反，趋势是从东北至西南逐渐提前，山地以及青藏高原牧区则随海拔高度增加而推迟，对中国大部分牧区而言，雪灾可能终止期都出现在 3～4 月份。而在被誉为世界“第三极”的青藏高原，气候变化相比于全球其他地区，具有开始时间早、变化幅度大及变化速率快等特征，对中国气候变化的影响至关重要，该地区牧区的雪灾可能发生终止期一般在 5～6 月份，比大部分国内牧区的雪灾可能发生终止期迟 2～3 个月（王慧 等，2020）。因此从时间尺度上看，不同区域表现出一定的差异，但在总体上中国积雪存在缓慢的增长趋势（王嫣娇 等，2017）。

9.2 雪灾影响因素及其成灾机制

9.2.1 雪灾影响因素

1. 气候因素

形成大范围的雨雪天气过程，最主要宏观成因是大气环流异常。正常情况下，冬季控制中国气温的空气流主要是来自西伯利亚的冷空气，使得中国大部分地区干燥寒冷。而在一些特殊的年份，如 2008 年，由于气候异常（受拉尼娜现象影响），西南暖湿气流北上影响中国大部分地区，而北边的高压系统稳定存在，从西伯利亚地区不断向南输送冷空气，冷暖空气在长江中下游及以南地区就形成了一个交汇，冷空气密度比较大，暖空气就会沿着冷空气层向上滑升，暖湿气流所携带的丰富水汽就会凝结，形成雨雪天气。由于冷暖空气异常地在这一带地区长时间交汇，中国南方大范围的雨雪天气持续比较长时间。此外，太阳黑子活动对太阳辐射有明显影响，太阳黑子表面的各种活动明显影响着地球气候系统，同时对局地气候也产生重要影响，从而导致了地球表面温度和气压等发生变化，使温度梯度和气压梯度改变，造成大气环流的变化，进而对降水和径流等水文气象要素产生一定影响（庄晓翠 等，2015）。

又如斯堪的纳维亚正位相环流型（SCA 环流型）是造成新疆北部冬季降水异常的主要环流型，其维持有利于西伯利亚和阿拉伯海向中亚地区输送水汽，为该地区持续性强降雪提供充分的水汽条件。有研究表明，中国新疆北部冬季降水异常与北极涛动指数（Arctic oscillation index，AOI）异常偏弱密切相关，当北极涛动指数处于负位相时，贝加尔湖一带位势高度出现负异常，北半球盛行经向环流异常，有利于乌拉尔山阻塞高压的维持和冷空气向南侵袭，导致新疆北部持续性寒潮和大暴雪天气的发生。由此可见，斯堪的纳维亚正位相环流型及北极涛动指数异常偏弱是新疆北部雪灾发生的基础条件（庄晓翠 等，2015）。

2. 地形因素

地形因素是造成雪灾的一个重要因素。迎风坡通过抬升富含水汽的气流，增强降水的放大效应，增加降雪，导致雪灾发生。迎风谷的喇叭口地形使得暖湿气流进入后，气流截面积越来越小，气流抬升速度越来越大，造成水汽大量迅速凝结，形成大量降雪。中国新疆西北部的额尔齐斯河谷、伊犁河谷和额敏河谷常发生地形性雪灾，它们都是口向西开，西低东高、西宽东窄，面迎盛行西风。而在新疆的东侧，准噶尔盆地中的克拉玛依历史最大积雪深度只有 25 cm。可见地形对降雪、积雪影响及雪灾形成的重要作用。此外，在较高山区，海拔高、气温低，降水多以降雪形式储存，当山势陡峭，极易导致雪体松动，遇到外力作用，便容易发生雪崩。

3. 人为因素

（1）人口增长对土地的压力是环境恶化的直接原因（张殿发和张祥华，2002）。在干旱的土地上，人类过度放牧、粗放经营、盲目垦荒、不合理利用水资源、乱樵、过度砍伐森林、不合理开矿等，加速了荒漠化扩展。而雪灾与归一化植被指数（NDVI）相关，一般来说，林区和非林区积雪变化速率不一致，林区比非林区变化速率慢（Guo et al., 2022）。

（2）大量的基础设施建设远达不到应对降雪的要求。在畜牧业地区，基础设施薄弱和草原建设投入不足是雪灾发生的主要原因之一。1949 年以来，中国平均每年每亩草场建设的投入只有几分钱，建设速度赶不上退化速度。人工草场比例太低，中国的人工草场比例低于 2%，而其他国家，如澳大利亚人工草场比例却高于 95%。此外，一些已经建成的重大工程，对地表地形的改变，无形中也会加重雪灾影响。例如，2008 年中国特大雪灾中，水汽通道上的大型水库大坝对气候和降水有着一定影响，会使大量水汽进入中国南方地区，增加雪灾的严重性。

9.2.2　成灾机制

雪灾形成的起因是由于发生大量降雪，假如降雪能够在短时间内迅速融化，并不产生积雪是不会形成雪灾的。而积雪能否形成主要取决于降雪量和温度，通常情况下，5～9 月，中国青海牧区都是先降雨后降雪的，并且降水量较大，积雪量较少，因此这段时间不容易出现雪灾。但是从 11 月中旬～次年 3 月中旬，降水属于纯雪，同时青海省牧区的平均气温为–5℃，天气严寒，这种温度环境促进了积雪的形成。但是这并非意味着一定会发生雪灾。从承灾体角度，对牲畜采食牧草造成影响的积雪时间长达 1 个月以上才能形成雪灾，雪灾属于一类短期气候灾害。据中国青海省牧业气象试验站观测结果发现，对于干草原牧场，当积雪的厚度低于 5 cm，可以减缓绵羊体重的下降速度，由此可见当积雪深度不大时，可以促进牲畜保膘（马晓芳 等，2017）。只有当积雪达到一定深度时才能形成雪灾，主要有两个方面的原因，一方面是当积雪较厚时会掩埋牧草，从而引起牲畜的可采食量减少；二是积雪加厚时会增加牲畜采食和行走时的难度，加大其体力消耗，如果牲畜在采食牧草过程中消耗的体能远远超过进食补充的能量，便会出现大批死亡，从而发生雪灾。

9.3　雪灾风险评估

关于灾害风险的定义，IPCC SREX 报告指出灾害风险是由致灾因子危险性、承灾体的暴露度和脆弱性三者构成的函数（IPCC，2012）。灾害风险表达式较为普遍的形式是致灾因子危险性、承灾体的暴露度与脆弱性 3 个因素的乘积。雪灾风险可认为是由区域内积雪危险性、承灾体暴露度和脆弱性 3 个因素综合作用而形成，雪灾风险评估也应包括这 3 个方面。雪灾风险评估是一种通过分析雪灾潜在的致灾因子，评估雪灾对人员、牲畜等承灾体生命财产和生存环境造成危害的脆弱性存在条件，并确定风险性质和范围程度的方法（吴玮 等，2013）。开展雪灾风险评估，能够科学准确地分析雪灾危险程度和损失强度，有利于采取具有针对性的风险控制措施，减少灾害影响。

9.3.1　雪灾风险评估技术路线

雪灾灾害风险评估流程主要分为 3 个方面：①综合评估指标体系的建立，基于雪灾成灾机制，分别构建雪灾危险性、暴露度和脆弱性指标体系。②雪灾评估模型的构建，在获得评估指标的前提下，收集整理相关数据，分别对案例区域雪灾危险性、暴露度和脆弱性进行评估。③雪灾的风险评估，通过构建风险等级分区矩阵实现雪灾风险评估，技术路线如图 9.1 所示。

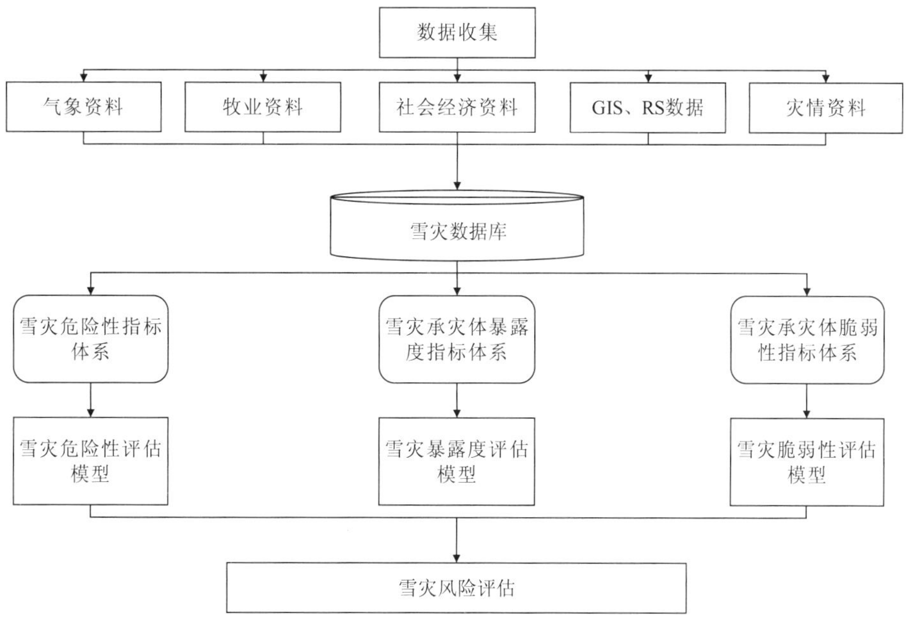

图 9.1　雪灾风险评估技术流程

9.3.2　雪灾风险评估方法

1）数据收集与处理

根据先前的研究，收集并整理数据，包括：①收集牧区气象、牧业观测站点和所在地基本信息（经度、纬度、海拔等）；②收集牧区气象站建站以来逐日平均气温、降水量、积雪深度及积雪日数等资料；③收集牧业观测站（牧试站）历年入冬前牧草高度、牧草产量、草场覆盖度等资料；④收集各地区最新统计年鉴中各行政区域面积、年末人口数、年末牲畜头数（包括牛、羊、马等）、生产总值、草场退化面积等资料；⑤收集整理历年主要牧区因雪灾造成的受灾牲畜头数、受灾人口以及直接经济损失等资料；⑥收集各地区 1∶25 万（或 1∶5 万）地形高程、行政区域等地理信息数据。把收集到的数据资料在 GIS 下集成，形成雪灾对牧业影响风险评估数据集。

2）评估指标体系构建

根据雪灾发生、发展的机理，从系统性、综合性、独立性、可比性、真实性、实用性以及资料收集的难易度去考虑，对致灾因子危险性、承灾体暴露度和承灾体脆弱性指标进行选取。

（1）致灾因子危险性

通过分析雪灾形成的主要影响因素，考虑冬春季降雪量、积雪深度及持续时间、积雪面积、牧草生长季降水量、家畜掉膘期负积温等因子的综合作用（表 9.1）（李海红 等，2006）。

表 9.1　雪灾致灾因子分析

指标分级	草原类型	冬春季降雪量距平百分率/%	雪深/cm	家畜掉膘期负积温距平/℃	牧草生长季（6～8 月）降水量距平百分率/%	积雪持续时间/天	积雪面积比/%	家畜受害状况
无雪灾	高寒草甸草场	＜120	＜3	＞-100	＞100	＜5	＜20	积雪少，对各类放牧家畜均无影响
	草甸草场		＜15					
	草原草场		＜10					
	荒漠、半荒漠草场		＜5					
轻雪灾	高寒草甸草场	120～140	3～5	-200～-100	70～100	5～10	20～40	影响牛的放牧采食，对羊略有影响，对马无影响
	草甸草场		15～20					
	草原草场		10～15					
	荒漠、半荒漠草场		5～10					
中雪灾	高寒草甸草场	140～160	6～10	-300～-200	50～70	10～15	40～60	主要影响牛、羊采食，对马略有影响
	草甸草场		20～25					
	草原草场		15～20					
	荒漠、半荒漠草场		10～15					
重雪灾	高寒草甸草场	＞160	＞10	＜-300	＜50	＞15	＞60	各类放牧家畜均受影响
	草甸草场		＞25					
	草原草场		＞20					
	荒漠、半荒漠草场		＞15					

冬春季大量降雪是雪灾的起因。冬春季降雪量越大，越易形成严重雪灾。如果冬春季降雪量相当于常年降雪量的 120%以上时，雪灾发生的可能性增大。

牧草生长季（6～8 月）降水量也是重要的因子，广大牧区的牧草生长关键季为每年的 6～8 月，其间日照充足，热量资源能保证牧草生长需要，水分条件成为限制牧草生长的主导因素。牧草状况很大程度上影响着牲畜的成长，间接地影响着牲畜冬季抵御雪灾的能力。

积雪深度及持续时间，积雪深度直接影响牲畜采食。积雪越深，积雪掩埋牧草的程度越重，牲畜破雪采食越困难，牲畜体力消耗越大，牲畜遭遇的危险性越高。积雪持续时间也是雪灾形成的重要因素之一，当积雪掩埋牧草致使牲畜采食困难时，这种状态持续的时间越长，牲畜掉膘越多，死亡的可能性越大。同时积雪面积越大，雪灾受灾范围越广，灾害越严重。

家畜掉膘期负积温也是重要的因子，牲畜膘情直接影响其越冬度春的抗灾能力，家畜的膘情与掉膘期长短有直接关系，一般把日平均气温不超过 5℃的初日和终日分别定为低温容易掉膘初日和低温容易掉膘终日，从初日至终日这一期间即为低温容易掉膘期（简称掉膘期）。掉膘期气温越低，牲畜为维持体温所消耗的营养会越多，从而使牲畜的掉膘程度加剧。同时，低温会使积雪不容易融化，从而延长积雪时间，加重雪灾的危害。

雪灾致灾因子危险性评估为

$$B=\sum_{i=1}^{n}(W_i \times B_i)$$

其中，n 表示致灾因子影响因子数；W_i 为第 i 个致灾影响因子的权重系数；B_i 为第 i 个致灾影响因子。利用 GIS 中的自然断点法或分位数法进行分级，可将雪灾致灾因子危险性分为极高危险性区、次高危险性区、中等危险性区、低危险性区和极低危险性区 5 个级别（王世金 等，2014；马晓芳 等，2017）。

（2）承灾体暴露度

雪灾影响的大小不仅与致灾因子的危险性有关，还与承灾体的暴露度和脆弱性有关。承灾体暴露度是指暴露在雪灾影响范围内的人口、房屋、财产、农田、设施、牲畜等数量和价值量。同等强度的雪灾，发生在人口密集、经济发达的地区造成的损失往往要比发生在人口稀少、经济相对落后的地区大得多，即暴露于雪灾影响范围的人口、经济、农业等数量和价值量越多，灾害风险就越大。畜牧业雪灾研究围绕牧区牲畜承灾体展开，它们主要通过自然放牧方式从草地获取食物，更易受雪灾影响，一般牲畜暴露越多，雪灾损失就越大。

一般选取人口、经济、农业或牲畜等承灾体进行暴露度分析。人口暴露度以该地区常住人口表示。经济暴露度以该地区生产总值表示。农业暴露度以该地域耕地、林地和草地类型用地面积综合而成。牲畜暴露度以该地域各类牲畜头数表示。

采用加权综合评估法来评估暴露度，利用 GIS 中的自然断点法或分位数法对其进行分级，将雪灾承灾体暴露度分为极高暴露度区、次高暴露度区、中等暴露度区、低暴露度区和极低暴露度区 5 个级别。

（3）承灾体脆弱性

承灾体脆弱性是自然灾害系统最重要的属性之一，指社会经济系统和生态系统遭受到致灾因子打击的可能性，脆弱性与承受雪灾的载体有关，它造成的损失大小一般取决于发生地的经济发展状况及人口和牲畜的密集程度。根据经济社会统计数据（行政区域土地面积、生产总值、年末总人口以及各类牲畜头数）得到牧区地均生产总值、地均人口（人口密度）、地均牲畜头数（牲畜密度）、大牲畜比例、人均生产总值、牧民年人均纯收入、畜均储草量、棚圈建设等多个脆弱性评估指标。

地均生产总值，当地经济越发达，遭受雪灾后的经济损失越大。

人口密度，某一牧业区年末人口数与该地区面积之比。人口越密集的地区，发生雪灾后受灾影响人口越多，损失越大。

人均生产总值，某一牧业区生产总值与该地年末人口数之比。当地的经济发展水平对防御雪灾危害影响较大，经济越发达的地区，救灾能力越强。

大牲畜所占比例，指年末马、骆驼牲畜头数与年末总牲畜头数之比。当地大牲畜所占比例越高，抗御雪灾能力越强。例如，在同样灾情条件下，马、骆驼等大牲畜破雪采食能力明显高于牛、羊等中小牲畜。

牲畜密度，某一牧业区年末牲畜头数与该地区面积之比。当地养殖牲畜头数越多，发生雪灾后受灾影响越大，损失越重。

雪灾承灾体脆弱性评估指数为

$$C=\sum_{i=1}^{n}(W_i\times \mathrm{C}_i)$$

其中，n 表示承灾体影响因子数；W_i 为第 i 个承灾体影响因子的权重系数；C_i 为第 i 个承灾体影响因子。利用 GIS 中的自然断点法或分位数法对其进行分级，将雪灾承灾体脆弱性分为极高脆弱性区、次高脆弱性区、中等脆弱性区、低脆弱性区和极低脆弱性 5 个级别。

3）指标体系权重确定

权重系数的确定有多种方法，通常有二项式系数加权法、循环打分法、层次分析法、均方差法、最优权法、熵权法、网格 GIS 法等。各指标因子在雪灾评估的过程中贡献大小不同，反映了不同因子的重要程度不同，这种对各因子重要程度权衡的过程，即是确定权重。由于问题的复杂性，权重的确定要建立在对雪灾的系统构成、发生机理深刻认识的基础上，在掌握大量的记录数据并熟悉雪灾变化规律的前提下，将实际灾害系统抽象成概念模型，定量与定性相结合，确定权重，以定性分析结果作为约束，形成定权模型框架。毫无疑问，评估因子的权重合理性影响结果的准确性和科学性。本章选择层次分析法确定指标权重，该方法广泛应用于雪灾风险评估中。

层次分析法是一种将定性与定量分析相结合的多因素决策分析方法，此方法将决策者的经验判断量化，在目标因素结构比较复杂且缺乏必要数据的情况下应用较为方便。一般来说，层次分析法确定指标权重系数的基本思路是：先对评估指标体系进行定性分析，根据各指标的相互关系，分成目标层、准则层和指标层等若干级别；在计算各层指标单排序的权重的基础上，进而计算各层指标相对总目标的组合权重。

9.3.3　雪灾风险灾害评估案例

1. 研究区概况

青藏高原是内陆高原，也是中国最大、世界海拔最高的高原，被称为“世界屋脊”“第三极”。青藏高原南起喜马拉雅山脉南缘，北至昆仑山、阿尔金山脉和祁连山北缘，西部为帕米尔高原和喀喇昆仑山脉，东及东北部与秦岭山脉西段和黄土高原相接，介于 26°00′N～39°47′N，73°19′E～104°47′E。由于自然条件脆弱，青藏高原产业结构单一，多以畜牧业为主。例如，2010 年，地区总人口仅为 1554 万，牲畜总数达到 1.344 亿羊单位，牲畜种类主要以青藏高原的藏牦牛、绵羊、山羊为主。2010 年，畜牧业总产值和人均收入分别达到 173.45 亿元和 8260 元。从人均收入水平看，经济适应水平相对较低，远低于同期全国平均水平，相对落后。与此同时，该地区雪灾发生频率相对高于其他地区，在1961～2015年，共计发生238次大规模雪灾（Wang et al., 2019）。因而，青藏高原抵御自然灾害的能力极其有限，亟须开展雪灾风险评估。

2. 雪灾风险评估指标体系构建

选择积雪深度、积雪日数，低温日数（平均气温低于0℃的日数）和产草量作为雪灾致灾因子危险性评估指标，选择牲畜超载率作为承灾体暴露度评估指标，选择绵羊占牲畜总数的比例作为牲畜脆弱性评估指标。最终，基于致灾因子危险性、承灾体暴露度和脆弱性三要素构建雪灾风险评估指数。大部分指标采用极值法（归一化结果介于0～1）进行无量纲处理，并采用层次分析法进行加权。

3. 评估结果

（1）致灾因子危险性评估，以积雪深度、积雪日数、低温日数和产草量这4项指标作为青藏高原雪灾致灾因子危险性评判因素。基于以上4个指标，计算了危险性指数（图9.2）。危险性较高的区域与积雪深度较大、积雪日数较多，以及牲畜超载状态较高的区域呈现空间上的一致性。这些高危险性区域主要分布于青藏高原中东部，尤其是青藏高原东部，其他区域的危险性相对较小。

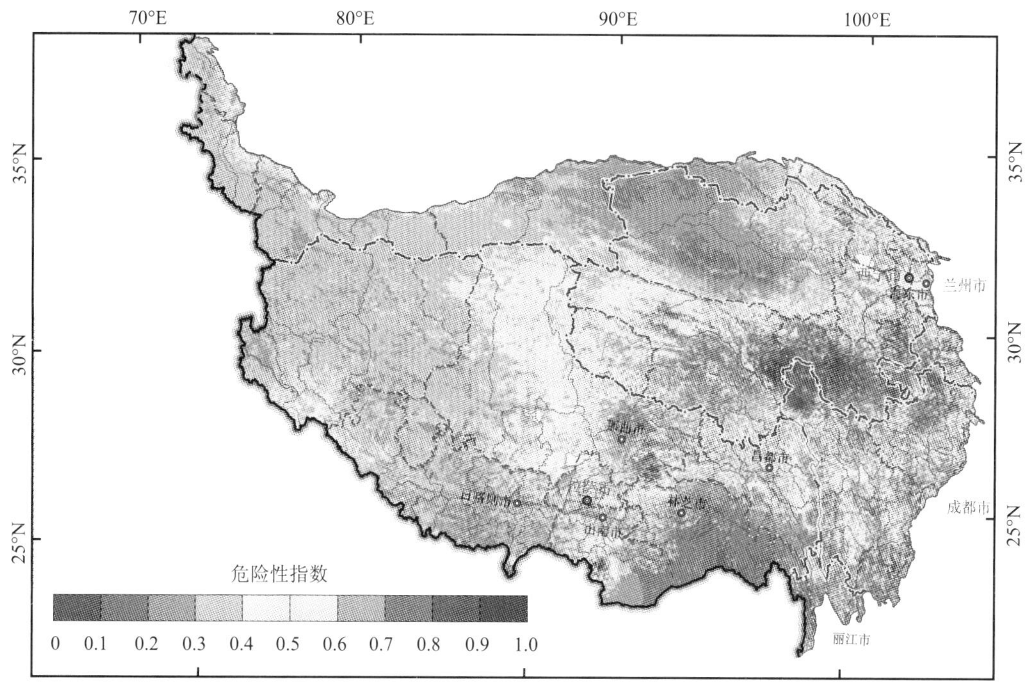

图9.2　青藏高原雪灾危险性指数空间分布

（2）承灾体暴露度评估，暴露在雪灾中的承灾体越多(越少)，潜在损失就越大(越小)。在本案例中，暴露度以牲畜超载率为指标。根据社会经济统计数据（国家统计局，2015），统计牲畜存栏数、人口、国内生产总值、牲畜总量、固定资产投资、人均收入等数据，计算牲畜超载率。该指标与牲畜密度相比，更能反映冬季牲畜的饲草需求紧张程度，更适用于反映承灾体暴露度。牲畜超载率越高，表明放牧强度越大，草地受损越严重，应对雪灾的适应性越弱。从图 9.3 可以看出研究区部分地区的牲畜超载率超高，明显打破了草畜平衡。从空间分布上看，牲畜超载率较高的地区主要位于青海省东南部、四川省西北部、西藏自治区日喀则-拉萨-那曲-昌都和云南省西北部。这些地区的牲畜和经济密度较高，也是重要的畜牧业集中区。相反，低超载率和非超载率的地区主要分布在广阔的青藏高原北部和中西部，这些地区大多植被覆盖度、牲畜密度和人口密度相对较低。

（3）承灾体脆弱性评估，选取绵羊占牲畜总数的比例为脆弱性指标。在雪灾中，绵羊等小动物的采食量较低，它们的抵抗能力比其他大牲畜弱。由图 9.4 可以看出，脆弱性较高的地区主要位于青藏高原东北部、青海省青海湖周边地区和西藏自治区的拉萨、那曲、日喀则地区，这些地区小牲畜比例往往较高。与这些地区相比，其他地区的脆弱性较低。牲畜脆弱性越高，往往面临的灾害风险或损失就越大。

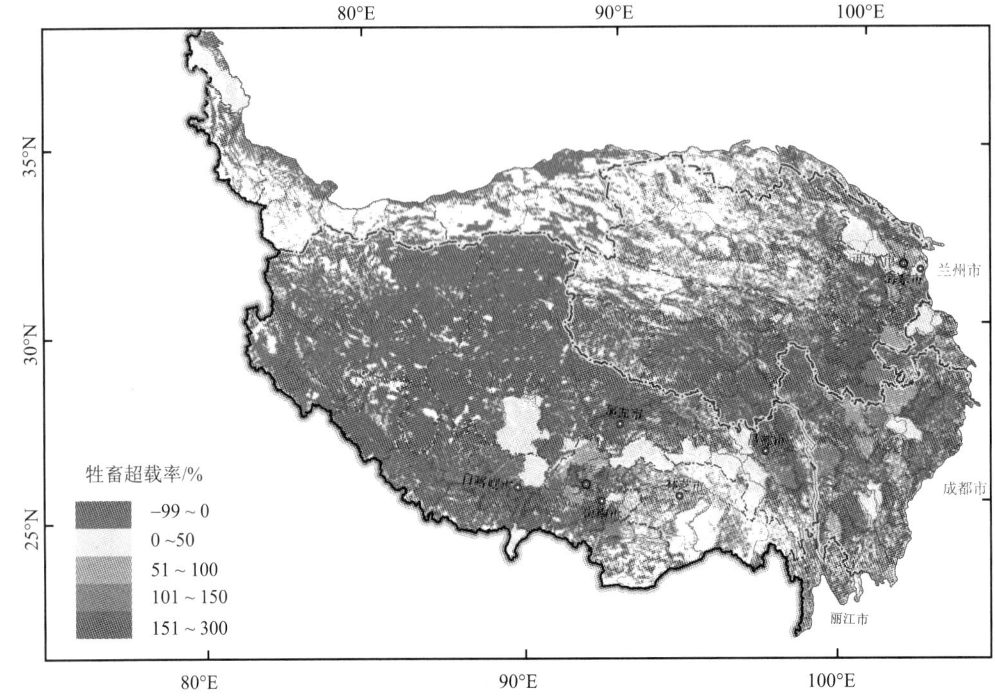

图 9.3　青藏高原牲畜超载率的空间分布

（4）雪灾风险评估，基于上述风险因子分析，先通过层次分析法确定各指标的权重（表 9.2）。再在网格单元中叠加危险性、暴露度、脆弱性，计算青藏高原雪灾的风险，采用 GIS 中的等间距法，将雪灾风险指数分为 5 类，即低风险（0～0.2）、较低风险（0.21～0.4）、中等风险（0.41～0.6）、较高风险（0.61～0.8）和高风险（0.81～1.00），实现雪灾风险空间分布的可视化。图 9.5 反映了基于雪灾中上述风险因素的空间重叠和合成结果。评估结果表明，雪灾风险较高的地区主要集中在青藏高原中东部（如海南州、黄南县、果洛县、玉树市、甘

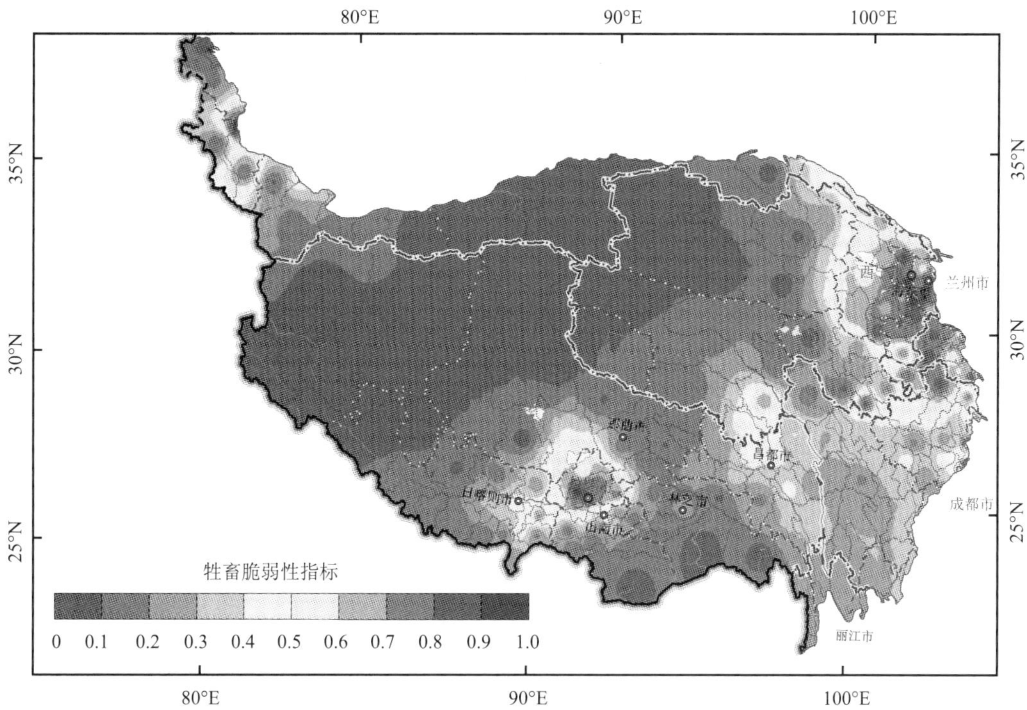

图 9.4　青藏高原畜牲畜脆弱性的空间分布

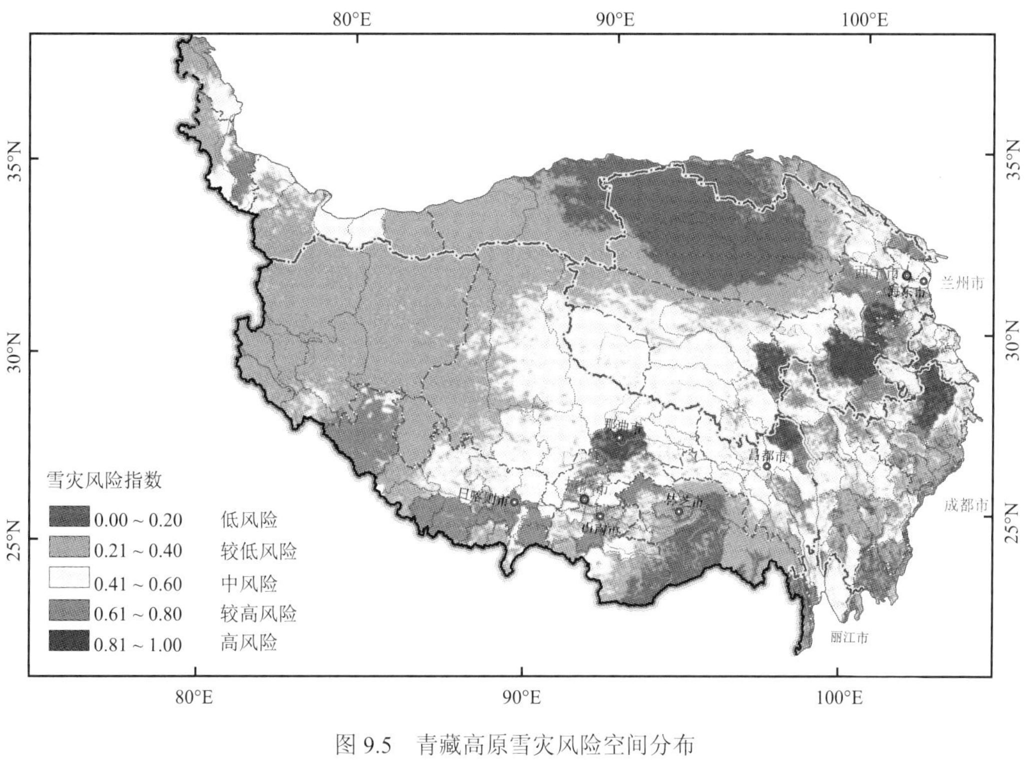

图 9.5　青藏高原雪灾风险空间分布

孜县、阿坝县等地区）和其他一些地区（如索县、那曲县、日喀则市、中坝县等地区）。如果把高原作为一个整体，我们可以看出，较高的雪灾风险地区在地理空间上显示出一条从青藏高原东北部到西南部的明显延伸，这似乎与该地区的亚寒带和温带、亚热带之间的辐合带相吻合。相比之下，青藏高原北部的积雪深度、积雪日数、产草量和牲畜密度相对低于青藏高原东北部，这决定了这些地区的雪灾风险较小。特别的，青藏高原的东部和南部边缘主要位于热带，这些地区海拔相对较低，整体经济状况较好，适应性水平较高，因此雪灾风险相对较低。

表 9.2　各指标权重值

目标指标	一级指标	二级指标	权重值
雪灾风险指数	致灾因子危险性	积雪深度	0.225
		积雪日数	0.063
		低温日数	0.063
	承灾体暴露度	产草量	0.088
		牲畜超载率	0.313
	承灾体脆弱性	绵羊占牲畜总数的比例	0.188

9.4　雪灾风险管理

雪灾风险管理是根据雪灾风险识别、雪灾评估结果，利用行政决策、战略、组织运行技能和能力去减缓、降低及处置雪灾影响的全过程，其目标在于以最低成本实现区域最大的安全保障。雪灾风险管理应立足预防，兼顾灾中应急管理（王世金　等，2021）。对此，IPCC SREX提出灾害风险管理的主要方法包括减少暴露度和脆弱性、提高对风险变化的应对能力、风险转移和分担、提升恢复力以及转型等（IPCC，2012）。雪灾风险管理应包括提升雪灾风险的应变能力，加强雪灾防御、响应与恢复，减少雪灾承灾体暴露度和脆弱性，雪灾风险转移与分担，转型这 6 个方面。雪灾风险管理的目的在于积极宣传防灾知识，增强民众防灾意识，提供及时有效和必需的救援，减少灾害损失。

（1）提升雪灾风险的应变能力。全球变暖背景下，极端天气气候事件频繁发生，尤其是雪灾给人们造成的影响越来越严重。因此，应提高防御雪灾的理性认识，自觉约束不当行为，保护草原环境系统功能平衡，通过强化雪灾意识，树立效益畜牧业的观念，提高牧业商品率和加强草原建设，缓解畜草矛盾，并依靠科学技术抗御雪灾、提高防灾减灾能力，从而使雪灾防御工作由被动防御转变为主动防御，逐步从根本上减轻雪灾影响（李红梅　等，2013）。此外，社区是自然灾害发生的最前沿阵地，也是雪灾灾害风险管理的对象。社区灾害风险管理应包括社区全过程参与管理社区的防灾减灾、应急处理的宣教与培训。社区的广泛参与有助于政府灾害管理行动的实施，也有助于社区对雪灾管理措施达成共识（王世金　等，2021）。

（2）加强雪灾防御、响应与恢复。面对雪灾的防御，最重要的是做好前期风险评估与预测、预报和预警工作，而自然灾害预测、预报和预警的前提则是自然灾害实时监测/观测。有效的灾害预报系统包含 4 个要素：风险知识库、监测预警服务、信息传播与交流功能及响应能力。在目前技术水平下，虽然无法完全避免灾害造成的损失，但借助遥感卫星、无人机、雷达、通信等高新技术，通过实时监测/观测，建立灾害预警系统，可以降低灾害损失。同时，多灾种致灾事件的实时监测/观测也是灾害概率、灾害严重程度估算的基础（王世金 等，2021）。在强降雪过程中，要组织气象、水利、国土、交通等部门，积极开展雪情分析，根据可能发生降雪的区域、频次、强度，提前做好应对和预防工作，特别要注意暴雪、雪崩常发生区域。要加快建立天气信息发布和预警体系，把极端天气情况通过手机、网络、广播电视等及时通告各部门、各县、各乡镇领导及各村、组干部，并督促他们及时组织群众，采取防范措施。

（3）减少雪灾承灾体暴露度。在暴雪来临前要减少外出活动，特别是尽可能减少车辆外出，并躲避到安全地方，提前做好防寒保暖准备，储备足够的食物和水；不要待在不结实、不安全的建筑物内，主动清扫自家或单位附近道路和屋顶的积雪，做好道路清扫和积雪融化准备工作；暴雪出现后，牲畜采食困难，应加强人工补饲工作，要备好粮草，将野外牲畜赶到圈里喂养；外出时，要采取防寒保暖和防滑措施，步行时尽量不要穿硬底或光滑底的鞋。

（4）减少雪灾承灾体脆弱性。为了避免或减少雪灾事故的发生，保证人畜等承灾体的安全，应当采用相应的工程措施。一是建立草料库，在入冬前备足草料，在条件好的地区，可以扩大草场面积和建立人工饲料基地，种植饲料作物和优良牧草，为草料库提供充足草料，以解决雪灾期的饲料问题。二是加强棚圈建设，在雪灾发生后实行牲畜圈养，避免风雪直接危害。若在放牧转场途中，则要利用避风向阳、干燥的地形，垒筑防风墙、防雪墙，尽可能做到避寒防冻，以减轻暴风雪的危害。三是机械破雪和除雪，当雪灾强度不大时，可用机械或畜群破雪，即在被雪覆盖的草场上，先放马群，再放牛群，最后放羊，也可收到较好的抗灾效果。

（5）雪灾风险转移与分担。在工程建设实施过程中，虽然对工程一切险和第三方责任险已进行了投保，但面对大型雪灾，可建议施工单位，依据其施工区域情况有选择地再进行风险转移，将因灾害遭受的损失尽可能降到最低（张力和陈英福，2011）。随着施工进展有序进行，参建各方对雪灾的认知程度加深，风险意识大大加强，风险管理中的风险分担为计划性风险分担。此外，各单位健全安全生产制度。监理工程师应督促施工单位建立、健全施工现场安全生产保障体系，并制定各项应急预案。监理工程师应审查施工单位的各类安全生产应急预案。

（6）转型。首先从国家层面来说，要加强法制运行，实现以法减灾。在雪灾的控制、减损和防治方面，必须运用法治、规范，施加于草原环境上的一切人为活动，实现以法减灾。依据科学原则，尊重自然规律的前提下，强制约束人们作用于草原体的不合理的行为，减轻人为作用强度，保持草原内部能量平衡。通过加强科学研究，依靠科技防灾减灾。雪灾研究是减灾防灾的一项基础性工作，通过开展雪灾的风险评估区划研究工作，深入了解不同地区雪灾的风险及抗灾能力，为制定切合实际的减灾规划和经济计划提供可靠的科学依据，最大限度地减轻损失，为地方经济建设服务（李红梅 等，2013）。雪灾易发的地区条件普遍较差、牲畜超载严重、土壤沙化明显，从而导致草场退化日趋严重、载畜能力低下，上述情况所形成的畜草矛盾，是造成雪灾的一个重要原因。加快草原建设步伐，提高草原生产力，缓解畜草矛盾，是牧区抗御雪灾进而促进牧业发展和风险转型的根本途径。

9.5　知识差距

经过多年发展，我国在雪灾风险评估、灾情评估的研究和应用方面取得了一定进展，特别是在牧区积雪雪灾的研究上成果颇丰，有些成果已纳入国家标准和行业标准，并在实际工作中得到应用。但从雪灾评估的内容、技术手段和方法来看，现阶段还存在一些问题。

（1）对非牧区雪灾评估研究不够深入。牧区雪灾是我国主要的积雪灾害之一，气象行业和科研机构已积累了大量的地面实测资料，研究成果丰富。但近年来，非牧区，特别是南方城市、山区等，频繁遭受低温雨雪天气影响。在这些地区，雪灾风险评估和灾情评估成果不多，评估的指标和方法还很不完善（吴玮 等，2021）。

（2）雪灾损失预评估研究不足。目前，雪灾风险评估中常用的多指标综合评估法虽然能比较简单直观反映灾害的严重程度，但对实际的救灾应急工作还缺少直接的决策支撑作用。损失预评估就是要在灾害发生前对灾害可能造成的人畜、财产、生态系统等损失绝对量进行估算。这对国家灾害应急救助有着重要的指导作用，该领域的研究还亟待加强（吴玮 等，2021）。

（3）承灾体脆弱性评估研究薄弱。承灾体的脆弱性对最终灾情的大小和时空分布有重要影响。由于对脆弱性的理解不同，选取的脆弱性指标也就难以统一，部分指标较难定量化，在赋值上还存在一定主观性，给脆弱性研究带来不小难度。迫切需要加强对非牧区雪灾脆弱性研究，构建客观、实用的承灾体脆弱性曲线，为雪灾风险评估提供科学的测算依据（吴玮 等，2021）。

（4）雪灾模拟评估研究有待深入。灾害模拟仿真是雪灾评估技术的重要发展方向。现阶段的研究还局限在致灾过程的数值模拟和渲染表达方面，相关论著也不多。雪灾的模拟评估还需要面向灾害管理全周期和灾害链式发展全过程，加强对整个灾害系统的雪灾情景模拟仿真研究，从三维角度反映雪灾灾情的时空变化、物理属性和系统间的相互作用关系。此外，缺乏系统有效的雪灾遥感实物量评估方法。高分辨率遥感数据在房屋、生命线工程的监测中有着明显的优势，尽管我国学者在雪灾交通线、农作物损毁监测做了一定的探索，但结合灾情统计制度，时效性高、操作性强的承灾体遥感损失评估方法尚未成形，还不能完全适应灾情综合评估的需求（吴玮 等，2021）。

（5）雪灾评估标准还不统一。在雪灾风险评估方面，目前还没有制定专门的国家和行业标准，现阶段在评判准则、指标和等级划分标准上还不一致。在灾情评估方面，尽管气象部门制定了牧区雪灾的国家标准和城市雪灾行业标准，但雪灾危险性等级的高低与实际的救灾业务存在出入，还无法与现行的灾情统计制度和《国家自然灾害救助应急预案》中的响应等级衔接起来（吴玮 等，2021）。

（6）草高估算和积雪反演精度研究有待提高。目前尚缺乏科学规范的积雪地面调查和可靠的积雪遥感产品，难以满足科研和行业应用的需求（王建 等，2018）。雪深和草高是畜牧业雪灾预警、灾情监测和致灾成害过程的关键指标，根据雪深和牧草高度计算的积雪掩埋牧草程度可以准确反映雪灾造成牲畜采食的困难程度（马恒 等，2021）。此外，雪深和草高的反演多采用卫星遥感监测，与地基观测相比，卫星遥感的优势在于观测范围较大，但其缺点是观测时间较短，缺少特定区域的长时间连续观测资料（曹冬杰 等，2015）。此外，在森林地区，微波遥感和可见光/近红外数据都难以很好地提取积雪信息，其提取的雪盖范围往往偏小（于灵雪 等，2013；刘畅 等，2018）。

（7）牲畜暴露的时空分布特征研究不足。牧区牲畜暴露的时空分布与畜牧业雪灾损失和风险密切相关。尽管国内外学者针对牲畜分布展开了一些研究，如联合国粮农组织采用分层回归、随机森林等方法将世界范围内牲畜统计数据降尺度到网格单元。但是，目前在畜牧业雪灾多发区尚未有高质量的长时间序列牲畜网格数据以供研究使用，已有的牲畜数据难以满足畜牧业雪灾风险定量评估的需求。如何获取高精度牲畜网格数据是目前迫切需要解决的问题（马恒 等，2021）。

（8）畜牧业雪灾的防灾减灾措施研究欠缺。防灾减灾措施对畜牧业雪灾灾情影响重大。近年来随着对牧区畜牧业发展和草原生态的重视，中国逐步实施了生态补偿、草原保护政策，同时推进各种具体的防灾减灾设施建设（例如，加强棚圈建设、饲料储备、草畜平衡等），以减少畜牧业雪灾损失。但这些政策和防灾减灾措施对畜牧业雪灾减缓程度还不十分清楚，缺少相应的减灾能力分析和成本效益研究（马恒等，2021）。

【关注点】

雪灾，雪灾类型，雪灾影响因素，雪灾风险管理

【专题讨论】

结合 2021 年中国内蒙古爆发的特大雪灾，论述如何进行雪灾风险评估。

【思考题】

一、积雪与雪灾的基本概念是什么？这两者之间是什么关系？

二、雪灾风险评估主要致灾因子包括哪些？中国牧区雪灾中承灾体脆弱性指标主要包括哪些？

三、雪灾风险管理的工程措施和非工程措施有哪些？

参考文献

曹冬杰, 郑照军, 唐世浩, 等. 2015. 中国北部地区卫星积雪产品数据集检验. 地球信息科学学报, 17(11): 1341-1347.

车涛, 李新. 2005. 1993—2002 年中国积雪水资源时空分布与变化特征. 冰川冻土, 27(1): 64-67.

陈晓光, 李俊超, 李长林, 等. 2001. 风吹雪对公路交通的危害及其对策研讨. 公路, 6: 113-118.

国家统计局. 2015. 中国县(市)社会经济统计年鉴. 北京: 中国统计出版社.

李海红, 李锡福, 张海珍, 等. 2006. 中国牧区雪灾等级指标研究. 青海气象, 1: 24-27.

李红梅, 李林, 高歌, 等. 2013. 青海高原雪灾风险区划及对策建议. 冰川冻土, 35(3): 656-661.

刘畅, 李震, 张平, 等. 2018. 基于 Google Earth Engine 评估新疆西南部 MODIS 积雪产品. 遥感技术与应用, 33(4): 584-592.

刘佩. 2012. 青藏高原雪灾风险评估. 西宁: 青海师范大学.

刘兴元, 梁天刚, 郭正刚, 等. 2008. 北疆牧区雪灾预警与风险评估方法. 应用生态学报, 1: 133-138.

马恒, 张钢锋, 史培军. 2021. 畜牧业雪灾致灾成害过程和风险评估研究进展与展望. 地理科学进展, 40(12): 2116-2129.

马晓芳, 黄晓东, 邓婕, 等. 2017. 青海牧区雪灾综合风险评估. 草业学报, 26(2): 10-20.

孙雅萍. 2009. 对中国南方特大雪灾的成因分析及思考. 国土与自然资源研究, 2: 72-73.

王慧, 王胜利, 余行杰, 等. 2020. 1961—2017 年基于地面观测的新疆积雪时空变化研究. 冰川冻土, 42(1): 72-80.

王建, 车涛, 李震, 等. 2018. 中国积雪特性及分布调查. 地球科学进展, 33(1): 12-26.

王世金, 任贾文. 2012. 国内外雪崩灾害研究综述. 地理科学进展, 31(11): 1529-1536.

王世金, 魏彦强, 方苗. 2014. 青海省三江源牧区雪灾综合风险评估. 草业学报, 23(2): 108-116.

王世金, 魏彦强, 牛春华, 等. 2021. 青藏高原多灾种自然灾害综合风险管理. 冰川冻土, 43(6): 1848-1860.

王嫣娇, 左合君, 刘宝河. 2017. 中国积雪时空分布研究进展. 内蒙古林业科技, 43(3): 47-51.

吴玮, 秦其明, 范一大, 等. 2013. 中国雪灾评估研究综述. 灾害学, 28(4): 152-158.

于灵雪, 张树文, 卜坤, 等. 2013. 雪数据集研究综述. 地理科学, 33(7): 878-883.

张殿发, 张祥华. 2002. 中国北方草原雪灾的致灾机制探讨. 自然灾害学报, 11(2): 80-84.

张力, 陈英福. 2011. 浅谈监理对公路工程雪灾及泥石流的风险管理. 公路交通科技(应用技术版), 84(12): 35-37.

庄晓翠, 周鸿奎, 王磊, 等. 2015. 新疆北部牧区雪灾评估指标及其成因分析. 干旱区研究, 32(5): 1000-1006.

Ballesteros-Cánovas J A, Trappmann D, Madrigal-González J, et al. 2017. Climate warming enhances snow avalanche risk in the Western Himalayas. Proceedings of the National Academy of Sciences, 115(13): 3410-3415.

Guo H, Wang X, Guo Z, et al. 2022. Assessing snow phenology and its environmental driving factors in Northeast China. Remote Sensing, 14(2): 262.

IPCC. 2012. Managing the Risks of Extreme Events and Disasters to Advance Climate Change Adaptation: a Special Report of Working Groups I and II of the Intergovernmental Panel on Climate Change. Cambridge and New York: Cambridge University Press.

Marana B. 2017. An ArcGIS geo-morphological approach for snow avalanche zoning and risk estimation in the Province of Bergamo. Journal of Geographic Information System, 9(2): 83-97.

National Centers for Environmental Information. 2022. Billion-Dollar Weather and Climate Disaters (2022). https: //www. ncei. noaa. gov/products/natural-hazards.

Wang S J, Zhou L Y, Wei Y Q, et al. 2019. Integrated risk assessment of snow disaster over the Qinghai-Tibet Plateau. Geomatics, Natural Hazards and Risk, 10(1): 740-757.

第 10 章 冰雹灾害风险评估与管理

引 言

冰雹是一种由强对流系统所引发的剧烈天气现象，与干旱、洪涝等其他气象灾害相比，冰雹局地性强、生命史短、突发性强，常伴随狂风、强降水、急剧降温等阵发性灾害天气，会给农业、林业、交通行业及人民生命财产等造成严重损失。目前，冰雹作为被重点关注的极端天气气候事件之一，其发生次数在不同地区的年代际变化特征有所差异。例如，加拿大绝大部分地区，雹日没有明显的变化趋势（Etkin and Brun，1999）；美国高原地区、落基山中部及美国东南部，雹日的增加趋势明显，但其他地区雹日则呈现下降趋势（Changon，2000）。

中国是冰雹灾害常发的国家，冰雹灾害的总体分布格局是中东部多、西部少，空间分布呈现“一区域、两条带、七个中心”的格局。其中“一区域”是指包括我国长江以北、燕山一线以南、青藏高原以东的地区，是中国雹灾的多发区；“两条带”指中国第一级阶梯外缘和第二级阶梯东缘，是中国多雹灾带；“七个中心”指散布在两个多雹带中的若干雹灾多发中心，即东北高值区、华北高值区、鄂豫高值区、南岭高值区、川东鄂西湘西高值区、甘青东高值区、喀什阿克苏高值区。

据《中国气象灾害年鉴》记载，中国平均每年雹灾面积达 170 余万 hm^2，重灾年可达 400 万 hm^2，冰雹所造成的直接经济损失约为数亿元至十余亿元。其中，1987 年我国冰雹灾情较重，先后有 2150 多个县（次）降雹；1993 年、2006 年和 2016 年也出现较重灾情，直接经济损失分别高达约 47 亿元、260.4 亿元和 463.9 亿元。冰雹灾害严重威胁着人民生命和财产安全，成为制约社会经济可持续发展的重要因素之一。

综上所述，冰雹灾害损失严重，防雹形势严峻且任务艰巨，亟须做好冰雹灾害风险评估和管理工作。本章将介绍冰雹灾害及其相关概念、冰雹灾害成灾机制和冰雹灾害风险评估方法，并以江西省大余县冰雹灾害风险评估作为案例，介绍如何通过风险管理来降低此类气象灾害带来的影响，用风险的理念认识和管理冰雹灾害，谋求社会经济的持续发展。

10.1 冰雹灾害概述

冰雹是从发展强盛的积雨云中降落到地面的坚硬的球状、锥状或不规则状的固态降水。冰雹的雹核由透明层和不透明层相间组成。冰雹在夏季或春夏之交最为常见，直径一般为 5～50 mm，大的有时可达 10 cm 以上。

冰雹灾害是自然界的冰雹作用于人类社会的产物，其承灾体是人类及人类社会的集合体。只有对承灾体的部分或整体造成直接或间接损害的冰雹才能称为冰雹灾害。从灾害学的角度出发，形成冰雹灾害必须具有 3 个条件：①存在诱发冰雹灾害的因素（致灾因子）及其形成冰雹灾害的环境；②冰雹影响区有人类的居住或分布存在社会财产（承灾体暴露度）；

③人们在面对潜在或现实冰雹灾害威胁时，采取回避、适应或防御雹灾的对策措施（承灾体脆弱性）。

中国冰雹灾害的区域差异受承灾体影响较大，以粮食作物受灾次数最多，可导致大范围农作物的倒伏和作物叶片被砸伤，严重时还能将作物的茎秆砸断；大直径冰雹还可砸坏房舍和大棚等建筑物，危及生命安全。另外，冰雹通常伴随发生大风，常会造成风灾危害。

10.2　冰雹形成机制和时空分布特征

10.2.1　形成机制

1. 形成冰雹的气象条件

冰雹是在冰雹云中成长起来的，形成冰雹天气必须具有较好的动力、水汽和热力条件，其中就动力条件而言，通常将有利于形成冰雹云的天气尺度影响系统分型为低涡类、低槽类、横槽类与西北气流类（孙燕 等，2019；张雅斌 等，2018）。在平原地区，有利于形成冰雹所需的不稳定环流背景特征包括：高空冷涡东移或南掉、横槽南摆的高空形势、0～6 km 强烈的垂直风向切变存在、地面有辐合线的触发等。在高原地区，海拔高，太阳辐射强，气温日变化和垂直变化均较大，对流易发，且气温比平原地区低，更有利于冰雹形成；但高原地区的冰雹云往往发展得不高，因此以小冰雹为主。大量研究表明，冰雹的产生受对流有效位能（convective available potential energy, CAPE）、垂直风切变与–20～0℃层高度的影响最大。当水汽充沛时，存在不稳定层结和外部抬升力等因素，有利于强对流性天气产生；而适宜的–20～0℃层高度及大的环境风垂直切变有利于冰雹增长。利用 CAPE 和对流抑制能量（convective inhibition，CIN）表示整层大气的对流潜势时，CAPE 越大，CIN 越小，则对流越容易发展，因而就越容易产生大冰雹（Moncrieff and Miller，1976；Colby，1984）。冰雹天气产生时，CAPE 值在 1000 J/kg 之上，且该值越高，越有利于大冰雹的产生；大冰雹对应的垂直风切变值主要集中在 $2\times10^{-3}\ s^{-1}$ 之上，即发生在中等以上强度的垂直风切变下；大冰雹对应的 0℃层高度主要集中在 4～5 km，而超过 5 km 几乎很难产生大冰雹（俞小鼎 等，2006；2008）。适宜的 0℃层高度（Z_0）和–20℃层高度（Z_{N20}）有利于雹胚的形成和增长，进而也会影响冰雹的大小，因此合适的 Z_0 和 Z_{N20} 是判断冰雹天气的重要环境条件。当 Z_0 过低时，Z_0 层至地面的距离太近，使得云中的冰粒子无法增长到足够大，即以霰或小冰粒的形式降落到地面；而当 Z_0 过高的时候，冰相粒子在下落到达地面之前即可融化成液态水滴（许新田 等，2010；濮文耀 等，2015）。中国直径超过 20 mm 的大冰雹天气 Z_0 和 Z_{N20} 层的海拔平均分别为 4300 m 和 7000 m （樊李苗和俞小鼎，2013）。需要注意的是，冰雹融化层的高度要求采用湿球温度 0℃层高度而不是干球温度 0℃层高度，其反映出对流层中层的干湿程度及其对冰雹融化层高度的影响作用，而冰雹融化层的高度是决定冰雹大小甚至降雹与否的主要因子之一（俞小鼎 等，2008）。总之，冰雹的形成不仅要求有高的 CAPE 值和大的垂直风切变，还需要具备合适的温度层结条件，这也是该类天气区别于雷暴大风天气的重要特征。

此外，大多数冰雹的发生还需要充足的水汽条件，这也是冰雹发生时往往伴随强降水的原因。水汽上升到高空发展成为冰雹，然后在高空急流的作用下向下运动，300～400 hPa 急流下有一定的垂直速度，把被急流推向下的小冰雹携带向上运动，使得冰雹不断发展。另外，水汽条件过好也不利于冰雹产生；而西北和东北地区，水汽条件不是很好的情况下，也可能出现冰雹，而此时天气往往只伴随弱降水，称为干雹暴（张腾飞 等，2013；王婷婷 等，2011）。数值模拟实验还表明，当改变水汽条件时，干湿雹暴天气可相互转化。

2. 地形特征的影响作用

山地地形对冰雹发生发展具有促进作用，由于山区地表受热不均形成的局地热力环流与边界层气流因地形造成的绕流辐合，并受山地的动力辐合抬升作用，对流云易在山区形成并发展（王华和孙继松，2008）。城市下垫面的热力作用对城区及其下风方雹云的发展、降雹的强度和落区等也有重要影响。城市与郊区下垫面的热力差异有助于形成城市中尺度风场辐合线，因此造成强烈上升运动和能量、水汽聚集，是对流回波在城市中心上空明显增强和郊区出现强冰雹天气的主要原因。

10.2.2　空间分布特征

中国冰雹的总体分布格局是中东部多，西部少，空间分布呈现“一区域、两条带、七个中心”的格局。中国境内的冰雹频发区主要集中在青藏高原（Zhang et al.，2008），其次是华北北部（张芳华和高辉，2008），其中，华北地区阴山山脉和太行山山脉降雹分布呈“T”形特征（杨贵名 等，2003）。青藏高原等高海拔地区虽发生冰雹频次较多，但尺寸一般较小；而低海拔地区的冰雹发生频次虽然相对较少，但尺寸往往较大，易导致严重灾害。基于华北、华中、华东 1084 个站点的地面天气现象观测资料（1971～2000 年），统计分析江南（31°N 以南）、江淮和黄淮（31°N～37°N）及黄河以北（37°N 以北）冰雹的空间变化特征，发现降雹区域非常集中，主要分布在华北北部和内蒙古高原。其中，太行山山脉、阴山山脉地区最易发生冰雹，降雹次数高达 310 次；大兴安岭和湖南武陵山也常发生冰雹，降雹次数基本为 100～160 次；山东中东部丘陵地区比华东其他地区易产生冰雹；而华北平原和华东平原降雹次数小于 20 次（余蓉 等，2012）。由此可见，冰雹多发生在高山和高原地区、平原北部，北方明显多于南方，地形对其频次分布影响很大。

10.2.3　时间变化特征

冰雹的发生时间较集中。在中国西部和北部，冰雹日始于晚春、终于初秋，而在南方和西南地区冰雹主要发生在春天；在广东和湖北，冰雹主要发生在夜间，其他地方冰雹主要发生在午后至傍晚（Zhang et al.，2008）。

不同地区的冰雹日变化和季节特征也不尽相同。基于 1971～2000 年中国 614 个台站的冰雹观测资料统计，发现中国冰雹频发的青藏高原大部分测站的年雹日超过 10 天，江南和华南地区雹日主要集中在 2～4 月，其他地区集中在 5～9 月。在长江中下游和华南以外的地区，冬季和夏季分别是降雹日数最少和最多的季节。

近年来，与对流活动气候变化规律有关的冰雹日或降雹次数的变化特征分析日益受到重视。冰雹日或降雹次数的年代际变化显示，20 世纪 70 和 80 年代，中国的降雹次数递减缓慢，但 90 年代内蒙古和华北平原北部的降雹次数急剧下降，湖南地区冰雹年代际变化不太明显（余蓉 等，2012）。基于中国 523 个站点资料，对年均冰雹日数趋势和变化分析，指出 20 世纪 60 年代～80 年代早期，中国冰雹年平均日数无明显上升或下降趋势；20 世纪 80 年代早期～

2005年，冰雹年平均日数呈明显减少趋势。中国东部地区冰雹的年代际变化显示：1971～1988年降雹次数波动明显，无明显上升或下降趋势，1989～2000年降雹次数总体呈减少趋势，这与冰雹日的年代际减少趋势类似（Xie et al., 2008）（图10.1）。

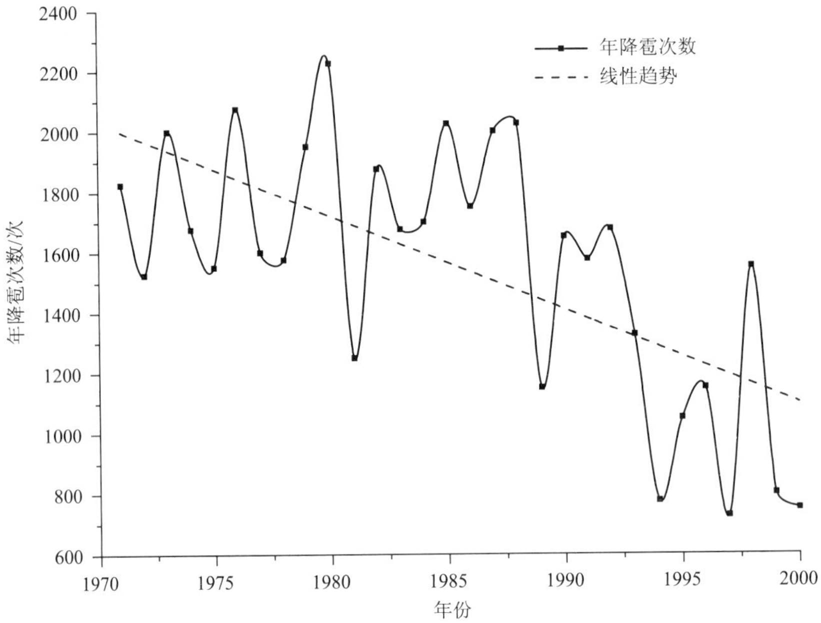

图10.1　1971～2000年中国东部地区冰雹发生次数年际变化曲线（Xie et al., 2008）

对流有效位能、凝结层高度和垂直风切变也会对中国冰雹发生次数的年际变化产生影响，降雹频率减少可能是凝结层高度增加的结果（Xie et al., 2008）。国内学者认为大尺度环流系统的改变是我国北方冰雹减少的主要原因，而局地垂直温度场结构的变化是影响降雹次数的另一个重要原因（符琳 等，2011；闵晶晶 等，2012；刘晓璐等，2012）。例如，近30年京津冀地区的冰雹有明显减少趋势，基本上都存在2.0～2.5年的变化周期；四川冰雹日数高原山地多于盆地，其年际变化主要有准两年和6年的振荡周期；对西北地区冰雹气候特征及异常类型的大量研究表明，西北地区的冰雹天气具有明显的空间差异（刘德祥 等，2004；赵红岩 等，2004；李照荣 等，2005）。基于甘肃省1974～2013年80个观测站的冰雹观测资料分析，发现当地多年平均降雹日数在0.05～9 d，近40年的年冰雹日数呈明显下降趋势，其中20世纪70～80年代是冰雹的高发期，进入21世纪以后迅速减少，甘肃省每10年减少0.5 d（黄玉霞 等，2017）。综上可见，近年来中国大部分地区的降雹日或冰雹次数均呈逐渐减少的变化趋势。

10.3　冰雹灾害风险评估

目前已有学者基于自然灾害风险形成理论，从致灾因子、承灾体暴露度及脆弱性3个方面，综合多个指标，并基于GIS技术进行冰雹灾害风险评估。

10.3.1　冰雹灾害风险评估

冰雹灾害风险评估针对致灾因子、环境因素和承灾体等分别开展，其中致灾因子危险性的评估流程参考图 10.2。

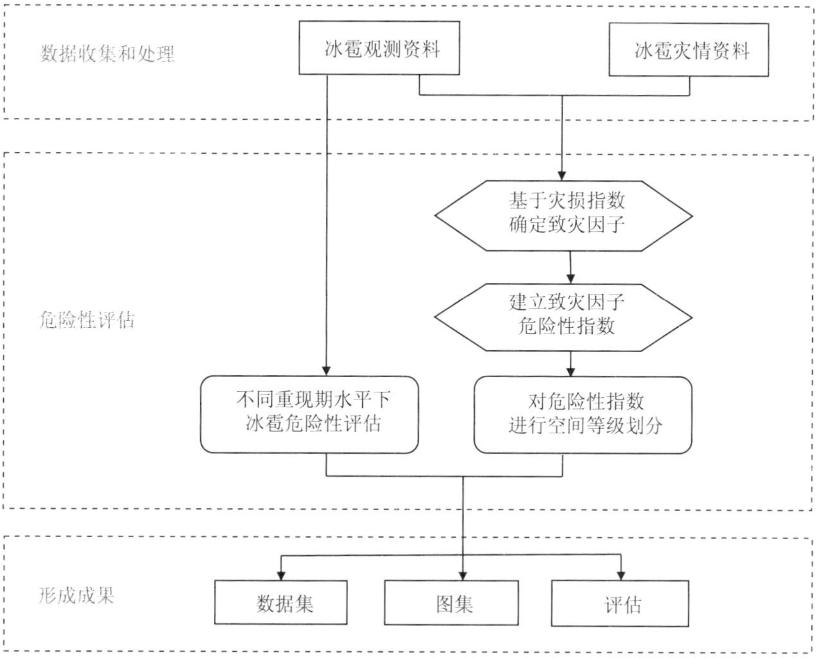

图 10.2　冰雹灾害致灾因子危险性评估流程

1. 数据收集和处理

一是冰雹观测资料的收集和处理，即收集整理气象部门相关报文中的冰雹观测数据，对国家气象站冰雹数据进行整理、校正和筛查，主要包括冰雹灾害发生时间及冰雹直径、伴随发生的其他天气类型和强度（极大风速、雨强等）等，形成一套完整的冰雹观测数据集。

还要处理从自动气象站月报表文件（下文简称 A 文件）中获取的冰雹观测信息。由于冰雹的详细资料记录在部分地区历史 A 文件文字部分尚未信息化，需要人工翻阅月报表摘录。A 文件中记录的直径有的是最大直径、有的是直径范围，应统一为最大冰雹直径。有的冰雹直径记录是定性描述，例如“玉米粒”“黄豆粒”等，需通过尺度对应关系，将冰雹直径的定性描述转换成定量数据（桑友伟 等，2020）。经过处理后，形成规范统一的观测数据集。

在此基础上整理建立冰雹日数据集。一天内只要出现冰雹过程，无论次数多少和时间长短均记为 1 个雹日。灾情记录中如果同一时段内记录多个乡镇发生冰雹，则合并记为所在县的 1 次降雹过程，即 1 个雹日。

冰雹常伴随发生雷暴大风等其他类型强对流天气，因此也要同步收集降雹前后的闪电和自动站其他要素数据，包括闪电监测定位系统得到的地闪资料、卫星探测到的闪电资料、自动站观测到的极大风记录等，将其整理成同一格式，与其他观测资料一起形成冰雹相关的观测数据集。

二是冰雹灾情资料的收集和处理，冰雹相关灾情记录来自气象部门及当地民政部门提供的报告。历次灾情调查主要包括冰雹发生、结束和持续时间，采集点经纬度，受灾情况和预警发布情况等，其中受灾情况主要包括农林业受灾面积、损坏大棚数量、经济损失、房屋损毁、人员伤亡记录等。

2. 风险评估方法

1）致灾因子危险性

基于灾损指数确定致灾因子，当评估区域内收集的同时具备最大冰雹直径、降雹开始时间、降雹期间的雷电活跃程度（用频次来反映）和直接经济损失 4 个要素的样本量少于 30 时，可以直接选用最大冰雹直径、降雹持续时间、雹日（或降雹频次）进行归一化处理，再加权求和，得到致灾因子危险性指数（VE）：

$$\mathrm{VE} = W_D \cdot X_D + W_T \cdot X_T + W_R \cdot X_R$$

其中，X_D 为最大冰雹直径样本平均值；X_T 为降雹持续时间样本平均值；X_R 为雹日（或降雹频次）样本累计值；W_D、W_T和 W_R 分别为 3 个因子的权重，一般推荐为 0.3、0.2 和 0.5，各权重系数之和为 1，也可根据实际情况调整修改。

在计算过程中，最大冰雹直径样本平均值、降雹持续时间样本平均值、雹日（或降雹频次）样本累计值需先做归一化处理，前两者在时间序列样本中归一化，后者在空间样本中归一化。当用雹日计算危险性指数时，对于 1 个雹日有多次降雹的情况，致灾因子取 1 个雹日当中的最大值；当用降雹频次计算危险性指数时，各致灾因子取过程最大值。另外，当灾损指数较小时，可以进行倍数扩大处理，以使得结果更清晰直观。

2）暴露度

冰雹承灾体暴露度是指暴露在冰雹影响范围内的人口、房屋、财产、农田、设施等数量和价值量，能全面反映冰雹灾害影响范围内的承灾体特征。冰雹发生在人口密集、经济发达的地区所造成的损失往往要比发生在人口稀少、经济相对落后的地区大得多，即暴露于冰雹影响范围的人口、经济、农业等数量或价值量越多，暴露度越高。冰雹承灾体暴露度的评估对象通常为人类及社会经济实体，主要考虑对人口、经济和农业的影响，其定量指标包括人口及其密度、经济总量及其密度和农业用地面积等。

3）脆弱性

冰雹灾害脆弱性评估主要是量化暴露区内人口、经济和农业等承灾体的受损敏感性。脆弱性是影响冰雹灾害风险大小的基本因素之一。承灾体脆弱性越低，其遭受冰雹灾害所发生的损失越小。以人口为承灾体进行风险评估时，以人口年龄结构、性别比例和应对冰雹的能力表征脆弱性。对农业进行风险评估时，依据区域内农业面积占比表征脆弱性。

最后综合冰雹灾害致灾因子、暴露度和脆弱性，结合 GIS 技术，将多源数据资料处理成相同空间分辨率和投影坐标系统，形成风险评估结果。

10.3.2　冰雹灾害风险评估案例

低海拔地区的冰雹发生频次虽然不及青藏高原等高海拔地区，但冰雹尺寸往往较大，易导致严重灾害。江西省地处江南南部和华南北部地区，对流性天气频繁发生，近年来因冰雹、强降水等所致灾害损失年均达亿元以上，还多伴有农作物、房舍受损或人员伤亡等，因此展开对流性天气预报、灾害风险评估工作是气象防灾减灾工作的关键。位于江西省南部的大余县，地貌复杂，冰雹等对流性天气较多，常伴随有灾害发生，因此也是全国第一次自然灾害风险普查工作的试点地之一，其冰雹灾害风险评估工作有较好的代表性和参考价值。

大余，古称南安，隶属江西省赣州市，位于赣、粤、湘三省交界，是江西的“南大门”。面积 1368 km^2，辖 8 个镇、3 个乡，至 2020 年 11 月常住人口约 26.5 万人。县境内自然环境优越，气候温和，属中亚热带季风湿润气候区，气候特点是温暖湿润，四季分明，热量丰富，雨水充沛，春温多变，夏涝秋旱，冬寒期短，无霜期长。年最高气温 38.4℃，最低气温–7.2℃，年平均温度 18.53℃，年降雨量 1563 mm，日照时间 1499.3 h，光照率 39%，全年无霜期长 301 天，夏冬时长，春秋时短。

1. 致灾危险性评估

（1）大余县冰雹的年际变化特征。图 10.3 是 1950～2020 年大余县的冰雹频次年际变化，其间共发生冰雹 17 次，集中发生在 1972、1987、1991 和 2018 年，1978～1991 年为显著的集中期。其中，超过 2 次/年的频率有 4 年。最大 3 次/年，出现在 1987 年。进一步统计发现，该县的冰雹天气多发生在春季，以 3 月、4 月居多，这与该县地处江南南部、春季升温较快关系较密切。由于冰雹天气常伴随发生大风，该类天气的灾害多表现为使得农作物倒伏、损毁大棚或广告牌等。

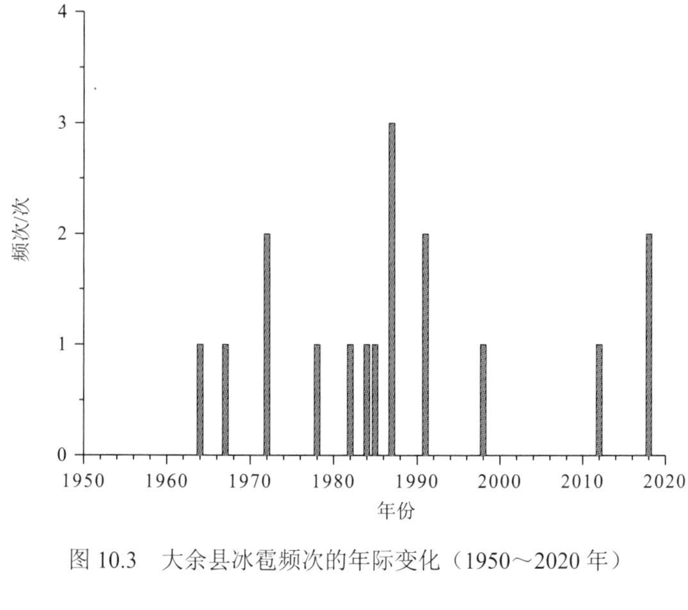

图 10.3　大余县冰雹频次的年际变化（1950～2020 年）

（2）冰雹灾情调查。大余县有记录的雹灾害调查结果显示，2012 和 2018 年均有雹灾，对应着经济损失分别为 818.4 万元和 1408.6 万元。其中，2012 年 4 月 11 日和 2018 年 3 月 4 日的受灾乡镇数分别为 1 个和 11 个，受灾人口数分别为 2687 人和 6651 人，农作物受灾面积分别为 212.3 hm^2 和 559.1 hm^2，损坏房屋分别有 317 间和 1151 间，总体而言 2018 年的雹灾损失更严重些。各乡镇因冰雹而受灾的详情见表 10.1。可以看到，青龙镇、新城镇、池江镇和内良乡等地的雹灾较显著，其他乡镇较轻。

表 10.1　大余县各乡镇的冰雹灾情

	受灾时间	受灾人口	农作物受灾面积/hm^2	倒塌房屋/间	一般损坏房屋/间	严重损坏房屋/间
青龙镇	2012/4/11	2687	212.3	115	317	111
南安镇	2018/3/4	520	7	0	491	0
新城镇	2018/3/4	920	350	0	0	0
池江镇	2018/3/4	1024	54.1	0	486	0
青龙镇	2018/3/4	2016	81	0	56	0
樟斗镇	2018/3/4	80	8	0	16	0
黄龙镇	2018/3/4	30	40	0	0	0
吉村镇	2018/3/4	230	5	0	0	1
左拔镇	2018/3/4	21	1	0	0	0
浮江乡	2018/3/4	260	2	1	12	2
内良乡	2018/3/4	800	10	0	25	9
河洞乡	2018/3/4	750	1	0	65	0
左拔镇	1982/4/4	无记录	无记录	653	1560	无记录

（3）危险性评估。收集 2007～2020 年间逐小时的冰雹观测资料，包括发生时刻、出现地点、直径大小及伴随发生大风的极大风速等，选取降雹日、直径和持续时间（如无持续时间记录，则忽略）作为致灾因子，计算致灾因子危险性等级结果。所得大余县冰雹致灾因子危险性评估结果如图 10.4 所示，可以看到位于中部的浮江乡、新世纪工业园、南安镇、黄龙

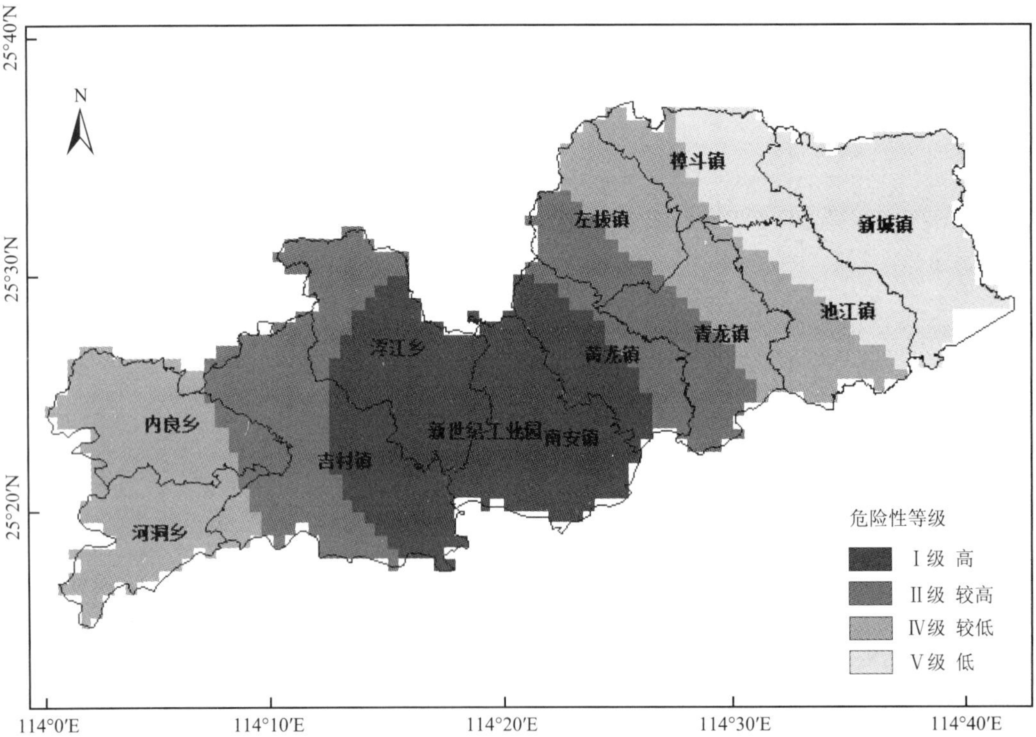

图 10.4　大余县冰雹致灾因子危险性评估结果

镇等地的危险性等级高，危险性向东和西均逐渐降低，其中樟斗镇、池江镇的部分地区和新城镇最低。

2. 暴露度和脆弱性评估

完成江西省行政区域内下垫面的信息调查并数字化处理，获取经济、人口、地形地貌和农工商业设施等各项社会经济数据及地理信息和遥感数据。以 2019 年江西省大余县为例，人口、经济和农业其分布如图 10.5～图 10.7 所示。经济暴露度用各乡镇生产总值表示，人口暴露度用各乡镇常住人口分布表示，农业暴露度用各乡镇水田面积表示水稻面积。

再将暴露区内人口密度、国内生产总值和水田面积占比数据用于冰雹灾害的脆弱性评估，大余县东部地区的人口和经济脆弱性较高，而西部地区的农业脆弱性较高。

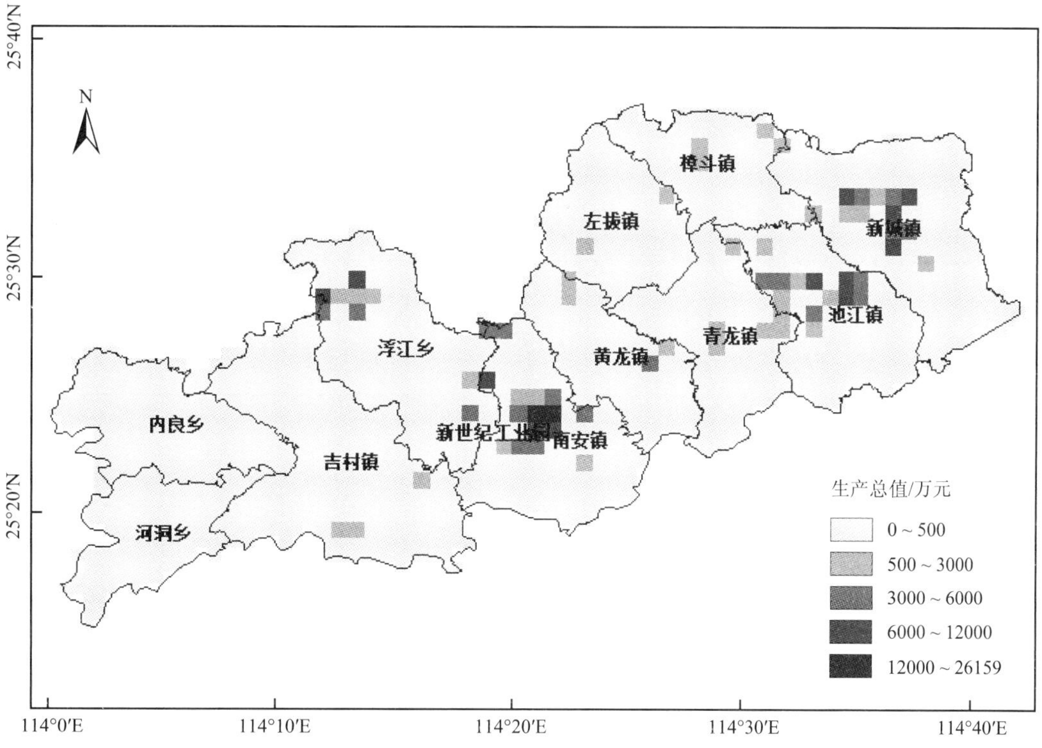

图 10.5　大余县 2019 年生产总值分布

3. 风险评估

风险评估等级分布结果如图 10.8～图 10.10 所示。其中经济方面，高风险等级地区分布于东部的池江镇等地，西部地区次之，中部和东北部为低等级（图 10.8）。造成这种分布特征的可能原因是该县东部地区的经济基础相对而言最好，冰雹对经济的影响程度也较大。图 10.9 是冰雹对农业影响的风险等级分布，可以看到西部的内良乡、河清乡、浮江乡等地等级高，向东逐渐降低，东边的新城镇低。图 10.10 是冰雹受灾人口的风险等级分布，可以看到其呈现出与对经济影响相似的特征，主要原因可能是东部地区人口更多，而西部地区人口相对较少。

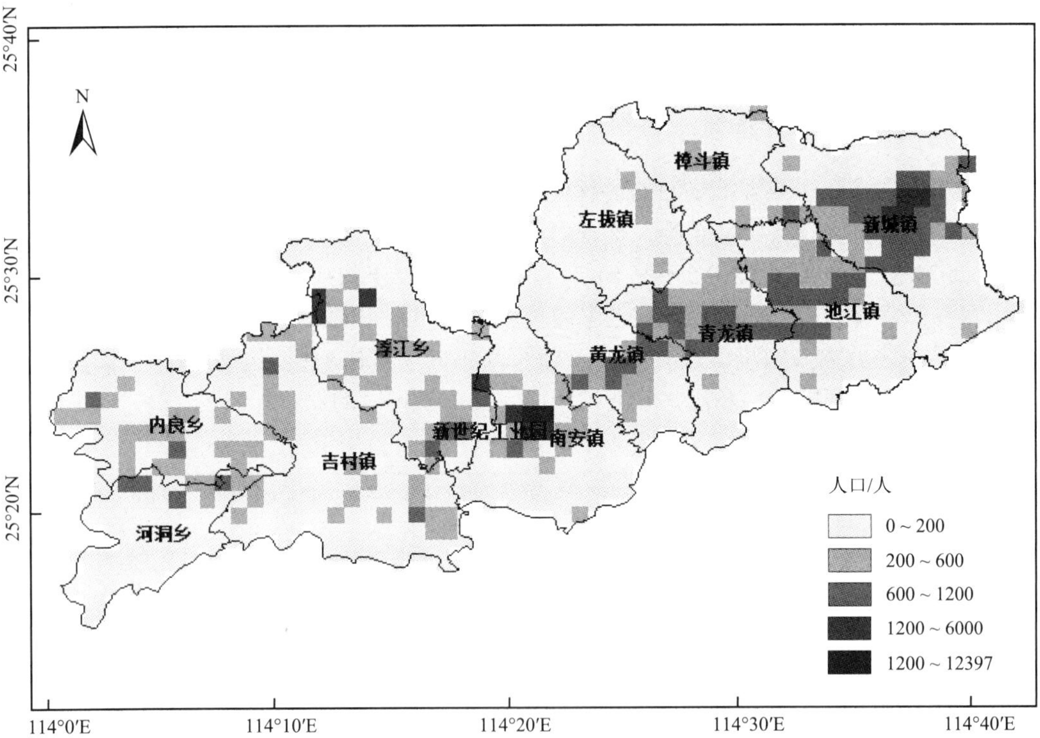

图 10.6　大余县 2019 年人口分布

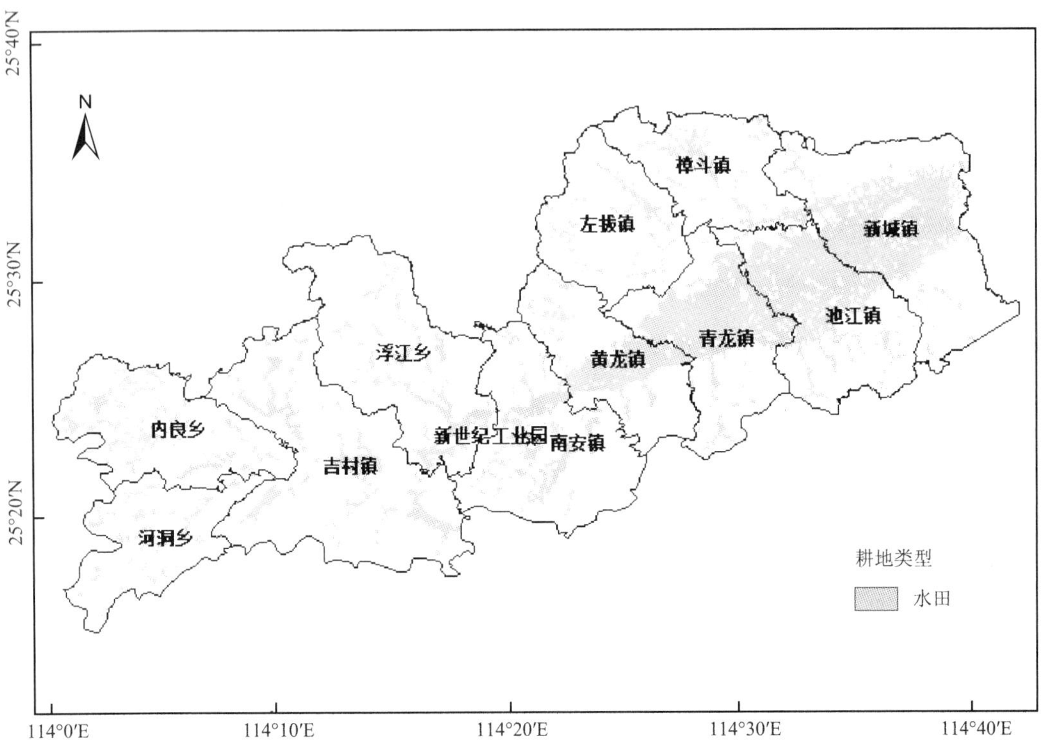

图 10.7　大余县 2019 年水田分布

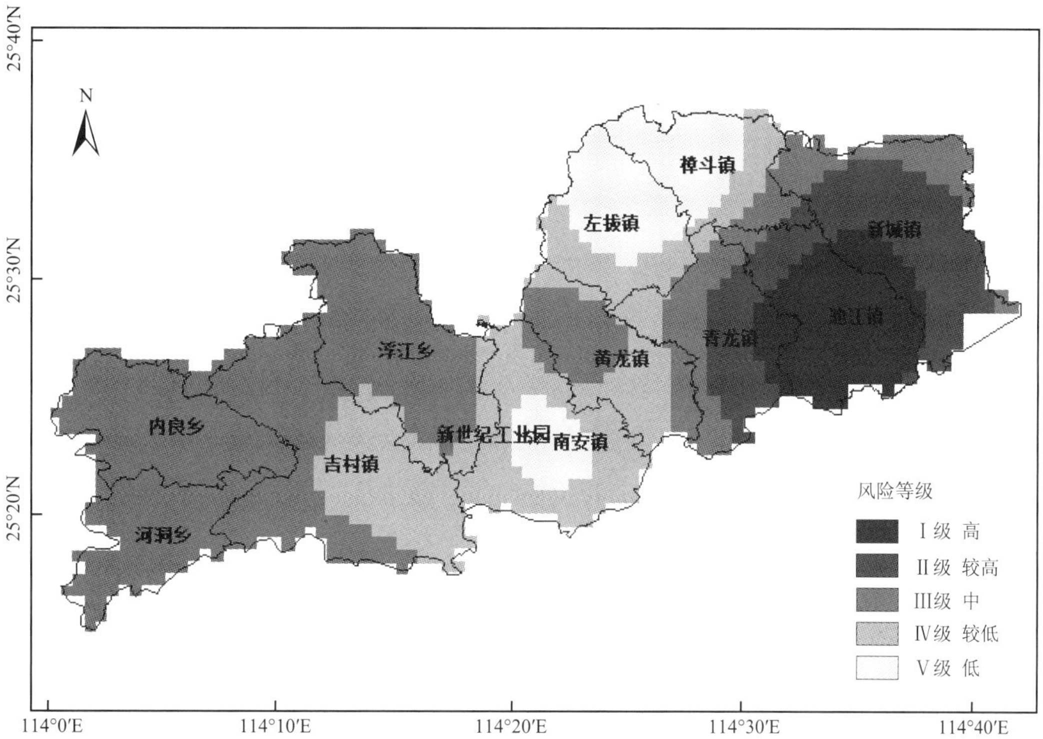

图 10.8　冰雹对经济影响风险等级

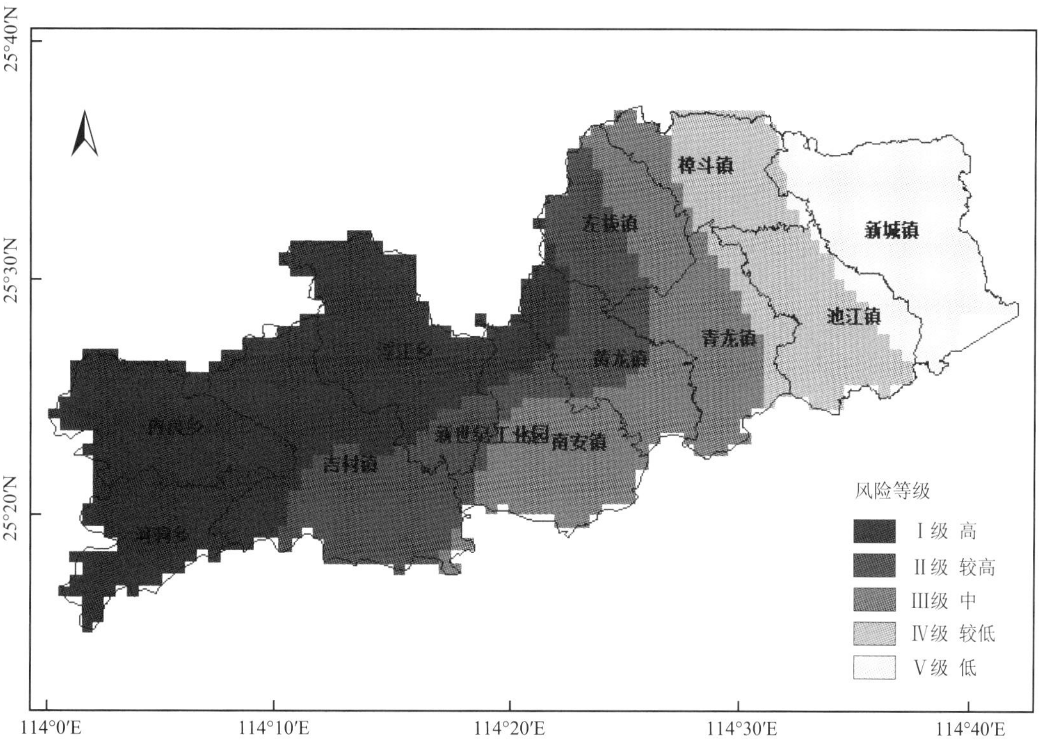

图 10.9　冰雹对农业影响风险等级

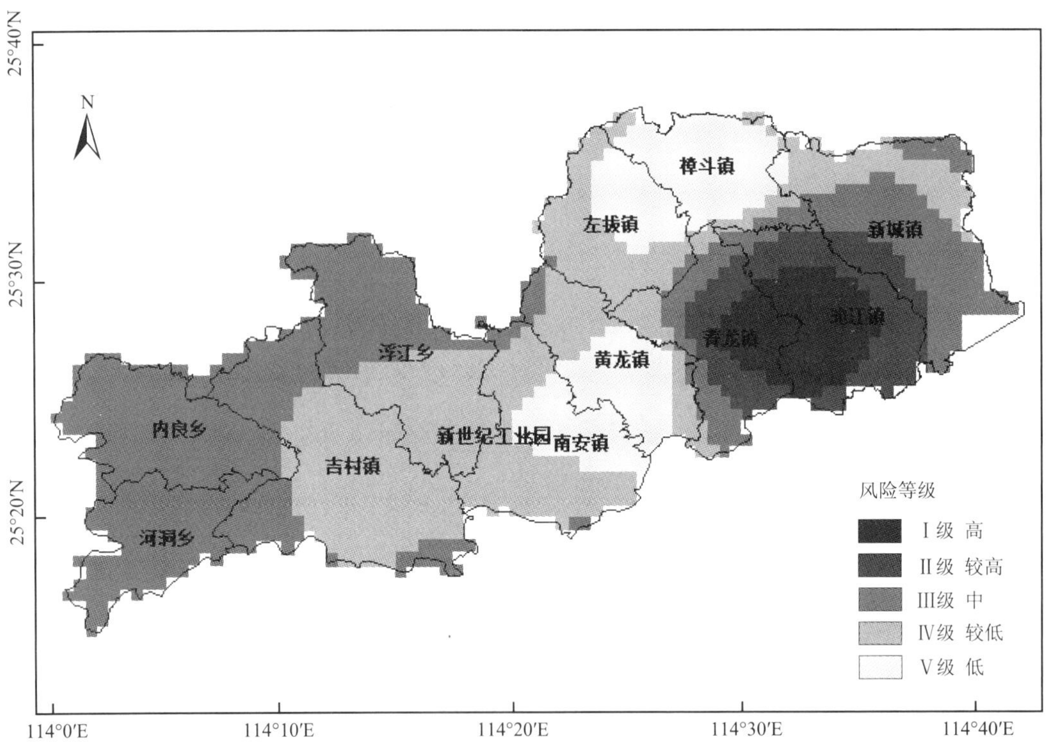

图 10.10　冰雹受灾人口风险等级

10.4　冰雹灾害风险管理

冰雹是我国一种主要的灾害性天气，其危害性较大，特别是对农业、交通运输、房屋建筑、工业、通信、电力、畜牧业及人身安全等有较显著的不利影响。例如，2021 年 4 月 30 日晚，受东北冷涡影响，江苏省沿江及以北地区出现大风冰雹天气，630 个乡镇（街道）日极大风达到 8 级以上，153 个乡镇（街道）日极大风达到 10 级以上，部分地区日极大风达到 15 级；海安城东镇和大公镇，通州十总镇，如东阳光岛等地出现直径 1～3 cm 冰雹，造成 11 人死亡和 9 人失踪，江苏省共计 13 688 人受灾，直接经济损失 1640 万元。

10.4.1　冰雹预报预警技术

鉴于冰雹产生的巨大灾害，近几十年来，国内外许多专家对产生冰雹的雷暴云的形成机理、云体结构进行了不少研究，取得了显著成果。同时，伴随着多普勒雷达的广泛应用，冰雹的回波特征及其监测、判识和预报技术取得了飞速进展和巨大进步。

从 20 世纪 90 年代开始，随着我国新一代多普勒雷达的布网，国内的许多气象学者也对产生冰雹的超级单体进行了研究。对于普通的多普勒天气雷达，常通过分析回波特征来预测冰雹的发生发展，如将大冰雹的雷达回波特征归纳为高悬的强回波、低层的弱回波区、中高层的回波悬垂、存在有界弱回波区、伴随中气旋等（张腾飞 等，2018）。利用多普勒雷达的日常产品——垂直累积液态水含量（vertically integrated liquid, VIL）与风暴顶高度之比，定义 VIL 密度，发现大冰雹发生时对应的 VIL 密度阈值是 3.5 g/m^3，如果达到 4 g/m^3，则发生大冰雹的概率很高（Amburn and Wolf, 1997）。同时，如果雷达图探测出现类似三体散射长钉（three-body scatter spike，TBSS）的虚假回波时，就构成了预报大冰雹的充分条件（Zrnic, 1987; Wilson and Reum, 1988; Lemon, 1998）。近年来，随着国内多普勒雷达的偏振化改造陆续完成，冰雹天气可以被更准确地判识出来。偏振雷达测得的偏振参量具有识别粒子相态功能，因此能很好地判识强回波是冰雹还是强降水回波。其中，差分反射率（Z_{DR}）反映了散射粒子扁平程度，强降水往往对应着有较高的水平反射率（Z_H）和 Z_{DR} 值；而在降雹过程中，Z_H 值普遍大于 50 dB，Z_{DR} 通常在–1.0～0.2 dB，相关系数普遍为 0.7～0.9，且相关系数和 Z_{DR} 在低仰角的表现比高仰角更有效。因此，借助这些判识方法，可以有效地识别出冰雹回波与降雹潜势，从而为冰雹天气的准确预测预警提供可能。

冰雹天气常常伴有强闪电发生，近年来国内外利用闪电定位系统和多种雷达对中尺度对流天气过程进行了大量的观测，取得了很多有预报指示意义的研究成果，如降雹过程中的正地闪数比例更高、降雹前地闪数往往有明显跃增等。通过分析美国中西部致灾降雹时雷达回波和地闪（云内荷电中心与大地和地物之间的放电，雷电产生灾害的主要原因就是地闪）数据的时空演变特征，发现地闪活动总是紧密伴随着冰雹的快速移动，且很少形成于冰雹降落处，却常形成于或移向冰雹移动方向前方的 10～15 m^2 区域内（Changnon，1992）。对 2002 年 6 月 1 日山东地区的 3 次冰雹过程的地闪特征的分析表明，地闪主要出现在云顶亮温低于–50℃的云区内，其中负地闪分布比较集中，且偏向云顶亮温水平梯度大的一边，而正地闪则分布比较分散；降雹发生在正地闪比较活跃的阶段，正地闪频数峰值略微超前降雹时刻（冯桂力 等，2008）。我们可以利用地闪计数器来开展冰雹预警，当它每分钟接收到的地闪信号超过一定数目时就自动报警，就可以让我们提前知道冰雹即将发生。

不仅地闪活动特征可被用来开展冰雹天气的预警，利用雷达探测到的空中反射率得到冰相粒子含量，也可提前预报出地面降雹的可能性，并预测发生时刻（赖晨 等，2020），其计算参照 Carey 和 Rutledge（2000）提出的冰相降水粒子含量（M）的计算方法：

$$M = 1000\pi\rho_i N_0^{\frac{3}{7}}\left(\frac{5.28\times10^{-18}}{720}Z\right)^{\frac{4}{7}}$$

其中，Z 为雷达空中反射率因子（mm^6/m^3）；$\rho_i = 917\ g/m^3$，为密度；$N_0 = 4\times10^6\ m^{-4}$，为假想冰粒的逆指数分布的截距参数；$M$ 是冰相降水粒子含量，单位为 g/m^3。M 对降雹的发生有很好的指示性作用。一般而言，发生降雹时前，0℃层以下的冰相降水粒子含量会大于 60 g/m^3，0℃层以上能达到 120 g/m^3；M 值激增时，云闪与地闪也会变得活跃，它们会提前于地面降雹前激增。以 2019 年 3 月 21 日发生在江西中部地区的风雹天气为例，选取雷达 1.5°仰角的水平反射率计算 M，并与同时段内站点附近 6 km 范围内的地闪频数（即一定时段内的地闪发生次数）作对比，结果发现上栗和吉水两站降雹过程中，M 值跃增特征均超前于地面降雹 15 分钟或更早，即可提前 15 分钟左右预报出地面降雹的可能性。随着雷达探测仰角的增加，M 值达到最大值的时间也越早。因此，利用空中反射率因子计算冰相降水粒子含量值的变化，可以较早地预报出地面降雹的可能性，并能预测其可能发生时刻，这对于预警或预报地面降雹天气具有很好的参考和应用价值。

10.4.2 人工防雹

中国是世界上较早开展人工防雹工作的国家之一，目前科学家公认人工防雹的基本原理是设法减少或切断雹胚的水分供应，所采取的技术方法与人工增雨类似，即向云的雹胚源区播撒足够量的催化剂，以产生大量冰晶，造成同雹胚争夺水分的优势，纷纷迅速形成水滴或冰粒，从而抑制雹胚长成冰雹。常用的人工防雹方法有用火箭、高炮或飞机直接把碘化银、碘化铅、干冰等催化剂送到云里去；或在地面上把碘化银、碘化铅、干冰等催化剂在积雨云形成以前送到自由大气里，让这些物质在雹云里起雹胚作用，使雹胚增多，冰雹变小；或在地面上向雹云放火箭、打高炮，或在飞机上对雹云放火箭、投炸弹，以破坏对雹云的水分输送；或用火箭、高炮向暖云部分撒凝结核，使云形成降水，以减少云中的水分；或在冷云部分撒冰核，以抑制雹胚增长等。

10.4.3 其他防雹措施

1. 农业防雹

在多雹地带种植牧草和树木，增加森林面积，改善地貌环境，破坏雹云形成条件，达到减少雹灾的目的。

冰雹来临前，成熟的作物及时抢收，同时覆盖保温被、遮阳网等措施，可有效减轻受灾情况。发生较快的冰雹，要注意关注天气预报，做好应对准备，及时放下保温被，可减轻对农膜和蔬菜的影响，尤其是安装有智能化操作系统的棚室，即使在家，也可以通过手机操作放下保温被。入夏气温升高，保温被卷起不用，应注意提早设置遮阳网，降雹前覆盖，也能起到较好的防雹效果。

受灾后，露天蔬菜要及时划锄松土，及时补苗，喷施叶面肥，提高植株抗逆性。果树在春季及早进行套袋，可降低冰雹危害。

多雹灾地区降雹季节，农民下地随身携带防雹工具，如竹篮、柳条筐等，以减少人身伤害。一般采取防雹措施后，雹灾损失可以减少 20%～80%不等。

2. 其他措施

关好门窗，妥善安置好易受冰雹大风影响的室外物品，如将小汽车停在车库里。

居民切勿随意外出，确保老人小孩留在家中，或将幼儿园小朋友、学校学生应安置在教室内，暂停户外活动。

户外作业人员要停工，应立即到室内暂避。

冰雹主要发生在强对流天气时，在做好防雹准备的同时，也要做好防雷电的准备。户外人员要避免进入棚屋、岗亭等孤立建筑物，避开高楼烟囱、电线杆或大树底下，而要尽量找到一个坚固的地方躲避冰雹，远离可能的雷击灾害。

10.5 知识差距

随着科学技术的不断进步，卫星遥感和雷达监测等高新技术的广泛应用使得人工防雹有了很大发展，但也存在一些问题。

（1）冰雹的预报存在着较大的困难，冰雹出现的特征容易被强降水、雷雨大风等天气特征所掩盖，这就更增加了冰雹预报的难度。目前数值天气预报可以给出冰雹形成的一些相关气象要素条件，但并不能直接给出冰雹大小的最终预报结果。冰雹的预报主要还是通过预报员对各类天气要素的把握，再根据历史资料等综合分析而得出。目前冰雹预报的重点还是报准“下不下”，而预判冰雹大小涉及的要素更为繁多，机理更加复杂，还只能是粗略估测，无法应用到业务中。气象专家试图通过雷达回波识别冰雹粒子大小，通过冰雹探测算法判别各尺寸冰雹的发生概率、强冰雹的概率，并估计最大冰雹直径。这一方法现可用于距离冰雹发生 1 小时内的临近预报，但其效果还有待检验。在对冰雹的预报上，目前只能更多依靠多普勒雷达进行连续监测，尽可能在强对流天气发生的临近时刻发现冰雹特征，并及时通过预警的形式向公众发布。

（2）人工防雹在基本理论、作业客观定量化、效果评估、对冰雹云物理特征的认识及数值模拟的应用等方面有待改进。人工防雹的理论水平需继续提高，尤其是集中于自然和催化后的云特征、雹胚特征、来源和生长特点、催化剂扩散以及雹云结构、微物理过程等。要研究针对不同类型冰雹及其适用的人工防雹理论和方法，对雹云进行及时有效的监测和识别。要加强针对不同地区、不同季节、不同云系的人工防雹等科学概念模型的研究。目前的云模式仍有许多不足之处，需要在动力学、微物理学以及多尺度相互作用方面继续改进，特别是要完善数值模拟结果同实测资料的对比分析。

（3）缺少全球变暖对冰雹气象特征值影响的研究。应该加强冰雹灾情数据的收集，尤其是冰雹粒径信息的收集，建立长期冰雹灾害数据库，为开展气候变化对冰雹灾害的数值模拟研究提供数据基础。

【关注点】

冰雹，冰雹形成机制，冰雹灾害风险管理，冰雹预报预警技术，人工防雹

【专题讨论】

2022 年 8 月 17 日 13 时 40 分，黑龙江省大兴安岭地区塔河镇突发暴风雨天气并伴有冰雹，雹直径 1.5～2 cm，造成 55 栋住宅楼房受损，并致 1 人死亡、2 人受伤，直接经济损失大约 420 万元。其中 26 栋楼房较为严重，受灾人口大约 1200 人。结合案例论述冰雹事件的主要致灾因子有哪些？承灾体有哪些？应该如何进行有效防御，降低冰雹灾害的损失。

【思考题】

一、冰雹灾害形成的主要气象条件是什么？

二、冰雹灾害主要承灾体是什么？

三、人工防雹的基本原理是什么？

参 考 文 献

樊李苗，俞小鼎. 2013. 中国短时强对流天气的若干环境参数特征分析. 高原气象, 32(1): 156-165.

冯桂力，郄秀书，吴书君. 2008. 山东地区冰雹云的闪电活动特征. 大气科学, 32(2): 289-299.

符琳, 李维京, 张培群, 等. 2011. 近 50 年我国冰雹年代际变化及北方冰雹趋势的成因分析. 气象, 37(6): 669-676.
黄玉霞, 王宝鉴, 王研峰, 等. 2017. 1974—2013 年甘肃冰雹日数的变化特征. 气象, 43(4): 450-459.
赖晨, 支树林, 李婕, 等. 2020. SC 型双偏振雷达在江南南部一次对流性天气过程中的应用分析. 气象, 46(11): 1427-1439.
李照荣, 付双喜, 李宝梓, 等. 2005. 冰雹云中闪电特征观测研究. 热带气象学报, 21(6): 588-596.
刘德祥, 白虎志, 董安祥. 2004. 中国西北地区冰雹的气候特征及异常研究. 高原气象, 23(6): 795-803.
刘晓璐, 刘东升, 张世林, 等. 2012. 近 30 年四川冰雹气候特征. 气象, 38(10): 1217-1224.
闵晶晶, 曹晓钟, 段宇辉, 等. 2012. 近 30 年京津冀地区冰雹的气候特征和突变分析. 气象, 38(2): 189-196.
濮文耀, 李红斌, 宋煜, 等. 2015. 0℃层高度的变化对冰雹融化影响的分析和应用. 气象, 41(8): 980-985.
孙燕, 吴海英, 蒋义芳, 等. 2019. 江淮地区致灾强对流天气流型配置及层结特征分析. 灾害学, 34(3): 97-102.
王华, 孙继松. 2008. 下垫面物理过程在一次北京地区强冰雹天气中的作用. 气象, 34(3): 16-21.
王婷婷, 王迎春, 陈明轩, 等. 2011. 北京地区干湿雷暴形成机制的对比分析. 气象, 37(2): 142-155.
许新田, 王楠, 刘瑞芳, 等. 2010. 2006 年陕西两次强对流冰雹天气过程的对比分析. 高原气象, 29(2): 447-460.
杨贵名, 马学款, 宗志平. 2003. 华北地区降雹时空分布特征. 气象, 29(8): 31-34.
余蓉, 张小玲, 李国平, 等. 2012. 1971—2000 年我国东部地区雷暴、冰雹、雷暴大风发生频率的变化. 气象, 38(10): 1207-1216.
俞小鼎, 张爱民, 郑媛媛, 等. 2006. 一次系列下击暴流事件的多普勒天气雷达分析. 应用气象学报, 17(4): 385-393.
俞小鼎, 郑媛媛, 廖玉芳, 等. 2008. 一次伴随强烈龙卷的强降水超级单体风暴研究. 大气科学, 32(3): 508-522.
张芳华, 高辉. 2008. 中国冰雹日数的时空分布特征. 南京气象学院学报, 31(5): 687-693.
张腾飞, 尹丽云, 张杰, 等. 2013. 云南两次中尺度对流雷暴系统演变和地闪特征. 应用气象学报, 24(2): 207-218.
张腾飞, 张杰, 张思豆, 等. 2018. 云南南支槽飑线雹暴中尺度特征及环境条件. 高原气象, 37(4): 958-969.
张雅斌, 黄蕾, 毛冬艳, 等. 2018. 关中盛夏强湿雷暴环境条件与云微物理特征. 高原气象, 37(1): 167-184.
赵红岩, 汤懋苍, 杨瑜峰, 等. 2004. 西北区冰雹分布及与地温场的相关分析. 高原气象, 23(6): 781-786.
Amburn S A, Wolf P L. 1997. VIL density as a hail indicator. Weather and Forecasting, 12(3): 473-478.
Carey L D, Rutledge S A. 2000. The relationship between precipitation and lightning in tropical island convection: a C-band polarimetric radar study. Monthly Weather Review, 128(8): 2687-2710.
Changnon S A. 1992. Temporal and spatial relations between hail and lightning. Journal of Applied Meteorology and Climatology, 31: 587-604.
Changon S A. 2000. Long-term fluctuation in hail incidences in the United States. Journal of Climate, 13(3) : 658-664.
Colby F P Jr. 1984. Convective inhibition as a predictor of convection during AVE-SESAME Ⅱ. Monthly Weather Review, 112(11): 2239-2252.
Etkin D, Brun S E. 1999. A note on Canada’s hail climatology: 1977-1993. International Journal Of Climatology, 19(12): 1357-1373.
Lemon L R. 1998. The radar “Three-body scatter spike”: An operational large-hail signature. Weather and Forecasting, 13(2): 327-340.
Moncrieff M W, Miller M J. 1976. The dynamics and simulation of tropical cumulonimbus and squall lines.

Quarterly Journal of the Royal Meteorological Society, 102(432): 373-394.

Wilson J W, Reum D. 1988. The flare echo: Reflectivity and velocity signature. Journal of Atmospheric and Oceanic Technology, 5(2): 197-205.

Xie B G, Zhang Q H, Wang Y Q. 2008. Trends in hail in China during 1960-2005. Geophysical Research Letters, 35, L13801.

Zhang C X, Zhang Q H, Wang Y Q. 2008. Climatology of hail in China: 1961-2005. Journal of Applied Meteorology and Climatology, 47(3): 795-804.

Zrnic D S. 1987. Three-body scattering produces precipitation signature of special diagnostic value. Radio Science, 22(1): 76-86.

第 11 章 雾霾灾害风险评估与管理

引 言

清洁空气是人类健康和福祉的基本条件。快速工业化与城市化导致的空气污染给人们的健康带来了严重危害。近年来，中国各大城市，如北京、石家庄等地，雾霾灾害频发。雾霾灾害造成了巨大经济损失，危害人民群众健康和公共安全，严重影响了社会的可持续发展。因此，针对雾霾灾害产生的不利影响，开展防治和风险评估与管理工作具有重要意义。

中国是全球空气污染最为严重的国家之一，空气污染是中国大部分城市发展需要关注的问题。随着工业化程度越来越高，城市的空气污染事件越来越突出，已引起了全社会的关注。雾霾作为一种常见的空气污染，呈现出持续时间长、浓度指数高的特点，给生产、生活和人体健康带来较大的危害。

雾霾是雾和霾的混合物。雾是大量微小水滴浮游空中，常显乳白色，使水平能见度小于 1 km 的天气现象。霾是指大量极细微的干尘粒等均匀地浮游在空中，使水平能见度小于 10 km 的空气普遍浑浊现象。霾会使远处光亮物体微带黄或红色，使黑暗物体微带蓝色。雾霾中含有大量颗粒性污染物，对人体的呼吸系统、心脑血管系统以及泌尿生殖系统都有危害。

雾霾灾害对人体健康影响严重，造成巨大经济损失。2007 年，世界银行采用人力资本法和统计生命价值法评估了 2003 年中国城市空气污染物 PM_{10} 造成的健康总损失分别为 1570 亿元和 52900 亿元，分别相当于当年国民生产总值的 1.2%与 3.8%。中国因 2013 年 1 月雾霾事件导致的急/门诊的健康经济损失总额约为 226 亿元，其中健康损失总额最大的省份依次为浙江、江苏、山东，造成的损失总额分别为 30.45、29 和 22 亿元。

雾霾灾害对交通运输业造成的经济损失数额巨大。航空运输方面，以 2013 年 1 月数据为例，中国共有 15 个省份的 23 个机场受雾霾天气不同程度影响，造成航班延误 2428 班次，航班取消 1479 班次，备降航班 111 班次，滞留旅客超过 6 万人，造成直接经济损失为 2.7 亿元。公路交通方面，雾霾灾害导致高速封路收费损失总额约为 1.88 亿元，其中损失最大的 3 个省份依次是天津、北京和河北。此外，雾霾灾害还造成大量的交通事故损失。2013 年 1 月，在中国 10 个省份，由于雾霾天气引发的交通事故近千起，导致 30 多人死亡，200 多人受伤，因雾霾事件导致的交通事故社会经济损失为 2753～7935 万元人民币。

雾霾灾害危害人体健康，给社会带来巨大的经济和财产损失，如何对灾害进行系统化、定量化分析和评估十分重要。本章通过致灾因子危险性、承灾体暴露度和脆弱性风险三要素分析，进行雾霾灾害风险评估与管理，分为 4 节，其中 11.1 概述雾霾灾害，11.2 介绍雾霾灾害成灾机制，11.3 结合相关案例分析进行雾霾灾害风险评估，11.4 主要介绍雾霾灾害风险管理。

11.1 雾霾灾害概述

雾霾，顾名思义，是雾和霾的组合词，常见于城市。中国不少地区将雾并入霾一起作为灾害性的天气现象进行预警预报，统称为“雾霾天气”。雾霾的本质是大气中的颗粒物浓度超标，使得消光作用增强，空气能见度降低。它是特定气候条件与人类活动相互作用的结果。高强度的经济及社会活动必然排放大量细颗粒物，一旦排放超过大气循环能力和承载度，细颗粒物浓度将持续积聚，此时如果受静稳天气影响，极易出现大范围的雾霾。颗粒物的英文 particulate matter，缩写为 PM，常见的指标有 $PM_{2.5}$ 和 PM_{10}。$PM_{2.5}$ 也称细颗粒物或入肺颗粒物，指环境空气中动力学直径小于等于 2.5μm 的颗粒物。$PM_{2.5}$ 的来源可分为自然源和人为源。自然源包括风扬尘土、火山灰、森林火灾、海盐等。人为源分为一次颗粒物和二次颗粒物，一次颗粒物指由污染源直接排放到大气中的颗粒物，包括燃煤烟尘、工业粉尘、机动车排气、建筑及道路扬尘等；二次颗粒物是指排放到大气中的硫氧化物、氮氧化物、氨、挥发性有机物等通过复杂的化学反应产生的颗粒物。PM_{10} 又称为可吸入颗粒物或飘尘，指环境空气中动力学直径小于等于 10 μm 的所有颗粒物，它由粗颗粒物（空气动力学直径在 2.5～10 μm 之间）和细颗粒物（$PM_{2.5}$）组成。这两类颗粒物都能进入人的呼吸系统中，并附着在呼吸道和肺叶中。雾霾天气导致紫外线减弱，直接导致空气中病菌的活性大大增强，雾霾中的颗粒物会随着雾霾一起进入呼吸道，造成人体细菌感染。同时，雾霾中的颗粒物会直接引发心肌梗死、心肌缺血以及损伤，尤其是心脏本身就不好的人，其在雾霾天气中的死亡率会骤然提高。此外，雾霾中过多的污染物会导致空气气压降低，诱发心血管疾病。与此同时，雾霾严重时，空气中水汽含量较大，人运动后的汗液难以排除蒸发，容易造成人胸闷、血压升高，高血压、中风、心肌梗死患者等脆弱人群很容易在雾霾天突发急病。雾霾会伤害人的皮肤。人体的皮肤也具有呼吸功能，在清爽干净的环境中，皮肤会感觉自由舒适，在充满污染物的雾霾天气中，皮肤容易出现毛孔阻塞的现象，加速人的衰老。雾霾灾害还会伤害人的泌尿生殖系统。雾霾进入人体一段时间后，会逐渐参与血液循环，堆积在各个重要器官，严重的会导致男性出现前列腺增生、肾衰竭、尿毒症等，并加重各种疾病的病情，如感冒、过敏、高血压、脑溢血等。

11.1.1　雾霾预警分类

根据中国气象局发布的《气象灾害预警信号发布与传播管理办法》，将雾霾灾害分为大雾预警与霾预警。其中，大雾预警信号分三级，分别以黄色、橙色、色表示。

大雾黄色预警信号发布标准为 12 小时内可能出现能见度小于 500 m 的雾，或者已经出现能见度小于 500 m、大于等于 200 m 的雾并将持续。

大雾橙色预警信号发布标准为 6 小时内可能出现能见度小于 200 m 的雾，或者已经出现能见度小于 200 m、大于等于 50 m 的雾并将持续。

大雾红色预警信号发布标准为 2 小时内可能出现能见度小于 50 m 的雾，或者已经出现能见度小于 50 m 的雾并将持续。

霾预警信号分二级，分别以黄色、橙色表示。

霾黄色预警信号发布标准为 12 小时内可能出现能见度小于 3000 m 的霾，或者已经出现能见度小于 3000 m 的霾且可能持续。

霾橙色预警信号发布标准为 6 小时内可能出现能见度小于 2000 m 的霾，或者已经出现能见度小于 2000 m 的霾且可能持续。

11.1.2　雾霾灾害地域分布特征

由于各个区域的大气污染物排放结构不同，地理环境和气象条件也有较大的差别，因此需要考虑各个区域的实际情况。雾霾污染的季节性特征显著，供暖季和非供暖季的空气质量差距明显。

从地域空间分布来讲，中国雾霾天气主要有四个特点：一是以京津冀为中心的雾霾频发地区，另外是长三角，再有就是珠三角地区，还有四川和重庆一带。从长期变化的角度来讲，近年来珠三角地区雾霾确实有呈明显好转的趋势。雾霾灾害主要出现在中国的东部地区、黄淮地区、长江河谷、四川盆地、珠江三角洲、山西南部、河南中部、河北中南部等地。在城市范畴内，沈阳、北京、郑州、南京、杭州、广州和香港等是空气污染相对较严重的地区，雾霾天气出现比较频繁。相比较之下，内蒙古地区等中西部偏少，年平均霾日数多在5天以下。

从重污染区域分布情况来看，现在中国的重污染已经形成连成片现象，除了京津冀、长三角、珠三角和成渝等重点地区之外，新的连成片也正在形成，比如近年来东北和华中地区，污染也显著加重，引起公众的关注。珠三角正在持续改善，长三角也有一定的改善，而现在污染最重的地区是京津冀及周边。京津冀及周边现在是中国重污染发生频率最高和污染程度最重的地区。

中国主要城市的 $PM_{2.5}$ 浓度远远超过世界卫生组织的规定值。其中，京津冀地区更是全国雾霾污染问题最突出的地区。2013年和2014年 $PM_{2.5}$ 年均浓度最高的10个城市中，有7个位于河北省。河北省邢台连续两年为 $PM_{2.5}$ 年均浓度最高的城市。2013年，河北省邢台和石家庄的 $PM_{2.5}$ 年均浓度排在全国前两位，分别高达155.2 μg/m^3 和148.5 μg/m^3，是国家标准的4倍以上。由于京津冀地区冬季供暖的能源消费量较大，而且冬季降水少、空气干燥，污染物扩散条件不利，因此冬季雾霾污染的出现频率高、污染程度重。京津冀地区的大气污染物排放量及其在大气中的累积程度、风力等级、周边区域的污染物排放以及区域传输等因素对 $PM_{2.5}$ 浓度都具有显著的影响。

11.2　雾霾灾害成灾机制

11.2.1　雾霾灾害的形成原因

随着中国城市化和经济发展，高楼大厦越建越多，楼层也越来越高，静风现象随之增多，不利于城市污染物的扩散。在现实生活中，雾霾常常伴随着大气的逆温现象产生。逆温层像一个盖子一样覆盖在城市上空，从而形成高空比低空气温更高的逆温现象。雾霾形成的一个重要原因是悬浮颗粒物的增加。人为的排放、工业的发展和机动车辆的增多，导致城市污染物大量增加，中国雾霾形成主要受人为因素的影响。

中国城市规模的扩大和人口规模的扩张，一方面增加了住房需求、机动车需求和家用电器的消耗，另一方面也增加了生活垃圾的排放和焚烧，特别是冬季煤炭取暖产生的粉尘被直接排放到大气中。冬季供暖时，一些供暖公司使用煤、天然气等为居民供暖，有的居民则自己烧蜂窝煤取暖，这会产生大量的颗粒物并进入大气，而冬季的气候条件也不利于这些颗粒物的扩散，加剧了雾霾的产生。除此之外，施工行业产生的扬尘也会致使雾霾形成。冬季干燥极易扬尘，车辆过往扬起尘土，使周边空气中 $PM_{2.5}$ 和 PM_{10} 的含量急剧上升。

总体来说，雾霾成因主要有 3 个。

（1）城市楼宇过多，阻挡了风的移动，不利于污染物向周边区域扩散，使得城市污染物越来越多，这就是所谓的水平方向的静风现象。

（2）在正常条件下，地面温度会比高空高，污染物会从地面向高空移动，并最终进入大气中。但在高楼林立的城市中，存在着逆温现象，即地面的温度比高空低，导致污染物滞留在地面，很难扩散大气中。

（3）随着工业的发展和机动车辆的增多，城市污染源也越来越多，直接导致空气中的悬浮颗粒随之增多，能见度因此而降低。

11.2.2 污染物排放来源

污染物的排放源主要分为自然源和人为源两种，后者的危害较大，其主要来源于能源燃烧过程，包括燃烧木材、垃圾、烟草等，以及煤炭、柴油、汽油等化石燃料。直径在 2.5～10 μm 的颗粒物则主要产生于机械过程，例如建筑施工、道路扬尘和风。小于 10 μm 的颗粒物可以穿透呼吸道的纤毛，到达肺部的支气管和肺泡。小于等于 2.5 μm 的细颗粒物具有更强的穿透力，更不容易被呼吸道黏膜吸附，并经由咳嗽排出体外。因此，$PM_{2.5}$ 会对呼吸系统和心血管系统带来更大危害，包括动脉斑块沉积，引发血管炎症和动脉粥样硬化等。污染物排放量高的区域往往是受雾霾污染严重的区域。因此，大气污染物排放量过大是雾霾污染的根本原因。

雾霾浓度受到风力等污染物扩散条件的影响十分显著。在当前大气污染物排放过大的情况下，风力是减轻雾霾污染的主要因素。然而，风力是不可控的外在因素，雾霾污染治理不能仅依靠风力，而是要立足于人为努力，从减少污染物排放量着手，才能从根本上解决雾霾污染问题。

11.3 雾霾灾害风险评估

11.3.1 雾霾灾害风险分析

IPCC（2012）指出，灾害受暴露度（E）、致灾因子（H）、承灾体脆弱性（V）三要素共同影响，即 $D=E\cap H\cap V$。以下从三要素的角度对城市雾霾进行分析。

1. 致灾因子

雾霾是对大气中各种悬浮颗粒物含量超标的笼统表述，其中 $PM_{2.5}$ 是造成雾霾灾害的主要污染物，也是重金属、多环芳烃等有毒有害物质的载体。雾霾是雾和霾的混合物，其中雾会降低空气透明度，使能见度降低。霾的组成成分包括数百种大气化学颗粒物质，其中灰尘、硫酸、硝酸、有机碳氢化合物等粒子能使大气混浊，导致视野模糊，并形成空气污染。

全球变暖使暖冬频繁出现，也导致空气中污染物难以扩散，雾霾天气加剧（孙亮，2012），促进了雾霾灾害的发生。雾霾灾害多发生在中大型城市，随着城市化进程的加快，机动车排放量增加、生产生活污染和城市建设带来的大量扬尘都加剧了雾霾的发生。城市产业结构的变化也是诱因之一，第二产业比重越高，环境污染越严重。其中重工业排放的污染物是雾霾的构成物质，能源的消耗也会带来大量污染排放。

雾霾发生时空气中的有毒颗粒物不但会诱发癌症、呼吸道疾病及各类心血管疾病，危害人身体健康，严重的雾霾天气还会降低大气能见度，导致交通事故频发，造成人员伤亡和财产损失；同时，还会通过影响植物的光合作用以及危害动物的生长对生态平衡造成破坏（Samet et al.，2000）。

针对雾霾灾害的系列研究发现，可吸入颗粒物污染呈现季节趋势，不同季节、不同气候条件对污染浓度影响较大（Motallbi，1999），工业和汽车排放、生物质燃烧和灰尘是雾霾产生的重要因素（Quinn and Bates，2003）。国内学者的研究主要集中在雾霾灾害的形成机理、变化特征、成因分析以及对经济发展方式和环境治理的反思上。例如，针对华东地区的雾霾进行分析发现，城市化进程加快导致土地利用变化、大气污染物排放增加以及城市热岛效应日益显著是主要原因，加上气象条件的变化和季节性影响等综合作用，加剧了雾霾灾害的发生（史军 等，2010）。对中国大中型城市秋冬季节雾霾天气污染特征与成因的分析表明，气溶胶粒子浓度升高是影响大气能见度的最重要因素，城市细颗粒物来源主要包括工业排放、能源排放、生活排放、汽车尾气、生物质燃烧、道路扬尘及二次气溶胶生成等（潘本锋 等，2013）。也有些学者认为，中国经济粗放发展方式是城市雾霾天气形成的主要原因，并提出转变经济增长方式，提高经济增长质量的治理路径（茹少峰和雷振宇，2014）。

城市雾霾出现的原因可以归结为气象原因（季节气温、空气-湿度、风向风力、水平静风现象、垂直逆温现象）、自然原因（土壤扬尘、海盐扬尘、花粉传播、森林燃烧烟尘、沙尘暴颗粒物）及人为原因（工厂“三废”排放、二次气溶胶污染、燃煤等能源活动、机动车尾气排放、生活污染排放、楼群密集）三个方面（吴伟强和王欣，2015）。基于空气质量监测、遥感卫星数据和嵌套式空气质量预测模拟系统，发现气象条件停滞、能源燃烧、非法排放和生物质燃烧是东北特大城市群强烈霾形成和分布的主要驱动因素（Yang et al.，2017）。中国长三角地区的雾霾风险等级评估表明城市雾霾风险较高的原因是$PM_{2.5}$和PM_{10}年均浓度差异度过高，此外人口密度和城市机动车数量也是重要因素，随着人口密度与机动车数量的增加，雾霾灾害更加严重（盛小星和叶春明，2017）。对雾霾灾害风险指数的实证分析证明，雾霾灾害风险主要受空气质量和污染物排放的影响，在雾霾灾害的治理过程中应重视对空气中颗粒物的治理，加强对工业污染物和生活污染物排放的控制（韩琭，2017）。通过空气质量指数和空气质量分指数分级界定空气质量是分析雾霾灾害致灾因子的一个方法。空气质量指数（air quality index, AQI）是定量描述空气质量状况的非线性无量纲指数。其数值越大、级别和类别越高、表征颜色越深，说明空气污染状况越严重，对人体的健康危害也就越大。空气质量分指数（individual air quality index, IAQI）是对照各项污染物的分级浓度限值，以细颗粒物（$PM_{2.5}$）、可吸入颗粒物（PM_{10}）、二氧化硫（SO_2）、二氧化氮（NO_2）、臭氧（O_3）、一氧化碳（CO）等各项污染物的实测浓度值分别计算得出。具体计算流程如下：

$$IAQI_P = (CP - BP_{Lo}) \times (IAQI_{Hi} - IAQI_{Lo})/(BP_{Hi} - BP_{Lo}) + IAQI_{Lo}$$

其中，$IAQI_P$ 为污染物的空气质量分指数；CP 为污染物的质量浓度值；BP_{Hi} 为区域空气质量分指数及对应的污染物浓度指数表中与 CP 相近的污染物浓度限值的高位值；BP_{Lo} 为区域空气质量分指数及对应的污染物度指数表中与 CP 相近的污染物浓度限值的低位值；$IAQI_{Hi}$ 为区域空气质量分指数及对应的污染物浓度指数表中与 BP_{Hi} 对应的空气质量分指数；$IAQI_{Lo}$ 为区域气质量分指数及对应的污染物浓度指数表中与 BP_{Lo} 对应的空气质量分指数。

AQI 的计算结果很大程度上取决于区域 IAQI 及对应的污染物浓度指数表。最终计算结果需要参考相应的浓度指数表才具有实际意义。

$$AQI = \max(IAQI_1, IAQI_2, IAQI_3, \cdots, IAQI_n)$$

其中，AQI 为空气质量指数；IAQI 为空气质量分指数；n 为污染物。

简单来说，AQI 就是在各 IAQI 中取最大值。AQI 大于 50 时，IAQI 最大的污染物为首要污染物。若 IAQI 最大的污染物为两项或两项以上时，并列为首要污染物。IAQI 大于 100 的污染物为超标污染物。

按照《环境空气质量指数（AQI）技术规定（试行）》（HJ 633—2012），把空气污染指数分别划分为 0～50，51～100，101～150，151～200，201～300 和大于 300 共 6 个档位（表 11.1），分别对应空气质量的 6 个级别，空气质量指数越高，表示污染越严重，同时也对人体健康的影响越明显（表 11.2）。

表 11.1　空气质量分指数及对应的污染物项目浓度限值

空气质量分指数	污染物项目浓度限值									
	二氧化硫 24 小时平均/（μg/m^3）	二氧化硫 1 小时平均/（μg/m^3）	二氧化氮 24 小时平均/（μg/m^3）	二氧化氮 1 小时平均/（μg/m^3）	PM_{10} 24 小时平均/（μg/m^3）	一氧化碳 24 小时平均/（μg/m^3）	一氧化碳 1 小时平均/（μg/m^3）	臭氧 1 小时平均/（μg/m^3）	臭氧 8 小时平均/（μg/m^3）	$PM_{2.5}$ 24 小时平均/（μg/m^3）
0	0	0	0	0	0	0	0	0	0	0
50	50	150	40	100	50	2	5	160	100	35
100	150	500	80	200	150	4	10	200	160	75
150	475	650	180	700	250	14	35	300	215	115
200	800	800	280	1200	350	24	60	400	265	150
300	1600	（2）	565	2340	420	36	90	800	800	250
400	2100	（2）	750	3090	500	48	120	1000	（3）	350
500	2620	（2）	940	3840	600	60	150	1200	（3）	500

注：二氧化硫、二氧化氮和一氧化碳的 1 小时平均浓度限值，仅用于实时报，在日报中需使用相对应污染物的 24 小时平均浓度值；二氧化硫 1 小时平均浓度值高于 800 μg/m^3，不再进行其空气质量分指数计算，二氧化硫空气质量分指数按 24 小时平均浓度计算；臭氧 8 小时平均浓度值高于 800 μg/m^3 的，不再进行其空气质量分指数计算，臭氧空气质量分指数按 1 小时平均浓度计算

表 11.2　空气质量指数及相关信息

空气质量指数	空气质量指数级别	空气质量指数类别及表示颜色		对健康影响情况	建议采取的措施
0～50	一级	优	绿色	空气质量令人满意，基本没有空气污染	各类人群可正常活动
51～100	二级	良	黄色	空气质量可以接受，但某些污染物可能对极少数异常敏感人群健康有较弱影响	极少数异常敏感人群应减少户外活动

续表

空气质量指数	空气质量指数级别	空气质量指数类别及表示颜色		对健康影响情况	建议采取的措施
101～150	三级	轻度污染	橙色	易感人群症状有轻微加剧，健康人群出现刺激症状	儿童、老年人及心脏病、呼吸系统疾病患者应减少长时间、高强度的户外锻炼
151～200	四级	中度污染	红色	易感人群症状进一步加剧，可能对健康人群心脏，呼吸系统有影响	儿童、老年人及心脏病、呼吸系统疾病患者应避免长时间、高强度的户外锻炼，一般人群适量减少户外活动
201～300	五级	重度污染	紫色	心脏病和肺病患者症状显著加剧，运动耐受力降低，健康人群普遍出现症状	儿童、老年人及心脏病、肺病患者应停留在室内，停止户外运动，一般人群减少户外运动
>300	六级	严重污染	褐红色	健康人群运动耐受力降低，有明显强烈症状，提前出现某些疾病	儿童、老年人和病人应当留在室内，避免体力消耗，一般人群应避免户外活动

2. 暴露度

雾霾灾害暴露度指暴露在雾霾影响范围内的人和社会经济总量，主要体现在影响的人口数量、交通密度和基础设施量等方面。

3. 脆弱性

雾霾灾害脆弱性是指承灾体受雾霾影响的程度，即对雾霾灾害的敏感性。雾霾灾害的脆弱性主要体现在人口年龄结构（如受雾霾灾害影响的老年人或未成年人占总人口的比例）、人口性别结构（受雾霾灾害影响的男女性别比）以及易感人群比例（如受雾霾灾害影响的呼吸道疾病易感群体占总人口比例）等。

11.3.2　雾霾灾害风险评价方法

参考 IPCC（2012）以及雾霾灾害的特点，选取了雾霾灾害中致灾因子、暴露度和承灾体脆弱性 3 个风险要素，每个要素含若干子指标，构建雾霾灾害风险综合评价模型。

1. 确定雾霾灾害风险综合评价指标集

$$X=(X_h, X_e, X_v) \tag{11.1}$$

其中，X_h，X_e 和 X_v 分别为致灾因子，暴露度和脆弱性三项一级指标，每项一级指标根据专家打分筛选出若干有代表性、能量化的二级指标。

2. 确定评价指标权重

模型中所有指标权重值由层次分析法确定，层次分析法在专家打分的基础上将问题进行定性和定量的分析，可以在某种程度上避免评价中产生的主观性，并保证了数据的一致性。权重向量为 $W=\{W_h, W_e, W_v\}$，其中，W_h，W_e 和 W_v 分别为致灾因子，暴露度和脆弱性三项指标权重。

3. 确定雾霾灾害风险指数

$$R=X_{\mathrm{h}}W_{\mathrm{h}}+X_{\mathrm{e}}W_{\mathrm{e}}+X_{\mathrm{v}}W_{\mathrm{v}} \tag{11.2}$$

其中，$X_{\mathrm{h}}=\sum_{i=1}^{m}(W_{\mathrm{h}_i}\times X_{\mathrm{h}_i})$，$W_{\mathrm{h}_i}$ 和 X_{h_i} 为致灾因子的二级指标及其权重，m 为致灾因子个数；$X_{\mathrm{e}}=(-1)^{\lambda}\sum_{j=1}^{n}(W_{\mathrm{e}_j}\times X_{\mathrm{e}_j})$ 为暴露度，X_{e_j} 和 W_{e_j} 分别为暴露度的二级指标及其权重，n 为暴露度二级指标个数，$\gamma=0$ 或 1，若指标有利于雾霾灾害的形成或影响加重则 $\gamma=0$，否则 $\gamma=1$；$X_{\mathrm{v}}=\sum_{k=1}^{q}(W_{\mathrm{v}_k}\times X_{\mathrm{v}_k})$ 为脆弱性，X_{v_k} 和 W_{v_k} 为脆弱性二级指标及其权重，q 为脆弱性二级指标个数。

由于各个指标量纲不一致，采用极值化方法对指标数据进行规范化处理，消除各自指标的量纲差异。

11.3.3 雾霾灾害的发生标准

联合国世界卫生组织（WHO）欧洲区域办事处于 1987 年和 1997 年先后制定与修订了《欧洲空气质量准则》。2005 年 10 月，WHO 根据空气污染对健康影响的大量科学文献，包括在一些空气污染极其严重的发展中国家进行的重要研究，对《欧洲空气质量准则》中部分空气污染物的准则作了修订，制定了《空气质量准则》，使之适用于 WHO 覆盖的各个区域，为世界各地制定适合当地目标和政策提供了参考依据。

WHO 在 2005 年发布的《空气质量准则》（以下简称“准则”）列举了 4 种常见空气污染物——即颗粒物（PM）、臭氧（O_3）、二氧化氮（NO_2）和二氧化硫（SO_2）影响健康的最新证据，并依据它们对健康影响的相对重要性，提出相应的限度准则。WHO 还给出上述污染物指导值和过渡期目标值，明确各国的空气质量标准是依据各自权衡健康风险的方法以及技术可行性，并考虑其他各种政治、社会和经济因素等来制定的。

由于颗粒物对人体的危害最为直接和严重，所以准则讨论的第一项污染物就是空气中飘浮的颗粒物（PM）。直径小于 10 μm 的颗粒物会被人吸入，所有人群的健康都会受到影响。最主要的影响见于呼吸系统和心血管系统，可能导致的病症包括哮喘、肺癌等呼吸系统疾病，血栓、动脉硬化、心肌梗死和中风等心脑血管疾病，以及新生儿出生缺陷与过早死亡等。不论是发达国家还是发展中国家，空气颗粒物及其对公众健康影响的证据都是一致的，即目前城市人群所暴露的颗粒物浓度水平，会对健康产生有害效应。此外，$PM_{2.5}$ 极易吸附多环芳烃等有机污染物和重金属，使得致癌和基因突变的概率明显升高。而小于 0.1 μm（100 nm）的颗粒，例如柴油发动机排出的废气中所含有的微粒，更可以直接穿透细胞膜，进入人体对其他器官造成伤害。

中国经济高速发展，大气环境污染特征已由煤烟型向复合型转变，区域性大气细颗粒物和臭氧污染不断加重，一些城市经常出现长时间雾霾天气，对公众健康形成严重威胁。2012 年 2 月，《环境空气质量标准》（GB 3095—2012）调整了污染物项目及限值，增设了 $PM_{2.5}$ 平均浓度限值和臭氧的 8 小时平均浓度限值，收紧了 PM_{10}、二氧化氮等污染物的浓度限值，

增加了 $PM_{2.5}$ 监测要求。《环境空气质量标准》规定了环境空气质量功能区划分、标准分级、污染物项目、取值时间及浓度限值、采样与分析方法及数据统计的有效性。

目前，中国 $PM_{2.5}$ 的二级标准值为 24 小时平均浓度小于 75 μg/m^3，一级为 35 μg/m^3。然而，这些数值与 $PM_{2.5}$ 国际标准相比，还相差甚远，仅仅是达到世卫组织设定的最宽标准。WHO 认为，$PM_{2.5}$ 标准值为小于 10 μg/m^3。当年均浓度达到 35 μg/m^3 时，人患病并致死的概率将大大增加。中国多个区域的年均浓度均在 70 μg/m^3 之上，尤其是京津冀地区，雾霾污染十分严重。2013 年和 2014 年，京津冀地区 $PM_{2.5}$ 年均浓度达到 104 μg/m^3 和 93 μg/m^3，远超过中国环境空气质量二级标准，更是远超过 WHO 标准。

11.3.4　雾霾灾害风险评估案例

京津冀地区是中国雾霾灾害最严重的区域之一。针对该区域雾霾灾害严重的现象，进行风险评估非常重要。就京津冀地区而言，燃煤发电是 $PM_{2.5}$ 的首要排放源，占 $PM_{2.5}$ 一次污染物排放的 9%，占二氧化硫排放的 69%，占氮氧化物排量 47%。包括钢铁、水泥和制砖在内的重工业生产是京津冀地区另一大污染物排放源，合计占 $PM_{2.5}$ 一次污染物排放的 49%，分别占二氧化硫和氮氧化物排量的 12%和 17%。就北京而言，交通运输业造成的 $PM_{2.5}$ 污染影响比天津和河北更明显。在北京地区，交通运输业的氮氧化物污染物排放占氮氧化物总排放的 45%，是最大的排放源，也是发电业外北京市最大的单一污染源行业（关大博 等，2013）。

中国的大气污染已经从 20 世纪的煤烟型污染演变为区域性、复合型污染，区域联动特征显著。通过北京市的 $PM_{2.5}$ 源解析结果表明，机动车和燃煤因素分别占 25%和 19%，而区域外传输占 19%。北京地区当地的 $PM_{2.5}$ 主要排放源已经从工业生产转为交通和扬尘等生活行为，天津和河北的大气污染物排放也会对北京的空气质量产生影响。

本案例以 2013 年初京津冀地区遭遇的严重雾霾灾害为例，介绍雾霾灾害风险评估。

1. 数据收集及整理

根据以往的研究表明，引发雾霾灾害发生的因素有很多，首先需要进行数据收集和处理。数据来源包括环境空气质量指数（AQI）、京津冀地区 13 个主要城市的国民经济和社会发展统计公报及生态环境部门发布的年度环境状况公报等。再利用 GIS 技术对收集的数据进行整理，构建雾霾灾害的影响评估数据库（图 11.1）。

2. 构建评估模型

根据雾霾灾害的特点，选取雾霾灾害致灾因子危险性、承灾体暴露度和脆弱性 3 个要素和二级指标，构建雾霾灾害风险综合评估模型。

（1）致灾因子危险性。本节根据雾霾灾害特点，选取 $PM_{2.5}$ 浓度、空气质量不达标天数和空气综合质量作为雾霾灾害致灾因子危险性指标。根据京津冀地区 15 个 $PM_{2.5}$ 监测站显示，2013 年 1 月京津冀地区遇到 5 次强霾污染过程，分别发生在 6～8 日、9～15 日、17～19 日、22～23 日和 25～31 日。其中，1 月 14 日数据显示，$PM_{2.5}$ 浓度值最高达 993μg/m^3。京津冀地区 13 个主要城市 $PM_{2.5}$ 小时平均浓度达到 430μg/m^3，其中第 5 次污染过程中 $PM_{2.5}$ 浓度大于 300μg/m^3 的持续时间超过 50 小时。

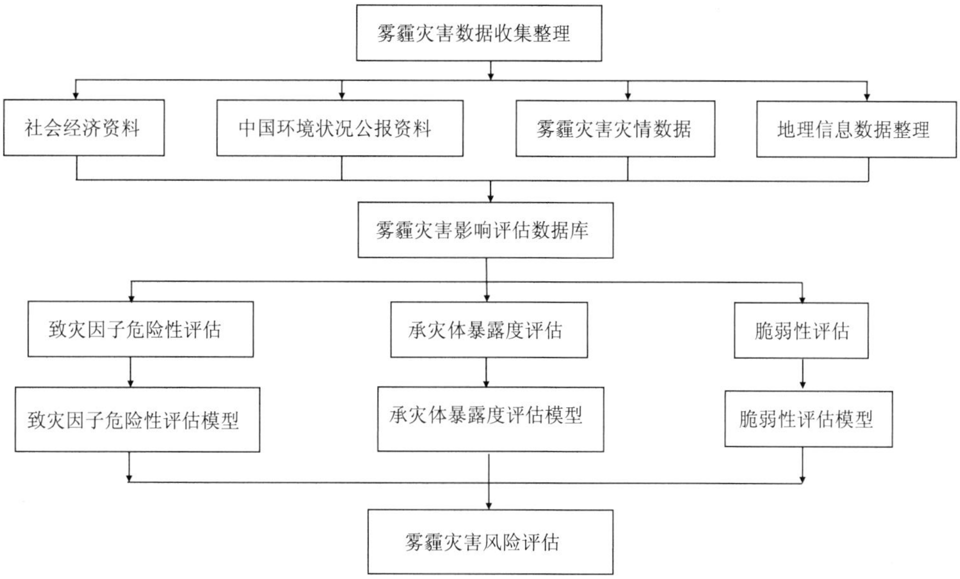

图 11.1　雾霾灾害风险评估流程

（2）承灾体暴露度。雾霾灾害的承灾体暴露度主要考虑灾害影响范围，影响范围越大或者数量越多，暴露度就越大。根据案例，雾霾灾害暴露度可以选取人口数量、第二产业比例、第三产业比例、单位生产总值、机动车保有量等指标。

（3）承灾体脆弱性。雾霾灾害的承灾体脆弱性是指直接受到雾霾灾害影响而造成损失的对象。根据雾霾灾害的特点，选取人口年龄结构、人口性别结构、易感人群比例以及雾霾天气下交通事故发生率作为脆弱性评估指标。

（4）雾霾灾害风险评估指标权重分配。通过层次分析法对风险三要素和二级指标因子进行权重计算，计算结果如表 11.3 所示。

表 11.3　雾霾灾害风险管理评估指标权重

风险三要素	权重	二级指标因子	权重
致灾因子危险性	0.323	$PM_{2.5}$ 浓度	0.44
		空气质量不达标天数	0.33
		空气综合质量	0.23
承灾体暴露度	0.366	人口数量	0.385
		第二产业比例	0.151
		第三产业比例	0.168
		单位生产总值	0.141
		机动车保有量	0.155
承灾体脆弱性	0.311	人口年龄结构	0.149
		人口性别结构	0.177
		易感人群比例	0.344
		交通事故发生率	0.33

雾霾灾害风险三要素中每个要素的权重相差不大，从高到低依次是承灾体暴露度、致灾因子危险性以及承灾体脆弱性。在致灾因子危险性的二级指标因子中，$PM_{2.5}$浓度权重要高于空气质量不达标天数和空气综合质量。在承灾体暴露度的二级指标因子中，人口数量的权重最高，单位生产总值的权重最低。承灾体脆弱性的二级指标因子中，雾霾引起的易感人群比例权重最高。

3. 雾霾灾害风险评估

根据致灾因子危险性、承灾体暴露度和脆弱性，进行雾霾灾害风险评估。如图 11.2 所示。

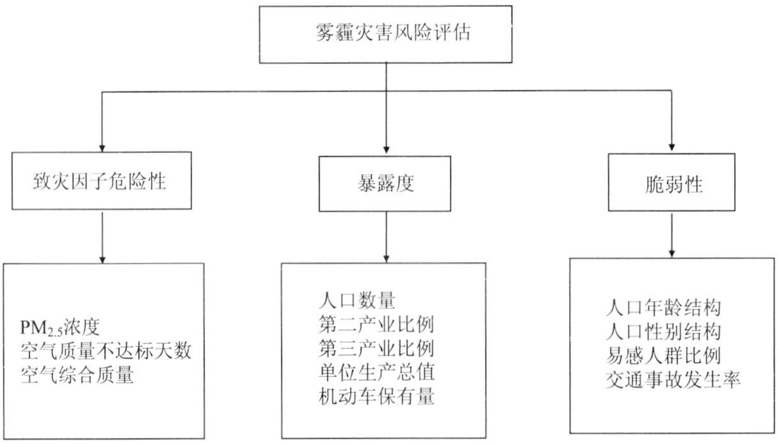

图 11.2　雾霾灾害风险评估

雾霾致灾因子危险性分析结果表明，河北省邢台、保定、衡水、石家庄、邯郸的致灾因子危险性权重最高，说明这几个地区空气污染物浓度高，雾霾天气发生频率高。而张家口、承德和秦皇岛处在较低水平，在京津冀区域属于空气质量较好的地区。

在承灾体暴露度方面，最高暴露度出现在唐山、天津、石家庄等地，暴露度高的原因是人口众多、第二产业比例大、单位生产总值高等。

在承灾体脆弱性方面，北京、天津的承灾体脆弱性最高，其次是石家庄、邯郸、廊坊等。这些地区受雾霾灾害影响，导致呼吸道发病的易感人群多；此外，机动车保有量高导致交通事故发生率也高，尤其是北京和天津，雾霾灾害造成的影响和损失最严重。因此需要切实采取措施做好防护，减少承灾体受到的影响和损失。

综上所述，京津冀地区是中国雾霾灾害最严重地区，除张家口、承德、秦皇岛外，其他几个城市的雾霾灾害综合风险值都较高，主要因为承灾体脆弱性高。唐山、邯郸等地区还因为暴露度较高，所以综合风险较高。为了有效地减少雾霾灾害的负面影响，可以采取调整企业产业结构、发展公共交通、强化机动车减排等措施。

11.4　雾霾灾害风险管理

雾霾灾害当前已经严重影响了城市的发展和居民的生活水平。如何评估雾霾灾害已然成为学术界关注的重点之一，雾霾灾害风险管理主要体现在不同方面。比如，雾霾灾害是城市可持续发展需要解决的重大问题之一（刘兰芳等，2020），城市雾霾造成人体健康风险（Wong et al.，2008），汽车等交通工具所排放的尾气会对人群疾病致死率的影响（Kai and Stuart，2013），一些科学家利用空气质量数据分析，发现变化规律（Qiao et al.，2016），还有利用故障树模型与模糊综合评判分析法分析城市雾霾风险（吴伟强和王欣，2015），构建雾霾综合风险评估体系，分析长三角雾霾风险（姜绵峰和叶春明，2016；盛小星和叶春明，2017；谢志祥 等，2017），根据雾霾的形成机理构建雾霾灾害风险指数（韩琭，2017），从健康和经济角度估算北京市雾霾的本地和外来风险（谭志斌 等，2018），运用层次分析法建立四川盆地雾霾灾害风险评估模型，得到风险区划结果（卿清涛 等，2017）。

11.4.1　雾霾灾害监测与预警

根据《地面气象观测规范》的定义，雾是由大量悬浮在近地面空气中的微小水滴或冰晶组成的水汽凝结物，水平能见度小于 1 km；霾则是大量极细微的颗粒物均匀地浮游在空中使水平能见度小于 10 km 的空气普遍混浊现象。这就意味着根据其定义，雾和霾的监测涉及能见度和湿度，需要配备相应的监测设备。

要把雾和霾描述得很清楚，必须从监测手段上有所侧重，并将两者的不同信息读取出来。雾主要是小水滴组成，粒径相对较大，一般在 2 μm 以上，而霾主要是更细的气溶胶颗粒，化学组成复杂，粒径主要在 1 μm 以下。雾滴谱仪主要用于监测雾滴大小、雾滴谱特性等。对雾的监测还有雾水采集器，用于监测雾水含量和化学性质等。霾实质上就是大气气溶胶造成的能见度降低，因此有关大气气溶胶的物理、化学特性的监测仪器都可以做为霾的监测仪器。此外，与雾、霾天气预报预警相关的还包括关于大气状态或大气热力、动力特性的监测。

气溶胶颗粒物质量浓度的监测目前主要有基于滤膜采样称重法和连续自动监测法两种。当前国内外统一认为滤膜采样称重法是监测气溶胶质量浓度的参考标准方法，很多国家进行颗粒物对人体健康影响的研究也多依赖该方法。但即使是这种作为参考标准的方法，在取样到称重的过程中因环境改变等因素，也会产生误差。随着社会对于环境监测的需求越来越大，连续在线监测气溶胶质量浓度的自动化仪器越来越受到重视。各种类型的气溶胶质量浓度连续自动监测仪器，都需要与滤膜采样称重的方法进行对比，误差控制在一定的范围内，才能被允许在有关的监测中采用。

雾霾灾害的产生主要与天气气候条件密切相关，不同的雾霾灾害其影响领域和影响程度也各有不同，因此必须针对不同的雾害，作出科学的监测与预报。有关部门和单位需要按照职责做好防雾霾应急工作，建立多部门协调的应急机制，防御和减轻大雾、霾危害。机场、港口、高速公路的布局要尽量避开大雾多发地区。电力、交通部门要增强防御雾害、霾害意识，并对交通枢纽和交通干线根据大雾的能见度水平和路面状况，科学合理地采取限速、限量和封闭措施。浓雾时按照行业规定适时采取交通安全管制措施，如机场暂停飞机起降，高速公路暂时封闭，轮渡暂时停航等。驾驶人员根据雾天行驶规定，采取雾天预防措施，根据环境条件采取合理行驶方式，并尽快寻找安全停放区域停靠。同时还要切实加强雾害发生时的舆论宣传，提高全社会科学认识和防御大雾灾害的能力。

11.4.2 雾霾灾害的治理措施

1. 控制污染源减少污染物排放

首先，雾霾防治要从目前人类可以控制的污染源入手，重点是车辆尾气、工业废气、燃煤烟气、扬尘等污染源，淘汰现有高污染企业及生产设备，严格产业准入条件，控制新增污染源，鼓励低污染项目及替代产品，禁止大田焚烧植物秸秆，大力发展清洁能源及产品，从源头上控制污染物的产生。其次，采用先进高效的污染治理设备，加强汽车尾气治理，对拟排放的污染物进行治理后达标排放。最后，要对排放后的大气污染物进行吸收稳定化治理，如采用吸附方式、冲洗方式对地面等处的灰尘进行清理，防止遇风或车轮携带，成为二次污染源。另外，可以通过采用灰尘抑制剂的化学手段等方式来清洁已被污染的空气。

2. 加强新能源开发减少煤炭依赖

中国能源结构单一，对煤炭依赖程度较高，这是造成雾霾天气形成的主要原因之一。唯有合理规划能源产业布局，大力度开发、利用新能源，提高地热能、风能、太阳能及潮汐能等新能源的利用率，才能尽量控制传统能源对大气的污染，达到减少雾霾天气的效果。

3. 多方合作，共防雾霾灾害

从政府角度来看，政府应该引导公众参与共同治理。政府应当以岗位创建、展览展示、专题活动、典型示范、合理化建议等多种形式来带动各行各业共同关注、支持和参与大气污染防治工作，使生态文明理念深入人心，全社会在潜移默化中形成绿色、节约、环保及文明的生产、生活及消费方式，坚持“绿色出行、绿色消费、绿色过节”的绿色生活理念，养成节水、节电、节碳、节油、节气，不用一次性餐具、塑料袋，减少粮食浪费，随手关灯、关好水龙头等良好习惯。

从居民角度出发，雾霾发生时，应当加强防护，减少外出，特别是老人、孩子、孕妇和患呼吸系统疾病的敏感人群。若要外出，尽量选择地铁或公交系统、减少私车出行。雾霾发生时应尽量闭窗，确实需要开窗透气，应尽量避开早晚雾霾最为严重的时段，可以将窗户打开一条缝通风，时间每次以 30 分钟至 1 小时为宜。从开窗时间上来说，中午比较合适，一般这段时间空气污染物的浓度是一天中相对最低的。个人面对雾霾时应当强化个人风险意识，管理好个人行为，如在节日期间拒绝燃放烟花爆竹等。从身边小事做起，珍惜资源、降低能耗、减少污染。

11.5 知识差距

从近年来的城市环境空气质量监测数据来看，中国的雾霾治理已经取得了初步成效，总体情况有所改善，但污染状况尚未得到有效遏制，局部地区污染依然严重，形势不容乐观，仍面临着诸多问题与挑战。当前，以化石能源为主的能源消费结构是产生雾霾灾害的重要原因。

中国是全球第一大能源生产和消费国、第一大煤炭消费国，也是全球第一大环境污染物和温室气体排放国，生产和生活高度依赖煤、石油等化石燃料。煤炭占能源消耗的比重远远高于发达国家。不合理的能源生产和消费结构及其使用过程中所产生的污染物排放是形成雾霾天气的重要原因。特别是中国使用的煤炭大多是高硫煤，在燃烧过程中会向大气排放大量的二氧化硫，进一步促进了雾霾的形成。

中国的雾霾天气形成和分布与工业污染物排放有很大的关联。大多数雾霾污染的重灾区，也是高污染和高排放产业占比比较大、产业结构偏重、经济结构转型相对滞后的工业发达城市或老工业基地。

当前，针对雾霾灾害风险评估与管理工作仍然存在 4 个问题。

1. 环境执法是加强环境管理和环境保护的重要手段之一

目前中国一些地方政府仍然存在着“重发展、轻环保”“先污染、后治理”的思想，甚至认为雾霾治理会影响地方经济发展。部分地区环保措施不到位、环保责任不落实，对于企业排污、环境违法等行为采取“睁一只眼、闭一只眼”的态度，有法不依、执法不严、违法不究，甚至干预环保监测、监察和执法，导致环境保护和环境治理效果大打折扣。

2. 区域协调治理机制仍有待进一步深化

目前中国部分区域如京津冀、长三角等地区虽然已经形成了协调治理机制，但是这种松散型的行政合作，缺乏强有力的组织保障和财力支持，致使涉及跨行政区域的环境规划、生态保护等措施难以落实。当地区经济发展与区域生态环境建设发生矛盾时，地方政府经常会选择牺牲环境、追求经济发展。同时，这种松散的合作机制也很难保持长效化，联合执法机制则更加弱化，缺乏强有力的约束性。

3. 部分污染源控制工作缺乏配套技术支撑

近年来，环保部门在重点生产企业、施工工地、燃煤供热站等地方安装在线实时监控设备，对向大气中超标偷排污染物以及违规扬尘污染行为实行全天候 24 小时环保监察。同时，为部分大气污染防治管理网格员配备了流动监控设备，方便网格员流动巡查、抓拍污染源。这些措施起到了很好的大气污染防治效果，但部分污染源控制工作由于缺乏配套实施技术，会产生新的环境或社会问题。例如，由于缺乏合理、有效的秸秆处理处置技术，秸秆焚烧的监控治理工作虽然耗费了大量的人力、物力、财力，但仍然难以完全禁止，而且大量废弃未烧的秸秆也会成为新的环境问题。

4. 不科学的城市规划建设导致自然生态功能下降

目前对雾霾治理的关注主要集中在化石燃料和污染物减排方面，忽略了自然生态环境系统本身的自净功能。实际上，当自然生态环境系统相对完整、生态环境容纳能力和自净功能较强时，很多大气污染物都会被森林、草地、水体等自然生态系统所吸收、消纳。但中国在快速工业化、城镇化过程中，因为不科学的城镇建设开发模式，往往导致区域生态环境容量下降。其主要表现为：①随着工业化和城镇化发展，大量森林、水体、林地、草地等被开发占用，导致各类生态用地减少，自然生态环境系统遭到破坏；②中国城市普遍存在过度建设与过度硬化的问题，城市集中连片大面积硬化建设，使自然降水不能渗入地下，水土交换功能丧失，大量污染物无处消纳，只能悬浮于大气中，遇有局部静稳天气就会形成雾霾；③盲目的城市扩张导致城市规划不合理，建设用地大量占用耕地，既破坏了生态环境，也阻碍了大气流通，人为造成了局部静稳天气，更易促成雾霾的形成。

【关注点】

雾，霾，$PM_{2.5}$，PM_{10}，空气质量指数，雾霾灾害风险管理

【专题讨论】

探讨雾霾灾害发生的原因，造成的影响以及如何进行预防。

【思考题】

一、引起雾霾的主要原因是什么？

二、为了防治雾霾，中国主要采取了哪些措施？

三、作为普通市民，面对雾霾灾害天气发生的时候，应该怎么做？

参 考 文 献

韩琭. 2017. 雾霾灾害风险指数的构建与测度. 统计与决策, 2: 28-32.

姜绵峰, 叶春明. 2016. 长三角地区省级雾霾影响综合风险评价. 数学理论与应用, 36(3): 101-111.

刘兰芳, 谭秉霖, 杨丽青. 2020. 城市雾霾灾害风险模糊评价指标体系研究——以湘南城市为例. 灾害学, 35(1): 156-160, 202.

潘本锋, 汪巍, 李亮, 等. 2013. 我国大中型城市秋冬季节雾霾天气污染特征与成因分析. 环境与可持续发展, 1: 33-36.

卿清涛, 徐金霞, 马振峰, 等. 2017. 四川盆地区雾霾灾害风险区划初探. 西南大学学报(自然科学版), 39(9): 145-152.

茹少峰, 雷振宇. 2014. 我国城市雾霾天气治理中的经济发展方式转变. 西北大学学报(哲学社会科学版), 44(2): 90-93.

盛小星, 叶春明. 2017. 基于集对分析法的长三角雾霾风险评估. 资源开发与市场, 33(3): 334-337.

史军, 崔林丽, 贺千山, 等. 2010. 华东雾和霾日数的变化特征及成因分析. 地理学报, 65(5): 533-542.

孙亮. 2012. 灰霾天气成因危害及控制治理. 环境科学与管理, 37(10): 71-75.

谭志斌, 邢瑶瑶, 周珍, 等. 2018. 北京雾霾风险探究与治理策略分析. 数学的实践与认识, 48(6): 109-117.

吴伟强, 王欣. 2015. 基于故障树模型的城市雾霾风险分析. 广州大学学报(自然科学版), 14(5): 76-82.

谢志祥, 秦耀辰, 李亚男, 等. 2017. 基于 $PM_{2.5}$ 的中国雾霾灾害风险评价. 环境科学学报, 37(12): 4503-4510.

IPCC. 2012. Managing the Risks of Extreme Events and Disasters to Advance Climate Change Adaptation: a Special Report of Working Groups I and II of the Intergovernmental Panel on Climate Change. Cambridge and New York: Cambridge University Press.

Kai Z, Sturt B. 2013. Air pollution and health risks due to vehicle traffic. Science of Total Environment, 450: 307-316.

Qiao T, Zhao M F, Xiu G L, et al. 2016. Simultaneous monitoring and compositions analysis of PM_1 and $PM_{2.5}$ in Shanghai: implications for characterization of haze pollution and source apportionment. Science of the Total Environment, 95 (3): 386-394.

Quinn P K, Bates T S. 2003. North American, Asian and Indian haze similar regional impacts on climate.

Geophysical Research Letters, 30(11): 1555-1559.

Samet J M, Zeger S L, Dominici F, et al. 2000. The national morbidity, mortality, and air pollution study, Part II: morbidity and mortality from air pollution in the United States. Research Report (Health Effect Institute), 94(2): 65-70.

Wong C M, Vichit-Vadakan N, Kan H, et al. 2008. Public health and air pollution in Asia(PAPA): a multicity study of short-term effects of air pollution on mortality. Environmental Health Perspective, 116(9): 1195-1202.

Yang T, Gbaguidi A, Yan P Z, et al. 2017. Model elucidating the sources and formation mechanisms of severe haze pollution over Northeast mega-city cluster in China. Environmental Pollution, 230: 692-700.

第 12 章　沙尘暴灾害风险评估与管理

引　　言

沙尘暴是在全球干旱和半干旱地区常见的一种气象灾害，影响范围广且破坏力强，造成的危害不亚于暴雨或台风等灾害性天气。沙尘暴发生与特定的气候、地理和生态环境等条件密切相关，表现出较强的地域性。全球沙尘暴多发区集中在非洲、中亚、北美和澳大利亚。这些地区气候以温带大陆性气候和热带沙漠气候为主，降雨稀少、人口较为集中，容易出现沙尘暴天气（Wang et al., 2022）。例如，2021 年 12 月 15 日美国堪萨斯州遭强沙尘暴袭击，强风裹着沙尘以 144 km/h 的速度横扫堪萨斯州一半地区。2021 年 11 月 4 日，乌兹别克斯坦遭强沙尘暴袭击，据当地气象部门统计空气中可吸入颗粒物（PM_{10}）上升至 18 000 μg/m^3。中国沙尘暴多发于春季的西北地区，其中，新疆塔里木盆地与内蒙古阿拉善高原是传统意义上的多发区，年均沙尘暴日数多于 10 日。另外，华北平原北部、青藏高原东北部及青海柴达木盆地亦是沙尘暴的相对高发区。2021 年 3 月，中国北方地区遭遇了近 10 年以来强度最高、范围最广的一次沙尘侵袭过程，内蒙古部分地区出现特强沙尘暴，北京时隔 5 年再次出现沙尘暴。2022 年 3 月 3～5 日及 13～14 日，北方地区再次出现两次沙尘天气过程，其中第二次过程影响国土面积超过 62 万 km^2，内蒙古、甘肃、宁夏、山西、河南、湖北、安徽等地共 88 个城市空气质量先后达到短时严重污染水平。

随着全球气候的异常变化和不合理的人类活动，突发性强沙尘暴的发生频率愈来愈高（张爽 等, 2021）。据统计，中国北方发生强沙尘暴灾害从 20 世纪 50 年代的 10 年 5 次增加至 20 世纪 90 年代的 10 年 23 次。可见，沙尘暴天气仍然是 21 世纪不容忽视的气象灾害问题之一。沙尘暴给生态环境和社会经济带来危害极大：一是破坏生态平衡、使环境恶化和土地生产力严重衰退，危及当地人民的生存发展，加重贫困程度，出现成批的生态难民；二是导致大面积可利用土地资源丧失，缩小人类的生存空间；三是严重威胁村镇、交通、水利、工矿设施及国防基地的安全，影响工农业生产，比如中国每年因沙尘暴造成的直接经济损失达 540 亿元。沙尘暴是不受地域影响的大范围自然灾害，单个国家或地区很难进行根治，需要各方携手治理。当前，中国正在深入推进西部大开发战略，遏制沙尘暴发展作为西部大开发生态环境建设和可持续发展的重要问题，受到了党和政府的高度重视。沙尘暴灾害风险评估与管理的科学研究，对加快实施西部大开发战略、促进地区社会经济发展、缩小东西部差距、保障政治稳定、民族团结和国家安全等方面具有重要现实意义。本章主要分为 4 节内容，12.1 主要介绍沙尘暴灾害的定义、强度划分与时空分布特征；12.2 主要介绍沙尘暴灾害的成灾机制，包括沙尘暴形成的基本条件与其他影响因素；12.3 以具体案例介绍沙尘暴灾害风险评估方法与流程；12.4 结合 IPCC 评估报告提出灾害风险管理框架，介绍沙尘暴灾害风险管理的主要方法。

12.1　沙尘暴灾害概述

12.1.1　沙尘暴基本定义

沙尘暴是指强风将地面大量沙尘吹起或被高空气流带到下游地区而导致空气浑浊的天气现象，沙尘暴是具有突发性和持续时间较短、概率小危害大等特点的灾害性天气现象，有广义和狭义之分（Liu and Park, 2007）。

广义的沙尘暴除了狭义概念的沙尘暴外还包括气象学中的浮尘和扬沙。浮尘和扬沙属轻度沙尘天气，因其风速不够强，空气中的含沙量不够大，对地面能见度的影响较小，地面能见度常在 1～10 km。浮尘、扬沙及沙尘暴既有联系又存在不同，三者之间具体差异有 3 点。

（1）浮尘，指当天气条件为无风或平均风速≤3.0 m/s 时，颗粒<0.001 mm 的尘埃浮游于空中，使水平能见度小于 10 km 的天气现象。浮尘多为远处尘沙经上层气流传播而来，或为沙尘暴、扬沙出现后尚未下沉的细粒悬浮空中而成，太阳呈现白色，远距离的景物呈现黄褐色。

（2）扬沙，指风力较大，能将粉尘（颗粒 0.001～0.05 mm）吹扬于空中，使空气相当混浊，能见度 1～10 km 的天气现象。

（3）狭义沙尘暴指风力强大，能将沙粒（颗粒>0.05 mm）吹上低空，能见度小于 1 km 的天气现象。沙尘暴天气天空呈现沙褐色，甚至红褐色。

平常人们所说的沙尘暴是狭义沙尘暴，在气象学中明确规定是指地面能见度小于 1 km 的更强的沙尘天气，仅指沙暴（sand storm）和尘暴（dust storm）。沙暴以细沙和粉沙的飞扬为特征，尘暴以尘埃的飞扬为特征。它们在发生机制和扩展方向上具有相同性，但在运移形式上和影响范围上存在一定差异性，因而危害方式、程度和防治对策有所不同（申元村，2004）。

12.1.2　沙尘暴强度及分类

1. 沙尘暴强度划分

大气科学中对沙尘暴强度的等级划分，一般采用风速（wind speed, U）和能见度（visibility, V）两个指标。风速与能见度是目前气象台站的常规观测项目，具有资料记录历史长、分布范围广、易于获取等特点。国内外根据风速与能见度来划分沙尘暴等级。

印度将发生在印度西北部的沙尘暴划分为 3 个等级：4 级$<U\leq$6 级，500 m$\leq V<$1000 m，称为弱沙尘暴；6 级$<U\leq$8 级，200 m$\leq V<$500 m，称为中等强度的沙尘暴；$U>$9 级，$V<$200 m，则称之为强沙尘暴。

中国对沙尘暴强度的定义与印度大致相同，但在强沙尘暴的等级范畴内又划分出了特强沙尘暴（贺沉平 等，2021）。即 50 m$<V\leq$200 m 时，称为强沙尘暴；当其达到最大强度，瞬时最大风速≥25 m/s，$V<$50 m，甚至降到 0 m 时，称为特强沙尘暴，具体划分标准如表 12.1 所示。

表 12.1　中国沙尘暴强度划分标准

强度	瞬间极大风速（最大）	最小水平能见度
特强沙尘暴	≥25 m/s	0 级：<50 m
强沙尘暴	≥20 m/s	1 级：50～200 m
中沙尘暴	≥17 m/s	2 级：200～500 m
弱沙尘暴	≥10 m/s	3 级：500～1000 m

2. 区域性沙尘天气等级

区域性沙尘天气等级依据成片出现沙尘天气的国家基本气象站、国家基准气象站的数目和沙尘天气等级划分，参考《沙尘天气等级》（GB/T 20480—2017）标准，可以依次划分为区域性浮尘天气、区域性扬沙天气、区域性沙尘暴天气、区域性强沙尘暴天气和区域性特强沙尘暴天气 5 个等级。若同时达到两种或以上等级时，以最强的区域性沙尘天气等级为准。

（1）区域性浮尘天气，在同一次天气过程中，相邻 5 个或 5 个以上站点在同一观测时次出现成片的浮尘。

（2）区域性扬沙天气，在同一次天气过程中，相邻 5 个或 5 个以上站点在同一观测时次出现成片的扬沙或沙尘暴。

（3）区域性沙尘暴天气，在同一次天气过程中，相邻 3 个或 3 个以上站点在同一观测时次出现成片的沙尘暴。

（4）区域性强沙尘暴天气，在同一次天气过程中，相邻 3 个或 3 个以上站点在同一观测时次出现成片的强沙尘暴。

（5）区域性特强沙尘暴天气，在同一次天气过程中，相邻 3 个或 3 个以上站点在同一观测时次出现成片的特强沙尘暴。

12.1.3　沙尘暴地域分布特征

1. 全球沙尘暴分布

全世界有四大沙尘暴多发区，分别位于非洲、中亚、北美和澳大利亚（岳高伟 等，2009）。

1）非洲沙尘暴

非洲沙尘暴天气多发生在内陆沙漠地区，其中，撒哈拉大沙漠是发生沙尘暴的主要源地。在夏秋季节，撒哈拉沙尘暴常西移到北大西洋赤道上空，甚至可到达加勒比海地区。撒哈拉沙尘暴大范围爆发时，在可见光云图上表现出一条灰色的狭长带，类似于卷云，但与云有明显的差别，科学家们称该地区的沙尘暴为沙尘羽，沙尘羽起源于北非，其开始时较窄，约位于 14°N～20°N，向西逐渐展宽，到 30°W 处已扩展到 10°N～25°N；其垂直厚度从北非上空的混合层高度，抬高到大西洋上空的 1～5 km 厚，称为撒哈拉尘层。

20 世纪 60 年代末和 70 年代初，发生在撒哈拉沙漠南部边界的苏丹-萨赫勒地区的干旱和荒漠化生态灾难，是 20 世纪两次世界大战之外，近百年人类史上最悲惨的灾难之一，当地损失了一半家畜和 200 万头游牧牲畜，并造成了 600 万人以上的生态难民流离失所以及几十万人死亡。

2）亚洲中部沙尘暴

亚洲中部是荒漠化比较严重的地区，风蚀面积达到 100 万 km^2，荒漠化面积从过去的 10%～20%上升到 50%以上，成为世界上沙尘暴活动最剧烈的地区。亚洲中部平均每年发生数十次沙尘暴灾害，其多发中心在伊朗、阿富汗和巴基斯坦等国。

2021 年 11 月 4 日，一场严重的沙尘暴袭击了中亚的乌兹别克斯坦，作为乌兹别克斯坦最大城市兼首都的塔什干遭遇了强烈沙尘天气袭击。根据乌兹别克斯坦气象部门数据，塔什干 150 年的监测数据中从未观察到如此极端的沙尘天气，空气中可吸入颗粒物（PM_{10}）水平上升至 18 000 $\mu g/m^3$，空气中的灰尘浓度是可接受浓度的 30 倍。

3）北美沙尘暴

北美洲的沙漠主要分布于美国西部和墨西哥北部，发生原因主要是土地利用不当、持续干旱等。在与沙漠接壤的荒漠干旱区，沙尘暴时有发生。美国的亚利桑那州凤凰城，每年都要遭到 2～3 次的沙尘暴袭击，大多数是由雷暴的下曳气流引起。沙尘暴到达时，地面气温一般下降约 7℃，最大风速可达 36 m/s，最小能见度约为 400 m，通常维持 1 小时。

发生在 1935 年 4 月 14 日“黑色星期天”的沙尘暴是美国历史上最严重的沙尘暴之一，以至于它造成的损害在很多年以后还不能完全估算出来。沙尘暴灾害导致几百万公顷的农田被废弃，几十万人口流离失所。沙尘暴灾害引起的大量人口迁移是美国历史上的一次大型人口流动。到了 1940 年，大平原几个州共有 250 万人口外迁，其中有 20 万人涌入加利福尼亚州。

4）澳大利亚沙尘暴

澳大利亚地广人稀，农业主要是畜牧业，被称为“骑在羊背上的国家”。澳大利亚的土地荒漠化主要体现在草场的退化，广大的平原地区是澳大利亚的沙尘发源地。澳大利亚中部和西海岸地区沙尘暴的发生最为频繁，每年平均达 5 次以上。沙尘暴的影响范围，在水平距离上可达数百千米，垂直距离高达数千千米。

2020 年 1 月，澳洲继野火后又出现了特强沙尘暴，昆士兰州天空一片橙黄。一层厚厚的橙黄色尘埃覆盖了澳大利亚数万千米的天空，从北到南移动了数千千米。Landsat 8 OLI 高清相机拍摄了一张图片，显示澳大利亚昆士兰的伊罗曼加镇从地面上完全消失，只有天空中的灰尘可见（图 12.1）。

2. 中国沙尘暴空间分布

中国的沙尘暴主要发生在北方几大沙漠、沙地、戈壁及其边缘地区，大致位于 35°N～49°N、74°E～119°E，东西绵延 4500 km、南北跨越 600 km。西北地区的强沙尘暴出现区域，一个是西起吐鲁番、哈密带，东接绵延 1000 km 到甘肃河西走廊，北连内蒙古阿拉善盟，东扩外延到河套地区；另一个是北疆克拉玛依地区、南疆和田地区，及青海西北部等 3 个局地性沙尘暴区（图 12.2）。

中国沙尘暴年发生日数大于 10 天的区域主要分布在南疆盆地、河西地区及内蒙古中部，均位于沙漠及其边缘地区。其中南疆的塔里木盆地以及甘肃河西走廊东北部至内蒙古的阿拉善分别为两个多发区，前者的多发中心在民丰，平均发生日数为 35.8 天；后者的多发中心在甘肃民勤，年平均发生日数为 28.1 天。沙尘暴的易发区大多属于中纬度干旱和半干旱地区，地表多为沙地和旱地，植被稀少。因此，大风过境时容易形成扬沙或沙尘暴天气。

图 12.1　2020 年 1 月澳大利亚昆士兰州沙尘暴

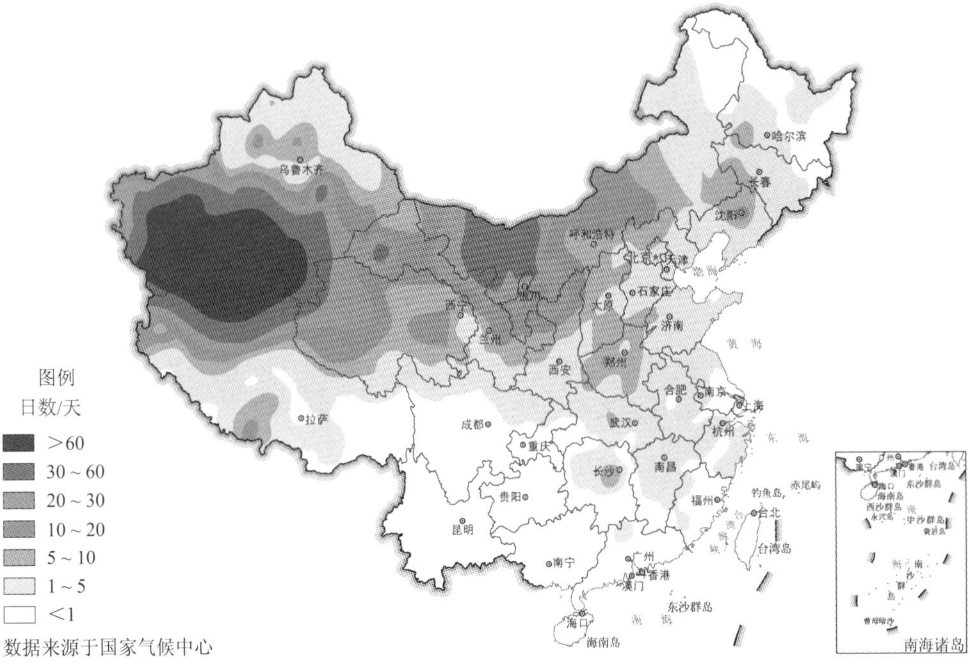

图 12.2　1991～2020 年中国沙尘暴发生日数空间分布

资料来源：国家气候中心

根据多源环境、气象和卫星遥感资料，1980～2019 年中国北方地区沙尘暴显示明显的年代际变化特征（杨婕　等，2021）。1980～1999 年，北方沙尘暴近乎覆盖中国整个北方地区［图 12.3（a）］，包括新疆、内蒙古中西部、甘肃河西走廊以及青藏高原的大部，平均沙尘暴年日数大于 10 天的区域主要分布于新疆塔克拉玛干沙漠、青藏高原中西部、河西走廊东北部及内蒙古阿拉善高地。表明沙尘暴分布不均，整体上以新疆与内蒙古的两大沙漠腹地为中心分

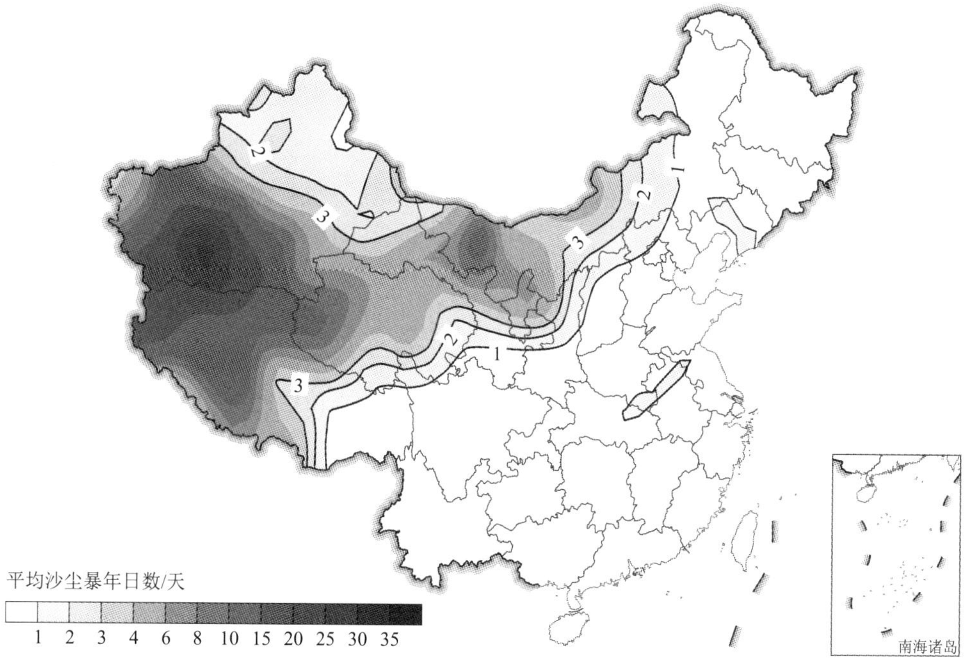

(a) 1980 ~ 1999年

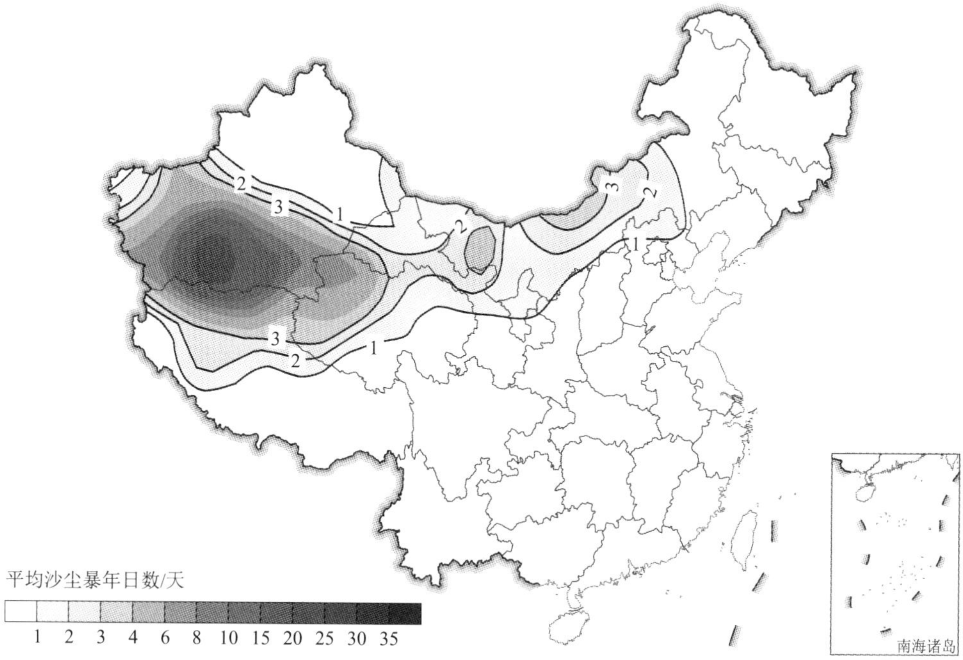

(b) 2000 ~ 2019年

图 12.3　不同时段中国北方地区平均沙尘暴年日数空间分布

资料来源：杨婕 等，2021

布。新疆塔克拉玛干沙漠和内蒙古戈壁沙漠是亚洲沙尘的两大源区，两地均存在诸如地表荒漠化、降水稀少等对沙尘暴形成和传输产生有重要作用的地理和气候特征。就沙尘暴出现的频次而言，新疆地区的沙尘暴更严重，平均沙尘暴年日数达到 15 天以上，塔里木盆地甚至大于 20 天。沙尘暴侵袭最严峻的地点是新疆民丰，沙尘暴年日数可以达到 37 天。民丰县位于塔里木盆地南缘，多年以来一直是遭受沙尘暴频繁侵袭的核心站点。

2000～2019 年，沙尘暴年日数明显下降，西北地区沙尘暴年日数大于 3 天的地区缩小至新疆南部、青海西部和西藏北部；内蒙古阿拉善地区、二连浩特地区的沙尘暴年日数已从 10 天以上降至 4 天以下。仅在新疆塔里木盆地南部存在的沙尘暴年日数高值区，最高值仍出现在新疆民丰（26 天），但与 20 世纪后 20 年相比，下降明显。河西走廊、青藏高原中西部的沙尘暴年日数总体小于 1 天，与前 20 年相比这两个地区的高值区已经不复存在[图 12.3(b)]。

12.1.4 沙尘暴发生频率

1. 日变化规律

沙尘暴主要集中发生在当地时间 12:00～22:00，这个时间段沙尘暴发生占比达 76%，其他时间段发生占比较低，这与气温的日变化规律有相似性。白天受太阳辐射影响，温度梯度增加，大气层结不稳定；而夜间由于辐射冷却，地表温度下降较快，大气层结稳定，垂直对流减弱，不利于沙尘暴的发生（李红英等, 2022）。每天 13:00～18:00 是沙尘暴天气易发高峰期。中国西北地区沙尘暴天气最早出现于 14:00，最晚为 19:30；美国中西部 1935 年 4 月 14 日的“黑色星期天”发生于当地 14:00～15:00，在经历了短暂的晴朗天气后又出现一股沙尘“黑云”；2009 年 9 月 22 日的澳大利亚沙尘暴于当地 15:30 袭击布罗肯山，导致天空顷刻之间变为黑色。

2. 年内变化规律

沙尘暴在各地的发生具有很强的季节性特征，可分为春季多发型、冬末春初频繁型以及春夏型（冯鑫媛 等, 2010）。研究显示东亚地区春季沙尘暴最多，夏季最少；澳洲则是晚春（3～4 月）和夏季（9 月或 10 月）最为显著，冬雨降临之前的晚秋南澳旱农耕作区及其毗邻地区也易发生沙尘暴（Kurosaki and Mikami，2003）；中国青海南部高原地区受高原冬季风的影响，大风日数在冬季与春季较多，而在夏季最少，导致冬季与春季沙尘暴发生占比高达 50.7%与 40.6%；中国西北地区区域性沙尘暴的高发季是春季，总日数为 83 天，占年总日数的 92%（图 12.4）。其中，4 月的平均沙尘暴事件达 47 天。而夏季、秋季、冬季的沙尘暴发生总日数较少，其中，1、6、7、11、12 月是低频月，总日数均在 3 天以内。2、8、9、10 月均未出现区域性沙尘暴（Xu et al.，2006；秦豪君 等，2022）。

3. 年际变化规律

通过分析美国、非洲、澳大利亚、中国等国家长期的沙尘暴气象记录发现，全球范围内并没有 1 个通用的沙尘暴年际变化模式（杨静, 2015）。关于中国沙尘暴年际变化模式也存在争议，但沙尘暴发生频率自 20 世纪 50 年代以来，总体上呈现为波动减少趋势（Lee and Sohn, 2011）。沙尘暴活动在 20 世纪 50 年代最为频繁，90 年代发生最少，随后开始逐渐上升，至

2000 年后趋于平稳。

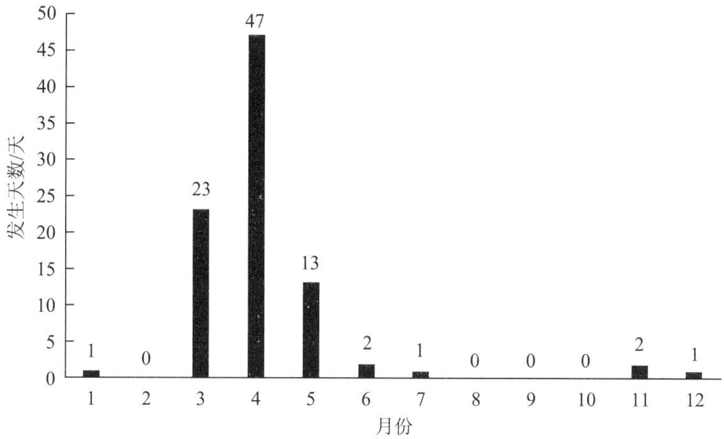

图 12.4　2000～2020 年中国西北地区逐月区域性沙尘暴总日数

资料来源：秦豪君 等（2022）

中国西北、西藏和内蒙古等地区的年沙尘暴天气日数在 20 世纪 60 到 80 年代明显偏多，20 世纪 90 年代到 21 世纪 10 年代明显偏少（孔锋，2020）。中国扬尘、浮尘和总沙尘天气日数的年代距平与沙尘暴天气日数的年代距平变化规律基本一致，也是在 20 世纪 60 年代～80 年代明显偏多，20 世纪 90 年代～21 世纪 10 年代明显偏少。说明近 30 年来，中国西北等沙尘天气频发地区开展的植树造林、防沙治沙工作取得了明显成效，有效地减少了沙尘天气的发生频率。

12.2　沙尘暴成灾机制

12.2.1　沙尘暴形成基本条件

干燥的沙漠和疏松的沙土是沙尘暴不可缺少的物质条件，中纬度长槽调整是作为沙尘暴的大气环境背景，中小尺度天气系统的发展形成是剧烈沙尘暴天气形成的重要触发机制。因此，沙尘暴形成基本条件主要包括强风、不稳定的大气层结以及丰富松软的地表沙尘。

1. 强风

强冷空气是形成沙尘天气的动力因素，是沙尘天气形成的触发条件，只有足够强的冷空气，才有可能形成强的气压梯度，使冷空气能够推动暖空气做加速运动，从而形成地面大风。特别是春季，下层空气剧烈增温，空气层结不稳定，引起风速增大，常常出现 8 级以上的大风，尤其是西伯利亚的冷空气频频南下，带来了大风天气。但沙尘天气不同于大风天气，大风只要有足够强的冷空气，在任何季节和地区都可能产生，而沙尘天气的形成还需有充足的沙尘来源。

足够强劲持久的大风风速只有等于或大于起沙临界值，才能裹挟沙粒进入大气层。根据观测，当风速达 30 m/s，直径 0.5～1.0 mm 的粗沙可飞离地面几十厘米，直径 0.125～0.25 mm 的细沙飞离地面 2 m，直径 0.005～0.125 mm 的粉沙可达 1.5 km 高度，直径小于 0.005 mm 粉粒则可飞到更高的高度。沙尘暴经常发生的地方，一般都是沙漠，戈壁广布，地面几乎无植被覆盖，地表反射强的区域。在强烈的太阳辐射下，易形成以当地为中心的高温低压区，如果与来自西伯利亚的冷气团相遇，由于两个气团存在着明显的气压梯度，就会形成剧烈的空气扰动，出现大风天气，气压差越大，风力越大。由于气流的下垫面为裸露的沙漠或戈壁滩，其表层的沙尘易被上升气流卷入空中，在气流推动下形成沙尘暴。

2. 不稳定的大气层结

大气边界层气温的垂直分布处于不稳定状态，在边界层中储存有大量不稳定能量。冷暖空气相互作用是形成沙尘暴天气的直接原因。自然界中，当低层空气温度较低时空气比较稳定，受风吹动的沙尘不会卷扬很高，如果低层空气温度较高，则空气不稳定，容易向上运动，风吹动后沙尘会卷扬得很高而形成沙尘暴。沙尘天气通常在午后至傍晚时刻最强的原因就是这一时段是一天中空气最不稳定的时段。

3. 丰富松软的地表沙尘

形成沙尘暴天气的源地必须有足够的沙源。土地退化、草地植被稀疏、表土裸露、多细沙尘土等地表特征为沙尘天气提供了物质基础。中国北方干旱区，土壤粗颗粒成分比例大，大于 0.05 mm 粗颗粒成分含量几乎都在 60%以上。粗颗粒含量高，则颗粒间结合力小，黏滞力弱，抗风蚀性差，粉沙与微粒容易被风吹起形成沙尘暴。根据沙尘暴发生频率、强度、沙尘物质组成与分布、生态现状、土壤水分含量、水土利用方式和强度，结合区域环境背景将中国北方划分为 4 个主要沙尘暴中心和源区：①甘肃河西走廊及内蒙古阿拉善盟地区；②新疆塔克拉玛干沙漠周边地区；③内蒙古阴山北坡及浑善达克沙地毗邻地区；④蒙陕宁长城沿线。沙尘的另一重要来源为城市周边大面积扩建区，绿化较差，疏松裸土分布较广，加之大量建筑工地沙土遍地，缺少防护措施，致使在强风作用下粗粒径沙尘就地扬起，与长距离搬运的细粒径粉尘相互混合，加大了沙尘天气的强度。

12.2.2　沙尘暴其他影响因素

1. 温度与降水

温度与降水是沙尘暴形成的气候背景。沙尘暴发生前期和同期，沙尘暴发生区的上游地区是一个热汇区，即热量的积聚区；而沙尘暴发生区则是一热源区，有能量的散失。在沙尘来源区，沙尘暴主要活动期的温度比常年温度高 2～3℃。在沙尘堆积区，沙尘暴主要活动期的温度比当地年常年温度低 1～2℃，比同一地区常年同期降水量低约 30%。在内蒙古中部地区，冬季与初春沙尘天气发生日数与积雪日数之间呈负相关，冬季积雪日数与沙尘天气发生日数之间的负相关较初春积雪日数与沙尘天气发生日数之间的负相关更为显著，在中温带温凉半干旱气候区初春积雪日数与沙尘天气发生日数间的负相关也比较显著。南疆沙尘暴、扬沙、浮尘总日数之和与同期的温度、降水在春季有相对较好的线性相关关系，而影响北疆沙尘天气的主要因子有平均风速、气温日较差、降水量等（何清　等，2003）。

2. 地形影响

地形通过影响沙尘扬升高度、沙尘传输方式、传输方向、传输距离以及沙尘沉降等对沙尘暴的发生、发展和扩展各环节产生影响。在蒙古气旋型沙尘暴过程中，天气系统与地形的共同影响使沙尘暴首先在蒙古国西南部和内蒙古西部得到明显加强，之后沙尘暴的扩展方向明显分为向东与向南两个方向。天气系统是导致沙尘向东扩展的一个重要影响因素，而青藏高原东北侧形成的地形强迫绕流是沙尘大规模向南扩展的另一主要原因。这一特点也决定了产生于蒙古国的沙尘主要向东输送，而产生于内蒙古西部沙漠区的沙尘则主要向南输送，而到达中国中原地区的沙尘主要源于这一输送。

3. 人为因素

沙尘暴的形成是由多种自然、人为原因造成的。由于人为的一些不合理行为增加了沙源，在沙尘暴的形成过程中起着“助纣为虐”的作用。虽然人类目前无法改变地质、气候等自然因素，但是可以通过认识人类在沙漠化中作用，进而规范行为，减少沙尘暴灾害风险。

（1）人类不合理利用水资源引起沙漠化。水资源的不合理利用主要表现在河流上游与下游用水量的分配上，常常在一条河道的上、中游修筑许多水库等蓄水设施，致使下游水量减少。内流河的两岸及下游往往是绿洲，是人口积聚的地方。由于河水流量的减少，为了满足需求只好大量超采地下水，整个地区地下水位大幅度下降，许多耕地因无法灌溉被弃耕，许多胡杨、红柳等地面植被死亡。由于没有植被的覆盖，松散脆弱的地表土再加上干涸的河道中出露的泥沙，随风流动，河流下游两岸沙漠化不断加剧。不合理利用水资源也体现在灌溉方式上。多数农场都是有灌无排，超量灌溉，在特定的气候水文条件下，必然导致土地盐碱化，最后被迫弃耕，形成荒漠化。这些原因导致的沙漠化在很大程度上诱发和加剧了沙尘暴的强度。

（2）过度樵采引起沙漠化。沙漠和沙地周围的天然林与各类人工林防护体系是维持荒漠生态系统稳定的重要组成部分，也是防风挡沙的第一道防线。20 世纪 60 年代到 80 年代，由于农民温饱问题尚未解决，一些天然梭梭、胡杨、红柳被当作薪柴砍伐，导致林地面积减少，区域遭受流沙淹没。

（3）滥挖中草药。中国北方草原上生长有许多珍贵的药材和物产，如黄芪、麻黄、甘草、苁蓉、发菜等。宁夏是盛产甘草的地方，盐池、灵武、同心三县的甘草品质优良。20 世纪 90 年代，每年都有上千人抢挖甘草，加剧了草场的沙化。据测定，每挖 1 kg 甘草就要损失牧草 16.35 kg。且由于采挖甘草的人往来践踏，车辆碾轧，炊火烧烤，每挖 1 公顷甘草就要破坏 3 公顷草场。同样是强冷空气南下，邻近地区可能只出现扬尘或浮尘天气，而盐池境内却演变成沙尘暴。在 100 km 外的银川等地，风力达到 7～8 级才会有扬沙或沙尘暴，而在盐池，只要有 4～5 级风，黄沙就会四处游荡、漫天飞舞。

（4）草原垦种。人口增长形成的粮食需求是草原垦种的最直接原因。中国北方降水多在 400 mm 以下，属于干旱和半干旱区。气候干燥少雨，并不适合农业耕种，自古以来便是放牧民族居住生活的牧场。但是人口增加，北方草原遭遇了大规模的垦荒，造成了严重后果，导致了生态环境的破坏和土壤的沙化。

12.3　沙尘暴灾害风险评估

12.3.1　沙尘暴灾害风险评估技术路线

沙尘暴灾害风险评估流程主要分为以下 3 个方面：①综合评价指标体系的建立，基于沙尘暴成灾机制，分别构建沙尘暴致灾因子危险性、承灾体暴露度和脆弱性指标体系。②沙尘暴评价模型的构建，在获得评价指标的前提下，收集整理相关数据，分别对沙尘暴危险性、承灾体暴露度和脆弱性进行评估。③沙尘暴灾害评估，整合沙尘暴危险性、承灾体暴露度和脆弱性评估结果，实现沙尘暴灾害风险评估。技术路线如图 12.5 所示。

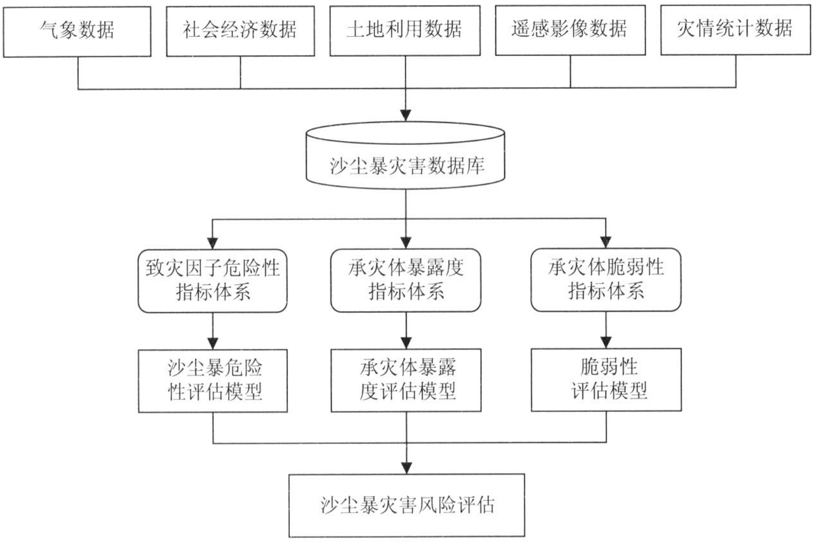

图 12.5　沙尘暴灾害风险评估技术路线图

12.3.2　沙尘暴灾害风险评估方法

1. 数据搜集与处理

以内蒙古锡林郭勒盟为典型区域，介绍开展沙尘暴风险评估所需要的数据（李锦荣，2011)。所需要数据主要包括气象数据、社会经济数据、土地利用数据。其中，气象数据主要来源于中国气象局地面观测站，包括乌拉盖、东乌旗（东乌珠穆沁旗)、西乌旗（西乌珠穆沁旗)、那仁（那仁宝力格)、阿巴嘎旗、锡林浩特、苏尼特左旗、二连浩特、苏尼特右旗、朱日和、镶黄旗、正镶白旗、多伦县、太仆寺旗、正蓝旗，15 个气象站。涉及的气象统计指标均采用地面气象观测规范中的定义。3～5 月表示春季，6～8 月表示夏季，9～11 月表示秋季，12～翌年 2 月为冬季。大风日数基于逐日平均风速数据，统计累计每月≥5 m/s 的风速天数得到。

2. 评估指标体系构建

从沙尘暴发生、发展的机理出发，根据指标的系统性、综合性、独立性、可比性、真实性与实用性，以及资料收集的难易程度，选取致灾因子危险性、承灾体暴露度和承灾体脆弱性的评价指标。

（1）致灾因子危险性，关于沙尘暴的研究主要集中于沙尘暴的爆发次数、强度（等级）、覆盖面积。其中，沙尘暴强度主要从大风日数和沙尘暴日数、沙尘暴历时时间、能见度、瞬时极大风速四个方面进行分析，然而历时时间、能见度以及瞬时极大风速在国家一般站点很少监测，数据不易获得。考虑数据收集的难易程度和气象站点的实际情况，沙尘暴致灾因子危险性程度可以依据沙尘暴日数和大风日数来进行研究（表 12.2）。

（2）承灾体暴露度，人口经济要素是表征暴露在沙尘暴灾害影响范围内数量与价值的重要指标。沙尘暴发生的物质条件就是有沙物质，在辨识下垫面的沙物质源和非沙物质源基础上，应分析各类土地利用类型发生沙尘暴的可能性，以及不同植被盖度下沙尘暴发生的可能性。土地覆盖对沙尘暴的影响机理是当土地覆盖度下降时，对表层土壤的保护能力降低。土地覆盖程度越差，表层土壤为强风提供沙尘的可能性就越高。本章以人口密度、地均生产总值、沙源地、土地利用类型、土壤可蚀性、土地覆盖等要素构建了沙尘暴承灾体暴露度评价指标体系（表 12.2）。

表 12.2　各指标权重值

一级指标	二级指标	三级指标	权重值
致灾因子危险性	沙尘暴日数	沙尘暴日数	0.5
	大风日数	大风日数	0.5
承灾体暴露度	下垫面状况	土地利用类型	0.0728
		沙源地	0.1086
		土地覆盖	0.1902
		土壤可蚀性	0.1381
	社会经济	人口密度	0.2325
		地均生产总值	0.1688
承灾体脆弱性	人口情况	65 岁以下人口占比	0.0875
		5 岁以下人口占比	0.0886
	农牧业生产情况	耕地百分比	0.0560
		超载量	0.1378
		大畜比例	0.0507
		牧民纯收入	0.1247
	交通运输业情况	公路密度	0.0875
	经济结构	第一产业占比	0.0886
		第二产业占比	0.0342
		第三产业占比	0.0462
	医疗卫生能力	万人拥有医院卫生院床位数	0.0493
		万人拥有医疗技术人员	0.0493

（3）承灾体脆弱性，由人口结构、农牧业生产情况、交通运输业情况、经济结构、医疗卫生能力构成的指标体系，可以体现农业、林业、牧业、工业、通信和交通运输以及人民生命财产和健康等承灾体对沙尘暴的脆弱性（表 12.2）。

3. 指标体系权重确定

各指标因子在沙尘暴灾害评价的过程中贡献不同，反映不同因子的重要程度，权重的合理性影响评价结果的准确性和科学性。由于问题的复杂性，权重设置应建立在对沙尘暴灾害的系统构成、发生机理深刻认识的基础上。通过对数据进行归一化处理，利用层次分析法获得各指标的权重（表 12.2）。

12.3.3　沙尘暴灾害风险综合评估案例

参考李绵荣（2011）在锡林郭勒盟开展的沙尘暴研究，介绍沙尘暴灾害的风险评估。

1. 致灾因子危险性评估

以年均沙尘暴日数和年均大风日数作为沙尘暴致灾因子危险性指标，绘制锡林郭勒盟沙尘暴致灾因子危险性等级分布（图 12.6）。从锡林郭勒盟沙尘暴时空演变特征来看，时间序列上表现出高—低—高的趋势，在空间上表现出西南向东北递减趋势。东乌珠穆沁旗和西乌珠

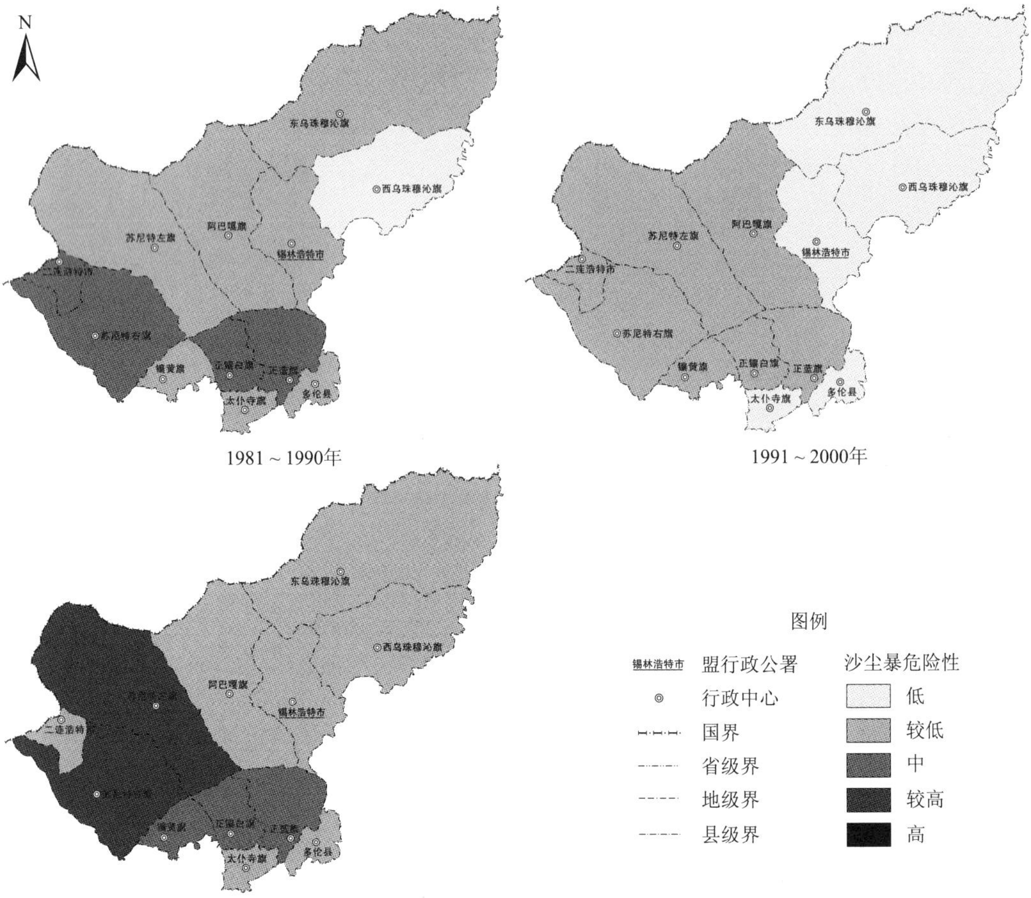

图 12.6　锡林郭勒盟沙尘暴致灾因子危险性

穆沁旗处于低危险性和较低危险性区域，阿巴嘎旗和锡林浩特市处于较低危险性区域，西部的苏尼特左旗、苏尼特右旗、南部的镶黄旗、正镶白旗和多伦县在同一时期致灾危险性高于其他旗县。

2. 承灾体暴露度评估

通过对社会经济和下垫面状况定量化，按照指标权重叠加，可以获得锡林郭勒盟沙尘暴暴露度指数，并进行分级。图 12.7 为下垫面状况和社会经济指标的复合分级结果，能够表征该区域沙尘暴灾害的暴露度情况。

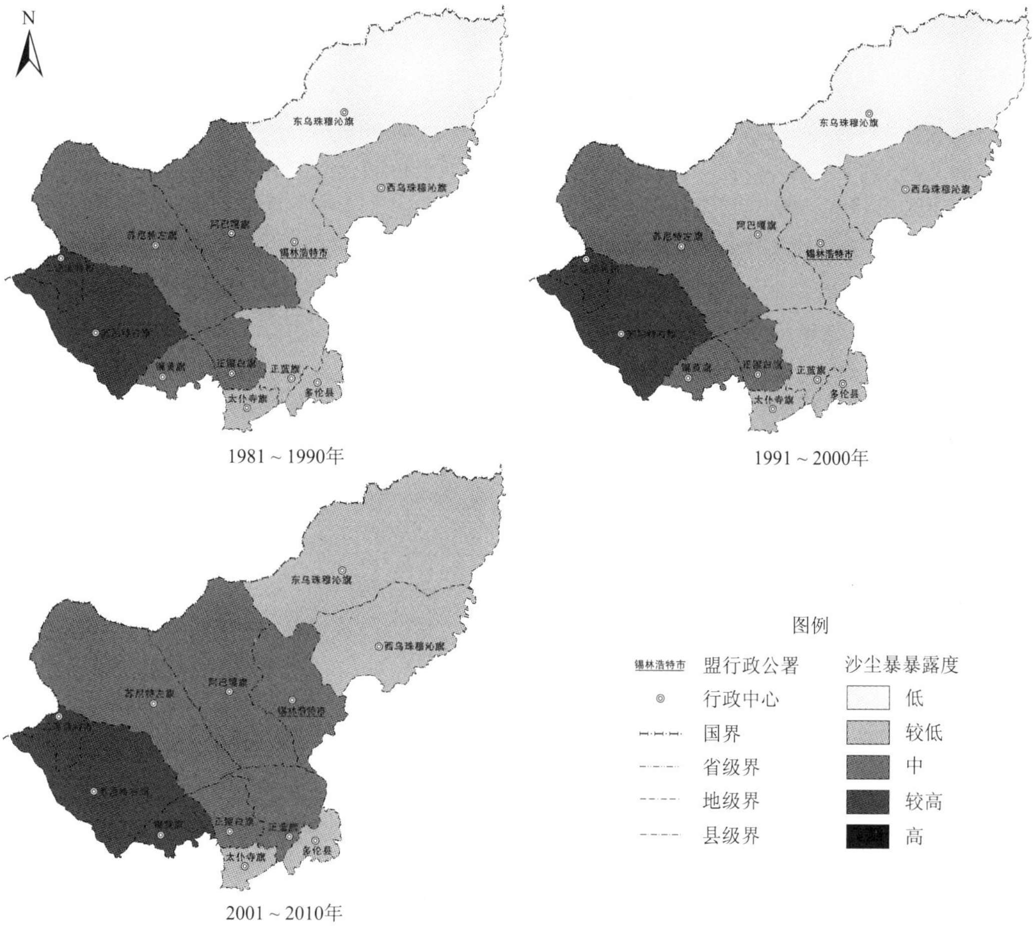

图 12.7　锡林郭勒盟沙尘暴暴露度

可以看到 30 年来，锡林郭勒盟沙尘暴暴露度持续增加，镶黄旗由中度暴露度向较高度暴露度转移，正蓝旗和锡林浩特由较轻度暴露度向中度暴露度转移，东乌珠穆沁旗由轻度暴露度向较轻度暴露度转移，其他旗县暴露度未发生变化。

3. 承灾体脆弱性评估

利用 GIS 将人口情况、农牧业生产情况、交通运输业情况、经济结构、医疗卫生能力 5

个方面要素按照指标权重进行叠加，得到锡林郭勒盟地区各旗县沙尘暴的脆弱性评估结果（图 12.8）。

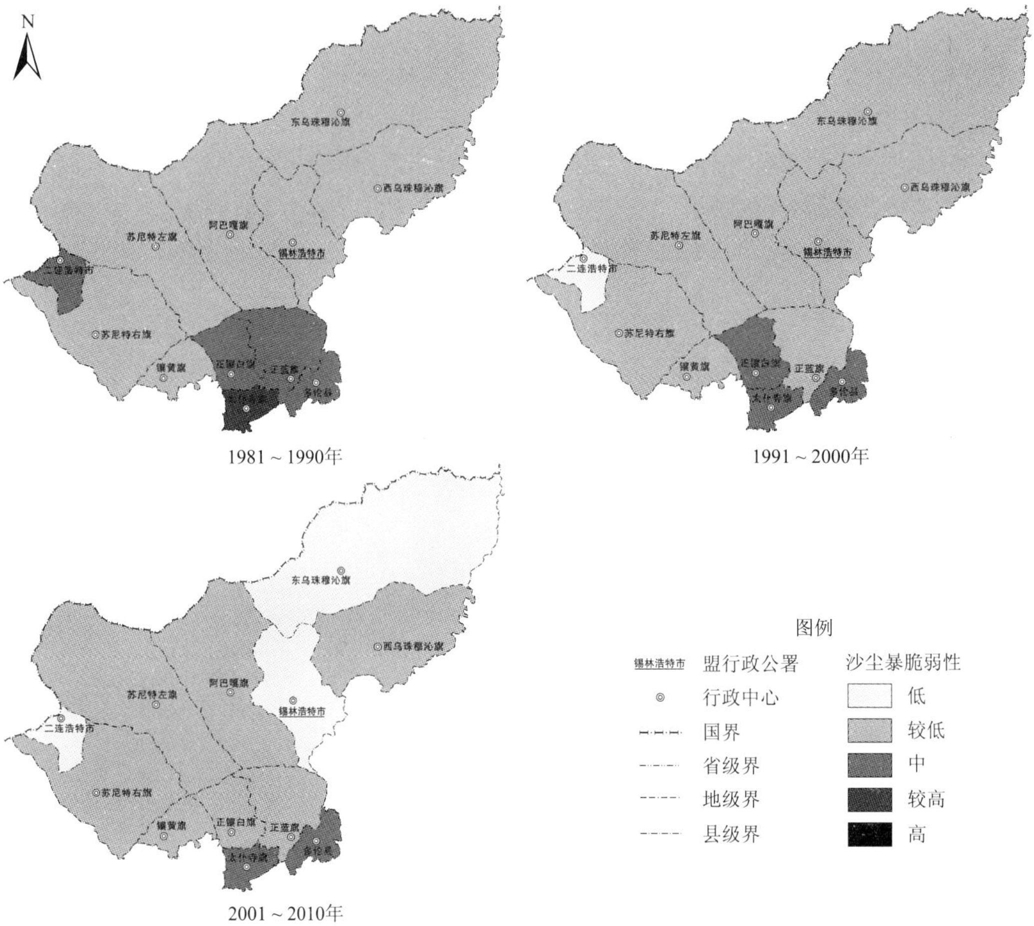

图 12.8　锡林郭勒盟沙尘暴脆弱性

与 1981～1990 年相比较，1991～2000 年锡林郭勒盟沙尘暴脆弱性整体呈下降态势。二连浩特从中度脆弱性下降到低脆弱性；太仆寺旗由较高度脆弱性降低到中度脆弱性，正镶白旗、正蓝旗由中度脆弱性降低到较低度脆弱性，锡林浩特、东乌旗由较低度脆弱性降低到低脆弱性。其他地区基本保持不变，特别是多伦县的脆弱性仍处于中度，与周围的正蓝旗、太仆寺旗相比没有显示出脆弱性降低的趋势。2001～2010 年，锡林郭勒盟东乌珠穆沁旗、锡林浩特脆弱性降低到低脆弱性，正镶白旗由中度脆弱性降低到较低脆弱性；其他旗县未发生明显变化。

4. 沙尘暴灾害风险评估

以县域为基本单元，根据沙尘暴灾害风险分区矩阵得到每个评价单元的风险指数，并划分为低风险、较低风险、中风险、较高风险、高风险 5 个等级（图 12.9）。

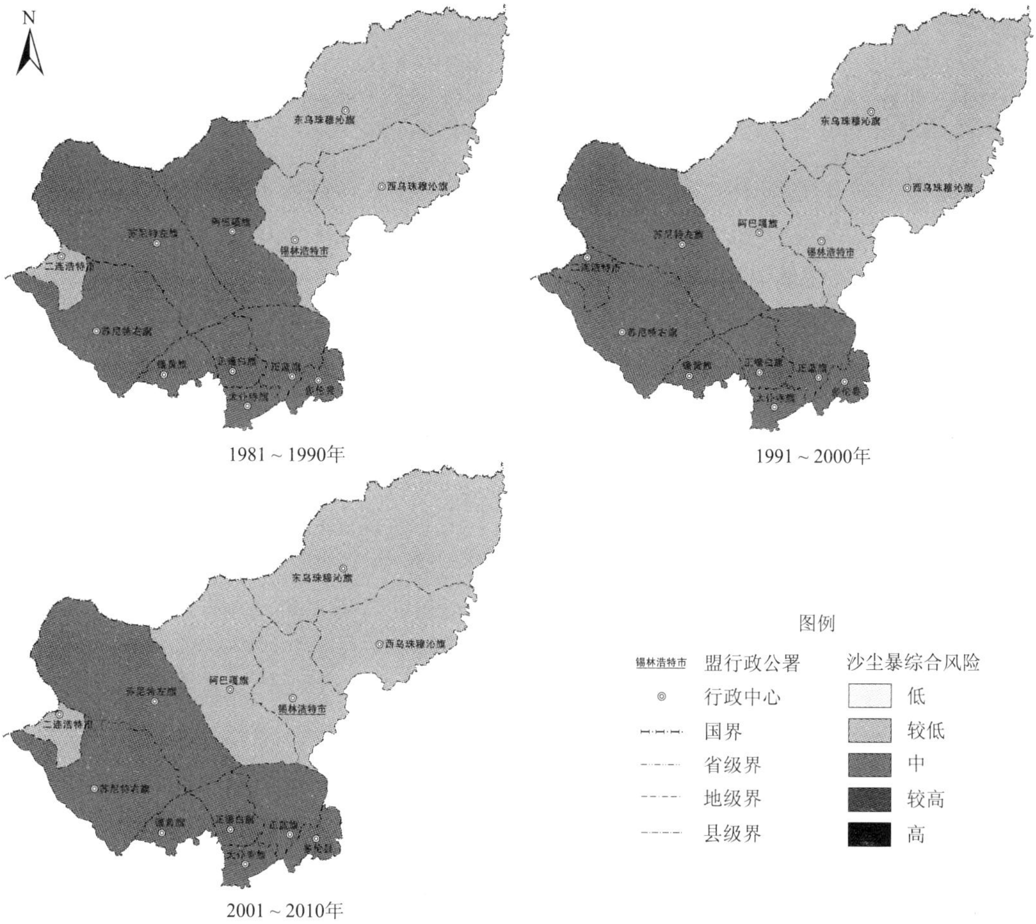

图 12.9　锡林郭勒盟沙尘暴灾害风险评估

沙尘暴风险评估结果显示，1981～1990 年，锡林郭勒盟各旗县主要处于中度风险区域和较低度风险区。二连浩特、锡林浩特、东乌珠穆沁旗、西乌珠穆沁旗处于较低风险区域，其余各旗县处于中度风险区。1991～2000 年阿巴嘎旗由中度风险区域向较低度风险区域转移，二连浩特由低度风险向较中度风险区域转移。进入 2000 年以后，二连浩特风险度降低到较低度风险水平。通过对锡林郭勒盟各旗县 30 年沙尘暴风险评估分析，研究风险动态变化，发现只有二连浩特和阿巴嘎旗的风险处于波动中，其他各旗县风险性保持稳定状态。

12.4　沙尘暴灾害风险管理

沙尘暴灾害风险管理本质上是对沙尘暴灾害进行管理、控制的一系列过程的总称，能够使有沙尘暴灾害风险的区域，在可以接受的风险水平内管理沙尘暴灾害风险，并将沙尘暴灾害对当地发展战略规划的影响控制在合理范围。风险管理过程中不仅涉及政府部门沙尘暴防治机构，还涉及区域内的人民群众个体。对于沙尘暴灾害风险区域内各级政府来说，沙尘暴灾害风险管理应该渗透于常规工作中，有助于提高政府公共服务的能力；对于面临沙尘暴灾害风险的个人来说，强化风险意识、管理好个人行为可以最大限度降低个人损失。具体来讲，沙尘暴灾害风险管理主要包括提升沙尘暴灾害风险的应对能力，沙尘暴灾害防御、响应与恢复，减少暴露度，降低脆弱性，沙尘暴灾害风险转移与分担，转型 6 种方法。

1. 提升沙尘暴灾害风险的应变能力

提升沙尘暴灾害风险的应变能力可以从多个方面入手。应高度重视高风险区春季沙尘暴灾害的应急工作，做到早动员、早部署、早落实，采取有力措施做好应急处置工作：抓好预案落实，针对可能发生的重大沙尘暴灾害，制定周密细致的应对之策，把各项应急措施做细、做实、做到位；抓好日常应急工作，强化应急值守，建立值班和日常观测制度，一旦发生重大沙尘暴灾害，迅速反应、及时应对、妥善处置；在沙尘暴重点预警期，各地要启动应急机制，突出重点区域、重点部门，加强应急防范；加强宣传教育，要把沙尘暴成因和发生规律向社会宣传清楚；强化沙尘暴灾害应急能力建设，突出抓好沙尘暴灾害应急体系建设，提高应急处置能力。

2. 沙尘暴灾害防御、响应与恢复

沙尘暴灾害防御、响应与恢复可以在灾前、灾中和灾后分别建立沙尘暴防御系统、应急响应系统和恢复重建系统（姜大海 等, 2012）。

（1）灾前防御系统要做到对沙尘暴进行数值预报、监测以及一些其他相关准备。其中，沙尘暴灾害数值预报不仅是沙尘暴灾害预警防御的重要手段之一，也是沙尘暴灾害风险管理中不能缺少的重要组成部分，通过深入研究沙尘暴起沙的形成机制，研发适用于高风险区域的数值预报模式，准确判断起沙与否，直接关系到沙尘暴爆发初期能否做出有效预警。沙尘暴监测主要有地面监测和遥感监测两种方式（张强和郭妮，2011）。地面监测能够第一时间获得沙尘暴的实测资料，长期有效的观测能够积累大量数据，对沙尘暴的定性分析及预测具有重要意义。但该方法受监测站布设的影响较大。中国西北地区沙尘暴形成的地区，一般人烟稀少，监测站点很少，使得很多数据无法搜集。遥感监测主要通过气象卫星的多通道技术将沙尘暴信息提取出来，其监测内容主要包括对沙尘暴的空间分布范围及影响区域的识别与定位、对沙尘运移的路径和运移的规律进行动态监测、对沙尘信息进行定量提取、对沙尘暴产生的大气及下垫面背景状况进行监测等。

（2）应急响应系统主要包括沙尘暴风险评估系统、风险反馈系统和风险控制系统。在风险评估子系统中依据沙尘暴灾害致灾因子危险性、承灾体暴露度以及脆弱性的具体定性或定量分析结果，关联地区沙尘暴风险评价标准，进行综合风险评估；在风险反馈子系统中，政府相关部门采取不同方案应对沙尘暴风险评估结果，通常包括规避风险方案、减少风险方案和接受风险方案；风险控制系统是保障风险应对方案得到正确执行的相关政策和程序，一般包括制定政策和确定政策执行的标准化流程。实施控制时必须注意，各灾害相关公共部门都有其自己的一套目标和执行方法。因此，必须针对沙尘暴灾害应对的所有相关部门进行综合管理，加强各部门协调合作。

（3）恢复重建系统是为解决沙尘暴灾后造成的生产、生活秩序问题，是与人民群众联系最为紧密的一环。通常包括帮助灾区在各方面援助下恢复正常，重点是受灾居民的衣食住行系统的快速恢复与重建，因沙尘暴而中断的交通、通信、电力设施等基础设施的恢复与重建。同时，在进行灾后恢复重建时，可以与区域沙尘暴防御的总体发展规划结合，有效提高恢复重建的资源利用率与效率。

3. 减少暴露度

减少沙尘暴灾害暴露度可以从人口、经济、环境等维度出发。土地沙漠化、沙化扩展的一个重要驱动力是人口，而生态环境可容纳的人口数量和人类对资源的开发利用强度有限。根据联合国 1977 年在内罗毕召开的沙漠化会议，人口密度在干旱地区不应超过 7 人/km^2，在半干旱地区不应超过 20 人/km^2，并提出在这些地区进行适度开发的原则。因此，应控制沙尘暴高风险区域的人口增长，减轻人为因素对土地的压力；从社会经济维度降低暴露度应防止高风险区域的大规模经济建设，在经济开发上严格实行生态环境影响评价制度，避免沙尘暴灾害带来的巨大经济损失，以此减少沙尘暴对人类生产、生活的影响；从环境维度减少暴露度可以通过开展防沙治沙工程措施恢复植被，加强防止沙尘暴的生物防护体系。主要防沙、治沙方法有植物固沙、工程固沙、化学固沙、旱地节水、退化土地综合治理开发等，通过建立以植树造林为主的生态屏障、以退耕还林为中心的生态恢复保护带等方式阻击沙尘暴。

4. 降低脆弱性

降低沙尘暴灾害脆弱性可以通过生态移民和调整产业结构方式开展。生态移民从恢复生态、保护环境、发展经济出发，把原本位于沙尘暴脆弱区且极度分散的人口，通过异地搬迁的方式形成新的村镇，促使人口、资源、环境和社会经济的协调发展。2000 年，中国京津地区风沙源治理工程实施后，5 年中生态移民近 50 万，有效地遏制了沙化趋势，使区域生态状况明显改善。另外，当前有许多草原居民为了眼前的经济利益而过度放牧，导致草原急剧退化和减少，应该控制草原上居民发展畜牧业，减少土地沙漠化。转变生产经营方式，由以第一产业为主导的产业结构转变成以第一产业为特色产业、二三产业并重的发展模式，以此减少放牧对生态系统的压力，从而提高草原生态系统的承载力。

5. 沙尘暴灾害风险转移与分担

进行沙尘暴灾害风险转移与分担可以从构建协作治理沙尘暴体系开展。从思想层面来说，应打破传统的区域行政治理理念，通过新闻报纸、网络及多媒体等手段，使地方政府、企业、个人等多个利益主体充分认识沙尘暴灾害协作治理的重要意义。在具体治理手段上，应吸引多个利益主体共同参与，将沙尘暴灾害风险转移与分担，开辟多种渠道为多元主体的参与提供良好的制度环境。积极鼓励和引导居民、企业及非营利组织广泛参与其中，同时要注重第三部门在沙尘暴协同治理方面的积极作用，使众多专家委员会、行业协作、跨区域的集团公司成为沙尘暴协作治理的主力军（李帅, 2012）。另外，沙尘暴灾害风险可以利用多渠道筹集资金方式保障财力上的支撑，通过以政府投入为主导、社会各界资金为辅，开辟国际资金来源渠道的方式，进行转移与分担。

6. 转型

转型主要涉及沙尘暴治理模式的转型，包括建立科学的绩效评价标准、完善相应法制规范、建立监督约束机制等。在建立沙尘暴绩效评价标准时，应涵盖绿色经济指标考核体系，必要时成立沙尘暴协作治理绩效考核领导小组，使防灾减灾资源横向整合，以此促进相关政府部门治理理念的转变与创新；在完善相应法制规范方面，应修订和完善现有的防沙治沙法律体系，补充沙尘暴监测和预警信息的共享与参与决策、沙尘暴环境影响评估与标准等技术性措施的具体规定，提出长远性规划和阶段性措施。另外，需要建立区域合作法，如《区域合作法规》《区域合作章程》等，确定各参与方的地位、机构组成、承担职责等内容，保障沙尘暴治理实施走向规范化、法治化的道路；在建立监督约束机制方面，首先应明确监督主体、监督内容、监督对象、监督程序和监督方式。其次，监督过程中要制定治理问责机制，明确内容、标准、多元主体具体责任等。最后，完善沙尘暴治理绩效评价和效果跟踪反馈制度，通过抽样调查、跟踪调查等方式维系治理过程的正向循环。

12.5 知识差距

近 20 多年来，中国在沙尘暴灾害研究方面取得了明显的进展，研究方法上突破传统，研究所涉及的范围也越来越广，从沙尘暴的起因到气候特征，从成灾机制到风险评估与风险管理，各方面研究成果较为丰富。此外，沙尘暴给人民生产和生活带来的影响已经引起了政府部门的高度关注，预防和治理沙尘暴成为今后相关研究工作重点。但是，与国际前沿水平相比，中国相关研究仍有不小的差距，主要体现在 3 个方面：

（1）沙尘的源地以及起沙机制和传输问题仍然不明确。需要建立高分辨率的沙尘源数据库，加强地面观测网建设和卫星监测研究，对沙尘暴的发生及沙尘传输做出科学分析。

（2）沙尘暴灾害风险评估技术路线尚不成熟。现有的几种常见的沙尘暴灾害风险评估技术路线均为尝试性的简单框架，多使用多因素叠加法，对沙尘暴灾害发生过程中的因子考虑不周到，难以准确地评估沙尘暴灾害的风险及给人类带来的损失。

（3）沙尘暴灾害风险治理对策不明晰。在掌握沙尘暴发生发展规律的基础上，应科学地应用沙尘暴治理技术，有效地防治沙尘暴灾害。在沙尘暴治理中，各种生态技术和节水技术有待发展和完善。

根据现今国内外大气科学的发展趋势、人类和自然实现和谐的需求，鉴于中国在沙尘暴方面的研究状况，结合中国气象事业发展战略，建议今后应重点深入开展 3 个方面的研究。

（1）加强沙尘暴与干旱生态环境的监测。干旱导致的荒漠化环境是形成沙尘暴的重要因素。近 50 年来，中国北方荒漠化地区的生态环境治理虽在局部地区卓有成效，但从整体看，荒漠化面积还在扩大，北方干旱化形势严峻，生态环境仍在恶化。要不断充实和完善沙尘天气动态监测、预警系统。应用卫星遥感、多普勒雷达、自动气象站以及常规气象观测手段对沙尘暴的形成、发展和移动路径进行跟踪监测，搞好预警和服务。建立和完善沙尘暴与干旱生态环境评价指标体系，建成静态和动态的评价指标、模型和体系。

（2）广泛开展沙尘气溶胶的观测和研究。沙尘是大气气溶胶的重要成分。为了解沙尘被吹起的气象及下垫面条件、沙尘浓度及物理化学特性，为沙尘暴爆发和沙尘输送的数值预报和模拟提供参数化方案和实测值，应广泛开展沙尘气溶胶的观测和研究，对沙尘气溶胶的辐射效应、沙尘粒子的环境、生态效应、沙尘粒子对海洋环境的影响进行观测、评估和研究。

（3）加强典型沙尘暴事件的深入分析。尽管已开展了不少沙尘暴气候平均特征的分析，但沙尘暴是小概率事件，其成因分析困难，预测信号较弱，应针对沙尘暴特多和特少的月、季、年，特多和特少的持续期，就强沙尘暴天气典型案例进行深入分析。同时，加强对起沙机制和沙尘输送规律等的研究，有助于揭示事实，发现新问题，由个别到一般，深化对沙尘暴的科学认识。

最后需要指出的是，近年来，中国虽然在沙尘暴研究方面取得了显著成果，但沙尘暴研究涉及气象、水文、地质、地理、化学和遥感等多个学科，其影响涉及气候、环境、生态以及社会和经济等多个部门，未来沙尘暴研究尚需多学科、多部门共同协作，进一步深化沙尘暴的研究。

【关注点】

沙尘暴，浮尘，扬沙，沙尘暴成灾机制，沙尘暴灾害风险管理

【专题讨论】

论述如何进行沙尘暴灾害风险评估？在评估过程中相较于本章案例有哪些可以改进的地方？

【思考题】

一、请对比国内外关于沙尘暴的定义有何异同点？试论述目前的沙尘暴强度分级标准有何改进之处？

二、近年来中国沙尘暴灾害发生的时间与空间呈现何种特征？

三、沙尘暴形成的基本条件包括哪 3 个方面，其中最为重要的是哪个因素？

四、沙尘暴灾害风险管理包含哪些方面？沙尘暴灾害防治的工程措施有哪些？

参考文献

冯鑫媛, 王式功, 程一帆, 等. 2010. 中国北方中西部沙尘暴气候特征. 中国沙漠, 30(2): 394-399.

何清, 杨青, 李红军. 2003. 新疆 40a 来气温、降水和沙尘天气变化. 冰川冻土, 4: 423-427.

贺沅平, 张云伟, 顾兆林. 2021. 特强沙尘暴灾害性天气的研究及展望. 中国环境科学, 41(8): 3511-3522.

姜大海, 王式功, 王金艳. 2012. 沙尘暴风险管理体系初探. 中国沙漠, 32(3): 824-831.

孔锋. 2020. 中国灾害性沙尘天气日数的时空演变特征(1961—2017). 干旱区资源与环境, 34(8): 116-123.

李栋梁, 钟海玲. 2007. 我国沙尘暴的气候成因及未来发展趋势. 中国沙漠, 1: 14-18.

李红英, 李岩瑛, 王云鹏, 等. 2022. 河西走廊西部沙尘暴时空差异及其动力分析. 干旱区资源与环境, 36(10): 104-112.

李锦荣. 2011. 基于 RS 和 GIS 的沙尘暴灾害风险评价研究. 北京: 北京林业大学.

李帅. 2012. 协作性公共管理视角下的我国沙尘暴协作治理研究. 呼和浩特: 内蒙古大学.

秦豪君, 杨晓军, 马莉, 等. 2022. 2000—2020 年中国西北地区区域性沙尘暴特征及成因. 中国沙漠, 6: 1-12.

杨婕, 赵天良, 程叙耕, 等. 2021. 2000—2019 年中国北方地区沙尘暴时空变化及其相关影响因素. 环境科学学报, 41(8): 2966-2975.

杨静. 2015. 中国北方 1960—2007 年沙尘暴特征及其自然影响因子关系探讨. 兰州: 兰州大学.

岳高伟, 蔺海晓, 常旭. 2009. 沙尘暴科学问题研究. 郑州: 郑州大学出版社.

张强, 郭妮. 2011. 沙尘暴形成机理及监测、预报和影响评估技术研究. 北京: 气象出版社.

张爽, 徐海, 蓝江湖, 等. 2021. 中国北方近 500 年沙尘暴活动及机制. 中国科学: 地球科学, 51(5) : 783-794.

Kurosaki Y, Mikami M. 2003. Recent frequent dus events and their relation to surface wind in East Asia. Geophysical Research Letters, 30(14): 1736.

Lee E H, Sohn B J. 2011. Recent increasing trend in dust frequency over Mongolia and Inner Mongolia regions and its association with climate and surface condition change. Atmospheric Environment, 45(27): 4611-4616.

Liu G, Park S U. 2007. The logarithm-linear relationship of the occurrence frequency to the duration of sand-dust storms: evidence from observational data in China. Journal of Arid Environments, 71(2): 243-249.

Wang N X, Zhang Q Y, Sun X, et al. 2022. A sandstorm extreme event from the Yellow River Basin in March 2021: Accurate identification and driving cause. Science of Total Environment, 846: 157424.

Xu X, Levy J K, Lin Z, et al. 2006. An investigation of sand-dust storm events and land surface characteristics in China using NOAA NDVI data. Global and Planetary Change, 52(1-4): 182-196.

第 13 章　降雨诱发滑坡灾害风险评估与管理

引　　言

滑坡活动通常被认为是地貌景观形成的最重要过程之一，传统的研究多关注滑坡的自然成因及其演变运动过程，以解释地表动态变化和长期地貌演变过程（Glade et al., 2005）。近几十年来，滑坡对人类社会造成重大威胁，每年在全球范围内都造成严重的人员伤亡和经济损失。联合国减灾署（UNDRR）的报告表明，2000～2019 年全球降雨诱发的灾难性滑坡事件造成约 500 万受影响人口（UNDRR, 2020）。基于国际紧急灾难事件数据库（Emergency Events Database, EM-DAT）的统计，1980～2018 年记录的 645 起滑坡灾害共造成 34 174 人死亡（CRED, 2019）。Froude 和 Petley（2018）统计的 2004～2016 年全球发生的 4862 起降雨诱发的灾难性滑坡事件共造成 55 997 人死亡，远高于同期其他数据库统计，并且因滑坡造成的实际伤亡与损失也比统计数据更多。气候变化背景下，极端降雨的频次和强度预估增加，加剧了全球许多地区诱发滑坡泥石流灾害。如 2022 年 2 月 15 日巴西里约热内卢州彼得罗波利斯市突发暴雨并引发了一系列山体滑坡、泥石流和山洪灾害事件，共造成 233 人遇难。2010 年 8 月 8 日，中国甘肃省舟曲县城区及上游村庄遭受特大山洪泥石流灾害，造成 1765 人遇难。8 月 7 日 23～24 时，舟曲县城北部山区三眼峪、罗家峪流域突降暴雨，小时降水量超过 96 mm，30 分钟的瞬时降水量达 77.3 mm。短时暴雨在 2 个流域形成巨大山洪泥石流，沿着狭窄的山谷快速向下游冲击，岩土携带、铲刮和推移沟内堆积的大量土石，共冲出固体堆积物 1.81×10^6 m^3，在向 2 km 外的白龙江奔流的过程中，造成月圆村和椿场村几乎被毁灭，数千亩良田被掩埋，多栋房屋损毁，河道淤填长度约 1 km，现场交通、电力和通信中断。因此，开展气候变暖背景下降雨诱发滑坡灾害的风险评估和管理具有重要意义。本章从滑坡灾害概念、成灾机制、风险评估和风险管理视角出发，系统地探究滑坡灾害风险评估和管理。

13.1　降雨诱发滑坡灾害概述

13.1.1　降雨诱发滑坡灾害定义

国际上，滑坡有广义与狭义之分。广义的滑坡则是指斜坡上所有种类的块体运动，包括崩塌和泥石流（Highland and Bobrowsky, 2008; Hungr et al., 2014）。狭义的滑坡是指斜坡上的岩土体受自然或人为因素影响，在重力的作用下，沿着一定的软弱面或者软弱带，产生以水平运动为主的滑移破坏，并整体地顺坡向下运动的地质现象（Highland and Bobrowsky, 2008; Hungr et al., 2014）。滑坡的诱因主要有降雨、地震和人类活动，本章主要关注降雨引发的滑坡灾害。地质灾害是指在地质营力的作用下，由于自然环境恶化，人类生命和财产损毁，或对人类赖以生存与发展的资源、环境造成严重破坏的现象或过程。在中国，滑坡定义与狭义滑坡基本一致，是指斜坡岩土体沿地质弱面发生以水平向滑动为主的变形破坏，通常包括已经发生的滑坡和可能以滑坡方式破坏的不稳定斜坡或变形体。崩塌是指陡坡上的岩土体在重力作用或其他外力参与下，突然脱离母体，发生以竖向为主的运动，并堆积在坡脚的动力地质现象。泥石流是指由降水（暴雨、冰川、积雪融化水等）诱发，在沟谷或山坡上形成的一种挟带大量泥砂、石块和巨砾等固体物质的特殊洪流。本章中的滑坡主要指广义滑坡（中国地质调查局，2014）。

13.1.2 滑坡灾害分类

滑坡类型的划分有助于准确、科学和全面地理解滑坡发生的过程，对滑坡灾害评估研究有重要作用。过去几十年，学者们基于不同研究目的需求，提出了许多滑坡分类方案（Highland and Bobrowsky, 2008）。使用最广泛的滑坡系统分类方案由 Varnes（1978）提出，并由 Cruden 和 Varnes（1996）对其进行丰富发展，近期又由 Hungr 等（2014）进行更新（表 13.1）。

表 13.1 国际上的滑坡分类方案

运动类型	物质组成	
	岩质	土质（土/碎屑）
崩塌	岩质崩塌	土质崩塌
倾倒	岩质倾倒	土质倾倒
滑动	岩质滑坡	土质滑坡
流动	岩质流动	泥石流
侧离	岩质侧离	土质侧离
复合型	包含一种以上运动类型的复合型破坏	

注：基于 Hungr 等（2014）最新滑坡系统分类方案简化

根据滑坡的物质组成和运动类型可以将滑坡划分为不同类型。具体来说，滑坡物质是岩质或土质或两者兼有；对于后者的土质，如果是由砂粒或更细粒的土所组成的，则称为土；如果为粗粒的碎块，则称为碎屑。运动类型描述滑坡物质如何发生位移的内部机制，可以分为崩塌、倾倒、滑动、流动或侧离。基于此，滑坡类型便可以通过组合描述滑坡物质和运动类型 2 个术语进行分类（如岩崩，泥石流等）。根据滑坡灾害的成因、危害方式等，滑坡、崩塌和泥石流也可以划分为不同类型，详细方案如表 13.2～表 13.4。此外，根据滑坡的规模、运动速度、崩塌的高度、泥石流的流体性质和爆发规模等特征，也有相应分类，此处不做详述。

表 13.2 基于物质组成、成因类型、运动形式和发生年代的滑坡分类

分类	类型	特征描述
物质组成	土质滑坡	滑体物质主要由土体或松散堆积物组成的滑坡
	岩质滑坡	滑坡前滑体主要由各种完整岩体组成的滑坡，岩体中有节理裂隙切割
成因类型	工程滑坡	由人类工程活动引发的滑坡
	自然滑坡	由自然作用而产生的滑坡

续表

分类	类型	特征描述
受力形式	推移式滑坡	滑坡的滑动面前缓后陡，其滑动力主要来自于坡体的中后部，前部具有抗滑作用；来自坡体中后部的滑动力推动坡体下滑，在后缘先出现拉裂、下错变形，逐渐挤压前部产生隆起、开裂变形
	牵引式滑坡	坡体前部因临空条件较好，或受其他外在因素（如人工开挖、库水位升降等）影响，先出现滑动变形，使中后部坡体失去支撑而变形滑动，由此产生逐级后退变形，也称为渐进后退式滑坡
发生年代	新滑坡	现今发生或正在发生滑移变形的滑坡
	老滑坡	全新世以来发生滑动，现今整体稳定的滑坡
	古滑坡	全新世以前发生滑动，现今整体稳定的滑坡

表 13.3　基于崩塌物质组成、成因类型、运动形式的崩塌分类

分类	类型	特征描述
物质组成	土质崩塌	发生在土体中的崩塌，也称为土崩
	岩质崩塌	发生在岩体中的崩塌，也称为岩崩
成因类型	自然动力型崩塌	由降雨、冲蚀、风化剥蚀、地震等自然作用形成的崩塌
	人工动力型崩塌	由工程扰动、爆破、人工加载等人为作用形成的崩塌
运动方式	倾倒式崩塌	岩性多为黄土、直立或陡倾坡内的岩层；结构面多为垂直节理、陡倾坡内—直立层面；地貌以峡谷、直立岸坡、悬崖为主；主要受倾覆力矩作用；以倾倒方式运动
	滑移式崩塌	岩性多为软硬相间的岩层；有倾向临空面的结构面；地貌上陡坡通常大于 55°；滑移面主要受剪切力；以滑移、坠落方式运动
	鼓胀式崩塌	岩性多为黄土、黏土、坚硬岩层下伏软弱岩层；上部垂直节理，下部为近水平的结构面；地貌以陡坡为主；下部软岩受垂直挤压作用；以鼓胀伴有下沉、滑移、倾倒方式运动
	拉裂式崩塌	多见于软硬相间的岩层；结构面多为风化裂隙和垂直拉张裂隙；地貌以上部突出的悬崖为主；主要受拉张作用；以拉裂方式运动
	错断式崩塌	岩性多为坚硬岩层、黄土；垂直裂隙发育，通常无倾向临空的结构面；地貌为大于 45°的陡坡；主要受自重引起的剪切力作用；以下错、坠落方式运动

表 13.4　基于集水区地貌特征、物质组成的泥石流分类

分类	类型	特征
集水区地貌特征	坡面型泥石流	①无恒定地域与明显沟槽，只有活动周界，轮廓呈保龄球形；②一般发育于 30°以上的斜坡，下伏基岩或不透水层浅，物源以坡残积层为主，活动规模小，物源启动方式主要为浅表层坍滑；③发生时空不易识别，单体成灾规模及损失范围小，若多处同时发生汇入沟谷也可转化为大规模泥石流；④坡面土体失稳，主要是地下水渗流和后续强暴雨诱发，暴雨过程中的狂风可能造成林、灌木拔起和倾倒，使坡面局部破坏；⑤在同一斜坡面上可以多处发生，呈梳齿状排列
	沟谷型泥石流	①以流域为周界，受一定的沟谷制约，泥石流的形成、堆积和流通区较明显，轮廓呈哑铃形；②以沟槽为中心，物源区松散堆积体分布在沟槽两岸及河床上，崩塌滑坡、沟蚀作用强烈，活动规模大，由洪水、泥砂两种汇流形成，更接近于洪水；③发生时空有一定规律性，可识别，成灾规模及损失范围大；④主要是暴雨对松散物源的冲蚀作用和汇流水体的冲蚀作用；⑤构造作用明显，同一地区多呈带状或片状分布

续表

分类	类型	特征
物质组成	泥流型	物质组成以粉砂、黏粒为主，粒度均匀，98%<2.0 mm；流体属性为非牛顿体，有黏性，黏度>0.3～0.15 Pa·s；表面有浓泥浆残留；沟槽坡度较缓；多集中发生于黄土及火山灰地区
	泥石型	物质组成可含黏、粉、砂、砾、卵、漂各级粒度，很不均匀；流体属性多为非牛顿体，少部分也可以是牛顿体，有黏性的，也有无黏性的；表面有泥浆残留；沟槽坡度较陡（>10%）；广见于各类地质体及堆积体中
	水石（砂）型	物质组成以粉砂、黏粒含量极少，多为>2.0 mm 各级粒度，粒度很不均匀（水沙流较均匀）；流体属性为牛顿体，无黏性；表面较干净，无泥浆残留；沟槽坡度较陡（>10%）；多见于火成岩及碳酸盐岩地区

13.2 滑坡灾害成灾机制

滑坡在全球范围内各种地形、地质和气候等条件下都广泛发生（Kirschbaum et al., 2015）。滑坡的发生受到许多因素的影响，包括斜坡的物质组成性质（如风化程度）、表层土壤厚度、地形条件（如坡度、坡向等）、地质结构特征和土壤属性、植被覆盖度、气候和水文条件（如地下水等）、人为因素（如道路切坡等）（Corominas et al., 2014; Bogaard and Greco, 2016）。这些影响滑坡发生与否的因素可以划分为静态自然环境影响因素（内在的）和动态诱发因素。

静态自然环境因素是在一定时期内保持不变的，决定滑坡发生可能性程度的因素。如特定斜坡的坡度会影响斜坡物质下滑力的大小，斜坡表层风化物质的强度又受到土壤属性（粒度、土层深度、黏聚力、内摩擦角等）和成土母质（受岩性和地质类型特征影响）的共同影响，土壤属性特征又会对斜坡的水文响应产生影响（Bogaard and Greco, 2016），坡向、斜坡形态等因素也会通过与土层厚度、风化率和植被覆盖条件等因素的空间关系影响边坡稳定性条件（van Westen et al., 2006）。这些静态自然环境因素通过单独和相互影响共同决定特定斜坡或地区本身孕育的内在条件是否容易发生滑坡。需要注意的是，植被覆盖因素由于其根系固坡、冠层截留和蒸散发作用，通常也被当作影响滑坡稳定性的静态自然环境变量（Schwendtner et al., 2013）。但是，在许多情况下地表覆盖还会受到自然和人为因素，如森林砍伐或植树造林的影响，因此不能简单将其视为静态自然环境因素（Petschko et al., 2014; Steger et al., 2017）。此外，这些静态自然环境因素在不同时间尺度上的影响也可能有变化，如长期的构造运动也可能会导致地形产生变化。因此，具体研究各因素对滑坡的影响时需要结合研究的时间尺度等因素综合考虑。

动态诱发因素通过外来的触发作用改变基本静态自然环境条件，从而导致滑坡的发生。这些因素主要包括强降雨、地震和人类活动等。降雨和高山区冰川融雪通过增加孔隙水压力和降低黏聚力等过程诱发滑坡发生，是滑坡的主要诱发因素之一（殷坤龙 等, 2002; Bogaard and Greco, 2016）。地震活动通过强烈振动改变和破坏滑坡内部结构、地下水过程等引发滑坡，也是主要的滑坡诱发因素之一（殷跃平, 2008）。人类活动，如森林砍伐或植树造林等导致的土地利用和土地覆盖变化、道路建设或水库建造等都会对滑坡的发生产生影响，也是主要的滑坡诱发因素之一（Brenning et al., 2015）。实际研究过程中，分析特定滑坡事件的具体形成原因通常不容易。这是因为，一方面滑坡各影响因素具有空间异质性；另一方面，各自然环境因素之间还会有复杂的时空相互作用。此外，在诱发事件和滑坡实际发生之间可能也会有一定的滞后时间，这也可能会影响对滑坡成因的识别（Zhang et al., 2014）。

13.2.1　滑坡灾害影响和危害

滑坡本身是一种自然或人为因素导致的自然地质现象，只有对个人生命财产或公共设施的安全构成威胁并造成损失时，才称为滑坡灾害（史培军, 2002; Glade et al., 2005）。近几十年来，滑坡对人类社会造成了重大的生命财产损失。2000～2018 年，国际紧急灾难事件数据库（EM-DAT）记录的 364 起滑坡灾害影响人口超过 460 万人，并造成超过 1.7 万人死亡，经济损失超过 450 万美元（CRED，2019）。2004～2016 年，记录的全球 4862 次降雨诱发灾难性滑坡事件共造成 55 997 人死亡，远高于同期其他数据库统计。空间分布上，亚洲地区，特别是中国是受影响最严重的国家。同时现有数据库记录的滑坡造成的影响与滑坡实际造成的伤亡与损失相比，存在明显低估的情况（Froude and Petley，2018）。关于造成人口损失的记录尚且如此，可以预见的是滑坡灾害造成的经济损失，特别是间接经济损失如因滑坡造成的交通中断进而影响的人流车流等，由于难以准确量化和评估，更会被严重低估（Glade et al., 2005）。中国属于滑坡灾害高发地区，加之灾害发生地多地形复杂，人口密集，滑坡灾害造成的损失尤为严重（Lin and Wang，2018）。2000～2020 年，平均每年记录的地质灾害约 2 万次，平均每年造成超过 600 人死亡，这期间滑坡灾害造成的死亡人口占自然灾害总死亡人口的近四分之一（国家统计局, 2021）。而且滑坡灾害的发生由于潜在不稳定山区的快速城市化和气候变化等，造成的预期损失可能还会呈增加趋势（Gariano and Guzzetti, 2016）。因此，迫切需要采取相应的措施，减少滑坡灾害造成的损失。学界通常以滑坡易发性、危险性和风险评估等方式来认识和理解滑坡灾害造成影响和损失的过程、规律和趋势（Guzzetti et al., 1999; Dai et al., 2002; 张春山 等, 2003; 吴树仁 等, 2009; Corominas et al., 2014），进而为减轻滑坡灾害风险提供相应的建议和措施，如土地利用的空间规划（Fell et al., 2008）、建立滑坡灾害预警系统等（Guzzetti et al., 2020）。

13.2.2　滑坡灾害影响因素

滑坡发生的主要影响因素包括地形因素、地质因素、土壤因素、水文因素、地貌因素、天气和气候因素、土地利用和人类活动等，各影响因素可选择的表征因子及与滑坡易发性和危险性评估的关系见表 13.5。

表 13.5　滑坡发生影响因素及各因素与滑坡灾害危险性评估的关系（Corominas et al., 2014）

影响因素分组	选择因子	与滑坡危险性的关系	类别
地形因素	高程/地形起伏度	高程/地形起伏度会导致斜坡运动势能的差异	C
	坡度	坡度是滑坡发生的主要因素	C、T
	坡向	可以反映土壤水分和植被的差异	C
	坡长、坡形、地形曲率、地表粗糙度	可以表征山坡水文条件，对冲出轨迹的建模很重要	C
	流向和汇流累积量	可以用于斜坡水文建模，如土壤湿度指数	C

续表

影响因素分组	选择因子	与滑坡危险性的关系	类别
地质因素	岩石类型	决定基岩的地质工程特性	C
	风化程度	风化类型（物理/化学）、风化深度、特定的风化带和侵蚀年代是重要因素	C
	节理发育	表征节理导致的不连续性集特征及与坡度方向和倾角的关系	C
	结构面	表征与坡角/方向有关的地质结构	C
	断裂带	表征与活动断层的距离或断层带的宽度	C
土壤因素	土壤类型	土壤的起源决定其性质和几何形状	C
	土层深度	在表层地层中，土层的深度决定了潜在可移动物质的体积	C
	岩土特性	包括粒度、内聚力、摩擦角、堆积密度等	C
水文因素	水文性质	包括孔隙体积、饱和电导率等	C
	地下水特征	表征地下水位深度的时空变化，包括地下水位、湿润前沿、孔隙水压力、土壤吸力等	C、T
	土壤湿度	表征土壤含水量的时空变化	C、T
	水文要素	包括截流、蒸散、穿越、地表溢流、入渗、渗流等	C、T
	河网密度	河流周围的缓冲区，在小范围的精细评估中，河网密度可用作地形类型的指标	C
地貌因素	地貌环境	包括高山、冰川、冰缘、剥蚀、沿海、热带等	C
	古滑坡	物质类型和地形特征发生了变化，使这些位置更容易发现新滑坡	C
	滑坡遗迹	滑坡活动的历史信息通常对于确定滑坡危险性和风险至关重要	C
土地利用和人类活动	目前的土地利用	土地利用/土地覆盖类型、植被类型、冠层覆盖、根系深度、根系凝聚力、重度	C
	土地利用变化	土地利用/土地覆盖的时间变化	C、T
	交通基础设施	有道路切坡的山坡区域道路周围的缓冲区	C
	建筑物	建筑施工导致的切坡	C、T
	排水和灌溉	水系和灌溉网密度可能是滑坡的重要原因	C、T
	采石和采矿	这些活动改变了斜坡几何形状和应力分布，爆破引起的震动会引发山体滑坡	C、T
	水坝和水库	水库改变了水文条件，尾矿坝可能会导致失稳	C、T
地震和火山	地震活动	地震震级/频率关系，与同震滑坡清单相关的历史强度图	T
	断裂带机制	断层位置、断层类型、断层破裂长度、埋藏或裸露、与断层的距离、上盘/下盘	C、T
	火山类型	火山的高度及组成、岩浆的稳定性	C、T
	火山喷发类型	横向爆炸、岩浆坍塌、火山碎屑流、火山泥流	C、T
天气和气候	降水	逐日或连续数据、天气模式、幅度/频率关系、IDF 曲线、降雨阈值、前期降雨	T
	气温	对水文和植被状况有重要影响，快速的温度变化、融雪、冻融循环、永久冻土	C、T

注：因子的类型表示中 C 为基本自然环境因子，T 为诱发因子

13.3 滑坡灾害风险评估

风险评估是一种识别风险性质和范围的方法，包括潜在致灾因子分析、现存脆弱条件评价，以及它们结合时对暴露的人员、财产、服务设施、生计、环境可能造成的损害。风险是某一特定危险情况发生的可能性和后果的组合，它被首次引入滑坡灾害研究领域是在 20 世纪 70 年代。滑坡风险评估是在滑坡空间预测的基础上综合考虑人员、社会经济要素和抗灾能力

的综合预测评价，不仅需要评价时间概率，还需要进行空间预测。滑坡灾害风险评估通常基于 3 种假设。①过去对未来有一定的指示作用，因此过去曾经发生过地质灾害的地区未来也有可能再次发生地质灾害，即基于历史和现实资料预测未来地质灾害的发展趋势和过程。②具有与曾经发生地质灾害地区相似的地形、地质及地貌因素的地区未来也有可能发生地质灾害。③导致地质灾害发生的基本要素能够有效识别。风险的构成要素能够有效识别、表达或量化，风险评估中的易发程度、危险性和风险都可以用定性与定量方法来表征和描述。目前，国内外采用较多的滑坡灾害风险评估模型为（Corominas et al., 2014）

$$R = P(M_i)\, P(X_j \mid M_i)\, P(T|X_j) V_{ij} C \tag{13.1}$$

其中，R 是位于与滑坡距离为 X 的承灾体，遭遇 M_i 级别强度大小滑坡的风险；$P(M_i)$是发生 M_i 级别强度大小滑坡的概率；$P(X_j \mid M_i)$是强度为 j 的滑坡发生在与滑坡距离为 X 点处的概率；$P(T \mid X_j)$是承灾体在滑坡发生时位于点 X 的概率；V_{ij} 是承灾体对 i 级别和 j 强度的滑坡的脆弱性；C 是承灾体的数量和价值。

式（13.1）说明滑坡灾害风险评估包含了 3 个基本组成部分：滑坡危险性、承灾体的暴露度以及脆弱性。

滑坡危险性定义为在一定空间和时间范围内，发生一定强度滑坡灾害事件的概率。该定义包含了强度（滑坡灾害的破坏能力）、空间位置（滑坡灾害发生在哪里）和时间（滑坡灾害发生的时间频率）（Guzzetti et al., 1999）。滑坡危险性评估（landslide hazard assessment）是指对滑坡灾害在空间、时间和强度概率三方面的评估。由于概念和实践上的限制，如大多数地区往往缺少长时间尺度的滑坡灾害编目，大多数的滑坡危险性评估都只是基于空间概率，即滑坡易发性评估（landslide susceptibility assessment）。

承灾体是指人口、财产、经济活动，包括公共服务或任何其他确定的在特定地区受到危害的实体。暴露度是指承灾体实际暴露于一定强度滑坡影响范围内的资产数量和价值。脆弱性是指由社会、经济和环境因素或过程决定的条件，这些因素或过程使承灾体容易受到滑坡灾害影响的程度或属性。

13.3.1 危险性评估

滑坡灾害危险性评估研究是综合考虑影响滑坡发生的众多因素，利用定性或定量研究方法对单一滑坡或不同空间尺度区域上滑坡发生可能性的评估。开展滑坡灾害危险性评估研究的基本假设主要包括：①滑坡发生后会留下可以识别的地貌特征，这些特征可以通过实地调查或遥感影像等方法进行制图；②滑坡发生受到力学定律控制，可以通过经验、统计和数值方法确定，通过收集和利用影响滑坡发生的条件和因素，可以建立模型预测滑坡的发生；③根据均变论的观点，过去和现在的情况是认识未来的关键，因此，未来的滑坡更可能发生在与过去和现在滑坡发生条件相似的情况，理解过去滑坡发生的规律是评估滑坡危险性的关键；④滑坡发生的空间和时间，可以通过探索式的调查推断获得，可以通过环境影响因子的分析计算或基于物理模型计算获得，一个区域可以根据不同的概率进行滑坡危险性分级（Guzzetti et al., 1999）。

许多学者尝试利用不同的方法在不同尺度上对不同区域的滑坡灾害危险性进行广泛的调查和研究（Reichenbach et al., 2018）。滑坡发生受到许多因素的影响包括地形、地质、土壤类型、水文、地貌、土地利用、地震火山、气候条件和人类活动等，可以将其划分为静态自然环境影响因素（内在的）和动态诱发因素。静态自然环境因素是孕育滑坡发生可能与否的基本依据，而动态诱发因素通过外来的触发作用改变基本静态自然环境条件从而导致滑坡的发生。Corominas 等（2014）总结了主要的影响因素和各因素与滑坡灾害易发性和危险性评估的关系（表 13.5），主要包括地形、地质、土壤、水文、地貌、土地利用和人类活动、地震和火山、天气和气候等。不同学者在开展滑坡灾害易发性和危险性评估时会综合考虑当地的自然地理条件、评估尺度、滑坡灾害类型和特征等来选择滑坡发生的影响因素。例如，Nadim 等（2006）基于专家经验方法考虑降水、岩性、地形、地震活动和土壤湿度 5 个因素，进行全球滑坡灾害危险性评估并识别出全球滑坡的热点地区。van Den Eeckhaut 和 Hervás（2012）基于 Logistic 回归方法，考虑坡度、坡度标准差、岩性、土壤和地表覆盖类型 5 类因素，进行欧洲尺度的滑坡易发性评估。Guzzetti 等（2005）根据研究区多时相的影像数据，考虑地貌、岩性和土地利用等影响因素，利用判别分析方法计算滑坡发生的空间概率，采用泊松概率模型估计滑坡发生的时间概率，分析滑坡发生的面积和频率关系，获得强度概率，将空间、时间和强度概率三者相乘，对该流域进行滑坡危险性评估。

13.3.2 暴露度和脆弱性评估

暴露度是指承灾体实际暴露于一定强度滑坡影响范围内的资产数量和价值。学者对于滑坡灾害的承灾体暴露度采用专家经验定义的指标方法，考虑滑坡易发性、历史滑坡频次和人口、交通、土地利用等承灾体要素，评估滑坡灾害承灾体暴露度（Pellicani et al., 2014）。然而，方法主要基于行政单元评估，无法获得准确的滑坡灾害承灾体暴露度分布特征。另一些研究将滑坡高易发区与社会经济分布数据叠加以评估滑坡暴露度（Garcia et al., 2016），针对滑坡灾害人口暴露度开展研究（Emberson et al., 2021），针对滑坡灾害的人口、道路和牲畜暴露度开展综合研究（Martha et al., 2021）。但是，高易发区往往仅代表滑坡灾害可能发生的滑源区，这与滑坡灾害实际可能造成的影响范围还存在一定程度差异。

脆弱性是指各类承灾体易于受到各类灾害的破坏、伤害或损伤的特性，它反映了各类承灾体对灾害的承受能力（Varnes et al., 1984）。目前，国内外关于滑坡脆弱性的研究还非常有限，其主要原因有：一是完整历史滑坡灾害数据库的缺乏。由于滑坡灾害的影响范围局限和缺乏像气象灾害的统一监测台网，滑坡灾害事件的发生往往较难获知，并且灾害造成影响通常以诱发原因归类统计，滑坡灾害造成的损失常被统计到某次地震、台风强降雨或洪水事件中，造成的影响经常被低估。二是滑坡灾难事件中滑坡强度表征指标不一致，使得滑坡脆弱性研究有限（Gariano and Guzzetti., 2016）。在实际的滑坡风险评估过程中，常将各类承灾体的滑坡灾害脆弱性设为常数 1 或基于专家知识经验确定脆弱性的大小。

一些学者通过脆弱性曲线和脆弱性指标的方法进行滑坡灾害脆弱性研究，按承灾体的类型划分主要有房屋、道路、土地利用类型和人的脆弱性研究。Galli 和 Guzzetti （2007）选择当地两种常见的滑坡类型，以建筑物和道路作为承灾体，通过调查和影像资料，分析滑坡对建筑物和道路造成的破坏情况，基于多个准则确定房屋和建筑的损失率，建立滑坡面积和建筑物与道路的损失率脆弱性曲线。Glade（2003）基于滑坡事件及其对应的受伤和死亡数据库，将人所处的空间分为建筑物、开放空间和交通工具中，基于专家知识经验，建立滑坡人口脆弱性曲线。Murillo-García 等（2015）采用空间评估方法，考虑暴露度、敏感性和适应性三方面的指标，评估研究区的每个空间单元的滑坡人口脆弱性。Petrucci 等（2018）从当地报纸等渠道收集研究区 1980～2016 年灾难性水文灾害事件（包括洪水、滑坡、雷电、暴风雨、冰雹和风暴潮），建立水文地质灾害事件数据库，基于该数据库将受影响人口分为死亡、受伤和暴露人口，分析不同性别和年龄结构受水文地质灾害事件影响的程度，即水文地质灾害人口脆弱性。Salvati 等（2018）建立意大利水文地质灾害事件（包括洪水和滑坡）数据库，分析不同年龄结构和性别的人口对水文地质灾害的脆弱性。总的来说，国内外关于滑坡脆弱性和暴露度研究相对较少，仅有意大利等拥有详细灾难性滑坡事件数据库的国家开展了少量研究。

13.3.3　滑坡灾害风险评估案例

1. 全球尺度滑坡灾害风险评估案例

全球滑坡灾害风险评估案例选择由世界银行发起、美国哥伦比亚大学开展的关于“全球自然灾难热点地区识别”的项目。该项目针对 6 种主要自然灾害的死亡和经济损失开展全球评估（Dilley et al.，2005）。本章介绍的全球滑坡风险评估由挪威岩土工程研究所（NGI）和联合国环境规划署（UNEP）合作开展，主要关注滑坡人口死亡风险。

全球滑坡人口死亡风险基于危险性、暴露度和脆弱性三要素开展评估，具体来说，滑坡危险性由诱发因素和易发性共同决定，在滑坡灾害的危险性评估中，采用 Mora 和 Vahrson（1994）建议的区域滑坡分析模型来评估滑坡灾害危险性等级：

$$H_{\text{landslide}} = (S_r \times S_l \times S_h) \times (T_p + T_s) \tag{13.2}$$

其中，$H_{\text{landslide}}$ 是滑坡灾害危险性指数；S_r 是坡度；S_l 是岩性（或地质条件）；S_h 描述土壤水分特征；T_p 以百年一遇月降水量表征降水特征；T_s 以 50 年超越概率 10%的地震动峰值加速度表征地震特征。各因素分别按与滑坡危险性的关系划分为 1～5 的 5 个等级，并根据式(13.2)计算 $H_{\text{landslide}}$，其范围为 0～1500，再进一步根据有可靠数据的少数地区（主要在欧洲）进行校准，计算出灾难性滑坡年频率，表 13.6 中年度频率的重叠范围反映了评估的不确定性。

表 13.6　滑坡灾害危险性指数及其对应的滑坡发生频率

$H_{\text{landslide}}$	级别	滑坡的分类潜在危险	每年 1 km^2 范围内的发生频率
< 14	1	可忽略不计	几乎为零
15～50	2	非常低	可忽略不计
51～100	3	低	非常小
101～168	4	低度至中度	小型
169～256	5	中等水平	0.0025%～0.01%
257～360	6	中型	0.0063%～0.025%
361～512	7	中度至高度	0.0125%～0.05%
513～720	8	高	0.025%～0.1%
> 720	9	非常高	0.05%～0.2%

全球滑坡灾害危险性评估结果如图 13.1 所示，处于中度至非常高滑坡危险性的地区主要包括中美洲、南美洲西北部、美国和加拿大西北部、高加索地区、伊朗的阿尔伯兹山脉和扎格罗斯山脉、土耳其、塔吉克斯坦、吉尔吉斯斯坦、喜马拉雅山脉带、菲律宾、印度

尼西亚等。

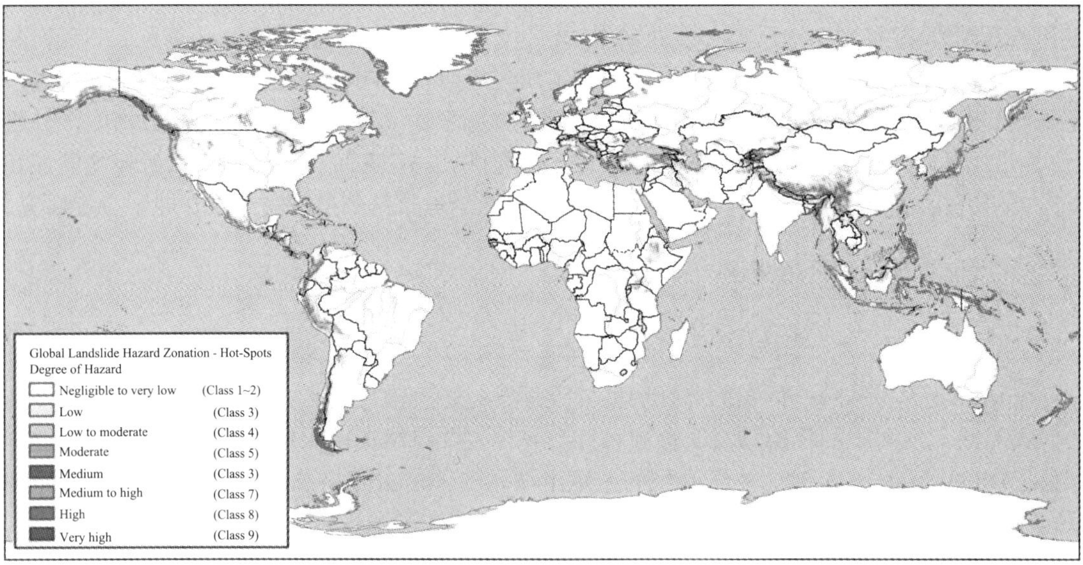

图 13.1　全球热点山体滑坡灾害危险性评估结果

全球滑坡暴露度评估通过将表 13.6 中的滑坡年平均发生频率叠加位于该格点的人口，其公式为

$$\mathrm{PhExp}_{\mathrm{nat}} = \sum F_i \cdot \mathrm{Pop}_i \tag{13.3}$$

其中，$\mathrm{PhExp}_{\mathrm{nat}}$ 是国家尺度上的人口暴露度；F_i 是一个空间单元中滑坡事件的年频率；Pop_i 为居住在空间单元中的总人口除以 10，根据相关研究，暴露于滑坡灾害的人口约为研究区总人口的 10%。

将基于栅格单元计算的全球滑坡人口暴露度在国家尺度上汇总，以结合国家尺度的滑坡死亡人数记录评估各国滑坡人口脆弱性。

分析特定国家每年因滑坡造成的死亡人数与暴露人口的平均数的关系可以发现，如果假设伤亡人数随着物理暴露的增加而增加，那么在类似的物理暴露条件下的伤亡差异可以用脆弱性差异来解释。评估人口对于滑坡灾害的脆弱性是非常困难的，单一事件的损失程度是各种因素相互作用的结果，包括发生的时间（白天、晚上、休息日）、建筑物的质量、教育水平等。两个严重程度相似的事件损失之间的差异通常相当大。为此，通过使用历史伤亡和人口暴露的比率作为代用指标评估全球滑坡人口脆弱性，其计算公式为

$$\mathrm{Vul}_{\mathrm{proxy}} = \frac{K}{\mathrm{PhExp}_{\mathrm{nat}}} \tag{13.4}$$

其中，$\mathrm{Vul}_{\mathrm{proxy}}$ 代表脆弱性；K 代表历史滑坡伤亡人数（1980～2000 年）；$\mathrm{PhExp}_{\mathrm{nat}}$ 是按国家汇总并以伤亡记录时期的人口水平加权的暴露人口。

最后，结合全球滑坡危险性、暴露度和脆弱性的评估结果，可计算全球滑坡人口风险。图 13.2 和图 13.3 分别显示了中亚和中美洲的典型热点地区的滑坡人口风险评估结果。

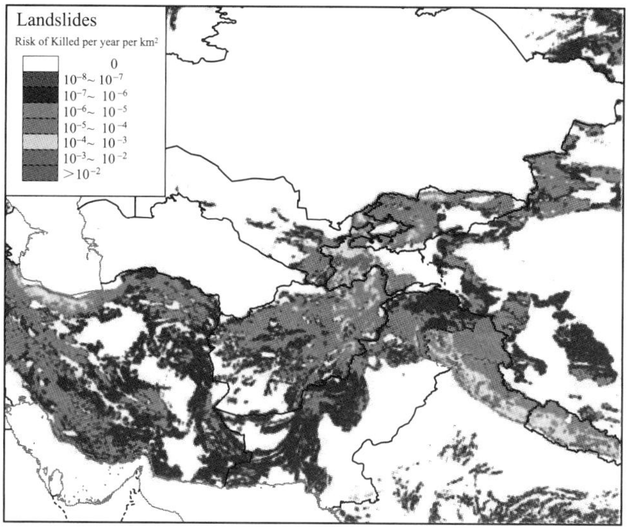

图 13.2　中亚滑坡风险评估

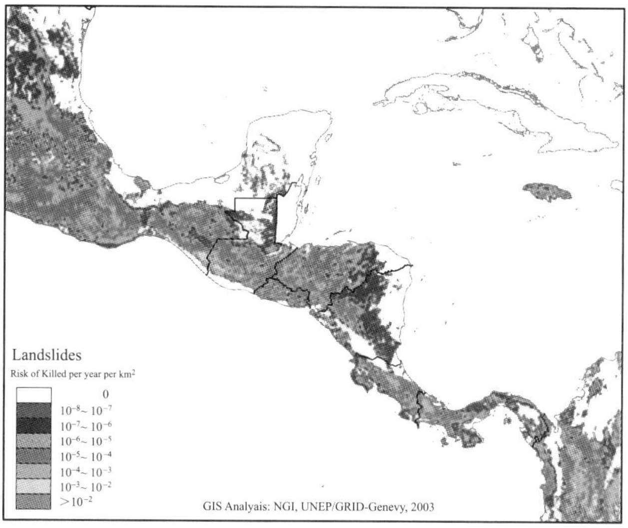

图 13.3　中美洲滑坡风险评估

（1）根据模型的预测，全球每年因重大山体滑坡而死亡的人数超过 4300 人，这一数值相对较高，与 CRED 的 EM-DAT 数据库中报告的 1980～2000 年期间每年的平均死亡人数属于同一数量级。

（2）98%记录的死亡人口居住在模型预测的 5 级及以上的滑坡危险区域范围内。死亡风险最高的地区位于哥伦比亚、塔吉克斯坦、印度和尼泊尔的局部区域，其每平方千米年死亡人数的预测风险大于 0.01。

（3）危地马拉、萨尔瓦多、洪都拉斯、巴拿马、哥斯达黎加、墨西哥、哥伦比亚、阿富汗和伊朗等国家和地区，每平方千米年死亡人数的风险在 0.001～0.01。

进一步通过多元回归分析，探究全球滑坡人口风险的可能影响因素，结果显示高风险与三个因素之间有很强的相关性（R=0.852）：即物理暴露人口、联合国开发计划署（UNDP）

确定的人类发展指数（HDI）和森林覆盖率百分比。这表明当有更多的暴露人口以及更多的贫困人口时，滑坡灾害风险会更高。此外，结果显示国家森林覆盖率越高，风险就越大。这可能反映森林覆盖率高的国家也可能是毁林程度高的国家。可耕地的百分比也显示出与滑坡风险密切相关的关系。这表明农村人口比城市人口更容易受到滑坡的影响。然而，模型并不能说明农村和城市人口之间存在显著脆弱性差异，仍需要考虑更多的社会经济数据，包括国家以下尺度的数据集和关于伤亡人数的更多信息。这需要比从国家尺度数值得出平均脆弱性的研究更为详细的分析。

2. 气候变化背景下中国降雨诱发滑坡灾害危险性评估

基于全球气候模式数据和已建立的全国滑坡易发性模型，考虑中国不同地貌区域的诱发滑坡降雨阈值差异，从滑坡空间易发性和超越诱发滑坡降雨阈值频次两方面，尝试探讨全球温升 1.5℃和 2.0℃水平下中国多年平均降水和极端降水事件的变化导致的滑坡易发性和超越诱发滑坡降雨阈值频次的可能变化。

1）数据和方法

中国是滑坡等地质性灾害发生频繁的国家，滑坡灾害造成的人员伤亡损失较严重[图 13.4（b）]。考虑中国整体地域范围内的复杂地貌和降水空间异质性，参考 Wang 等（2021）提出的地貌区划，将全国划分为 6 个主要地貌区[图 13.4（a）]，分别是东部平原区（EP）、东南丘陵区（SEM）、中北高原区（NCP）、西南高山区（SWM）、西北盆地区（NWB）、青藏高原区（TP）。该地貌分类区划较好地综合了地貌特征和气候条件的差异，有助于更好地探讨不同地貌和降雨条件诱发滑坡灾害的空间异质性。观测降水数据来自 CN05.1 格点化观测数据集，空间分辨率为 0.25°×0.25°（吴佳和高学杰，2013）。

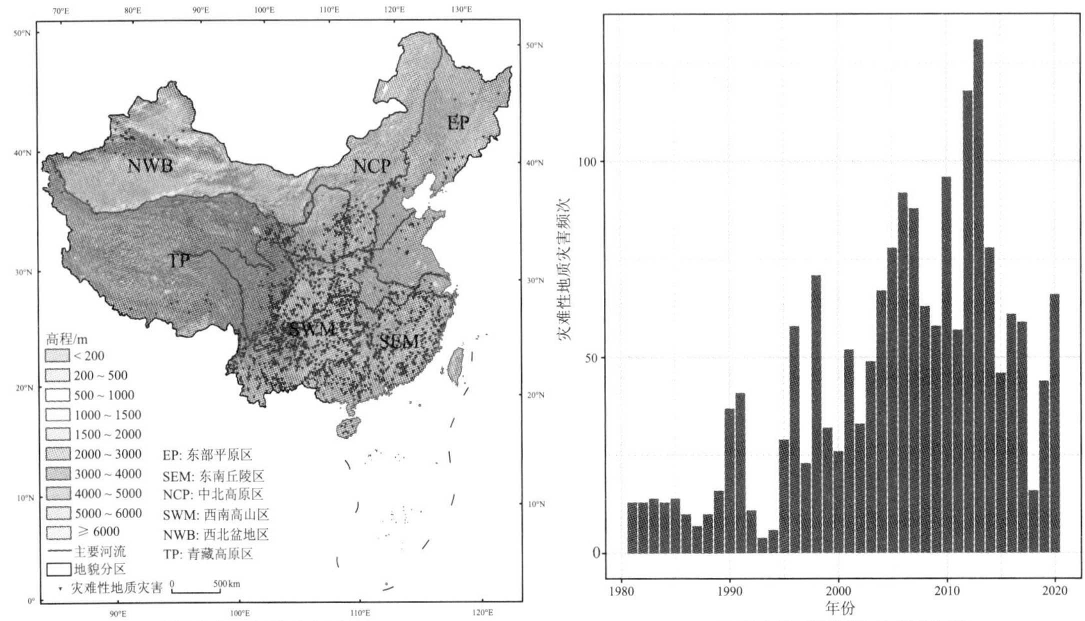

(a) 中国地貌分区及灾难性地质灾害分布　　(b) 1981~2020年灾难性地质灾害频次

图 13.4　中国地貌分区和灾难性地质灾害的时空分布

气候模式历史模拟和和未来预估数据采用参加第六次国际耦合模式比较计划（CMIP6）的多个全球气候模式，分别选择低、中和高 3 个 SSPs 情景（SSP1-2.6，SSP2-4.5，SSP5-8.5）。各气候模式都包含历史时期（1960～2014 年）和未来情景（2015～2100 年）的逐日数据。

评估的技术路线如图 13.5 所示。首先，基于 CN05.1 观测数据集中的观测降水数据对各个气候模式数据应用的模拟性能进行评估。

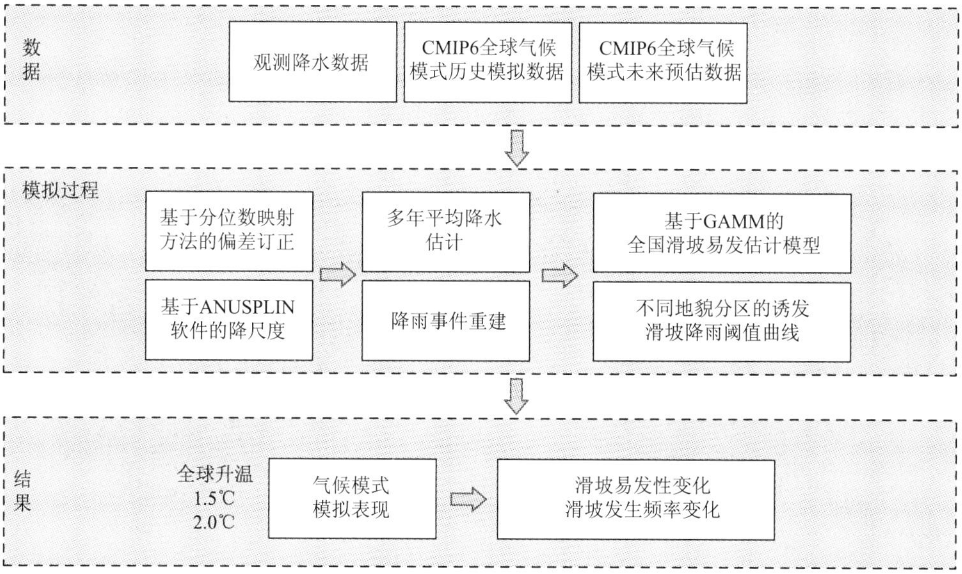

图 13.5　技术路线

其次，全球温升 1.5℃和 2.0℃水平下中国滑坡危险性变化预估以 1995～2014 年的气候模式历史模拟数据作为历史基准时期，以 IPCC 第六次评估报告提出的达到温升 1.5℃和 2.0℃目标的对应时期为未来时期。计算各气候模式历史基准时期和未来不同温升水平各时期的年平均降雨，将气候模式基准时期和未来时期的年平均降雨计算结果应用于全国滑坡易发性评估模型（Lin et al., 2021），评估全球温升 1.5℃和 2.0℃水平下多年平均降雨变化导致的中国滑坡易发性相比基准时期的变化。同时，利用 CTRL-T 算法提取和重建各气候模式历史基准时期和未来不同情景各时期的降水事件，将重建的降雨事件与已有研究建立的中国不同地貌分区诱发滑坡经验降雨阈值曲线进行对比（Wang et al., 2021），统计历史基准时期和未来时期气候模式降雨事件超过地貌分区诱发滑坡经验降雨阈值曲线的频次，以超越经验降雨阈值曲线的频次作为滑坡发生的代用指标，以模式历史（1995～2014 年）模拟数据的滑坡发生频率为基准时期，对比历史基准时期和全球温升 1.5℃和 2.0℃水平下未来时期滑坡发生的频率变化，评估气候变化背景下因极端降雨事件变化导致的诱发滑坡发生超越经验降雨阈值频次的变化。

2）评估结果

由图 13.6 可见，多模式集合对于降水平均态的模拟极好，可以重现观测年平均降水的空间格局，在各地貌分区上的模拟也与观测空间格局非常吻合，多模式集合结果与观测数据的空间相关系数在全国和 6 个地貌分区均大于 0.98。图 13.6（c）～（d）是将多年平均降雨结果用于驱动中国地质灾害空间易发性评估模型得到的地质灾害易发性空间分布，结果显示多模式集合结果整体可以很好地重现观测数据模拟的地质灾害易发性空间分布，高易发性集中分布于西南山区、青藏高原东南区、华南沿海山地丘陵、西北天山、东北长白山和华北太行山区等，多模式集合和观测数据结果的空间相关系数为 0.997。进一步将模拟的地质灾害易发性划分为不同等级，并计算多模式集合和观测数据得到的易发性分区的 κ 系数，结果为 0.927，也显示了较好的模拟效果。多模式集合也能较好模拟超过降雨阈值频次的空间格局，与观测数据结果的空间相关系数为 0.91。由图 13.6（e）～（f）可见，超过降雨阈值频次较高（每年大于 15 次）的地区集中于东南山区和西南山区的南部及中部、长江中下游平原地区、西北

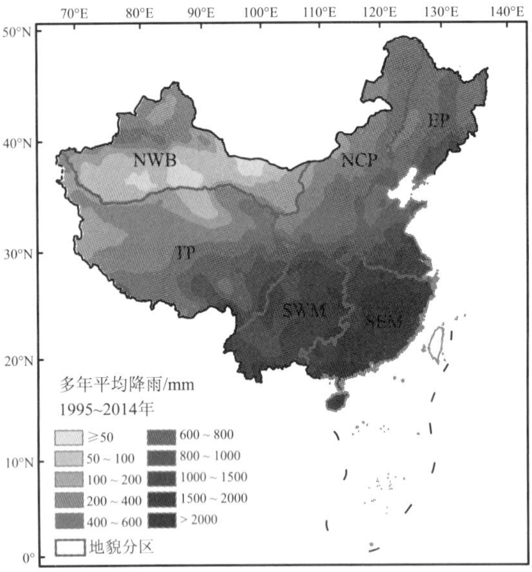

(a) 多年平均降水(多模式集合)

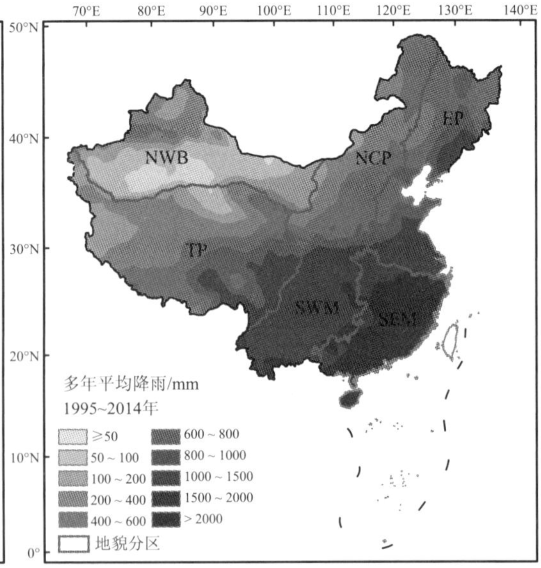

(b) 多年平均降水(观测)

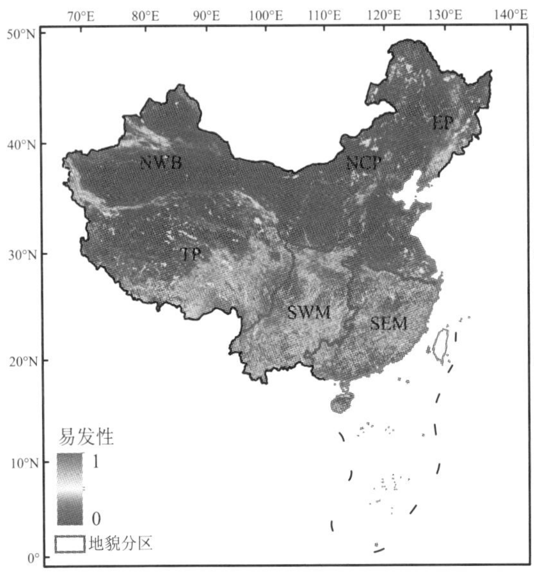

(c) 地质灾害易发性(多模式集合)

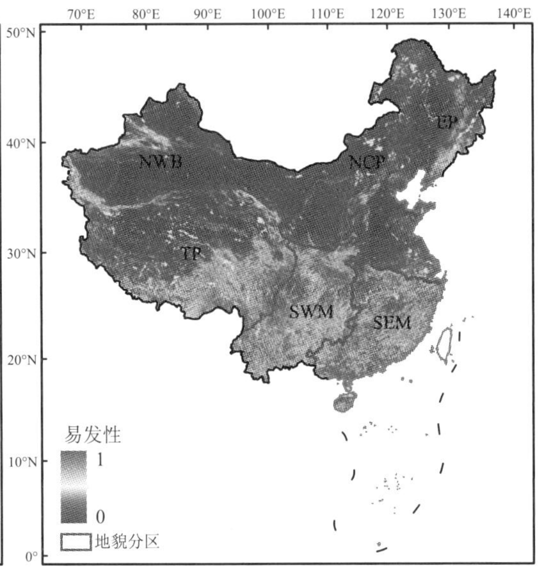

(d) 地质灾害易发性(观测)

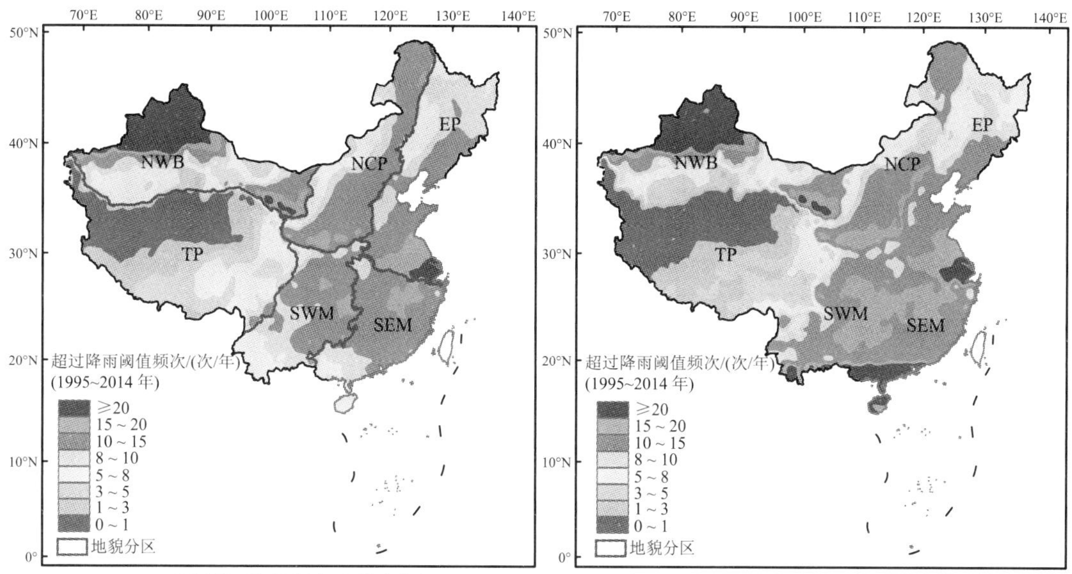

(e) 超过降雨阈值频次(多模式集合)　　(f) 超过降雨阈值频次(观测)

图 13.6　全球气候模式在基准时期和观测数据的模拟效果对比

祁连山脉和天山山脉及以北地区、黄土高原南部和太行山区。青藏高原超过降雨阈值的频次较少，特别是北部地区。但是需要注意到，多模式集合超过阈值频次模拟仍在西南和东南山地有一定程度的低估。

图 13.7 为温升 1.5℃和 2.0℃水平下未来中国及各地貌分区多模式集合的多年平均降雨、中等至极高地质灾害易发性面积和地质灾害发生频次与基准时期相比的变化。由图 13.7（a）可见，全国和不同地貌分区的多模式集合结果都表明温升 1.5℃和 2.0℃水平下未来多年平均降雨相比基准时期会显著增加，并且温升 2.0℃相比温升 1.5℃的增幅及不确定性都更大。具体来看，多模式集合预估结果显示温升 1.5℃和 2.0℃时，全国年平均降雨相比基准时期分别增加 5.4%和 9.5%。各地貌分区多年平均降雨变化也存在一定的区域差异，温升 2.0℃时西北盆地区、青藏高原区和东南丘陵区增加最明显，其年降水相比基准时期的增幅均大于 10%。中北高原区、西南高山区和东部平原区温升 2.0℃相比基准时期的增幅分别为 8.6%、7.6%和 5.7%。

将温升 1.5℃和 2.0℃水平下各模式预估的年平均降雨用于预估未来地质灾害易发性，以探讨气候变化情景下随着年平均降雨的可能变化，中国地质灾害空间易发性会呈现何种时空变化。按与历史基准时期相同的阈值将模拟的地质灾害易发性从极低至极高划分为 5 个等级，统计不同温升水平下预估的中等至极高易发性面积相比历史基准时期的面积变化如图 13.7（b）所示。从全国来看，温升水平下中等至极高易发性面积相比基准时期增加，温升 2.0℃时相比基准时期增加 0.74%，比温升 1.5℃时的增幅（0.33%）更大。各地貌分区的结果显示，除东南丘陵区外，各地貌分区预估的中等至极高易发性面积相比基准时期都增加，其中青藏高原区相比基准时期增幅最大，温升 2.0℃时多模式集合预估相比基准增加 1.28%，其他地貌分区的增幅为 0.71%～0.92%，而东南丘陵区呈现轻微减少（–0.29%）。

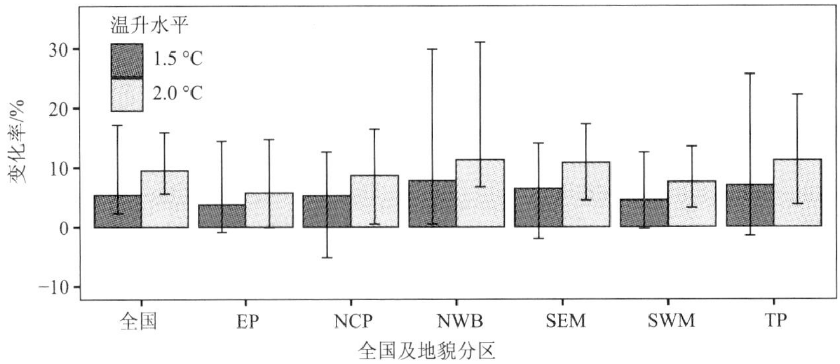

(a) 多年平均降雨变化

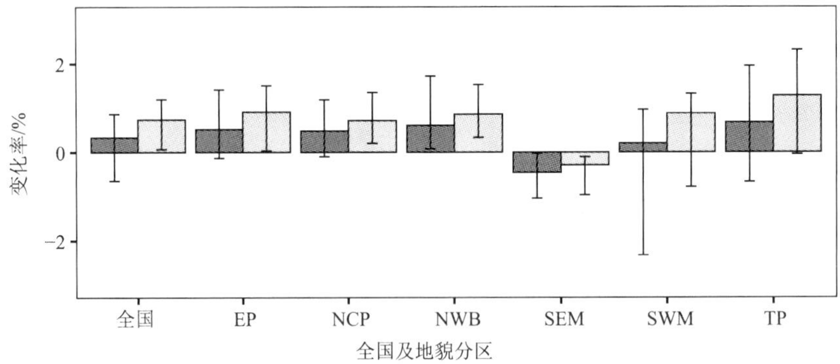

(b) 地质灾害易发性面积变化

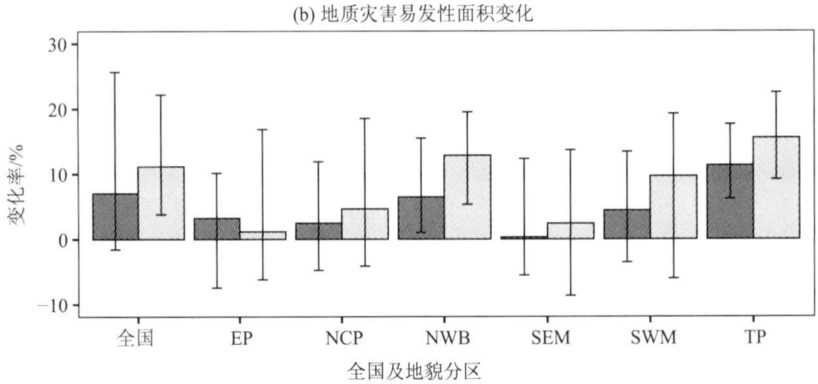

(c) 地质灾害发生频率变化

图 13.7　全球温升 1.5℃和 2.0℃水平下中国及各地貌分区多年平均降雨、地质灾害危险性相比基准时期的变化

图 13.7（c）为未来温升水平下地质灾害发生频次相比基准时期的变化。总的来看，全国和不同地貌分区的多模式集合结果大都显示未来不同温升水平下地质灾害发生频次相比基准时期会显著增加。全国多模式集合结果显示，温升 1.5℃和 2.0℃时地质灾害发生频次相比基准时期分别增加 7.0%和 11.2%。各地貌分区未来地质灾害发生频次存在差异，青藏高原区、西北盆地区和西南高山区的增幅最大，温升 2.0℃时相比基准时期分别增加 15.6%、12.9%和 9.7%；中北高原区、西南高山区和东部平原区在温升 2.0℃时分别增加 4.6%、2.4%和 1.2%。

多模式集合预估的未来温升水平下中国及各地貌分区的多年平均降雨、地质灾害危险性（包括空间易发性和发生频次）相比基准时期的变化空间分布如图 13.8 所示。总体来看，多模式集合预估结果显示温升 1.5℃和 2.0℃时全国大部分地区的年平均降雨与基准时期相比预估会增加[图 13.8（a）～（b）]，并且温升 2.0℃相比 1.5℃时的增加范围更广且幅度更大。温升 1.5℃水平下中国多数地区相比基准时期预估增加 0～10%，而温升 2.0℃水平下，较大范围的地区预估增幅达 10%～20%。

图 13.8（c）～（d）为温升水平下多模式集合地质灾害空间易发性相比基准时期变化的空间分布。结果表明，未来气候变化背景下随着预估的多年平均降雨变化，地质灾害易发性等级也预估会变化。温升 2.0℃水平下易发性发生变化的格点相比温升 1.5℃更多。未来易发性等级变高的格点主要分布于青藏高原南部和东南部、西南高山区的云南省北部和四川省西

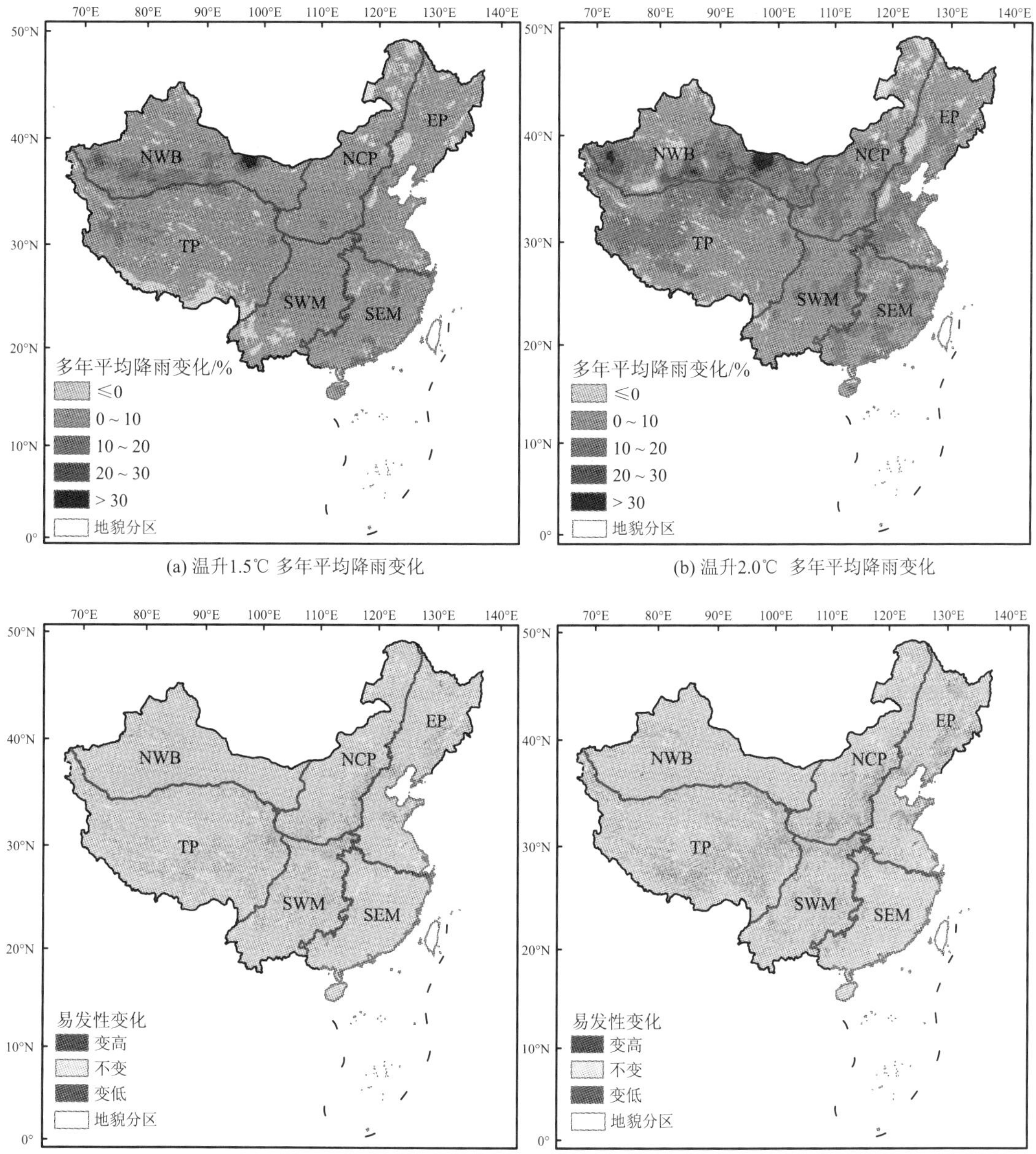

(a) 温升1.5℃ 多年平均降雨变化

(b) 温升2.0℃ 多年平均降雨变化

(c) 温升1.5℃ 地质灾害易发性变化

(d) 温升2.0℃ 地质灾害易发性变化

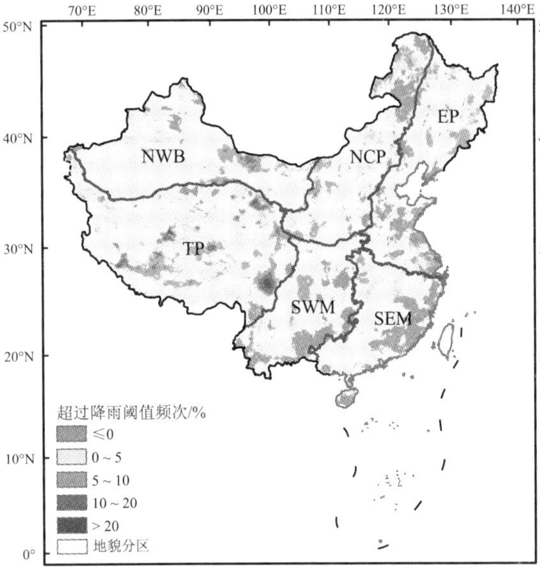

(e) 温升1.5℃ 地质灾害频次变化

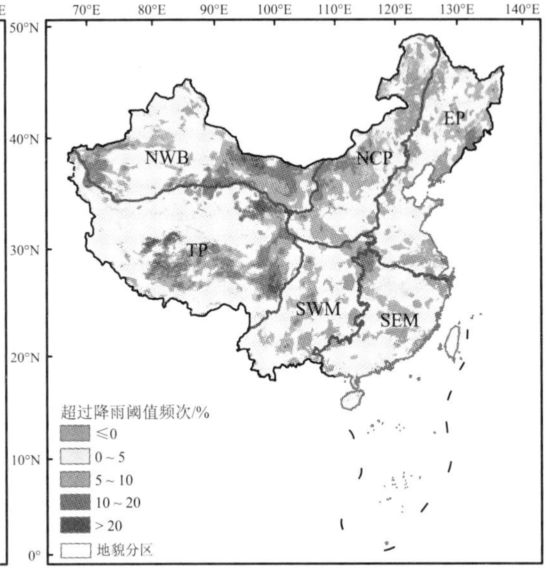

(f) 温升2.0℃ 地质灾害频次变化

图 13.8　全球温升 1.5℃和 2.0℃水平下中国地质灾害危险性相比基准时期变化的空间分布

部地区、西北盆地区的天山山区及与青藏高原区交界处的昆仑山区和祁连山区、中北平原区南部的黄土高原和东部的太行山区、东部平原区的长白山一带。而未来时期相比基准时期，易发性等级降低的格点非常有限，零散分布于西南高山区和东南丘陵区中部。

图 13.8（e）～（f）为温升水平下未来多模式集合地质灾害发生频次相比基准时期变化的空间分布。总体来看，中国大部分地区未来温升水平下相比基准时期地质灾害发生频次都呈增加趋势，温升 1.5℃时多数地区相比基准时期预估增加 0～5%，温升 2.0℃时增加幅度和范围都明显变大。在温升 1.5℃水平下，西南高山区和东南丘陵区的部分区域多模式集合结果显示相比历史时期呈轻微减少。

基于全球气候模式数据、已建立的全国滑坡易发性模型和分地貌区域的滑坡降雨阈值模型，尝试探讨温升水平下未来中国滑坡易发性和超越诱发滑坡的降雨阈值频次的可能变化。结果表明，最新的多气候模式集合结果可以较好地模拟中国降雨平均态变化及与诱发滑坡发生相关的极端降雨频次变化。多模式集合结果揭示了未来温升水平下，由于预估的多年平均降雨相比基准时期的增加，滑坡易发性的等级及高易发性的范围也预估增加。由于预估的极端降雨增加，各地貌分区诱发滑坡超越经验降雨阈值频次也预估呈增加。并且，温升 2.0℃相比温升 1.5℃时滑坡高易发区空间范围和诱发滑坡降雨频次的预估增幅更大。这也与已有采用 CMIP5 气候模式数据开展的气候变化背景下的中国滑坡预估研究结果的变化方向和趋势较为一致（He et al., 2019; Lin et al., 2020）。多气候模式集合预估结果识别出气候变化背景下滑坡易发性等级和诱发滑坡超越经验降雨阈值频次同时预估增加的热点区域，主要包括青藏高原东南部、西北天山山区及与青藏高原交界处的昆仑山区和祁连山区、西南山区的云南省北部和四川省西部、中北平原区南部的黄土高原和东部的太行山区、东部平原区的长白山一带。这些地区特别是在温升 2.0℃水平下，滑坡易发性范围、等级和诱发滑坡超越经验降雨阈值频次预估均呈显著的增加。我们需要采取适当的适应气候变化影响和减轻相应滑坡灾害风险措施。

13.4　滑坡灾害风险管理

滑坡灾害风险管理（disaster risk management）是在对灾害风险形成过程与机理（致灾体成因、力学机理、运动规律、成灾机制）系统认识的基础上，根据不同类型灾害的物理特性及其成灾特点，评估可能产生的灾害风险，采用适宜的风险调控措施（预案、预防、预警与治理措施），最大限度地减少灾害风险和可能损失的手段。它贯穿于灾害发生发展的全过程，涉及防灾、备灾、预警、响应（应急和救助）、处置（治理）和恢复/重建等内容，是在以往灾害防治理念基础上发展的一项自然规律与人类认知、工程技术与社会管理融合的系统工程。滑坡灾害风险管理的目的是认识灾害规律，协调人与山地环境的关系，在适度风险范围内规范滑坡灾害调控行为，增强人类适应与恢复力，合理利用灾害资源以满足社会经济可持续发展需要（崔鹏, 2014）。

本节围绕减少暴露度和脆弱性、提高对风险变化的应对能力、风险转移和分担、提升恢复力等方面讨论滑坡灾害的风险管理。

1. 减少暴露度和脆弱性

受滑坡灾害的影响程度取决于诸多因素，如所处的位置（地形、地质、排水条件）、滑坡活动的类型，以及以往滑坡发生的频度。滑坡对人和建筑物的影响可以通过完全回避危险区的办法进行减轻，或通过限制、禁止在危险区的活动及对在危险区活动的附加条件等来减少风险。地方政府可以通过土地利用政策和条例来达到上述目的。个人可以通过减少暴露在灾害中的程度达到减灾目的，主要通过加强自身对某特定场所的灾害意识，或要求地方政府的规划和工程部门对特定的场地进行调查，也可以聘请能够对地质灾害进行适当评价的专业岩土工程师、土木工程师、工程地质师对场地进行调查，提供专业服务。

滑坡风险管理的最简单措施是回避高陡边坡和已经存在的滑坡，不在其影响范围内开展建筑活动，但这一点在实际工作中很难做到。对土地利用和开发行为进行约束，使其不至于降低边坡稳定性。无论是回避还是约束，要做到滑坡减灾都必须依靠滑坡分布图和对滑坡所做的定义。在滑坡有可能影响既存建筑物或者无法回避的情况下，则要采取必需工程措施。监测和预警系统可以保证居民在滑坡发生危险性较高的一段时间内临时撤离滑坡现场，以保证生命安全。以下围绕不同类型的滑坡灾害列举一些减少滑坡灾害暴露度和脆弱性的措施。

（1）土质边坡加固和挡土墙修建。当采用以下措施保证滑坡体内地下水位下降时，边坡稳定性会有所增强。通过将地表水向滑坡外导出，具体方法包括排出地下水使地下水位不再升高、采用防水薄膜覆盖滑坡表面，防止地表水进入滑坡体内、尽可能减少边坡上的灌溉。另外，在滑坡前缘设置挡土结构以增加滑坡脚部质量，或者通过取土减轻滑坡顶部质量，也可以增加边坡稳定性。挡土墙是边坡加固常用的方法之一，它被用来永久性地支撑边坡。挡土墙还可以在山体开挖后没有足够的空间修建边坡时被采用，也可以用来护挡边坡使上面的松散砂土不至于散落在下面的道路上。挡土墙还可以保护坡脚不受河流的侵蚀或控制边坡的蠕变。但挡土墙并不能阻挡滑坡的发生。挡土墙的基本类型包括木质卧铺墙、钢箱墙、桩墙、悬臂梁墙、排桩墙、格构墙和加筋土墙等。

（2）泥石流减灾。因为泥石流的高速和强势，一旦发生后，很难阻挡。可以利用排导墙和泥石流拦挡坝的办法来引导和收容泥石流。其他方法还包括，调整边坡（采用控制侵蚀的办法，保护边坡使其不易发生泥石流）、补种植被、防止森林野火（在陡坡发生的野火有助于加强泥石流）。

2. 提高对滑坡灾害风险的应对能力

提高对风险变化的应对能力可从提升灾害风险预测和制定应急预案两方面来加强。

（1）基于动力过程的灾害风险预测，通过滑坡和泥石流的动力学模拟方法，计算滑坡的致险范围内流速和流深的时空分布，确定其危险性。通过危险区内不同位置、不同类型承灾体的综合抗灾能力调查分析，确定脆弱性。在危险性分析和脆弱性分析的基础上，估算不同强度和频率的滑坡和泥石流可能危害的区域与潜在风险损失，并进行风险等级划分，编制风险图。根据调查的滑坡和泥石流堆（冲）积扇形态与危害特征，以滑坡主流线为沟口堆积扇中轴线，可通过极坐标的形式来表达堆（冲）积扇上承灾体的空间分布及其可能的风险，预测滑坡在不同等级风险区内灾害损失，为制定科学合理的土地利用规划与防灾方案提供科学依据。

（2）制定合理的应急预案，滑坡灾害应急预案要求：一要调查确定滑坡灾害的基本情况，包括灾害危险区、风险等级等；二要针对不同风险级别区，制定灾害的应急措施，明确不同危险等级灾害点监测内容、巡查要求、预警方式、应急抢险救灾措施、疏散撤离路线等；三要明确组织指挥机构和抢险救灾队伍，公布责任人员名单和联系电话；四要明确灾害应急队伍人员的分工与职责。需通过宣传、教育、培训、综合演练等方式不断提高公众对应急预案的知晓度，要采用居民喜闻乐见的方式（挂图、影像、卡片等）提高群众的防灾减灾意识，充分发动群众参与社区防灾减灾工作，认真贯彻落实应急预案，加强群测群防和群专结合的减灾管理，落实联防机制。

3. 提升恢复力

提升恢复力可以围绕社区风险管理来开展。社区参与式灾害风险管理是一种有效的灾害管理模式，这种“自下而上”的灾害管理体制，重在提高社区居民的防灾认知、防灾减灾能力建设和灾害风险管理水平。《兵库行动框架协议》指出了社区减灾的重要作用，强调建立一个安全的、在各个层面对灾害具有适应力的文化。社区灾害风险管理的挑战之一是保持社区层面防灾减灾的持久化。因此，如何建立长效的社会参与激励机制，营造居民自觉参与社区灾害风险管理全过程的文化氛围，探索政府主导的“自上而下”型和发挥风险社区居民自觉性的“自下而上”型相结合的社区参与式灾害风险管理模式，是值得进一步探索的重要课题。

13.5　知识差距

针对国家减灾需求和学科发展目标，初步提出3点未来应该关注的问题。

（1）灾害对环境变化的响应机制。环境与灾害之间具有复杂的互馈作用，迄今尚鲜有这方面的深入研究。一般而言，植被可以在一定程度上调节灾害形成条件，起到抑制灾害形成的作用，流域内大范围的植被优化，可以改善山地灾害的形成条件和形成规模，有效降低灾害风险。但是，目前对植物措施调控灾害作用的认识还比较局限，缺少定量的功能评价方法和深入的机理分析。应系统研究植被的防灾功能，提出科学配置植物措施和岩土措施的理论和技术。

（2）气候变化对山地灾害的影响与巨灾风险预估。气候变化导致的气候系统紊乱和极端天气常态化趋势，增大了山地灾害发生的频度，特别是大规模灾害和群发性灾害暴发概率增大。研究气候变化引发的极端天气（如高强度降雨、干旱和高寒地区的高温）出现的特征，分析极端天气对不同地区、不同类型山地灾害形成的影响，建立定量关系预估未来巨灾，是今后山地灾害研究的前沿科学问题。

（3）灾害风险的理论与方法。灾害风险包括风险判识、危险性分析、脆弱性分析、风险分析、风险防范、风险转移、风险管理等。其中，风险判识或潜在风险识别是目前的难点和前沿问题，风险管理也是中国的薄弱环节。伴随着高强度人类活动，灾害危险区人口密度与经济密度也相应增加，加强灾害风险分析、风险评估和风险管理理论方法的研究，突破风险判识难点，提高灾害风险管理水平，建立健全灾害风险管理体制和机制，有效降低特大灾害所造成的风险，是中国山地灾害减灾的重要课题之一。

【关注点】

滑坡，崩塌，泥石流，滑坡灾害成灾机制，滑坡灾害风险管理

【专题讨论】

全球变暖背景下暴雨诱发滑坡灾害风险可能会如何演变？

【思考题】

一、简述滑坡灾害的诱发因素和自然环境因素的差异。

二、结合实际灾难性滑坡灾害案例阐述滑坡灾害影响和风险的形成机制。

三、结合我国地质灾害群测群防体系，讨论滑坡灾害风险管理的措施和手段。

参 考 文 献

崔鹏. 2014. 中国山地灾害研究进展与未来应关注的科学问题. 地理科学进展, 33(2): 145-152.

国家统计局. 2021. 中国统计年鉴—2021. 北京：中国统计出版社.

史培军. 2002. 三论灾害研究的理论与实践. 自然灾害学报, 11(3): 1-9.

吴佳，高学杰. 2013. 一套格点化的中国区域逐日观测资料及与其它资料的对比. 地球物理学报, 56(4): 1102-1111.

吴树仁, 石菊松, 张春山, 等. 2009. 地质灾害风险评估技术指南初论. 地质通报, 28(8): 995-1005.

殷坤龙, 汪洋, 唐仲华. 2002. 降雨对滑坡的作用机理及动态模拟研究. 地质科技情报, 21(1): 75-78.

殷跃平. 2008. 汶川八级地震地质灾害研究. 工程地质学报, 16(4): 433-444.

张春山, 吴满路, 张业成. 2003. 地质灾害风险评价方法及展望. 自然灾害学报, 12(1): 96-102.

中国地质调查局. 2014. 滑坡崩塌泥石流灾害调查规范滑坡崩塌泥石流灾害详细调查规范(1：50000)(DZT 0261—2014). 北京：中国地质调查局.

Bogaard T A, Greco R. 2016. Landslide hydrology: from hydrology to pore pressure. Wiley Interdisciplinary Reviews: Water, 3(3): 439-459.

Brenning A, Schwinn M, Ruiz-Páez A P, et al. 2015. Landslide susceptibility near highways is increased by 1 order of magnitude in the Andes of Southern Ecuador, Loja Province. Natural Hazards and Earth System Sciences, 15(1): 45-57.

CRED. 2019. EM-DAT: The International Disaster Database. Brussels: CRED.

Corominas J, van Westen C, Frattini P, et al. 2014. Recommendations for the quantitative analysis of landslide risk. Bulletin of Engineering Geology and the Environment, 73(2): 209-263.

Cruden D M, Varnes D J. 1996. Landslide Types and Processes// Schuster R L, Krizek R J. Landslides, Analysis and Control, Special Report 247: Transportation Research Board. Washington DC: National Academy of Sciences.

Dai F C, Lee C F, Ngai Y Y. 2002. Landslide risk assessment and management: an overview. Engineering Geology, 64(1): 65-87.

Dilley M, Chen R S, Deichmann U, et al. 2005. Natural Disaster Hotspots. A Global Risk Analysis. Washington, DC: The World Bank, Hazard Management Unit.

Emberson R A, Kirschbaum D B, Stanley T. 2021. Landslide hazard and exposure modelling in data-poor regions: the example of the Rohingya Refugee Camps in Bangladesh. Earth's Future, 9(2), e2020EF001666.

Fell R, Corominas J, Bonnard C, et al. 2008. Guidelines for landslide susceptibility, hazard and risk zoning for land-use planning. Engineering Geology, 102(3-4): 99-111.

Froude M J, Petley D N. 2018. Global fatal landslide occurrence from 2004 to 2016. Natural Hazards and Earth System Sciences, 18(8): 2161-2181.

Galli M, Guzzetti F. 2007. Landslide vulnerability criteria: a case study from Umbria, Central Italy. Environmental Management, 40(4): 649-665.

Garcia R A, Oliveira S C, Zêzere J L. 2016. Assessing population exposure for landslide risk analysis using dasymetric cartography. Natural Hazards and Earth System Sciences, 16(12): 2769-2782.

Gariano S L, Guzzetti F. 2016. Landslides in a changing climate. Earth-Science Reviews, 162: 227-252.

Glade T. 2003. Vulnerability assessment in landslide risk analysis. Die Erde, 134(2): 123-146.

Glade T, Anderson M, Crozier M J. 2005. Landslide Hazard and Risk: Issues, Concepts and Approach. Chichester: John Wiley.

Guzzetti F, Carrara A, Cardinali M, et al. 1999. Landslide hazard evaluation: a review of current techniques and their application in a multi-scale study, Central Italy. Geomorphology, 31(1): 181-216.

Guzzetti F, Gariano S L, Peruccacci S, et al. 2020. Geographical landslide early warning systems. Earth-Science Reviews, 200, 102973.

Guzzetti F, Reichenbach P, Cardinali M, et al. 2005. Probabilistic landslide hazard assessment at the basin scale. Geomorphology, 72(1-4): 272-299.

He S, Wang J, Wang H. 2019. Projection of landslides in China during the 21st Century under the RCP8. 5 scenario. Journal of Meteorological Research, 33(1): 138-148.

Highland L, Bobrowsky P T. 2008. The Landslide Handbook: A Guide to Understanding Landslides. Reston: US Geological Survey.

Hirabayashi Y, Mahendran R, Koirala S, et al. 2013. Global flood risk under climate change. Nature Climate Change, 3(9): 816-821.

Hungr O, Leroueil S, Picarelli L. 2014. The Varnes classification of landslide types, an update. Landslides, 11(2): 167-194.

Kirschbaum D B, Stanley T, Zhou Y. 2015. Spatial and temporal analysis of a global landslide catalog. Geomorphology, 249: 4-15.

Lin L, Lin Q, Wang Y. 2017. Landslide susceptibility mapping on a global scale using the method of logistic regression. Natural Hazards and Earth System Sciences, 17(8): 1411-1424.

Lin Q, Lima P, Steger S, et al. 2021. National-scale data-driven rainfall induced landslide susceptibility mapping for China by accounting for incomplete landslide data. Geoscience Frontiers, 12(6): 101248.

Lin Q, Wang, Y. 2018. Spatial and temporal analysis of a fatal landslide inventory in China from 1950 to 2016. Landslides, 15(12): 2357-2372.

Lin Q, Wang Y, Glade T, et al. 2020. Assessing the spatiotemporal impact of climate change on event rainfall characteristics influencing landslide occurrences based on multiple GCM projections. China Climate Change, 162(2): 761-779.

Martha T R, Roy P, Jain N, et al. 2021. Geospatial landslide inventory of India—an insight into occurrence and exposure on a national scale. Landslides, 18(6): 2125-2141.

Martha T R, van Westen C J, Kerle N, et al. 2013. Landslide hazard and risk assessment using semi-automatically created landslide inventories. Geomorphology, 184: 139-150.

Mora C S, Vahrson W G. 1994. Macrozonation methodology for landslide hazard determination. Bulletin of the Association of Engineering Geologists, 31(1): 49-58.

Murillo-García F, Rossi M, Fiorucci F, et al. 2015. Population Landslide Vulnerability Evaluation: the Case of the Indigenous Population of Pahuatlán-Puebla, Mexico//Lollino G, Manconi A, Locat J, et al. Engineering Geology for Society and Territory-Volume. Heidelberg: Springer International Publishing.

Nadim F, Kjekstad O, Peduzzi P, et al. 2006. Global landslide and avalanche hotspots. Landslides, 3(2): 159-173.

O'Neill B C, Tebaldi C, van Vuuren D P, et al. 2016. The scenario model intercomparison project (ScenarioMIP) for CMIP6. Geoscientific Model Development, 9(9): 3461-3482.

Pellicani R, van Westen C J, Spilotro G. 2014. Assessing landslide exposure in areas with limited landslide information. Landslides, 11(3): 463-480.

Petrucci O, Salvati P, Aceto L, et al. 2018. The vulnerability of people to damaging hydrogeological events in the Calabria Region (Southern Italy). International Journal of Environmental Research and Public Health, 15(1): 48.

Petschko H, Brenning A, Bell R, et al. 2014. Assessing the quality of landslide susceptibility maps-case study Lower Austria. Natural Hazards and Earth System Sciences, 14(1): 95-118.

Reichenbach P, Rossi M, Malamud B D, et al. 2018. A review of statistically-based landslide susceptibility models. Earth-Science Reviews, 180: 60-91.

Salvati P, Petrucci O, Rossi M, et al. 2018. Gender, age and circumstances analysis of flood and landslide fatalities in Italy. Science of the Total Environment, 610: 867-879.

Schwendtner B, Papathoma-Köhle M, Glade T. Risk evolution: how can changes in the built environment influence the potential loss of natural hazards? Natural Hazards and Earth System Sciences, 13: 2195-2207.

Steger S, Brenning A, Bell R, et al. 2017. The influence of systematically incomplete shallow landslide inventories on statistical susceptibility models and suggestions for improvements. Landslides, 14(5): 1767-1781.

UNDRR. 2020. The Human Cost of Disasters: An Overview of the Last 20 Years (2000-2019). Geneva: UNDDR.

van Den Eeckhaut M, Hervás, J. 2012. State of the art of national landslide databases in Europe and their potential for assessing landslide susceptibility, hazard and risk. Geomorphology, 139: 545-558.

van Westen C J, van Asch T W, Soeters R. 2006. Landslide hazard and risk zonation—why is it still so difficult? Bulletin of Engineering Geology and the Environment, 65(2): 167-184.

Varnes D J. 1978. Slope Movement Types and Processes// Schuster R L, Krizek R J. Landslides, Analysis and Control, Special Report 176: Transportation Research Board. Washington DC: National Academy of Sciences.

Varnes D J. 1984. Landslilde Hazard Zonation: A Review of Principles and Practice. Paris: United Nations

Educational, Scientific and Cultural Organization.

Wang N, Lombardo L, Gariano S L, et al. 2021. Using satellite rainfall products to assess the triggering conditions for hydro-morphological processes in different geomorphological settings in China. International Journal of Applied Earth Observation and Geoinformation, 102: 102350.

Zhang S, Zhang L M, Glade T. 2014. Characteristics of earthquake-and rain-induced landslides near the epicenter of Wenchuan earthquake. Engineering Geology, 175: 58-73.

第 14 章 雷电灾害风险评估与管理

引 言

雷电是指雷雨云层间或与大地之间强烈瞬间放电现象。雷电一般产生于对流发展旺盛的积雨云中，在发出强烈闪光和隆隆雷声的同时，还常伴有强烈的阵风和暴雨，有时还伴有冰雹和龙卷风。雷电往往会对人员、牲畜、建筑物和电子电气设备等产生损害，甚至引发火灾和爆炸事故。

由于高层建筑的不断增多和大量现代化办公设备的使用，雷电对人们生产生活的影响越来越大，雷电灾害造成的损失也愈来愈严重。据不完全统计，全世界每年因雷击造成的损失约合 10 亿美元以上，人员伤亡达 50 000 人。雷电灾害对中国也造成一定影响，2023 年 5 月 29 日，雷电袭击四川省甘孜州，造成当地 7 人被雷电击中身亡。为减少雷电灾害损失，雷电灾害风险管理尤为重要。

随着经济的快速向前发展，城市化进程的加快，关系着国计民的生重大工程项目的增多，提高重大工程项目防御雷电灾害能力，保证其安全正常运转，是开展雷电灾害风险评估工作的最终目的。无数事例足以证明雷电灾害风险评估工作的重要性。开展雷电灾害风险评估对完善防雷减灾体系、促进国民经济健康与有序发展具有良好的推动作用。传统的防雷工程方案相较合理的雷电灾害风险评估，无视气象气候特征、下垫面地理地质条件及社会因素等，具有极大的盲目性。一方面，传统的防雷工程会造成没必要的成本费用浪费；另一方面，传统的防雷工程可能也达不到受保护对象需要的防护等级，不能解决受雷击状况。还可能因防雷效率问题造成环境破坏，产生不良的社会影响，这一点在石油化工行业和不可中断的公共服务行业中的雷灾事故中表现得尤为突出。

本章将围绕雷电及雷电灾害相关概念、雷电灾害的形成、分布与类型、雷电风险评估、雷电灾害风险评估案例及雷电灾害风险管理展开论述。

14.1 雷电灾害概述

14.1.1 雷电成因

雷电源于积雨云层。当携带电荷的云层临近地面上高大的建筑物时，就会出现正负电荷对撞，并形成强大闪光，同时会伴随空气的共振，产生巨大的轰鸣声。

雷电是地球上最常见的天气现象之一，如果从地球外观测地球云层，会看到有些云的区域会因闪电而发生明暗起伏现象，与之相关的周边地区也会随之明暗交替。地球上每天发生约 50 000 次雷雨，平均每秒钟发生 4000 次雷电，其中有 100 次左右的落雷（雷击）。雷电的形成，必须具备 3 种要素：①温差，②上升气流，③云内的摩擦。

雷电的形成过程一般伴随着对流性积雨云的产生。当地面受热膨胀之后，或者因为环流作用，产生较强的上升气流，空气在上升过程中膨胀凝结，形成水滴、冰晶或者霰粒子等；当水滴或者冰粒子增大到一定程度，会产生下降的雨、雪、霰、冰雹等，与上升气流强烈摩擦，从而产生电荷分离。一般冰晶带正电荷，霰粒子等带负电荷，较轻的冰晶被搬运到云的上部，从而使得云的上部分布着正电荷，而云的下部则是带负电的霰粒子，从而形成雷电，如图 14.1 所示。

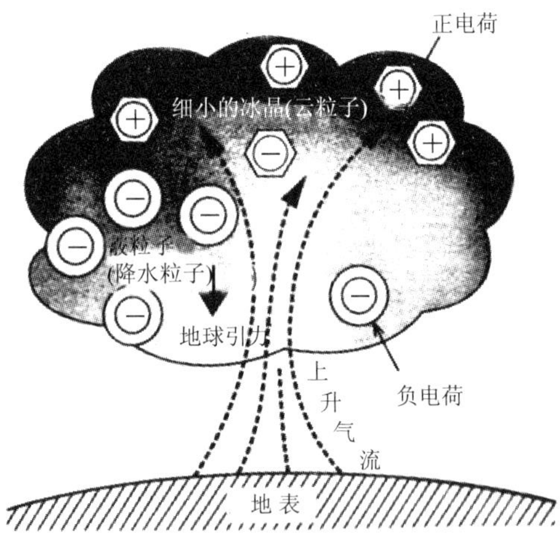

图 14.1　雷雨云内部结构

14.1.2　雷电灾害类型

雷电有极大破坏力，其破坏作用是综合的，包括电性质、热性质和机械性质。根据产生方式和危害特点，可以将雷电灾害分为 4 种：直击雷、感应雷、球形雷、雷电波侵入。

（1）直击雷是带电积云接近地面达一定程度时，与地面目标之间的强烈放电。一次直击雷的全部放电时间一般不超过 500 ms。每次放电包括先导放电、主放电、余光 3 个阶段。大约 50%的直击雷有重复放电特征，每次雷击有 3～4 个冲击，甚至数十个冲击（刘俊，2011）。

（2）感应雷也称作雷电感应，分为静电感应雷和电磁感应雷。静电感应雷是由于带电积云在架空线路导线或其他导电凸出物顶部感应出大量电荷，在带电积云与其他客体放电后，感应电荷失去束缚，以大电流、高电压冲击波的形式，沿架空线路导线或其他导电凸出物传播。电磁感应雷是由于雷电放电时，巨大的冲击雷电流在周围空间产生迅速变化的强磁场，在邻近导体上产生很高的感应电动势。避雷针只能预防直击雷的强大电荷冲击，而对强电磁感应雷的电荷冲击难起作用。

（3）球形雷是雷电放电时形成的发红光、橙光、白光或其他颜色光的火球。球形雷发生的次数不是很多，且很不规律。球形雷可以直接从门、窗、烟囱等通道侵入室内，造成强烈的电压，使房屋中的电气、燃气泄漏，从而引发火灾。

（4）雷电波侵入是指由于架空线路或金属管道对雷电的传导作用，雷电波沿着这些管线侵入屋内，危及人身安全或损坏设备。雷电波侵入会使室内电气设备突然爆炸起火或损坏。人在屋内使用电器或打电话时会突然遭遇电击而身亡，其危害性约占总雷害事故的 70%（矫祥肇，2021）。

其中直击雷和球形雷都会对人和建筑造成危害，而感应雷与雷电波侵入主要影响电子设备，但雷电波入侵对于人体造成的危害同样不容忽视。

14.1.3　雷电灾害时间与空间分布

1. 全球雷电的分布特征

（1）全球雷电频数约为 46.2 fl • s^{-1}，fl 为 flash 简写，表征雷电发生的次数。30°S～30°N 发生的雷电数占到了全球雷电总数的 78.1%，陆地和海洋的雷电密度之比为 9.64∶1（朱润鹏 等，2013）。

（2）将全球分成陆地、近海海域和远海海域 3 个区域，近海海域面积仅占海洋面积的近 3 成，但雷电数却占到了海洋雷电总数的近 7 成，是海洋雷电主要组成部分。近海海域雷电活动主要集中在赤道地区，随着纬度变化有 7 个峰值。远海海域雷电密度小，分布均匀（Islam and Schmidlin, 2020）。陆地与近海海域的雷电活动季节变化呈现单峰特征，每年 7 月达到最强。而在远海海域，雷电的活动季节变化不明显。

（3）在 15°N～50°N 和 15°S～50°S，大陆东部近海雷电频数大于西部，而在 15°S～15°N 区域内则相反，大陆西部近海雷电频数大于东部。

（4）雷电密度随海拔呈现出两峰三谷的分布特征，两峰分别出现在海拔 100～2400 m 和 3300～4600 m。3 个低谷分别出现在海拔 100 m 以下、2400～3300 m 和 4600～5500 m。海拔 5500 m 以上地区，没有雷电发生。这种现象是受地理位置和海拔等各种因素综合作用的结果（O'Shea et al., 2016）。

2. 中国雷电的分布特征

（1）空间尺度上，中国有 21 个省份的年平均雷暴日在 50 天以上，最多的可达 134 天。其中，云南南部、广东南部以及海南北部年均雷暴日超过 90 天。西双版纳的勐腊县年均雷暴日高达 108 天，每 3～4 天就会发生一次雷电事件。西藏大部分地区、重庆、甘肃北部、山西、河北、黑龙江西北部、浙江沿海等地区的年平均雷暴日呈现出明显的增加趋势。新疆西北部、四川西部和长江以南的广大地区等均呈现出明显的减少趋势。西北地区水汽少，对流活动弱，较少形成雷暴事件，年平均雷暴日的年际变化趋势也相对不明显。从纬度看，雷暴的频繁程度由北向南增加，到赤道最高，之后又向南递减。在中国递减的顺序大致是：华南、西南、长江流域、华北、东北、西北。

（2）时间尺度上，中国雷电主要发生在 4～9 月份，7 月达到峰值，11 月～次年 2 月全国几乎无雷暴出现。4～9 月雷电造成的伤亡人数占全年的 65%，全年近三分之一的雷灾伤亡出现在 7 月份（杨世刚 等，2010）。6～8 月处于盛夏季节，大气中的水汽含量充沛，地表受太阳辐射强烈，温度较高，容易形成局地温差，热空气的向上发展引起强对流的发生，夏季雷电比较频繁，雷电灾害发生的概率也就越高 。而冬半年 11 月至次年 2 月中国的雷电灾害发生相对较少，主要是冬季降水量和气温锐减，热力作用减弱，对流活动不强，气象条件不利于雷电形成。

总之，中国雷电灾害具有突发性、发生频次多、范围广、活动期长、雷击火灾多的特点。

14.1.4　雷电灾害损失

1. 财产损失

雷电同台风、洪水等气象灾害一样，给人类社会带来巨大的财产损失。中国的雷电灾害具有数量多、受灾率高、致灾严重等特点。2003～2021 年全国共发生 109 199 起雷电灾害事故，年平均直接经济损失达 1.55 亿元。

图 14.2 为 2003～2021 年中国雷电灾害数和直接经济损失年变化情况 。可以看出，中国雷电灾害数呈现出了非常明显的下降趋势，其中 2006 年雷电灾害事故最多，高达 19 982 起，最少为 2019 年的 449 起，年平均雷电灾害事故为 5747 起。2003～2021 年中国雷电灾害造成的直接经济损失共计约 29.3 亿元，最多为 2007 年，直接经济损失高达 4.3 亿元，最少为 2021 年的 1200 万元。

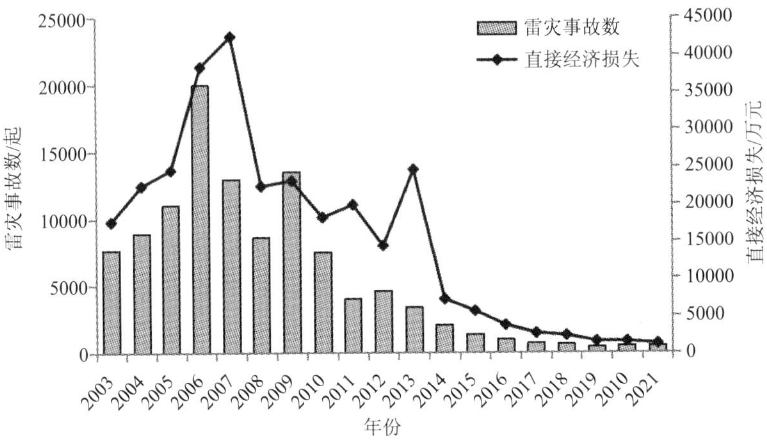

图 14.2　2003～2021 年中国严重雷电灾害事故数与经济损失年变化

2. 人员伤亡

图 14.3 为 2003～2021 年中国雷电灾害人员伤亡年变化，共造成 5457 人受伤，5627 人死亡，其中 2004 年雷击造成的人员伤亡数最多，共造成 1059 人受伤，770 人死亡。总体来看，2003～2021 年中国人员伤亡雷电灾害数和伤亡人数均呈下降趋势。

当人遭受雷电击的一瞬间，电流迅速通过人体，重者可导致心跳、呼吸停止，脑组织缺氧而死亡。另外，雷击时产生的火花也会造成人体不同程度的皮肤烧灼伤。雷电击伤亦可使人体出现树枝状雷击纹，表皮剥脱，皮内出血，还能造成耳鼓膜或内脏破裂等。人或动物遭受雷击导致伤亡的原因，主要有以下 3 种。

（1）直接雷击，雷电的电流直接流经人或动物身体后入地，造成人或动物伤亡。直接雷击有较强热效应，雷击点的发热能量约为 500～2000 J。雷电中产生的高温往往会酿成火灾。直接雷击还具有机械效应，使被击物体内部产生强大机械压力，遭受严重破坏或爆炸。直接雷击同时具有电效应，直接雷放电时能产生高达数万伏甚至数十万伏的冲击电压，足以烧毁电力系统的发电机、变压器等线路和设备，引起绝缘击穿而发生短路，导致可燃、易燃易爆物品的着火和爆炸。

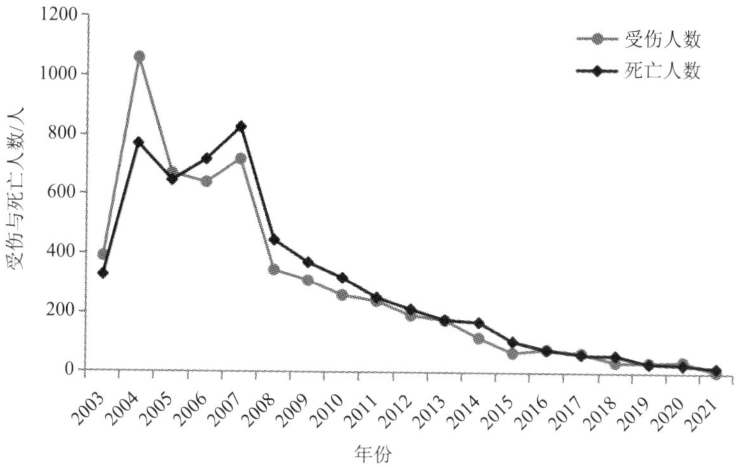

图 14.3　2003～2021 年全国严重雷电灾害人员伤亡年变化

（2）雷电反击，指在雷击时，当雷电击中地面上的物体之后，物体会因电荷积累而产生放电的现象。雷电反击会给物体周边的人或动物带来伤害。

（3）跨步电压，雷电击中大地，电流向周围散流形成不同的电位分布，人站在地面上两脚处在不同的电位上，形成人体电流，从而构成伤害。步长 0.8 m 的电势差称为跨步电压。一般雷击点 5～10 m 范围内跨步电压会高达 7000～20000V，完全可以把人电晕，甚至致命。

具有大电流、高电压、强电磁辐射特征的雷电对人类社会的威胁在日益加大，雷电灾害已经被联合国有关部门列为最严重的 10 种自然灾害之一（石湘波 等，2014）。

3. 主要行业受雷电灾害影响情况

《雷电灾情统计规范》（QX/T 191－2013）给出的受雷电灾害影响主要行业包括电力、石化、通信、交通、金融和学校 6 类，如图 14.4 所示。2003～2021 年，6 类主要行业共发生 18 717 起雷电灾害事故，其中电力 7655 起、通信 9379 起、石化 1203 起、教育 224 起、交通 200

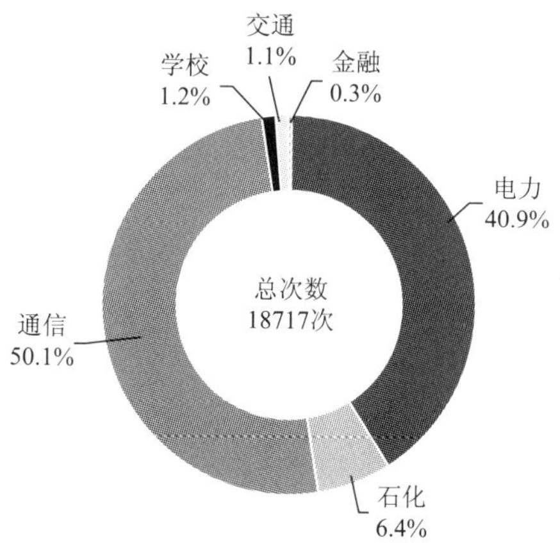

图 14.4　主要行业受雷灾影响情况

起、金融 56 起。由此看出，通信行业发生雷电灾害事故的次数最多，占总灾害数的 50.1%，其次是电力与石化，分别占 40.9%和 6.4%；学校、交通和金融行业发生雷电灾害事故的次数则相对较少，为 1.2%、1.1%和 0.3%。

14.2　雷电灾害成灾机制

14.2.1　自然因素

雷电灾害形成的自然因素是气候与地形共同作用的结果。中国地处温带和亚热带地区，受冷暖空气和海陆相互作用的共同影响，强对流天气频繁导致雷电与雷暴活动多发(刘佼　等，2010)。暖湿气流受到山地抬升，容易形成不稳定性对流，有利于雷暴云形成，因此海拔高的地区比海拔低的地区更容易遭受雷电侵袭。

14.2.2　社会因素

雷电灾害形成的社会因素归因于承灾体暴露度与脆弱性。相同强度雷电作用于不同承灾体，由于时空条件和社会条件不同，灾情也会不同。中国多达 90%的雷电灾害发生在农村。农村经济相对落后，大多数农民为节省建设资金，往往未在建筑物上安装防直击雷装置，即便部分农民安装了防直击雷装置，却未能严格按照相关规范进行安装，导致防雷装置形同虚设。中国农村地区雷电灾害暴露度与脆弱性较大（田德宝　等，2020）。

14.3　雷电灾害风险评估

14.3.1　雷电灾害风险评估重要性

雷电灾害风险评估是对雷电可能导致的人员伤亡、财产损失程度与危害范围等方面进行综合风险计算，从而为防雷类别（等级）与防雷措施确定、雷灾事故应急方案的提出等给出建设性意见的一种评估方法。雷电灾害风险评估是开展综合防雷的必要程序，是实现科学防雷、全面防雷的基础和前提（陈宙国　等，2012）。开展雷电灾害风险评估的意义有 3 个方面。

（1）更全面反映评估对象的防雷现状。准确估算建筑物遭受雷击的概率，当邻近建筑物遭受雷击时，对所评估对象的间接雷击损害风险进行估算，雷电波通过服务设施侵入时，计算所评估对象的雷击损害风险。

（2）明确可能遭受雷击的主要风险承灾体，提前做好防护措施。在对评估对象所处的地理、地质、气象、环境等条件作充分调查勘测的基础上，结合详细设计图纸提供的准确参数，同时将现场勘查采集到的数据，经科学计算和分析后，得出最翔实的评估结果，从而有针对性地采取相应的雷电防护措施，消除评估对象存在的安全隐患。

（3）更合理地采取防雷措施，避免因盲目而造成的浪费。从经济价值上明确雷电防护的必要与否，并采取恰当的雷电防护措施，从而达到既实现雷电防护，又节约防护成本的目的。

14.3.2　雷电灾害风险评估技术路线

雷电灾害风险评估流程主要分为三个步骤。

（1）综合评估指标体系的建立，基于雷电灾害的成灾机制，分别构建雷电致灾因子危险性、承灾体暴露度和脆弱性指标体系。

（2）雷电灾害评估模型的构建，在获得评估指标的前提下，收集整理相关数据，分别对案例区域致灾因子危险性、承灾体暴露度和脆弱性进行评估。

（3）通过整合雷电危险性、暴露度和脆弱性评估结果，实现雷电灾害风险评估。技术路线如图 14.5 所示。

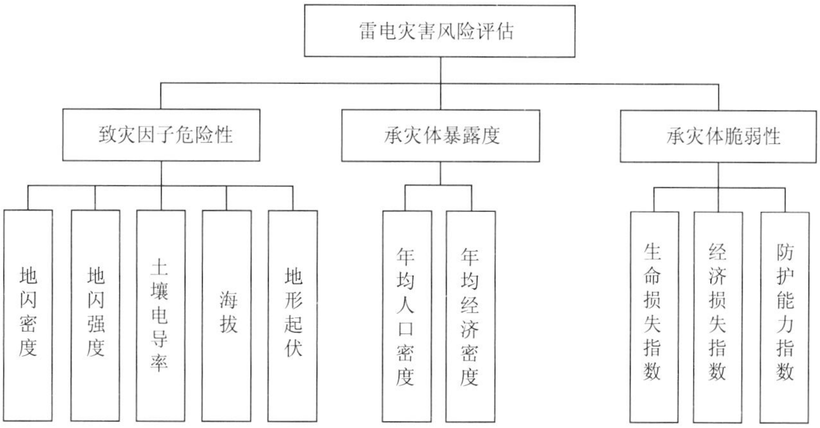

图 14.5　雷电灾害风险评估技术路线

14.3.3　雷电灾害风险评估方法

1. 数据搜集与处理

（1）数据准备，数据主要包括气象数据、社会经济数据、下垫面数据等。气象数据包括地闪密度、地闪强度等，社会经济数据包括年均人口密度、年均经济密度、生命损失指数、经济损失指数、防护能力指数等，下垫面数据包括土壤电导率、海拔、地形起伏等。

（2）数据处理，为消除各指标之间的量纲差异，运用归一化进行无量纲化处理。计算公式为

$$D_{ij} = 0.5 + 0.5 \times \frac{A_{ij} - i_{\min}}{i_{\max} - i_{\min}} \tag{14.1}$$

其中，D_{ij} 是 j 站（格）点第 i 指标的归一化值；A_{ij} 是 j 站（格）点第 i 个指标值；$i_{\max}$ 和 $i_{\min}$ 分别是第 i 个指标的最大值和最小值。

2. 评估指标体系构建

采用层次分析法来确定各个指标的权重，表 14.1 给出各个指标的权重大小。风险指标体系包括了致灾因子危险性、暴露度和脆弱性。以下是对各指标的具体分析方法，计算的权重均来自于表 14.1。

表 14.1　深圳市雷电灾害风险评估各指标的分级权重

一级指标	一级权重	二级指标	二级权重	总权重
危险性	0.778	地闪密度	0.286	0.222
		地闪强度	0.286	0.222
		土壤电导率	0.143	0.111
		海拔	0.143	0.111
		地形起伏	0.143	0.111
暴露度	0.111	年均人口密度	0.500	0.056
		年均经济密度	0.500	0.056
脆弱性	0.111	生命损失指数	0.297	0.033
		经济损失指数	0.163	0.018
		防护能力指数	0.540	0.060

（1）致灾因子是可能造成财产损失、人员伤亡、资源与环境破坏、社会系统混乱等的异变因子，是分析自然灾害灾情大小的重要指标。雷电灾害致灾因子包括地闪密度、地闪强度、土壤电导率、海拔以及地形起伏。致灾因子危险性的计算公式为

$$\mathrm{RH} = 0.286L_{\mathrm{d}} + 0.286L_{\mathrm{n}} + 0.143S_{\mathrm{c}} + 0.143E_{\mathrm{h}} + 0.143T_{\mathrm{r}} \tag{14.2}$$

其中，RH 是致灾因子危险性；L_{d} 是地闪密度；L_{n} 是地闪强度；S_{c} 是土壤电导率；E_{h} 是海拔；T_{r} 是地形起伏。

（2）暴露度是指承灾体受到雷电灾害影响的数量和价值量，范围越大或数量越多，暴露度越大。雷电灾害会影响城市经济和居民生活，研究用城市年均经济密度和年均人口密度来分析，计算公式为

$$\mathrm{RE} = 0.50\mathrm{Pd} + 0.50\mathrm{Gd} \tag{14.3}$$

其中，RE 是承灾体脆弱性；Pd 是年均人口密度；Gd 是年均经济密度。

（3）脆弱性是指承灾体受到不利影响的趋势和倾向，是承灾体的内在属性，其大小取决于承灾体对致灾因子不利影响的敏感程度及其自身的应对能力。敏感程度越高或应对能力越弱，脆弱性就越大。用生命损失指数、经济损失指数及防护能力指数来衡量承灾体脆弱性：

$$\mathrm{RF} = 0.297C_{\mathrm{L}} + 0.163M_{\mathrm{L}} + 0.540(1-P_{\mathrm{C}}) \tag{14.4}$$

其中，RF 是承灾体脆弱性；C_{L} 是生命损失指数；M_{L} 是经济损失指数；P_{C} 是防护能力指数。

生命损失指数计算公式为

$$C_{\mathrm{L}} = 0.5F \times 0.5C \tag{14.5}$$

其中，F 为年平均雷电灾害次数的归一化值；C 为年平均雷电造成伤亡数的归一化值。

经济损失指数计算公式为

$$M_{\mathrm{L}} = 0.5F \times 0.5M \tag{14.6}$$

其中，M 为年平均雷击造成的直接经济损失的归一化值。

防护能力指数 P_{C} 取值依据《土地利用现状分类》（GB/T 21010—2017），将土地利用类型

数据分为三类，建设用地赋值为 1；农用地赋值为 0.6；未利用地赋值为 0.5。

14.3.4　雷电灾害风险评估案例

以郭秀峰等（2018）为例，介绍雷电灾害风险评估。

1. 致灾因子危险性评估

图 14.6 为 2010～2019 年深圳市地闪密度分布。可以看出，深圳市地闪密度最高的地区集中在辖区中北部，最高有每年 23 次/km^2，地闪密度最低的是大鹏新区，以及南山区南部与深圳市辖区边缘地带。以 50 m 为步长统计每个海拔区间内的雷电流幅值均值。雷电流幅值与海拔在空间分布上有很大的相似度，地闪强度高的地区主要分布在大鹏新区、南山区、盐田区中部、福田区、宝安区边缘区域、龙岗区中部、坪山区西部，雷电流平均幅值在 20～60 kA，其余地区雷电流平均幅值在 20～40 kA，在极少地区雷电流平均幅值可达 70～120 kA。地闪强度的空间分布也与海拔的空间分布基本吻合，在海拔高的地方地闪强度也相对较大。

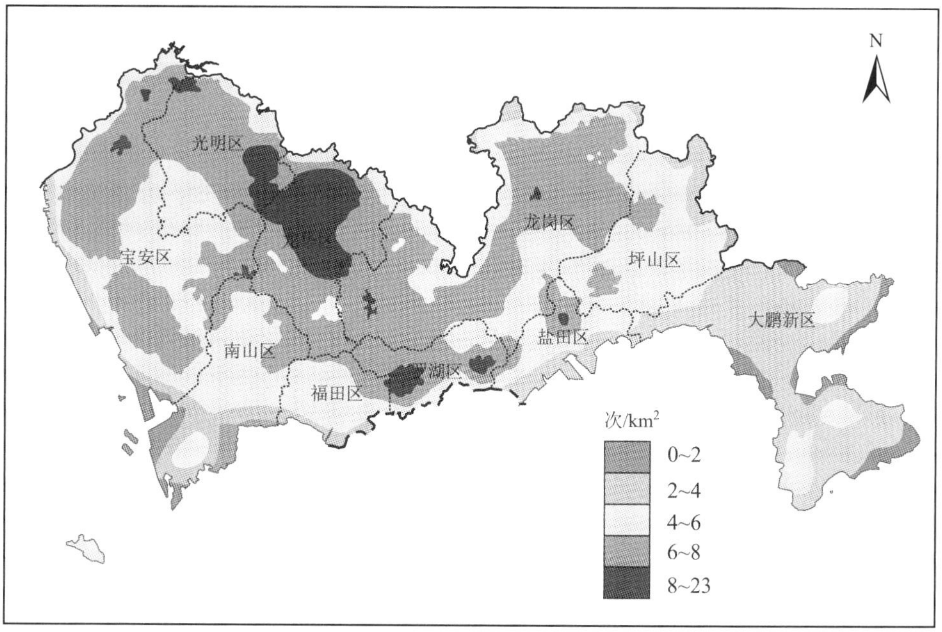

图 14.6　2010～2019 年深圳市地闪密度空间分布

图 14.7 是致灾因子危险性等级的空间分布。可以看出危险性高的区域集中在深圳市中部地区，包括福田区、罗湖区、盐田区、南山区北部、光明区东部；危险性低的地方分布在深圳市边缘地区。致灾因子危险性空间分布与雷电流幅值和海拔的空间分布在深圳市中部地区较为相似，在大鹏新区等边缘地区的差别较大。

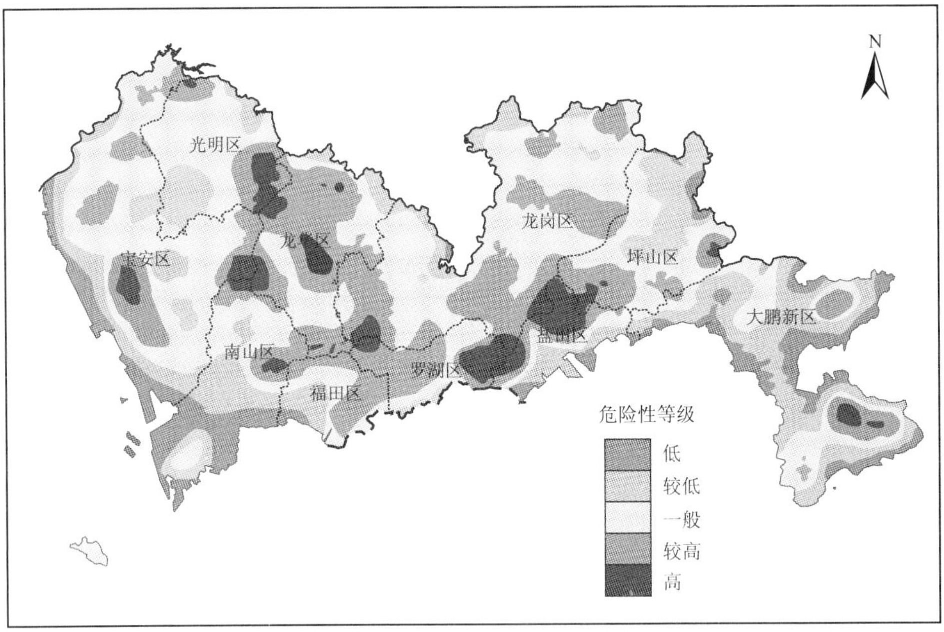

图 14.7　2010～2019 年深圳市致灾因子危险性等级空间分布

2. 承灾体暴露度评估

图 14.8 为 2010～2019 年深圳市承灾体暴露度等级空间分布。承灾体暴露度高的地区有

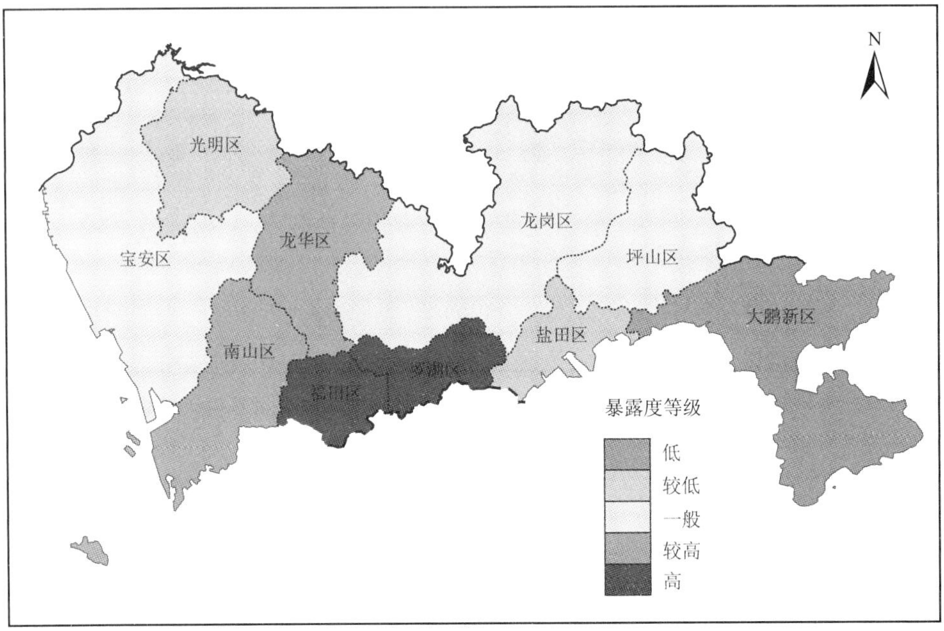

图 14.8　2010～2019 年深圳市承灾体暴露度等级空间分布

福田区和罗湖区，较高的地区有龙华区和南山区。这些区域人口密度和经济密度比较大，城市化水平较高，如果受到雷电灾害，产生的影响会较大，对雷电防护工作的要求更加严格。承灾体暴露度低的地区为大鹏新区，较低等级的区域为盐田区和光明区，其人口密度和经济密度较低。

3. 承灾体脆弱性评估

图 14.9 是 2010～2019 年深圳市承灾体脆弱性等级空间分布。承灾体脆弱性的空间分布受土地防护能力指数的影响较大。可以看出，大鹏新区以及光明区东部、宝安区东部、南山区北部、罗湖区东部、坪山区南部、龙岗区西北部处于高脆弱性地区，这些地区未利用地占比较大，土地防护能力指数较低，脆弱性较高。其余地区多为低脆弱性区域，建筑用地占比较大，土地防护能力指数较高。

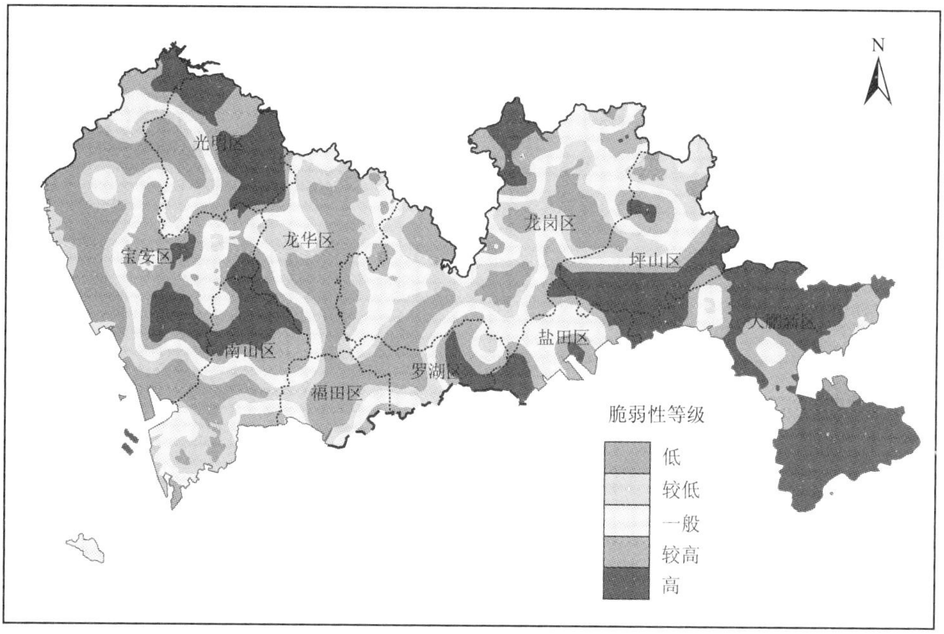

图 14.9　2010～2019 年深圳市承灾体脆弱性空间分布

4. 雷电灾害风险评估

根据自然断点法得到 2010～2019 年深圳市雷电灾害风险评估（图 14.10）。可以看出处于高风险区的有光明区东部、南山区北、福田区、罗湖区东部、盐田区北部。处于较高风险地区的有南山区北部、坪山区南部、福田区西部、罗湖区西部、宝安区中部、大鹏新区东南部以及深圳市边缘地带的部分地区。低险地区主要位于深圳市边缘地区。

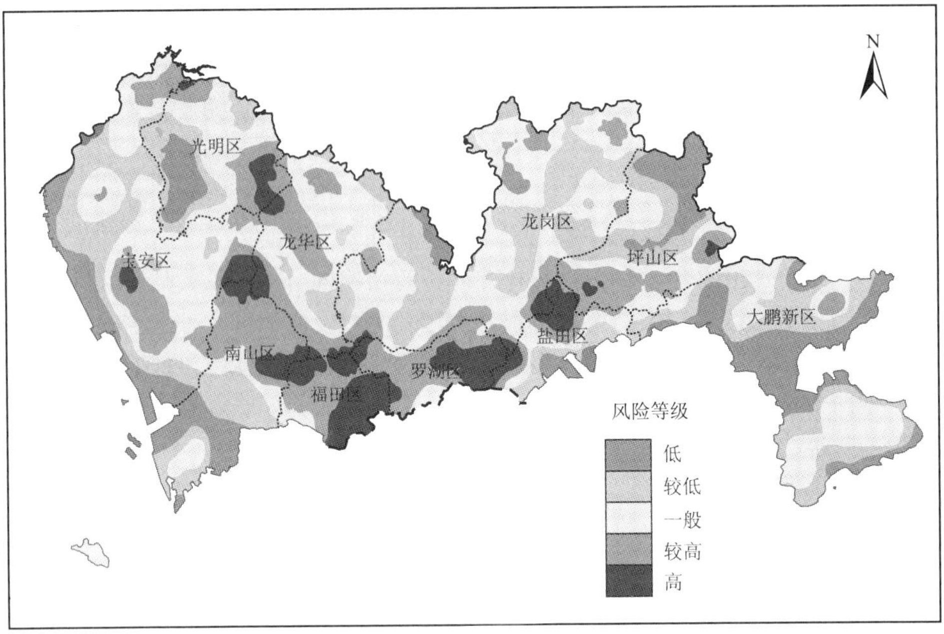

图 14.10　2010～2019 年深圳市雷电灾害风险评估

14.4　雷电灾害风险管理

雷电灾害风险管理包括提升雷电灾害风险的应变能力，雷电灾害防御、响应与恢复，减少承灾体暴露度，减少脆弱性，雷电灾害风险转移与分担和转型 6 种方法。雷电灾害风险管理的目的在于积极宣传防雷知识，增强民众防雷意识，提供及时有效和必需的救援，减少灾害带来的损失。

1. 提升雷电灾害风险的应变能力

增强防雷意识，积极采取预防措施。避免在雷电天气下作业。必须作业时，做好安全防护工作。气象灾害防御技术部门积极开展雷电灾害风险普查和隐患排查工作。联合收集往年雷电灾害资料和防灾减灾基础信息，为开展雷电灾害重点防御和评估工作奠定基础。以历史雷电监测资料、雷电灾害资料、社会经济资料、地理信息资料为基础，建立雷电灾害风险因子数据库，研发雷电灾害风险因子评估模型，开发“雷电灾害风险评估”软件，并根据需求开展精细化雷电灾害风险评估，提升雷电灾害风险的应变能力。

2. 雷电灾害防御、响应与恢复

雷电灾害发生前，进行雷电灾害实时数值预报。实时数值预报是雷电灾害预警与防御的重要手段之一，同样也是雷电灾害风险管理的重要组成部分。在雷电灾害发生前，准确判断雷电发生位置以及强度尤为重要。

雷电灾害发生后应向气象部门和政府相关部门报告，消除火灾等危险源，抢修被损坏的通信、供电等基础设施，积极配合气象部门的雷电灾害事故调查、分析工作，总结雷电灾害事故的经验教训，写出雷电灾害事故报告，总结雷电灾害事故的经验教训。

3. 减少承灾体暴露度

雷电灾害在不同地区的城镇和农村造成不同风险等级的影响。灾害风险与人口密度密不可分，人口密度大的城镇地区更容易受到灾害影响。在人口密度较大的城镇地区应该发挥好辐射带动作用，构建或完善与其他地区间的横向协同发展体系。

工业发达地区，加强易燃易爆场所、化工场所、人口密集场所的雷电防御措施。对此类场所每年至少开展1次防雷安全监督检查，重点单位每隔3～5年进行1次雷电灾害风险评估。区域内的工矿企业、人员密集场所应安装雷电预报预警信息接收系统，每年开展防雷安全生产技术培训和雷电灾害防御宣传教育活动不少于3次，并设置应急避险场所。

建房选址时，因地制宜，科学选址。雷电多发地区通常在金属矿产品较多、土壤电导率高、河岸、不同地质的土壤交界处和湖边等地区。因此在进行房屋建造时，应尽量远离以上容易受雷电活动影响的地区。加强对农村地区建筑物雷电防护设施的定期安全检查工作，对不合理的建筑物和雷电防护装置提供专业的指导和帮助。农村地区人口密集程度虽然不及城镇高，但因平均受教育水平有限，对雷电灾害的成因和防护措施了解较少，对雷电灾害缺乏科学认识，存在建筑物选址不合理、基础设施建设落后、雷电防护设备不完善、电缆布置混乱等现象，也会受到严重雷电灾害损失。对电视、电信、电力等线路电缆实施先进的埋地技术，降低雷电流击中架空电缆从农村空地引雷入室的概率。在农村雷电频发的地区按照防雷规范的要求每 5 km^2 设置 1 个避雷亭，供当地农民返途时躲避雷电。

4. 减少脆弱性

合理调整人口数量，提高居民的综合素质。人口规模庞大，弱势群体数量基数大，社会人口脆弱性水平较高。提高居民受教育水平，尤其是高层次人才的培养，加强对雷电灾害的监测与预警，提高雷电灾害防御能力。

提升地区经济发展水平，促进产业结构转型。逐渐提升第三产业占生产总值的比例，充分发挥地区区位优势，提高科技创新能力，提高经济发展水平。

完善社会保障体系建设，提高社会保障水平。适量增加卫生技术人员的数量，提高灾后救援能力，降低地区社会脆弱性水平。提高社会保障水平，减少城市居民最低生活保障人数，降低社会脆弱性水平。

加强社会文化建设，提高居民防雷意识。适量增加专任教师人数，加强对公众的灾害应急培训，提高居民应对雷电灾害的适应能力。

按照构建和谐社会要求，应进一步引起各级政府对落后地区和高风险人群的防雷安全的重视。政府应发挥防灾减灾的主导职能，开展部门间联防和协作，采取有效的防御机制，如在旅游景区、农田等高暴露风险区建设避雷亭等应急避难场所。根据气象部门发布的雷电预警信息，移动通信运营商对处于预警区域内的手机用户及时发布公益预警信息。防雷重点单位及公众用户在收到防雷预警信息后及时采取防御措施。农村可以通过大喇叭广播系统通知在农田劳作的农民及时收工或采取科学的防御措施，合理地避过雷电高发危险期，缩短气象信息发布与指导生产的时间间隔，提高气象预警信息为民生服务、社会安全服务的针对性和广泛性，发挥防雷减灾的实效性。

针对雷电灾害频发的地区，应加强对基础设施建设的排查检测力度，检查主要内容包括房屋建筑物是否按照国家规定安装避雷设施，避雷装置是否可靠。加强和电力通信部门之间的合作，对现存的电力线路、通信线路防雷问题和其他安全隐患进行排查处理，检查空旷地区的接地处理方式和住宅线路是否符合国家规定与要求。

5. 雷电灾害风险转移与分担

针对雷电灾害风险进行转移与分担，首先是中央与地方雷电灾害救灾工作事权划分的灾害救助保障机制。中国的自然灾害救助工作由国家减灾委员会组织、领导，同时协调重大自然灾害救助活动。国务院民政部门负责全国的自然灾害救助工作，承担国家减灾委员会的具体工作。其次是创新雷电灾害风险分担公共合作机制。这是一种各类社会资源与救灾工作的联动机制，即包括企业、非政府组织和社区群众等社会资源融入政府救灾行动的方式，是一种共同分担和减小灾害风险的机制。主要表现形式为捐款、捐物及各种医疗、心理救助等。最后，是发展金融保险机制，将雷电灾害风险融入整个金融保险市场，用更多的保险资金来最大限度地分散灾害风险，确保金融保险机制发挥更大的分担作用。

6. 转型

气象防雷减灾工作的转型升级，应以规范化运作、公益性服务以及制度建设等为着力点，全面落实防雷技术标准、技术服务以及工程产品的管理。气象部门作为防雷减灾工作实施的主力军，不仅承担着一部分公益性服务工作，还有科普宣传、雷灾调查以及标准制定等工作，防雷减灾工作在转型升级中必须要强化技术评价环节、监测环节以及雷电灾害风险评估环节的技术能力，强化检测权责，深化上级主管机构的资格认证及资质认证，完善防雷减灾工作的专业资质、资格管理，实现防雷工程的动态监管。

14.5 知识差距

近几十年来，中国对于雷电灾害方面的研究取得了明显的进展，从最开始的雷电灾害成灾机制的研究，到灾害风险评估与风险管理，研究成果比较丰富。但是，与国际先进水平相比，中国相关研究仍然存在不小的差距，体现在 3 个方面。

1. 数据监测不足

原有气象资料虽然有几十年，但以前气象站点的有效覆盖面积小。方圆几十千米才有一个气象观测站，对于现如今评估区域单体建筑物来说，明显涵盖范围不够，可能一个县甚至一个市就一个值。这样的雷电灾害风险评估在应用 GNSS 定位后，再考虑雷电活动规律就失去了实际意义。

2. 指标体系缺乏

现如今开展雷电灾害风险评估工作采用国标《雷电防护》（GB/T 217174—2015）的 4 个部分。其中，涉及建筑物内电气和电子系统的评估参照《建筑物电子信息系统防雷技术规范》（GB 50343—2004）。《雷电防护》中提到的评估方法比较全面且详细，但涉及要素较多，有些要素需要当地众多部门的配合与协作，有些要素还具有不确定性和未知性。

3. 理论与技术规范不足

雷电灾害风险评估所用到的气象数据多采用气象资料和规范资料相结合的方式，其中广泛采用的雷电定位资料就属于气象资料之一。但现阶段不同产品的雷电定位设备整体性能和参数都存在着一定差异，造成采集到的数据缺乏统一性，导致该类资料在应用过程中缺乏相应技术规范的指导和约束，一定程度上降低了雷电定位资料在评估报告中的科学性。今后，随着技术进步和设备升级，资料的精确性会不断提升，雷电灾害风险评估结果的准确度也会相应提高，将更好地服务于防雷减灾工作。

【关注点】

雷电，雷电灾害类型，雷电灾害成灾机制，雷电灾害风险管理

【专题讨论】

农村与城市雷电灾害风险管理有何区别？

【思考题】

一、为什么雷电灾害评估尤为重要？

二、雷电灾害评估方法有哪些？

三、中国雷电灾害发生的时间与空间特征？

参 考 文 献

陈宙国, 范方福, 李陶桂, 等. 2012. 浅谈雷电灾害风险评估. 科技资讯, 24: 225.

郭秀峰, 张超凡, 赖华扬, 等. 2022. 2010—2019 年深圳市雷电灾害风险区划研究. 计算机与数字工程, 9: 2018-2024.

矫祥肇. 2021. 长白山天池主峰雷电灾害防御浅析. 农业灾害研究, 4: 126-127.

林雨人, 高鸿, 刘敦训, 等. 2007. 2007 年深圳市雷电灾害气候特征分析. 气象研究与应用, 146(3): 46-48.

刘佼, 肖稳安, 陈红兵. 2010. 全国雷电灾害分析及雷灾经济损失预测. 气象与环境科学, 33(4): 21-26.

刘俊. 2011. 雷电灾害的类型及其致灾机理浅析. 安全, 32(5): 5-8.

石湘波, 张其林, 邵程远, 等. 2014. 雷电灾害易损性评估及易损度区划——以宁波为例. 内蒙古气象, 2: 27-30, 39.

田德宝, 冯瑜骅, 张雪慧, 等. 2020. 2012—2017 年全国雷电灾害事故统计分析. 科技通报, 36(5): 42-47.

王义耕, 陈渭民, 刘洁. 2009. TRMM 卫星观测到的华南地区的闪电时空分布特征. 热带气象学报, 25(2): 227-233.

杨世刚, 赵桂香, 潘森, 等. 2010. 我国雷电灾害时空分布特征及预警. 自然灾害学报, 19(6): 153-159.

朱润鹏, 袁铁, 李万莉, 等. 2013. 基于卫星观测资料的全球雷电活动特征研究. 气候与环境研究, 18(5): 639-650.

Islam M S, Schmidlin T W. 2020. Lightning hazard safety measures and awareness in Bangladesh. Natural Hazards, 101(1): 103-124.

O'Shea T J, Corgan J, Clancy T C. 2016. Convolutional radio modulation recognition networks // International Conference on Engineering Applications of Neural Networks. Heidelberg: Springer.

术 语 表

气象灾害：指由气象原因直接或间接引起的给人类和社会经济造成损失的灾害现象。

气候变化：指气候状态的变化，可以通过其性质的平均值和/或可变性的变化来确定（例如通过统计检验），而且这种变化持续了很长一段时间，通常是几十年或更长时间。

风险：在某个特定时期由于危害性自然事件造成某个社区或社会的正常运行出现剧烈改变的可能性。在气象学中，风险指由于气象灾害可能造成人员伤亡、财产损失、环境破坏等不利后果的可能性，它综合考虑灾害发生的可能性和灾害强度对社会、经济、生态环境等方面造成损失的程度。

致灾因子：可能造成生命伤亡与人类社会财产损失的气象变异因子。

重现期：指大于等于或小于等于某一水平的随机事件在较长时期内重复出现的平均时间间隔，常以多少年一遇表达。

极端天气气候事件：指某个天气气候变量值高于（或低于）该变量观测值区间的上限（或下限）端附近的某一阈值时的事件。

复合型极端事件：导致社会或环境风险的多种驱动因子和/或灾害的组合。不同类型的极端气象事件同时或先后发生，并互相叠加影响，从而产生更严重后果的一类极端事件。

承灾体：气象灾害系统的社会经济主体要素，是指人类及其活动所组成的社会经济系统，包括人及其日常生活活动、人类劳动创造的物质财富、人类的各种社会经济活动、资源与环境，由以上要素在一定地域单元上构成的具有一定尺度和组织形式的综合体。

暴露度：针对承受灾害的客体而言，指各种承灾体如人员、生计、环境服务和各种资源、基础设施，以及经济、社会或文化资产等处在有可能受到不利影响的位置。

脆弱性：受到不利影响的倾向或趋势。

脆弱性曲线：是表达致灾因子强度和承灾体脆弱性的定量响应关系，通常可用致灾因子强度与承灾体损失（率）的关系曲线或方程式表示。

恢复力（可恢复力）：某个系统及其组成部分采用及时和高效率的方式预见、吸收、适应或从某一灾害性事件影响中恢复的能力，其中包括确保其各项关键的基本结构和功能得到保护、恢复或改善的能力。

适应：指在人类系统和自然系统中，针对实际的或预计的气候及其影响进行调整的过程，人类的干预也许有助于适应预计的气候。

关键风险：潜在的严重风险，不仅取决于危害的性质、暴露度、脆弱性和响应选项，还取决于风险重要性，其评估标准包括不良后果的严重程度、产生不良后果的可能性、风险的时间特征和应对风险的能力。

新兴风险：复杂系统中各种现象相互作用产生的新风险。

剩余风险：在采取措施减少危险性、暴露度和/或脆弱性后仍存在的风险。

灾害风险管理：通过设计、实施和评价各项战略、政策和措施，以增进对灾害风险的认识，鼓励减少和转移灾害风险，并促进备灾、应对灾害和灾后恢复做法的不断完善，其明确的目标是提高人类的安全、福祉、生活质量、应变能力和可持续发展。

转型：某个系统（包括各种价值体系、法规、立法或行政管理体系、金融机构和技术系统或生物系统）基本属性的转变。

洪涝灾害：洪灾和涝灾的总称，洪灾一般是指因河流泛滥淹没田地而引起的灾害，涝灾指因长期大雨或暴雨而产生大面积的积水或土地过湿导致的灾害。

溃决型洪（涝）灾：泛指江河、湖海、堤防、塘坝等，由自然或人为因素造成溃决而形成的洪涝灾害，根据成因可进一步细分为河堤溃决、大坝溃决、冰坝溃决 3 种。该类洪灾具有突发性强、来势凶猛、破坏力大的特点。

漫溢型洪（涝）灾：指水位高于堤防或大坝高度，水流漫溢、淹没低平的三角洲平原或山前的一些冲积、洪积扇区的现象。该类洪（涝）灾受地形控制大，水流扩散速度较慢，洪（涝）灾损失与土地利用状况有关。

洪涝灾害风险评估：对洪涝灾害致灾因子发生的概率和灾害发生后可能造成的损失进行评估。

干旱：一种水量相对亏缺的自然现象，一般指大气（气象）干旱；是某时间段内，由于降水量和蒸散量的收支不平衡，水分支出大于水分收入而造成地表水分短缺的现象。

干旱灾害：由于降水减少所造成的水资源收支或供求不平衡而形成的水分短缺对生活、生产和生态造成危害的事件，即大气降水与陆面（土壤、植被等）之间相互作用的结果。

气象干旱：由降水和蒸发不平衡所造成的水分短缺现象。

农业干旱：以土壤含水量和植物生长形态为特征，反映土壤含水量低于植物需水量的程度。

水文干旱：河川径流量低于其正常值或含水层水位降落的现象。

社会经济干旱：在自然系统和人类活动系统中，由于水分短缺影响生产、消费等社会经济活动的现象。

干旱指标：用来表示干旱的严重程度、持续时间和分布范围等因素的特征量，将原始的观测资料转变为便于分析和计算的指标，在干旱分析中起着度量、对比和综合等重要作用。

干旱灾害风险：指干旱的发生和发展对社会、经济及自然环境系统造成影响和危害的可能性，包括致灾因子危险性、承灾体暴露度和脆弱性 3 个方面。

干旱灾害风险管理：一种主动的管理模式，其本质是积极有效地预防和降低干旱灾害风险。其决策过程主要包括对干旱灾害风险的分析、评价和处置 3 个部分。

热带气旋：指发生在热带或副热带洋面上，具有有组织的对流和确定气旋性环流的非锋面性涡旋的统称，包括热带低压、热带风暴、强热带风暴、台风(强台风和超强台风)。

登陆气旋：一般把登陆中国的热带气旋简称登陆气旋。

台风：中国把西北太平洋和南海的热带气旋按其底层中心附近最大平均风力（风速）大小划分为 6 个等级，其中风力为 12 级或以上的统称为台风。

致灾气旋/影响气旋：把登陆气旋中造成经济损失的热带气旋定义为致灾气旋或影响气旋。

热带气旋暴露度：指人民、民生、环境服务和各种资源、基础设施以及经济、社会和文化资产处在有可能受到热带气旋灾害影响范围内的承灾体数量或价值。以具体的承灾体人口和社会经济资产为例，人口暴露度是指处在有可能受到热带气旋灾害影响范围内的人口数量。经济暴露度是指暴露于热带气旋灾害事件影响范围内的经济总量。

热带气旋灾害风险：指热带气旋灾害发生的可能性以及由其可能造成的影响和损失。

热带气旋危险性分析：就是分析主要致灾因子大风、暴雨和风暴潮等的强度、频率和影响范围，并给出热带气旋路径及其强度的时空分布。

风暴潮：指由台风、温带气旋、冷锋的强风作用和气压骤变等强烈的天气系统引起的海面异常升降现象，又称“风暴增水”“风暴海啸”“气象海啸”“风潮”。

天文潮：指地球上的海洋受月球和太阳的引潮力作用产生的潮汐现象。

风暴潮灾害数值模拟：主要集中在风暴潮数值模拟预报的研究，风暴潮数值模拟预报主要包括 3 个方面的内容：一是台风气压场、风场的模拟，二是台风增水的模拟，三是天文潮与增水的耦合模型。

风暴潮灾害风险评估：针对一个区域发生风暴潮灾害损失水平的估算，或者未来时间尺度内发生风暴潮灾害可能性的估算，该方法计算结果只代表一种相对风险的度量，而非可能灾害损失。

龙卷风：是一种破坏力极强的小尺度激烈旋转的空气涡旋，是积雨云底部下垂的象鼻子状漏斗云体，上大下小。

藤田级数：对龙卷风强度的划分，广泛采用 1971 年美国芝加哥大学美籍日裔气象学家藤田哲所提出的藤田级数，2007 年增强藤田级数（enhanced Fujita scale）被启用。

高温热浪：通常指在一段持续性的高温过程中，引起人和自然系统不能适应并产生不利影响的一种现象。

干热型高温：一般出现在中国华北、东北和西北地区的夏季，表现为日最高气温高、日最低气温较高、昼夜温差小、太阳辐射强、相对湿度较小。

闷热型高温：一般出现在中国沿海及长江中下游以及华南等地区，表现为夏季水汽丰富、相对湿度大、日最高气温高、日最低气温高、昼夜温差小，使人们感觉闷热。

体感温度：指人体感受到的空气温度，影响体感温度的主要因素有空气温度、空气湿度、风速以及辐射等。

低温冷冻灾害：指剧烈降温及雨雪、霜冻等造成的灾害，主要包括低温连阴雨、低温冷害、霜冻、寒潮等。

低温连阴雨：指连续多日阴雨并伴随气温下降的天气现象。

低温冷害：指在农作物或经济果林生长期间，气温低于作物生理下限温度，影响作物正常生长，引起作物生育期延迟或受损，导致减产的一种农业气象灾害。

霜冻：指当地面最低温度降至 0℃以下时，对农作物等造成伤害或死亡的气象灾害。

寒潮：指高纬度地区的冷空气在特定天气形势下加强南下，造成大范围剧烈降温和大风、雨雪天气，这种来势凶猛的冷空气活动使降温幅度达到一定标准时，称为寒潮。

雪灾：因长时间大量降雪造成大范围积雪成灾的一种自然现象。

雪崩：由于山坡积雪的内聚力抗拒不了重力的拉引，向下滑动，引起大量雪体崩塌的现象。

风吹雪：一种由气流挟带起分散的雪粒在近地面运行的多相流的天气现象。

积雪：指雪在地面所覆盖的面积达到一地周围能见面积的一半。

冰雹：从发展强盛的积雨云中降落到地面的坚硬的球状、锥状或不规则状的固态降水。

雾：大量微小水滴浮游空中，常呈乳白色，使水平能见度小于 1 km 的天气现象。

霾：大量极细微的干尘粒等均匀地浮游在空中，使水平能见度小于 10 km 的空气普遍浑浊现象。

$PM_{2.5}$: 也称细颗粒物或入肺颗粒物，指环境空气中动力学直径小于等于 2.5μm 的颗粒物。

PM_{10}： 又称为可吸入颗粒物或飘尘，指环境空气中动力学直径小于等于 10μm 的所有颗粒物，它由粗颗粒（空气动力学直径在 2.5～10μm 之间）和细颗粒（$PM_{2.5}$）组成。

空气质量指数： 定量描述空气质量状况的非线性无量纲指数。

沙尘暴： 指强风将地面大量沙尘吹起或被高空气流带到下游地区而导致空气浑浊的天气现象。

地质灾害： 指在地质营力的作用下，由于自然环境恶化，人类生命和财产损毁，或对人类赖以生存与发展的资源、环境造成严重破坏的现象或过程。

滑坡： 广义指斜坡上所有种类的块体运动，狭义特指斜坡上的岩土体受自然或人为因素影响，在重力的作用下，沿着一定的软弱面或者软弱带，产生以水平运动为主的滑移破坏，并整体顺坡向下运动的地质现象。

崩塌： 指陡坡上的岩土体在重力作用或其他外力参与下，突然脱离母体，发生以竖向为主的运动，并堆积在坡脚的动力地质现象。

泥石流： 指由降水（暴雨、冰川、积雪融化水等）诱发，在沟谷或山坡上形成的一种挟带大量泥砂、石块和巨砾等固体物质的特殊洪流。

雷电： 指雷雨云层间或与大地之间强烈瞬间放电现象。

雷电反击： 指在雷暴时，当雷电击中地面上的物体后，物体会因电荷积累而产生放电的现象。

跨步电压： 指雷电击中大地，电流向周围散流形成不同的电位分布，地面上的人或动物的肢体处在不同电位所形成的电压。

雷电灾害风险评估： 对雷电可能导致的人员伤亡、财产损失程度与危害范围等方面进行综合风险计算，从而为防雷类别（等级）与防雷措施确定、雷灾事故应急方案的提出等给出建设性意见的一种评价方法。